ENCICLOPEDIA DIDÁCTICA DE

MATEMÁTICAS

MATEMÁTICAS

CD-ROM
INTERACTIVO
versión
WINDOWS

OCEANO MULTIMEDIA

ENCICLOPEDIA DIDÁCTICA DE
MATEMÁTICAS

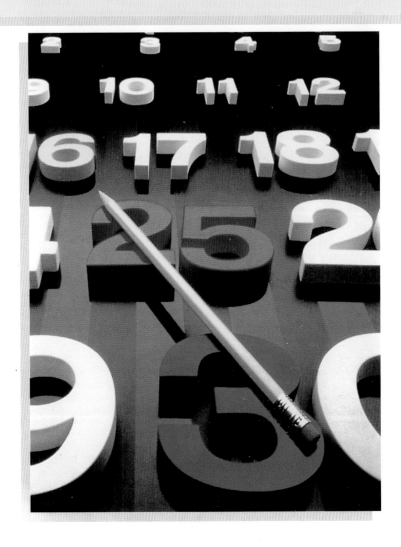

OCEANO

Es una obra de

GRUPO OCEANO

EQUIPO EDITORIAL

Dirección: Carlos Gispert

Subdirección y Dirección de Producción: José Gay

Dirección de Edición: José A. Vidal

* * *

Coordinación editorial: Joaquín Navarro

Edición: José Luis Hernández, Ramón Sort

Ilustración: Montserrat Marcet

Compaginación: Pedro González

Producción editorial: Manuel Teso

Equipo de realización: José Gálvez, Victoria Grasa,
Juan Carlos Martínez Tajadura, Guillermo Navarro,
Juan Pejoan, Jorge Sánchez, Emma Torío, Albert Violant

Diseño de sobrecubiertas: Andreu Gustá

Sistemas de Cómputo: Mª Teresa Jané, Gonzalo Ruiz

Producción: Antonio Corpas, Antonio Surís,
Alex Llimona, Antonio Aguirre, Ramón Reñé

© MMII EDITORIAL OCEANO
Milanesat, 21-23
EDIFICIO OCEANO
08017 Barcelona (España)
Teléfono: 932 802 020*
Fax: 932 041 073
www.oceano.com

ISBN: 84-494-0696-X

Impreso en España - Printed in Spain

Depósito legal: B-39991-XLI

9013800120402

ISBN 84-494-0696-X

Teoría
de conjuntos

El conjunto de todos los billetes del mundo puede ser subdividido según
múltiples características. Las más corrientes son según el
país de origen y su valor. Pero, a un coleccionista puede interesarle más
el personaje o el motivo representado en el billete. También pueden
agruparse por colores o tamaños. Los conjuntos obtenidos,
¿tendrán alguna propiedad matemática común? De esto trata la Teoría
de conjuntos: a partir de unos entes abstractos –elementos y conjuntos–
se establecen unas propiedades y relaciones que
son independientes de la realidad concreta.

Teoría de conjuntos

El mundo en que vive el ser humano está rodeado de conjuntos: conjunto de utensilios de cocina, conjunto de muebles de una habitación, conjunto de libros de una biblioteca, conjunto de árboles.

En todos ellos se usa la palabra conjunto con un significado de colección de varios objetos.

La representación gráfica de los conjuntos se realiza a través de diagramas de Venn (línea curva cerrada).

Los objetos que integran un conjunto reciben el nombre de *elementos* del mismo; y se representan simbólicamente por medio de letras minúsculas cursivas.

Cada conjunto se designa con una letra mayúscula. *Ejemplo:* M representa el conjunto de los dedos de la mano.

A cada elemento (dedo) de dicho conjunto le asignamos para su representación gráfica una letra.

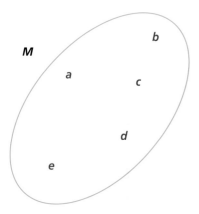

a representa el pulgar.
b representa el índice.
c representa el medio.
d representa el anular.
e representa el meñique.

Pertenencia

Cuando un elemento forma parte de un conjunto, se dice que el elemento pertenece al conjunto.

Para indicar la pertenencia se utiliza el símbolo $\in$.

Cuando un elemento no está en un conjunto, dicho elemento no pertenece ($\notin$) al conjunto.

Ejemplo: Consideramos el conjunto P de animales domésticos

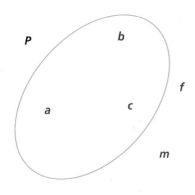

a representa perro $\Rightarrow a \in P$
b representa canario $\Rightarrow b \in P$
c representa gato $\Rightarrow c \in P$
m representa león $\Rightarrow m \notin P$
f representa jabalí $\Rightarrow f \notin P$

Cómo se define un conjunto

Matemáticamente se considera que una reunión de elementos es un conjunto cuando está perfectamente definido, o sea, cuando se sabe con exactitud qué elementos pertenecen a él.

Para definir un conjunto se utilizan dos llaves en las cuales se encierran sus elementos o la propiedad que los caracteriza.

Cuando se nombra cada elemento que integra el conjunto se dice que está definido por *extensión* o *enumeración*.

Si lo caracterizamos usando una propiedad o enunciado que permita afirmar si un elemento cualquiera pertenece o no al conjunto, decimos que queda definido por *comprensión* o *propiedad*.

Dado el conjunto M = {dedos de la mano} definimos por extensión el conjunto M: M = {pulgar, índice, medio, anular, meñique}.

De igual modo quedaría definido por comprensión diciendo: M = {x/x es dedo de la mano} que se lee: «El conjunto M está formado por los elementos x tal que x es dedo de la mano».

Clave de símbolos utilizados	
Símbolo	**Significado**
$\in$	pertenece a
$\subset$	incluido en
$\supset$	incluye a
$=$	igual a
$\cup$	unión o reunión
$\cap$	intersección
x	producto cartesiano
–	menos, diferencia
$\varnothing$	conjunto vacío
U	conjunto universal
(a,b)	par ordenado
$\rightarrow$	aplicación o correspondencia
$\leq$	menor o igual
$\Rightarrow$	implica
$\Leftrightarrow$	si y sólo si
I, /	tal que
$\mathbb{N}$	conjunto de los números naturales $\mathbb{N} = \{0, 1, 2,...\}$
$\mathbb{Z}$	conjunto de los números enteros $\mathbb{Z} = \{0, \pm 1, \pm 2,...\}$ (se cumple que $\mathbb{N} \subset \mathbb{Z}$)
$\mathbb{Q}$	conjunto de los números racionales (se cumple que $\mathbb{Z} \subset \mathbb{Q}$)
$\mathbb{R}$	conjunto de los números reales (se cumple que $\mathbb{Q} \subset \mathbb{R}$)
$\wedge$	y (conjunción lógica)
$\vee$	o (disyunción lógica)

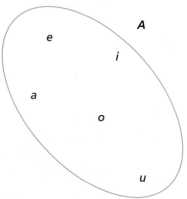

A = {a, e, i, o, u} (por extensión)
A = {x|x es una vocal} (por comprensión)

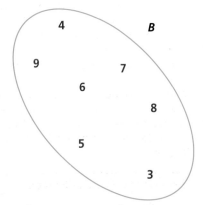

B = {3, 4, 5, 6, 7, 8, 9}
B = {x|x es número de una cifra > 2}

Conjuntos finitos e infinitos

Dados los siguientes conjuntos:

M = {los meses del año}
$\mathbb{N}$ = {los números naturales}
P = {los países de América del Sur}
I = {los números impares}

Si definimos por extensión los conjuntos $\mathbb{N}$ e I nunca llegaremos a nombrar su último elemento, pues siempre es posible enumerar uno más. Estos conjuntos se llaman infinitos.

$\mathbb{N}$ = {0, 1, 2, 3, 4, 5...}
I = {1, 3, 5, 7, 9...}

(Se cierra la llave después de puntos suspensivos para indicar que no hay último elemento).

Los conjuntos que no son infinitos se llaman finitos, y a continuación de los puntos suspensivos se escribe el último elemento.

M = {enero, febrero, marzo... diciembre}
P = {Argentina, Brasil, Perú... Uruguay}

Conjuntos notables

• Conjunto vacío

Se llama conjunto vacío al que carece de elementos. Se designa con ∅

$$T = \left\{ \begin{array}{l} x|x \text{ es un alumno de primer año} \\ \text{de universidad de 5 años de edad} \end{array} \right\} = \varnothing$$

El conjunto T tiene por elementos los x tales que x es un alumno de primer año de universidad de 5 años de edad. Este conjunto es igual al conjunto vacío, ya que no hay en primer año de universidad alumnos de 5 años de edad.

• Conjunto unitario

Se llama conjunto unitario al que tiene un solo elemento.

A = {a|a es satélite natural de la Tierra}
A tiene un solo elemento, a = la Luna.

• Universal o referencial

Es el conjunto formado por todos los elementos del tema de referencia.
Su gráfico es un rectángulo,

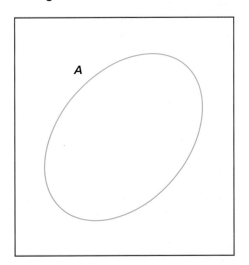

Por ejemplo, consideramos como universal U, el conjunto de todos los animales.

U = {x|x es un animal}
A = {x|x es un perro}

Dado el conjunto:

P = {x|x es número dígito}
respecto de P, el universal sería:

U = {x|x es número natural}
o U = {x|x ∈ $\mathbb{N}$}

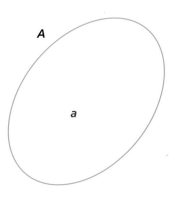

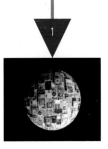

Subconjuntos. Inclusión

Se dice que un conjunto S está incluido en C si y sólo si todo elemento de S pertenece a C.

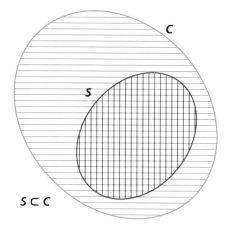

$S \subset C$

C = frutas
S = frutas cítricas
$S \subset C \Leftrightarrow \forall x | x \in S \Rightarrow x \in C$

Se lee: S es subconjunto de C o S está incluido en C si para todo x, tal que x pertenece al subconjunto S implica que x pertenece al conjunto C.

S = {lima, limón,… naranja}
C = {pera, banana, limón, naranja,… durazno} (definidos por extensión)

Conjuntos iguales

Se dice que un conjunto M es igual al conjunto N cuando tiene los mismos elementos; es decir, todo elemento de M pertenece al conjunto N y todo elemento de N pertenece al conjunto M.

M = N

1) si $\forall x \in M \Rightarrow x \in N$
2) si $\forall x \in N \Rightarrow x \in M$

También se define la igualdad entre conjuntos por medio de la inclusión.
Dos conjuntos M y N son iguales si y sólo si el primero está incluido en el segundo y recíprocamente.

$M = N \Leftrightarrow M \subset N \wedge N \subset M$

Propiedades de la inclusión y de la igualdad

Inclusión	Igualdad
Reflexiva: $A \subset A$	Reflexiva: $A = A$
Antisimétrica: Si $A \subset B \wedge B \subset A \Rightarrow A = B$	Simétrica: Si $A = B \Rightarrow B = A$
Transitiva: Si $A \subset B \wedge B \subset C \Rightarrow A \subset C$	Transitiva: Si $A = B \wedge B = C \Rightarrow A = C$

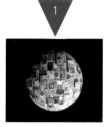

Conjuntos disjuntos

Dos conjuntos se dicen disjuntos cuando no tienen ningún elemento común.

Ejemplos:

Los conjuntos A y B de la figura son disjuntos pues no tienen ningún elemento común.

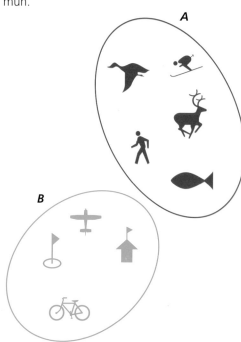

Complementario de un conjunto

Se llama complementario de N con respecto a M al conjunto de los elementos de M que no pertenecen a N.

$C_{N;M} = \{x | x \in M \wedge x \notin N\}$
$C_{N;M}$ se lee: complemento de N con respecto a M.

Ejemplo:

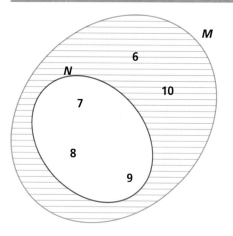

Dados M = {6, 7, 8, 9, 10}   N = {7, 8, 9}
$C_{N;M}$ = {6, 10}

Unión o reunión de conjuntos

Se llama unión de dos conjuntos A y B al conjunto formado por los elementos que pertencen a A o a B.

$$A \cup B = \{x | x \in A \lor x \in B\}$$

Se lee: A unión B está formado por todos los elementos x, tal que x pertenece a A o x pertenece a B.

Representación gráfica

A = {a, b, c, d, f}
B= {b, c, d, e, f, j, k}

A ∪ B = {a, b, c, d, e, f, j, k}

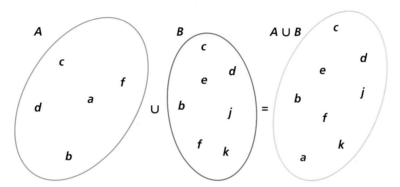

Propiedades

a) La unión de un conjunto consigo mismo es igual a este mismo conjunto (*idempotencia*).

M ∪ M = M
Si M = {a, b, c}
es M ∪ M = {a, b, c}

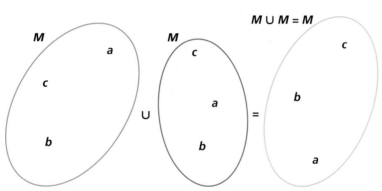

b) La unión de un conjunto universal y uno de sus subconjuntos es igual al conjunto universal.
Dados P = {4, 7, 8, 9} y U = {números}

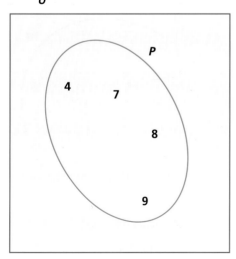

P ∪ U = U

c) La unión de cualquier conjunto y el conjunto vacío es igual al primero.

Dados R = {m, n, p} y ∅

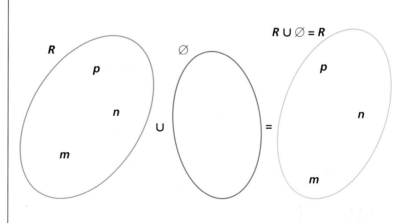

d) *Asociativa:* A ∪ (B ∪ C) = (A ∪ B) ∪ C

e) *Conmutativa:* A ∪ B = B ∪ A

Intersección de conjuntos

Se llama intersección de dos conjuntos R y S al conjunto formado por los elementos que pertenecen simultáneamente a *R* y a *S*.

$$R \cap S = \{x | x \in R \land x \in S\}$$

que se lee: R intersección S es el conjunto formado por los elementos *x* tal que *x* pertenece a R y *x* pertenece a S.

Ejemplos:

a) R = {m, n, r, s, t}   S = {m, n, p, q}
R ∩ S = {m, n}

Gráficamente:

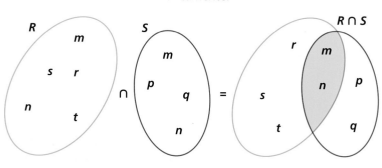

b) M = {flores rojas}
N = {rosas}
M ∩ N = {rosas rojas}

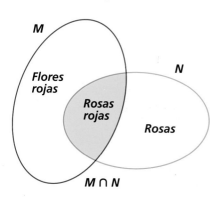

Propiedades

a) La intersección de un conjunto consigo mismo es igual al mismo conjunto.

M = {a, b, c}
M ∩ M = {a, b, c}
M ∩ M = M

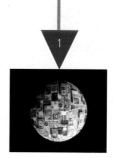

b) La intersección de un conjunto universal y uno de sus subconjuntos es igual a éste.

Dados P = {4, 7, 8, 9} y U = {números}
P ∩ U = P

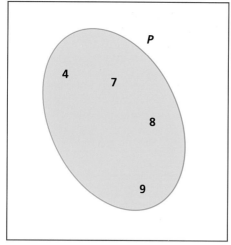

P ∩ U = P

c) La intersección de cualquier conjunto y el conjunto vacío es igual al conjunto vacío.

Dados
S = {7, 6, 8, 13} y R = ∅
S ∩ ∅ = ∅

d) *Asociativa*: (A ∩ B) ∩ C = A ∩ (B ∩ C)

e) *Conmutativa*: A ∩ B = B ∩ A

Diferencia de conjuntos

Se llama diferencia entre un conjunto A y otro conjunto B, al conjunto formado por todos los elementos de A que no pertenecen a B.

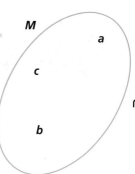

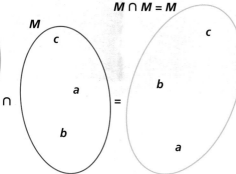

A − B = {x|x ∈ A ∧ x ∉ B}

que se lee: A diferencia con B es el conjunto de las *x* tal que *x* pertenece al conjunto A y *x* no pertenece al conjunto B.

Ejemplo:

A = {a, b, c, d, e, f} y
B = {a, e, c, m, r, s}
A − B = {b, d, f}

Gráficamente:

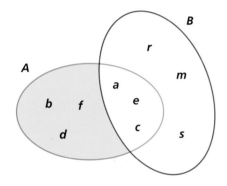

Propiedades

a) Si A y B son conjuntos disjuntos, es decir, A ∩ B = ∅, se tiene A − B = A.
b) Si A es un subconjunto de B, A ⊂ B, entonces A − B = ∅.
c) La diferencia de conjuntos no es conmutativa, ni asociativa:

A − B ≠ B − A
(A − B) − C ≠ A − (B − C)

Propiedad distributiva de las operaciones con conjuntos

a) La unión es distributiva con respecto a la intersección.

(R ∩ S) ∪ T = (R ∪ T) ∩ (S ∪ T)

b) La intersección de conjuntos es distributiva con respecto a la unión.

(R ∪ S) ∩ T = (R ∩ T) ∪ (S ∩ T)

c) La diferencia es distributiva con respecto a la unión y a la intersección de conjuntos.

(R ∪ S) − T = (R − T) ∪ (S − T)
(R ∩ S) − T = (R − T) ∩ (S − T)

Problemas

Con los conjuntos se pueden plantear problemas muy entretenidos, que los relacionan mediante operaciones de unión, intersección y diferencia. Permiten obtener datos que tienen relación con los conjuntos dados.

En un grupo de 44 alumnos, 20 deben examinarse o (rendir examen) de Español y 18 deben examinarse de Matemática. Si 10

La división de la Tierra en zonas horarias es una partición del planeta: cualquier población está en una zona horaria y no hay ninguna población que pertenezca a más de una zona horaria.

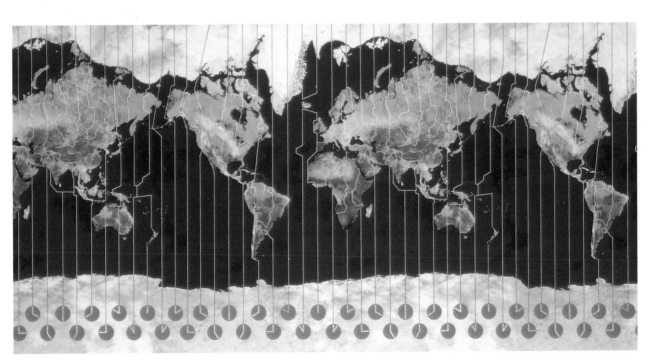

alumnos deben examinarse de Español, pero no de Matemática, se desea averiguar:

a) ¿Cuántos alumnos no tienen que examinarse de ninguna materia?

b) ¿Cuántos deben examinarse de las dos materias?

c) ¿Cuántos tienen que examinarse de, por los menos, una?

• **Primer paso.** Consideramos como conjunto universal el total de alumnos de la división y ubicamos en él los conjuntos de alumnos que deben hacer exámenes de Matemática y Español.

U = {x|x es alumno del grupo}

C = {x|x es alumno que debe examinarse de Español}

M = {x|x es alumno que debe examinarse de Matemática}

Hacemos la gráfica:

U

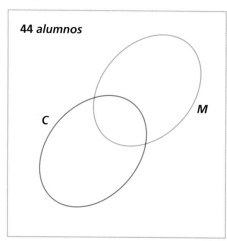

• **Segundo paso.** Ubicamos en el conjunto C – M a los alumnos que deben examinarse de Español pero no de Matemática.

U

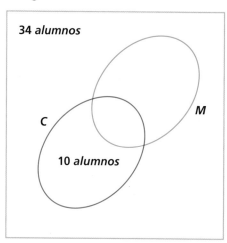

• **Tercer paso.** Si 20 alumnos deben examinarse de Español, de acuerdo con los datos, y 10 se examinan sólo de esta materia, entonces los 10 restantes deben examinarse de ambas materias y se tienen que ubicar en C ∩ M.

U

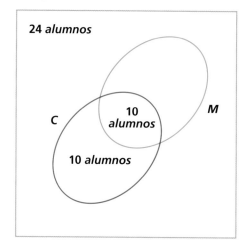

• **Cuarto paso.** Hay 18 alumnos que han de examinarse de Matemática y 10 que se examinan de ambas materias, lo que indica que 8 alumnos se examinan sólo de Matemática y los ubicamos en M – C.

U

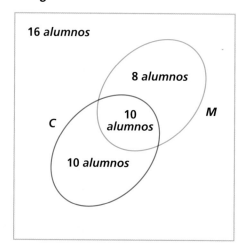

• **Conclusión**

a) 16 alumnos no deben examinarse de ninguna materia.

b) 10 alumnos deben examinarse de ambas materias.

c) 28 alumnos han de examinarse por los menos de una materia.

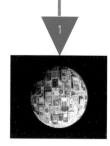

Relaciones y estructuras

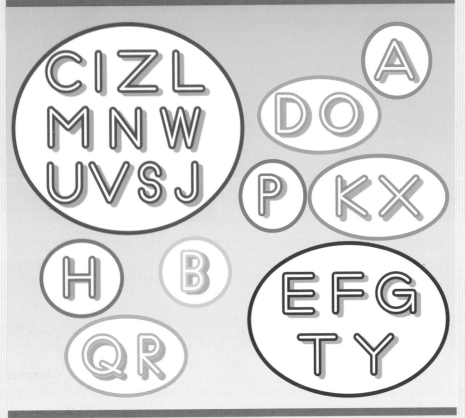

La forma habitual de clasificar las letras del alfabeto es en vocales
y consonantes, pero también hay otros modos de agruparlas.
En la ilustración se encuentran clasificadas según su topología. Es decir,
cualquier letra de un subconjunto puede transformarse
en otra del mismo subconjunto por deformación y estiramiento.
Esta relación es de equivalencia y divide al conjunto original
en una colección de clases de equivalencia
(conjunto cociente).

Relaciones y estructuras

Producto cartesiano

El producto cartesiano de dos conjuntos M, N es el conjunto M x N de pares ordenados (a,b) en los que el primer elemento pertenece a M y el segundo a N.

Por ejemplo, el producto de M = {3, 5, 7} por N = {a, m, p, r} podemos obtenerlo con la siguiente tabla:

M \ N	a	m	p	r
3	(3,a)	(3,m)	(3,p)	(3,r)
5	(5,a)	(5,m)	(5,p)	(5,r)
7	(7,a)	(7,m)	(7,p)	(7,r)

Se cumple que M x N ≠ N x M.

Relaciones

Una relación binaria R entre dos conjuntos P y M es un subconjunto del producto cartesiano P x M (por tanto, R ⊂ P x M).

Si (a,b) ∈ R, se escribe a R b, que se lee a está relacionado con b.

En particular son muy utilizadas las relaciones binarias de un conjunto A consigo mismo, R ⊂ A x A, que manejaremos de ahora en adelante, salvo indicación contraria.

Propiedades

• **Reflexiva.** Todo elemento está relacionado consigo mismo: a R a.

La dureza de un cuerpo es su resistencia a ser rayado. En la escala de dureza de Mohs se mide de 1 –dureza del talco, el mineral más blando– a 10 –dureza del diamante, el mineral más duro–. Entre ellos, otros minerales sirven para medir las durezas intermedias. En la ilustración se indican los elementos que cumplen la relación «es rayado por», que cumple las propiedades antisimétrica y transitiva. Si admitimos que un cuerpo se raya a sí mismo, la relación «es rayado por» es una relación de orden.

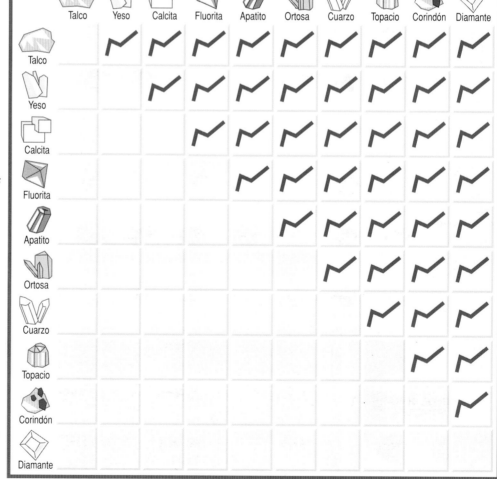

Ejemplo:

La relación «padre de» no es reflexiva –nadie es padre de sí mismo–; pero la «es múltiplo de» sí lo es porque todo número entero es múltiplo de sí mismo.

• **Simétrica.** Si *a* R *b*, entonces *b* R *a*.

Ejemplo:

La relación definida por «paralela a» entre las rectas de un plano es simétrica, pues

si una recta *a* es paralela a otra *b*, también ésta lo es a *a*. En cambio no es simétrica la relación «padre de».

• **Antisimétrica.** Si *a* R *b* y *b* R *a*, entonces *a* = *b*.

Ejemplo:

Entre los números naturales, la relación «menor o igual que» es antisimétrica, ya que $a \leq b$ y $b \geq a$ sólo pueden cumplirse simultáneamente cuando $a = b$.

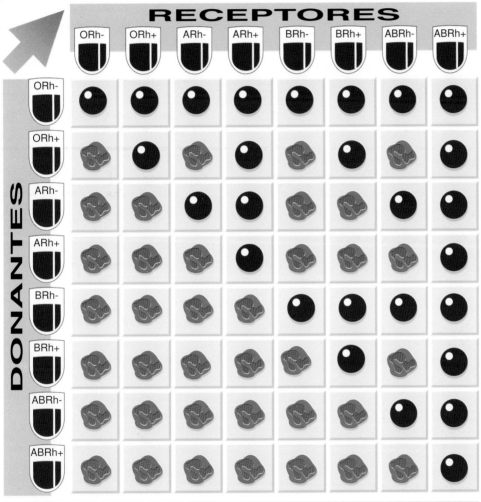

No todas las sangres son compatibles; por ello, la sangre se clasifica de acuerdo al sistema ABO (grupos O, A, B y AB) y la reacción al factor Rh (Rh+ y Rh–). A la izquierda, se indican las relaciones posibles entre donantes y receptores, desde el O–, o donante universal, porque todos pueden recibir su sangre, al AB+, o receptor universal, ya que puede recibir sangre de cualquiera de los otros grupos. Esta relación entre clases de donantes es reflexiva y antisimétrica, pero no transitiva.

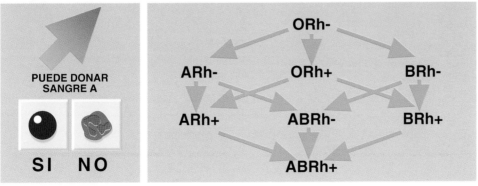

• **Transitiva.** Si *a* R *b* y *b* R *c*, entonces *a* R *c*.

Ejemplo:

La relación «tener igual edad que» es transitiva ya que, si dos personas tienen igual edad que una tercera, también tienen la misma. En cambio, la relación «hijo de» no lo es porque si *a* es hijo de *b* y *b* es hijo de *c* no se cumple que *a* es hijo de *c*.

Relación de equivalencia

Una relación se dice que es de *equivalencia* si cumple las propiedades reflexiva, simétrica y transitiva.

Ejemplo:

La relación «tener igual edad que» es de equivalencia, como se comprueba fácilmente.
Las principales relaciones de equivalencia en matemática elemental son la «paralela a» entre las rectas de un plano, y la «igual a» en el conjunto ℝ de números reales.

Conjunto cociente

Toda relación R de equivalencia permite efectuar una partición del conjunto A en partes o clases de equivalencia y el conjunto de esas clases, designado por A/R, se denomina conjunto cociente.

Ejemplo:

Si entre los alumnos de un colegio establecemos que dos de ellos están relacionados entre sí únicamente cuando estudian el mismo curso, se tendrá una relación de equivalencia que permite establecer partes o clasificar a los alumnos en «los de 1°», «los de 2°», etc. Todos los alumnos de un curso constituyen una clase de equivalencia, y el conjunto de las clases (no de los alumnos) es el conjunto cociente.

Relación de orden

Una relación es de *orden* cuando cumple las propiedades reflexiva, antisimétrica y transitiva.

Ejemplo:

La ≤ (menor o igual que) en el conjunto ℕ de los números naturales.
Las principales relaciones de orden en matemática elemental son, en el conjunto

ℝ, la «menor o igual que, ≤ »; en el conjunto de todos los conjuntos, la «incluido en, ⊂»; y en el conjunto de los números enteros «es múltiplo de», y «es divisor de».

Correspondencias

Una correspondencia entre los elementos de un conjunto A y B (que puede coincidir con A) se designará por una letra minúscula en general, *f, g, h, i,* y es una ley que permite relacionar elementos de A con otro u otros de B.

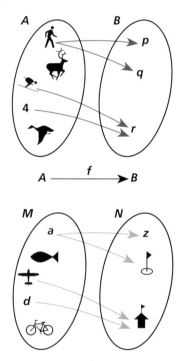

Ejemplos:

Se escribe, por ejemplo, *f* (4) = *r* y se dice que *r* es imagen de 4, y que 4 es una antiimagen de *r*.

Aplicaciones

Las aplicaciones son un tipo particular, muy utilizado, de correspondencias. Se definen del modo siguiente:
Una aplicación es toda correspondencia que asigna a cada elemento de A un único elemento de B.

Clases de aplicaciones

• **Inyectivas.** Una aplicación es inyectiva si cada elemento del segundo conjunto es imagen como máximo de un elemento del primer conjunto.

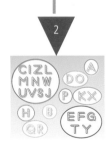

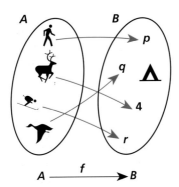

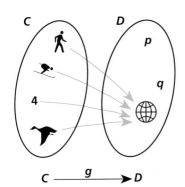

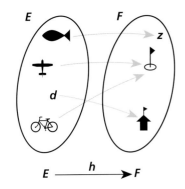

En los ejemplos superiores, *f* es inyectiva, *g* y *h* no lo son.
• **Exhaustivas.** (También llamadas epiyectivas y sobreyectivas.) Una aplicación es exhaustiva si todo elemento del segundo conjunto es imagen de algún elemento del primer conjunto. En los ejemplos superiores, *h* es exhaustiva, *f* y *g* no lo son.
• **Biyectiva.** Es una aplicación inyectiva y exhaustiva. Una aplicación *f* : M → N es biyectiva si ningún elemento de N es imagen de más de un elemento de M y todos los elementos de N son imagen de algún elemento de N. Obsérvese que entonces la correspondencia inversa que hace corresponder a cada elemento su antiimagen es también una aplicación.

Operación interna

Dado un conjunto A y el producto cartesiano A x A, una operación interna ⋆ es una aplicación que a cada par ordenado (*a*,*b*) le hace corresponder un único elemento de A, simbolizado por *a* ⋆ *b*.
Así, en el conjunto ℕ de los números naturales, la suma (el símbolo ⋆ sería el +) es una operación interna, ya que a todo par (*a*,*b*) le corresponde el número natural *a* + *b*; por ejemplo, (2,3) → 2 + 3 = 5.
La diferencia (–) en ℕ no es interna porque puede darse el caso de que a sea menor que *b*.

Propiedades

Una operación interna ⋆ en A puede cumplir las siguientes propiedades (*a*, *b*, *c* indicarán elementos de A):
• **Asociativa:** (*a* ⋆ *b*) ⋆ *c* = *a* ⋆ (*b* ⋆ *c*).
• **Conmutativa:** *a* ⋆ *b* = *b* ⋆ *a*.
• Existencia del **elemento neutro:** puede existir un elemento *e* tal que *a* ⋆ *e* = *e* ⋆ *a* = = *a*. Por ejemplo, en la suma de números naturales *e* es el cero (*a* + 0 = 0 + *a* = *a*), y en el producto, el uno (*a* · 1 = 1 · *a* = *a*).

• Existencia del **elemento simétrico:** para cada *a* ∈ A puede existir un único elemento *a'* tal que *a* ⋆ *a'* = *a'* ⋆ *a* = *e*.
Por ejemplo, en la suma de números enteros, el simétrico de +*a* es –*a*, ya que (+*a*) + + (–*a*) = 0.
• Cuando el número de operaciones internas definidas en un conjunto es dos, puede cumplirse, además, la propiedad **distributiva:** si, por ejemplo, en el conjunto ℤ de los números enteros consideramos las operaciones suma y producto, se tiene la propiedad distributiva del producto con respecto a la suma: *a* · (*b* + c) = *a* · *b* + *a* · *c*.

Estructuras algebraicas

Dado un conjunto y una o más operaciones definidas en él constituyen una estructura algebraica. Las principales son: grupo, anillo y cuerpo.

Grupo

Dado un conjunto A y definida una operación ⋆, debe cumplirse que ⋆ sea:
1) ley de composición interna (aplicando la operación ⋆ el resultado pertenece al conjunto dado);
2) asociativa;
3) existe elemento neutro y es único;
4) existe elemento inverso con respecto a la operación.
El conjunto de los números enteros es una estructura de grupo para la suma.
• Si además la operación cumple con la propiedad conmutativa es un grupo conmutativo o abeliano.
El conjunto de los números enteros es un grupo conmutativo o abeliano.

Anillo

Dado un conjunto A en el que están definidas dos operaciones que son ⋆ y ■, debe cumplirse:

EVARISTE GALOIS

Evariste Galois (1811-1832) fue un matemático francés impresionante que en apenas veintiún años vivió una vida tan novelescamente romántica como corresponde a la época en la que vivió. Tras descubrir las matemáticas a los quince años, se dedicó a ellas completamente, devorando libros de álgebra y geometría a un ritmo inverosímil.

Fruto de sus lecturas fueron las memorias enviadas a Cauchy, a la Academia de Ciencias y a Poisson, cuyo valor no fue comprendido hasta décadas más tarde, en las que figuraba nada menos que la concepción, desarrollo y aplicaciones de la idea de grupo.

Tras ser retado a un duelo a pistola, pasó la noche escribiendo sus últimos resultados matemáticos con la esperanza de que llegaran a Jacobi o Gauss. En el duelo recibió un tiro en el vientre y murió cuando apenas había cumplido veintiún años dejando, sin embargo, una herencia matemática de incalculable valor.

Evariste Galois (1811-1832) fue un genio de vida muy corta, pero cuyas brillantísimas aportaciones siguen luciendo como pilares fundamentales de la matemática.

• respecto a *
a) ley de composición interna;
b) es asociativa;
c) existe elemento neutro, que es único;
d) existe elemento inverso;
e) es conmutativa.

• respecto a ■
a) ley de composición interna;
b) es asociativa;
c) es distributiva con respecto a *

El conjunto de los números enteros con las operaciones de adición y multiplicación tiene estructura de anillo.

▶ Cuerpo

Dado un conjunto A y definidas en él las operaciones * y ■, debe cumplirse:

• respecto a *
a) ley de composición interna;
b) es asociativa;
c) existe elemento neutro, que es único;
d) existe elemento inverso;
e) es conmutativa.

• respecto a ■
a) ley de composición interna;
b) es asociativa;
c) existe elemento neutro, que es único;
d) existe elemento inverso;
e) es conmutativa.

■ es distributiva con respecto a *

El conjunto de los números racionales con las operaciones de adición y multiplicación tiene estructura de cuerpo.

▶ Estructuras de los conjuntos habituales de números

• El conjunto $\mathbb{N}$ de los números **naturales** no posee estructura de grupo con respecto a la suma o al producto (por consiguiente, tampoco de anillo y cuerpo) porque carece de elemento simétrico para ambas operaciones. En efecto, de, por ejemplo, 3 + (elemento simétrico) = 0 se deduce que elemento simétrico de 3 con respecto a la suma es –3, que no es un número natural; así mismo, de 3 · (elemento simétrico) = 1 se desprende que elemento simétrico de 3 con respecto al producto es 1/3, que tampoco es un número natural.

• Números **enteros** ($\mathbb{Z}$): grupo abeliano con respecto a la suma, y anillo abeliano con respecto a la suma y al producto. No es grupo para el producto debido a que carece de elemento simétrico: en efecto, por ejemplo, de (+3) · (elemento simétrico) = 1, se deduce que elemento simétrico de +3 = +1/3 (que no es un número entero).

• Números **racionales** ($\mathbb{Q}$): cuerpo con respecto a la suma y el producto.

• Números **reales** ($\mathbb{R}$): cuerpo con respecto a las operaciones suma y producto.

Estas estructuras se pueden comprobar de modo inmediato, ya que basta con aplicar las propiedades dadas anteriormente.

Capítulo

3

Números naturales

Los números naturales son la expresión cultural de la necesidad de contar, es decir, de conocer la respuesta a la pregunta ¿cuántos?

En la ilustración se muestra un fragmento de una pintura mural que adorna la tumba de un príncipe en Tebas, que vivió en tiempos del rey Tutmosis IV de la XVIII dinastía (siglo XV a.C.). Seis escribas contables controlan a cuatro obreros que cuentan el grano pasándolo de un montón a otro. El jefe de los escribas, sentado sobre un montón de grano, hace las operaciones aritméticas ayudándose con los dedos y dicta los resultados a los tres escribas de la izquierda que los registran en paletas. Estos datos serán pasados a unos papiros –escribas de la derecha– que se guardarán en los archivos del faraón.

Números naturales

El conjunto de los números naturales, que representamos por $\mathbb{N}$, está formado por los números que utilizamos habitualmente para contar objetos:

$$\mathbb{N} = \{1, 2, 3, ...\}$$

Este conjunto se caracteriza por:
— Tener un primer elemento: $1 \in \mathbb{N}$.
— Cada elemento tiene un siguiente. Para cualquier $n \in \mathbb{N}$, existe $n+1 \in \mathbb{N}$.
— No existe un último elemento, es decir, $\mathbb{N}$ tiene infinitos elementos. Lo que equivale a decir que la sucesión de los números naturales es infinita.

Aunque el 0 (cero) no es un número natural, usualmente se emplea como conjunto de los números naturales el conjunto

$$\mathbb{N}_0 = \mathbb{N} \cup \{0\}$$

Cardinal de un conjunto

Obsérvese:
0 es el número de elementos del conjunto vacío ($\emptyset$);
1 es el número de elementos de un conjunto unitario ($\{a\}$);
2 es el número de elementos de un conjunto binario ($\{a, b\}$);
n es el número de elementos de un conjunto n-ario ($\{1, 2, 3, ...n\}$;
...
El número de elementos de un conjunto es el *cardinal* del conjunto.

Representación de los números naturales

• **Representación gráfica.** Dada una semirrecta de origen 0, se transportan sobre ella segmentos iguales, quedando determinados los puntos de división, haciéndose corresponder a cada punto un número de la sucesión fundamental de números naturales.

```
0   A   B   C   D   E
|---|---|---|---|---|------→  +∞
0   1   2   3   4   5
```

El conjunto de números naturales se representa en una semirrecta por ser infinito.

• **Representación geométrica.** Si uno de los segmentos consecutivos (en el gráfico anterior) es considerado como la unidad, representa el número 1.

Ejemplo:

```
0 1 A    0   2   B    0     3     C
|-|-|    |---|---|    |--|--|--|--|
```

• **Representación literal.** A su vez, los números naturales se representan por medio de letras minúsculas.

Ejemplos:

a representa 7
b representa 1967
c representa 765.

Números naturales concretos

Se llama número *natural concreto* a la expresión formada por un número natural y la denominación de la especie de que se trata.

Ejemplo:

6 kg
6: es el coeficiente → número natural
kg: es la unidad simbólica → denominación de la especie.

Los números naturales concretos se clasifican en *complejos,* si son de distinta especie (por ejemplo: 3 m, 18 kg, 7 hl), y *homogéneos,* si son de la misma especie (por ejemplo: 23 cm^2, 7 m^2, 2 km^2).

Los números naturales sin denominación de especie se llaman números naturales *abstractos*.

Operaciones con números naturales

Suma o adición

Suma de a y b es el número natural c.

$$a + b = c$$

a y b se llaman *sumandos*.
c es la *suma*.

En el conjunto de los números naturales existe un número que sumado con cualquier otro da siempre este otro. A este número se le llama *elemento neutro* de la suma y es el cero.

$$m + 0 = m$$
$$5 + 0 = 5$$

Propiedades de la adición

1) *Asociativa:* Si en una suma se asocian dos o más sumandos y se sustituyen por su suma ya efectuada, la suma total no varía.

$m + n + p = z$	$2 + 3 + 5 = 10$
$(m + n) + p = z$	$(2 + 3) + 5 = 10$

2) *Conmutativa:* Si en una suma se altera el orden de los sumandos, la suma total no varía.

$m + n + p = z$	$2 + 3 + 5 = 10$
$m + p + n = z$	$2 + 5 + 3 = 10$
$n + p + m = z$	$3 + 5 + 2 = 10$

3) *Propiedad uniforme:* Si se suman miembro a miembro dos o más igualdades, se obtiene otra igualdad.

$$\begin{array}{r} m = n \\ p = q \\ + \ r = t \\ \hline m + p + r = n + q + t \end{array}$$

Para pensar...

Los cuadrados mágicos

Los cuadrados mágicos fueron un pasatiempo muy popular. Son cuadrados (mismas filas que columnas) de números con la particularidad de que sumados éstos en cualquier dirección –por filas, columnas o en diagonal– siempre se obtiene el mismo resultado.

Para construir un cuadrado mágico de nueve casillas, con las nueve cifras, se colocan el 5 en la casilla central y las cifras pares en las esquinas, de modo que las diagonales sumen lo mismo. Ya sólo falta colocar las cifras impares en las casillas vacías.

4		2
	5	
8		6

4	9	2
3	5	7
8	1	6

Este cuadrado mágico se encuentra en el grabado **Melancolía** del pintor y grabador alemán Albrecht Dürer (o Durero). Todas sus líneas suman 34, lo mismo que el cuadrado central y los cuatro cuadrados en que queda dividido por sus líneas medias.

¿Puede completar este recuadro utilizando los primeros 16 números naturales de modo que sumando por filas, columnas y diagonales se obtenga siempre el mismo resultado?
A este cuadrado se le atribuían propiedades contra la peste, y por ello se llevaba colgado del cuello grabado en una plaquita de plata.

1			
	6		
		11	
			16

$$8 = 5 + 3$$
$$2 + 3 = 5$$
$$3 + 1 = 2 + 2$$

$$8 + 2 + 3 + 3 + 1 = 5 + 3 + 5 + 2 + 2$$
$$17 = 17$$

4) *Propiedades de monotonía:*

— Sumando miembro a miembro dos o más desigualdades del mismo sentido, se obtiene otra desigualdad de ese mismo sentido.

$$m > n$$
$$p > q$$
$$r > t$$

$$m + p + r > n + q + t$$

$$7 > 5$$
$$4 > 2 + 1$$

$$7 + 4 > 5 + 2 + 1$$
$$11 > 8$$

— Sumando miembro a miembro desigualdades del mismo sentido, con igualdades, se obtiene una desigualdad del mismo sentido.

$$m < n$$
$$p = q$$
$$r < t$$

$$m + p + r < n + q + t$$

$$3 < 5$$
$$7 = 6 + 1$$
$$4 < 3 + 5$$

$$3 + 7 + 4 < 5 + 6 + 1 + 3 + 5$$
$$14 < 20$$

El libro Behede und hubsche Rechnung auf allen Kauffmanschafft *(1489) de Johann Widman (del que se reproduce una de sus páginas a la derecha) es el primer registro impreso del empleo de los símbolos + y – como signos de operaciones (suma y resta, respectivamente).*

INSTRUMENTOS DE CÁLCULO

La computadora u ordenador es una máquina de calcular electrónica capaz de realizar cálculos a velocidades muy grandes. De las enormes computadoras iniciales se ha pasado, en pocos años, a las prácticas calculadoras de bolsillo.

El primer auxiliar de cálculo fue, seguramente, la mano humana; luego, apareció el ábaco, con el cual se podía contar en diferentes bases (año 3000 a.C.). Su empleo se ha mantenido hasta nuestra época.

En la Roma clásica, se aprendía a contar con auxilio de pequeños guijarros, de cuyo nombre latino, *calculus*, proviene cálculo y sus derivados (calcular, calculadora, etc.). Por otra parte, como *calculus* = piedra, guijarro, cuando se habla de un cálculo renal se está hablando de una piedra en el riñón y no de un inventario de estas piezas anatómicas.

En el siglo XVI, Neper, descubridor de los logaritmos tuvo la idea de cómo aplicarlos a un instrumento que auxiliara los cálculos: la regla de cálculo. La primera fue costruida en 1671 por Gunter.

En 1620 surgió la máquina de calcular de Pascal, que tenía ruedas dentadas con números del cero al nueve. En 1671, Leibniz construyó una máquina que realizaba multiplicaciones. Charles Babbage inventó (1833) una máquina de procesar datos que estaba provista de un sistema de tarjetas perforadas para «leer» la información.

En los primeros años de la década de 1940, Howard Aiken, un matemático de la Universidad de Harvard, creó la máquina que está considerada como la primera computadora digital, MARK I, que poco después fue seguida por las computadoras MARK II y MARK III, cada vez más rápidas. Eran aparatos enormes, pues funcionaban con lámparas de radio.

En 1946 se creó en Estados Unidos la ENIAC, que realizaba operaciones en milésimas de segundo. Gracias a John von Neumann fue construida la primera computadora con memoria, la ENDIVAC, que podía almacenar los programas y, por tanto, procesar la infomación que le era suministrada de modo casi inmediato, al no tener que serle introducido también el programa de procesamiento.

Gracias a los avances de la microelectrónica y al desarrollo y miniaturización de los circuitos electrónicos ha sido posible convertir aquellas monstruosas computadoras en prácticos modelos de sobremesa, por lo que se han convertido en algo tan cotidiano como los automóviles o el teléfono.

A la izquierda, máquina de sumar de Pascal. En 1642, cuando sólo contaba 19 años, Blaise Pascal inventó esta máquina, con la que podía sumar y restar, para aligerar la tortura a la que se veía sometido por las interminables cuentas de su padre que era recaudador de impuestos.

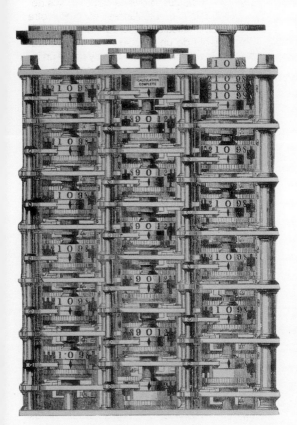

Los dedos, una calculadora de «bolsillo» siempre a mano. En los dibujos de la derecha se muestra un modo sexagesimal de contar con los dedos, que todavía se usa en Irak, Turquía, India e Indochina. Apoyando el pulgar sobre las falanges de la mano derecha se llevan las cuentas hasta 12. Cada vez que se alcanza esta cantidad se dobla un dedo de la mano izquierda. Así el puño izquierdo cerrado indica 60 unidades.

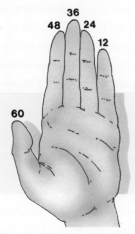

Arriba, fragmento de una máquina calculadora de Babbage, que como la de sumar de Pascal, era también una complicada máquina mecánica, basada en delicados ajustes de sus ruedas dentadas y palancas. De hecho, Charles Babbage diseñó una máquina para calcular e imprimir tablas matemáticas, que no pudo construirse debido a que no se logró preparar las piezas con suficiente precisión.

Las modernas supercomputadoras Cray, como la de los años ochenta que se reproduce a la derecha, permiten realizar complicados y larguísimos cálculos a una velocidad que, a escala humana, puede clasificarse de instantánea. Así, con estas supercomputadoras, se han encontrado números primos enormes, de 86 243, 132 049 y 216 091 dígitos.

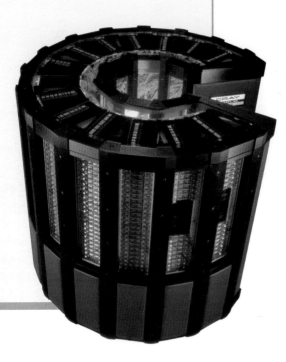

▶ Sustracción o resta

Dados dos números naturales p y q, se llama diferencia entre ellos al número r tal que sumado a q da por resultado el número p.

$$p - q = r \Rightarrow r + q = p$$

p se llama minuendo
q se llama sustraendo
r se llama diferencia o resta

Para que la resta sea posible entre números naturales, es condición necesaria y suficiente que el minuendo sea mayor o igual que el sustraendo.

Es decir que: $p - q = r$ si $p \geqslant q$.

▶ Propiedades de la sustracción de números naturales

La sustracción *no es asociativa ni conmutativa.*
1) *Propiedad uniforme:* Restando miembro a miembro dos igualdades se obtiene otra igualdad.

$$\begin{array}{r} m = n \\ - \quad p = q \\ \hline m - p = n - q \end{array}$$

2) *Leyes de monotonía*
— Restando miembro a miembro dos desigualdades de distinto sentido, se obtiene una nueva desigualdad del mismo sentido que el de la primera.

$$\begin{array}{r} m > n \\ - \quad p < q \\ \hline m - p > n - q \end{array} \qquad \begin{array}{r} m < n \\ - \quad p > q \\ \hline m - p < n - q \end{array}$$

$$\begin{array}{r} 8 > 6 \\ - \quad 3 < 4 \\ \hline 8 - 3 > 6 - 4 \\ 5 > 2 \end{array} \;\text{el mismo sentido que la primera igualdad} \qquad \begin{array}{r} 10 < 12 \\ - \quad 7 > 5 \\ \hline 10 - 7 < 12 - 5 \\ 3 < 7 \end{array}$$

— Restando miembro a miembro una igualdad con una desigualdad, se obtiene como resultado una desigualdad de sentido contrario a la dada.

$$\begin{array}{r} m = n \\ - \quad p > q \\ \hline m - p < n - q \end{array} \qquad \begin{array}{r} m = n \\ - \quad p < q \\ \hline m - p > n - q \end{array}$$

$$\begin{array}{r} 7 = 7 \\ - \quad 5 > 3 \\ \hline 7 - 5 < 7 - 3 \\ 2 < 4 \end{array} \qquad \begin{array}{r} 9 = 9 \\ - \quad 5 < 7 \\ \hline 9 - 5 > 9 - 7 \\ 4 > 2 \end{array}$$

— Restando miembro a miembro una desigualdad con una igualdad, se obtiene como resultado una desigualdad del mismo sentido que el de la dada.

$$\begin{array}{r} m > n \\ - \quad p = q \\ \hline m - p > n - q \end{array} \qquad \begin{array}{r} m < n \\ - \quad p = q \\ \hline m - p < n - q \end{array}$$

$$\begin{array}{r} 8 > 5 \\ - \quad 3 = 3 \\ \hline 8 - 3 > 5 - 3 \\ 5 > 2 \end{array} \qquad \begin{array}{r} 6 < 7 \\ - \quad 5 = 5 \\ \hline 6 - 5 < 7 - 5 \\ 1 < 2 \end{array}$$

◣ Suma algebraica

La combinación de sumas y restas de números naturales se llama suma algebraica.

$$7 - 5 + 6 - 3 - 4 + 8 + 9 + 3$$

Cada uno de los números de la suma algebraica separados por los signos más o menos se llaman *términos.*

Los términos precedidos por el signo más (+) se llaman *términos positivos* (7, 6, 8, 9, 3), y los términos precedidos por el signo menos (–) se llaman *términos negativos* (5, 3, 4).
El primer término, si no tiene escrito signo se sobreentiende que tiene signo más.

▶ Forma práctica de resolver la suma algebraica

Dado el ejemplo anterior:

$$7 - 5 + 6 - 3 - 4 + 8 + 9 + 3$$

Observar primero: si un mismo número figura dos veces en la suma algebraica, pero con distinto signo (es decir una vez con signo + y otra con signo –), pueden suprimirse.

$$7 - 5 + 6 - \cancel{3} - 4 + 8 + 9 + \cancel{3}$$

Luego se suman los términos positivos y, al resultado, se le resta la suma de los términos negativos.

$$7 - 5 + 6 - 4 + 8 + 9 =$$
$$= (7 + 6 + 8 + 9) - (5 + 4) =$$
$$= 30 - 9 = 21$$

3

PITÁGORAS: NÚMEROS Y MAGIA

Pitágoras es universalmente conocido gracias al teorema, que lleva su nombre, que relaciona las medidas de los tres lados de un triángulo rectángulo. Pero su obra es mucho más amplia y va más allá de las matemáticas (geometría, aritmética) para adentrarse en la música, la astronomía, la religión y la magia.

En efecto, para Pitágoras el número natural era algo mágico y la base de todo el Universo. Tenía la convicción de que la armonía, la belleza y toda la naturaleza podían expresarse por relaciones entre los números naturales. Incluso sostuvo que los planetas girando sobre sus órbitas producían una armonía celeste fundamentada en dichos números.

Fundó una secta cuyos miembros –los pitagóricos– se comprometían a no revelar los secretos y las enseñanzas de la escuela. La hermosa estrella pentagonal fue el distintivo de la hermandad.

Además de los conocidos números cuadrados, cúbicos y primos, también clasificaron los números perfectos, los amigos, los triangulares, los pentagonales, los hexagonales y muchos otros, como resultado de las investigaciones sobre los números, sus divisores y sus relaciones con los otros números.

Uno de los mayores secretos de los pitagóricos, ya que destruía completamente la base de sus propias creencias, fue la existencia de números irracionales, como la relación entre las medidas de la diagonal y el lado de un cuadrado ($\sqrt{2}$) o la relación entre las longitudes de una circunferencia y su diámetro (π).

Pero además de sus fieles, Pitágoras encontró un amplio auditorio entre la emergente burguesía griega que había recibido la aritmética fenicia mezclada con abundante broza supersticiosa y le pedían charadas. «Pitágoras se las presentó de las mejores y más ingeniosas. Fue el primer paso hacia los extraños ceremoniales con plegarias que sus discípulos ofrecieron a los números mágicos. El conjuro al número 4 decía: "Bendícenos, número divino, que engendraste los dioses y los hombres, ¡oh, *tetraktys* sagrado, que contienes la raíz y el manantial de la Creación, que fluye eternamente!"

»La doctrina idealista, que congregaba grandes auditorios para escuchar a Pitágoras, se manifiesta por la manera cómo inviste de cualidades morales los números y las figuras. El 1, más que como un número en sí, era considerado como el origen de todos los otros números y representaba la razón; el 2 representaba la opinión, el 4 la justicia, el 5 el matrimonio, por estar formado por el primer número macho, 3, y el primer número hembra, 2. En las propiedades del 5 estaba el secreto del color, en el 6 el secreto del frío, en el 7 el de la salud, en el 8 el del amor, por ser la suma de 3 (potencia) y 5 (matrimonio).» (De L. Hogben, *La matemática en la vida del hombre.*)

El culto de los número mágicos dio la vuelta a todo el mundo antiguo, se mantuvo a lo largo de los siglos y ha llegado hasta nosotros. Por ejemplo, el número 666 o «número de la bestia» se identifica con el Anticristo, y muchos hombres de ciencia notables del pasado han intentado descubrir su identidad por medio de este número. Entre ellos Newton y Neper, el creador de un famoso sistema de logaritmos que lleva su nombre, al cual daba el mismo valor que a su sistema para descubrir al Anticristo.

Los números perfectos son los que, como el 6, son iguales a la suma de sus divisores (excluyendo al mismo número): 6 = 1 + 2 + 3 (otros números perfectos son 28, 496, 8 128 y 33 550 336). Los números amigos son parejas de números en el que cada uno de ellos es igual a la suma de los divisores del otro (220 = 1 + 2 + + 4 + 71 + 142 y 284 = 1 + 2 + 4 + + 5 + 10 + 11 + 20 + + 22 + 44 + 55 + + 110). Las sucesivas sumas de n números naturales nos da la sucesión de números triangulares: 1 = 1, 1 + 2 = 3, 1 + 2 + 3 = 6, 1 + 2 + 3 + 4 = 10, ... Sumando series de los n primeros números cuadrados se obtiene la sucesión de los números piramidales: 1 = 1, 1 + 4 = 5, 1 + + 4 + 9 = 14, 1 + 4 + + 9 + 16 = 30, ... Números pitagóricos son ternas de números (3, 4, 5; 5, 12, 13; 9, 12, 15; ...) tales que el cuadrado del mayor es igual a la suma de los cuadrados de los otros dos. Números pentagonales son las sumas de un número triangular y un número cuadrado del mismo orden (1, 5 = 1 + 2², 12 = 3 [1 + 2] + 3², 22 = 6 [1 + 2 + 3] + + 4², 35 = 10 [1 + + 2 + 3 + 4] + 5², ...).

Triangulares	Cuadrados	Pirámides	Cubos
3	4	5	8
6	9	14	27
10	16	30	64

Ejemplo:

$23 - 6 + 10 + 8 - 13 - 8 + 6 - 8 + 7 - 5 =$
$23 - 6 + 10 + 8 - 13 - 8 + 6 - 8 + 7 - 5 =$
$(23 + 10 + 7) - (13 + 8 + 5) = 40 - 26 = 14$

▶ Supresión de paréntesis, corchetes y llaves

Dada la expresión:

$17 - \{6 + 3 - [-7 + 3 + (-3 + 8 - 5) + 6 - 1] +$
$+ 6\} + 3$

pueden suprimirse paréntesis, corchetes y llaves, siguiendo el procedimiento que se expone a continuación:
1) Cuando el paréntesis, corchete o llave está precedido por el signo más (+) puede suprimirse, quedando los términos que encierra con sus correspondientes signos.
2) Cuando el paréntesis, corchete o llave está precedido por el signo menos (–) puede suprimirse, cambiando los signos de los términos que encierra.
3) Para seguir un orden, en la suma algebraica se suprimen primero los paréntesis, en el segundo paso los corchetes y, por último, las llaves.
4) A continuación se resuelve la suma algebraica explicada anteriormente:

$17 - \{6 + 3 - [-7 + 3 + (- 3 + 8 - 5) + 6 -$
$- 1] + 6\} + 3$

— el paréntesis está precedido del signo +: no cambian los signos de los términos que encierra:

$17 - \{6 + 3 - [-7 + 3 - 3 + 8 - 5 + 6 - 1] +$
$+ 6\} + 3$

— el corchete está precedido del signo –: cambian los signos que encierra:

$17 - \{6 + 3 + 7 - 3 + 3 - 8 + 5 - 6 + 1 + 6\} +$
$+ 3$

— la llave está precedida del signo –: cambian los signos de los términos que encierra:

$17 - 6 - 3 - 7 + 3 - 3 + 8 - 5 + 6 - 1 -$
$- 6 + 3 = 17 - 6 - 7 + 8 - 5 - 1 =$
$= (17 + 8) - (6 + 7 + 5 + 1) =$
$= 25 - 19 = 6$

Ejemplo:

$(3 - 4) + \{-8 + 6 - [-5 + 2 - (3 + 4)] + 6\} =$

$= 3 - 4 + \{-8 + 6 - [-5 + 2 - 3 - 4] + 6\} =$
$= 3 - 4 + \{-8 + 6 + 5 - 2 + 3 + 4 + 6\} =$
$= 3 - 4 - 8 + 6 + 5 - 2 + 3 + 4 + 6 =$
$= (3 + 6 + 5 + 3 + 6) - (8 + 2) =$
$= 23 - 10 = 13$

▶ Transposición o pasaje de términos

Dada una igualdad, puede realizarse la transposición de términos de un miembro a otro sin que la igualdad se altere.
Para ello se deben seguir los siguientes pasos:
1) El signo igual separa la igualdad en primero y segundo miembro.

$$\underbrace{7 - 5 + 3}_{1.^r \text{ miembro}} = \overbrace{4 + 1}^{2.^o \text{ miembro}}$$

2) Cada término pasa de un miembro a otro con la operación contraria, es decir, si está sumando pasa restando, y viceversa.

Ejemplo:

Si en la igualdad dada se quiere pasar del primer miembro al segundo el número 5, como en el primer miembro está restando pasa sumando y la igualdad se mantiene.

$7 + 3 = 4 + 1 + 5$
$10 = 10$

Para hallar el valor de x en una expresión como $15 = 7 + x$ debe pasarse el 7 del segundo miembro al primero; como está sumando, pasa restando.
Primero se escribe el término que había en el primer miembro (15) y, a continuación, el término que pasa (7).

$$15 - 7 = x$$

$$8 = x$$

El valor que debe tomar la letra x para que se verifique dicha igualdad es 8.

Verificación
Si en la igualdad $15 = 7 + x$, reemplazamos la x por el valor calculado, la igualdad se mantiene; es decir, el valor hallado (8) para la x es correcto.

$15 = 7 + x$
$15 = 7 + 8$
$15 = 15$

Capítulo 4

Sistemas de numeración

Sobre la esfera del gigantesco *Big Ben*, el reloj
del Parlamento británico, hay grabadas 12 divisiones
de una hora y 60 divisiones de un minuto.
El uso del número 60 como base para contar y de sus divisores
(como la docena: 12 = 60/5) es una reminiscencia
del sistema de numeración en base 60, utilizado hace miles de años
por los babilonios, tanto por los comerciantes
en sus cálculos cotidianos como por los sacerdotes –de los que dependía
el cómputo del tiempo– en sus cálculos astronómicos.

Sistemas de numeración

A la derecha, fragmento de un relieve egipcio (2700 a.C.) en el que se pueden ver cifras de la numeración jeroglífica. Las barras horizontales significan unidades, el caracol corresponde a 100 y el símbolo bajo ellos significa 1 000. Los egipcios contaban en base 10.

La operación de contar fue el origen de la aritmética. Debido a la necesidad de intercambiar productos, nuestros antepasados necesitaron contarlos. Para ello utilizaron los dedos de las manos, hicieron marcas en los troncos de los árboles, emplearon piedras, etc. El hombre aprendió a dominar los números pero tardó mucho tiempo en utilizar signos para esos números.

Para referirnos a ello, debemos remontarnos a los inicios de la historia: 2 000 años antes de Cristo los babilonios quitaron el poder a los sumerios y aprendieron de ellos el comercio, la construcción de casas con ladrillos de arcilla cocida y la utilización de símbolos numéricos que parecen haber inventado aquéllos. Utilizaron la escritura cuneiforme, o en forma de cuña, y grabaron inscripciones sobre tablillas de arcilla con palos triangulares de ángulos agudos. Estas tablillas de arcilla las utilizaron sumerios, caldeos, babilonios, hititas, asirios y otras razas de la antigüedad.

Abajo, tablilla babilonia escrita con caracteres cuneiformes de unos 4 000 años de antigüedad: en ella se reflejan una serie de anotaciones contables en sistema de numeración sexagesimal.

```
꜠ ꜠꜠ ꜠꜠꜠ ꜠꜠꜠꜠ ...
1 2 3 4 5 6 7 8 9 10
```

Entre los sistemas de numeración más antiguos se encuentra el utilizado por los chinos y adoptado más tarde por los japoneses

```
一 二 三 四 五
1  2  3  4  5

六 七 八 九 十
6  7  8  9  10
```

Los hebreos, como los griegos, utilizaron su alfabeto para escribir los numerales.

```
א ב ג ד ה ו ז ח ט י
10 9 8 7 6 5 4 3 2 1
```

Los siguientes son numerales encontrados en una cueva de la India, que datan del siglo II o III a.C.

```
1 2  4  6  7  9 10 10 10
```

Los numerales árabes utilizados en aquella época, y también actualmente, son los siguientes:

```
١٢٣٤٥٦٧٨٩٠
1 2 3 4 5 6 7 8 9 0
```

EL SISTEMA DE NUMERACIÓN AZTECA Y MAYA

El sistema de numeración azteca era vige-simal. Las cantidades se indicaban por puntos o esferas hasta el número veinte; para ello se había adoptado un sistema de barras para representar los grupos de 5. Una especie de banderín indicaba el vein-te y un signo semejante a una pluma equi-valía a 20 · 20, es decir, 400. Para indicar 20 · 20 · 20 empleaban una bolsa, indican-do la cantidad inmensa de granos que ca-bían en ella. Posteriormente apareció el signo de las fracciones que era un disco con partes más oscuras.

La cultura maya usó también el sistema vi-gesimal y por medio de signos figurativos llegaron a establecer las fechas más anti-guas que se registran en la historia de la hu-manidad. Crearon un sistema basado en la posición de los signos, que implica el uso del cero (para indicar que no hay unidades de aquel valor), un símbolo ovalado que aparece en numerosas estelas o códices mayas.

En su sistema vigesimal, los valores de sus signos aumentaban de veinte en veinte, con algunas variantes para la mejor adap-tación a la cronología.

Para ellos los días eran dioses… y eran benditos los números que los representa-ban. No se interesaban por el futuro, pero el pasado encerraba los secretos del porvenir que eran estudiados por los sacerdotes.

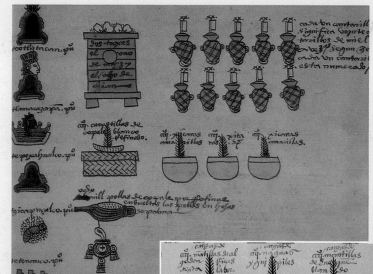

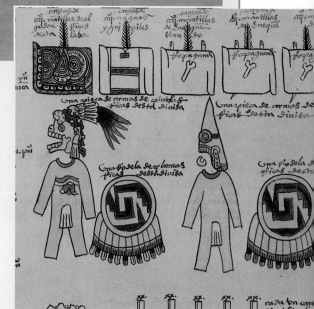

Dos fragmentos del Códice Mendoza en el que se explican los tributos que debían pagarse a los aztecas: el signo de veinte colocado sobre 10 jarras de miel indica que deben entregarse 200; la plumita, que significa 400, está sobre las mantas, las camisas y las vasijas. La bolsa, que vale 8 000, indica las pellas de copal.

1	•		11	o	
2	••	o	12	o	
3	•••	o	13	o	
4	••••	o	14	o	
5	—	o	15	o	
6		o	16	o	
7		o	17	o	
8		o	18	o	
9		o	19	o	
10		o			

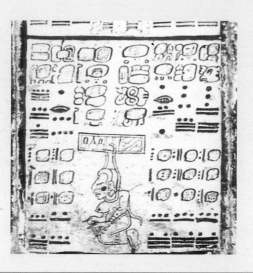

A la izquierda, gráfica que muestra la numeración maya y una estela que indica la duración de la mitad del año lunar. También aparece, en rojo, el símbolo que significa cero.

ros y escribimos 10 (1 y 0). La cifra 1 colocada en esta posición significa decena (1 decena). La cifra 8 colocada en esta posición y seguida de cero (80), significaría 8 decenas.

Utilizando dos cifras podemos representar hasta el número 99 (9 decenas y 9 unidades). Para el siguiente a 99 utilizamos ya tres cifras: 100. El 1 colocado en esta posición significa una centena.

Este sistema de numeración, en que cada diez unidades de un orden forman una del orden superior, es el comúnmente llamado sistema decimal.

Numeración romana

Tiene siete símbolos representados por siete letras del abecedario latino:

I	V	X	L	C	D	M
uno	cinco	diez	cincuenta	cien	quinientos	mil

Consta de algunas reglas que es necesario recordar para poder formar números:
1) Los símbolos V, L, D no se anteponen ni se repiten.
2) Los símbolos I, X, C, M se pueden escribir hasta tres veces seguidas y sus valores se suman.
3) El símbolo:
   I se antepone únicamente a V y X.
   X se antepone únicamente a L y C.
   C se antepone únicamente a D y M.
4) Cualquier símbolo, escrito a la izquierda de otro de mayor valor, resta valor al de éste: IV, cuatro; XC, noventa.
5) Cualquier símbolo escrito a la derecha de otro mayor o igual, suma su valor al de éste: VI, seis; XX, veinte.
6) Un trazo horizontal sobre los símbolos multiplica por 1 000 el valor de todos ellos.

Los incas utilizaban como sistema de numeración contable el quipo, cordones de lana que colgaban de una cuerda. Cada cordón tenía unos pequeños nudos que se agrupaban para significar las unidades, decenas, centenas y millares.

Los griegos tenían muchas formas de escribir sus números. Un método utilizaba las letras iniciales de los nombres de los números.

Número	Nombre	Letra
1000	Kilo	X (nuestra K)
100	Hekto	H
10	Deka	Δ (nuestra D)
5	Penta	π (nuestra p)

Más tarde los griegos utilizaron las diez primeras letras de su alfabeto para representar los diez primeros números

Sistema de numeración decimal

Es el sistema adoptado universalmente y consta de diez símbolos que son: 0, 1, 2, 3, 4, 5, 6, 7, 8, 9. Estos signos se atribuyen a los árabes y por eso se llaman arábigos.

Con ellos se representan todos los números. Al llegar al número diez, como no se dispone de ninguna cifra para representarlo, construimos su signo combinando dos cifras correspondientes a otros dos núme-

Ejemplos:

$\overline{XXII}$ = 22 000

$\overline{\overline{IICCCXX}}DCXVIII$ = 2 320 618

$\overline{VII}CDXVIII$ = 7 418

$\overline{\overline{I}}DCCXL$ = 1 740 000

CXXV = 125

MMXCII = 2 092

$\overline{CCC}DXXVI$ = 200 426

DCCXXVII = 727

$\overline{XCIV}CXXVIII$ = 94 128

EQUIVALENCIA DE LA NUMERACIÓN ROMANA		
Número decimal	Número romano	Obtención
1	I	I
2	II	I+I
3	III	I+I+I
4	IV	V−I
5	V	V
6	VI	V+I
7	VII	V+I+I
8	VIII	V+I+I+I
9	IX	X−I
10	X	X
20	XX	X+X
21	XXI	X+X+I
30	XXX	X+X+X
40	XL	L−X
50	L	L
60	LX	L+X
70	LXX	L+X+X
80	LXXX	L+X+X+X
90	XC	C−X
100	C	C
200	CC	C+C
300	CCC	C+C+C
400	CD	D−C
500	D	D
600	DC	D+C
700	DCC	D+C+C
800	DCCC	D+C+C+C
900	CM	M−C
1000	M	M
2000	M	M+M
4000	$\overline{IV}$	V−I x mil
5000	$\overline{V}$	V x mil

Los romanos a menudo escribían IIII (4) y no IV. Esto se observa también actualmente en las esferas de algunos relojes.

La numeración romana se utilizó en la teneduría de libros de los países europeos hasta el siglo XVIII.

LA HISTORIA DEL CERO

Hasta el año 1200 después de Cristo, se usó en Europa la numeración romana. Por esa época, un mercader de Pisa, Leonardo Pisano, más conocido como Fibonacci, al volver de un largo viaje por África y Oriente Medio escribió un libro titulado *Liber Abaci*, donde exponía y proponía emplear el sistema de numeración utilizado por los árabes, que a su vez lo habían aprendido de los hindúes. Sus ventajas más importantes eran la utilización del cero y el sistema posicional de notación.

La obra de Leonardo Pisano tuvo que esperar a la invención de la imprenta para que llegara a ser conocida en toda Europa. Es interesante señalar que ya los mayas, en el siglo V, tenían la noción del cero, número que empleaban en su sistema de numeración vigesimal.

El número cero es una de las más grandes invenciones del genio humano, ya que facilita la ejecución de las operaciones aritméticas. Su introducción en Europa permitió el progresivo abandono de la numeración romana vigente hasta la Edad Media.

Puede comprobarse la importancia del cero, tratando de hacer los cálculos corrientes utilizando los números romanos. Se verá que el más sencillo cálculo aritmético se ha convertido en algebraico.

La numeración romana estuvo vigente en Europa, y en los países de su entorno, hasta bien entrada la Edad Media. Arriba, relieve de la lápida de un tabernero hallada en Mérida y en la que se pueden observar números romanos.

Sistema binario

El sistema binario es importante por ser el adecuado para las computadoras electrónicas. En este sistema, sólo con las cifras 0 y 1 podemos representar cualquier número natural.

Si queremos pasar un número escrito en sistema decimal al sistema binario, dividimos el número y los cocientes sucesivos por 2 hasta obtener un cociente unidad. El nú-

Al tomar seis objetos agrupados de dos en dos podemos formar tres grupos de dos unidades, es decir, tres unidades de segundo orden. Con estas tres unidades podemos hacer otro grupo de dos unidades, que será de tercer orden, y queda una unidad desapareada. Éste es el método de las divisiones sucesivas utilizado para escribir un número en base diez (sistema decimal) de numeración.

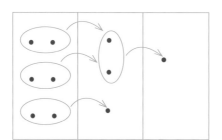

mero es igual a este último cociente y a la serie de restos obtenidos, escritos del último al primero, a continuación del último cociente.

Sea, por ejemplo, el número 6:

$$6_{10} = 110_2$$

Si queremos transformar un número escrito en sistema binario al sistema decimal se procede así:

$$110_2 = 0 + 1 \cdot 2 + 1 \cdot 2 \cdot 2 =$$
$$= 0 + 2 + 4 = 6_{10}$$

Es decir, las cifras del número binario, comenzando por la última, se multiplican por

Para pensar...

Adivine un número

Para llevar a cabo este juego de adivinanzas con el que asombrar a los amigos, hay que fabricar estas seis tarjetas, con algún recuadro de color diferente para distinguirlas, y copiar exactamente los números que aparecen en ellas. A continuación, hay que pedirles que piensen un número entre 1 y el 63. Una vez lo hayan pensado, se les muestran las tarjetas, una por una, y se les pregunta si el número que han pensado aparece en ella. Si sumamos mentalmente el primer número de cada tarjeta en la que aparece el número elegido,

obtendremos como resultado precisamente dicho número.

Ejemplo: Si el número elegido es el 35, que aparece en las tarjetas roja, amarilla y azul, basta sumar los tres primeros números de cada una: 1 + 2 + 32, para obtener 35.
La explicación de este truco se basa en el sistema de numeración binario y en la teoría de conjuntos. ¡Intente hallarlo!
La solución aparece en las páginas finales de esta obra.

las sucesivas potencias de 2, que son:

$$2^0 = 1$$
$$2^1 = 2$$
$$2^2 = 2 \cdot 2 = 4$$
$$2^3 = 2 \cdot 2 \cdot 2 = 8$$
$$2^4 = 2 \cdot 2 \cdot 2 \cdot 2 = 16$$
...

y luego se suman dichos productos.

Expresión de los primeros números del sistema decimal escritos en el sistema binario:

cero	0_2
uno	1_2
dos	10_2
tres	11_2
cuatro	100_2
cinco	101_2
seis	110_2
siete	111_2
ocho	1000_2
nueve	1001_2
diez	1010_2

Ejemplos:

Pasar a sistema binario

a) 23_{10} b) XIII

a) Para transformar el 23 de nuestro sistema decimal al binario, aplicamos la regla de las divisiones sucesivas por 2.

$$23_{10} = 10\ 111_2$$

b) Para transformar al sistema binario un número escrito en romano, primero debemos escribirlo en decimal: XIII $= 13_{10}$

Y luego transformarlo al sistema de base dos.

$$\text{XIII} = 1\ 101_2$$

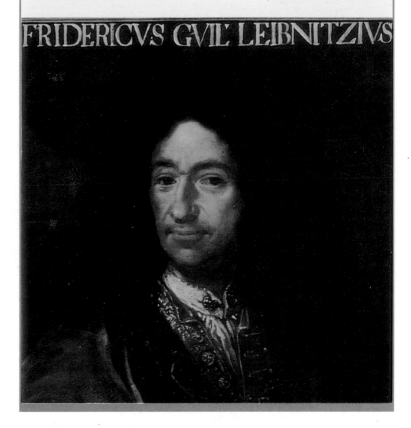

EL SISTEMA BINARIO Y LA CREACIÓN DEL UNIVERSO

El sistema binario de computación, es decir en base dos, ya se conocía en China unos 3000 años a.C. según consta en manuscritos de la época. Cuarenta y seis siglos después Leibniz redescubre el sistema binario. Queriendo ver en la utilización de los dos símbolos únicos, 0 y 1, un significado místico, Leibniz asignó al 0 la nada y representó a Dios con el 1. Mas no se detuvo allí, sino que dedujo que la combinación entre ambos símbolos representaba el Universo.

Su colaborador, el jesuita Grimaldi, creyó que esto era una demostración innegable de la existencia de Dios, por lo que se dirigió al Gran Tribunal de Matemáticos de China con el fin de que el emperador reflexionara sobre el hecho y, abandonando el budismo, aceptara a un Dios capaz de crear al Universo de la nada.

Lamentablmente no ha quedado registrado el resto de la historia. No se sabe si el argumento llegó a los oídos del emperador y, en caso de que así hubiera sido, qué le contestó al jesuita Grimaldi.

Inventor del sistema de numeración binario, Gottfried Wilhelm Leibniz, eminente filósofo y matemático alemán (1666-1716) ha pasado a la historia como uno de los pensadores que más ha contribuido al progreso humano. Entre sus hallazgos destacan sus trabajos –paralelos a los de Newton– sobre el cálculo infinitesimal, base de toda la ciencia y técnica modernas.

FRIDERICVS GVIL LEIBNITZIVS

El Nim es un juego muy sencillo que consiste en repartir las cerillas de una caja en varios montones menores, de los que cada jugador puede retirar el número que quiera en cada turno, siempre que sea de un mismo montón. Gana quien hace la última jugada.

Lo curioso del Nim es que siempre gana el que hace la primera jugada, eso sí, si juega bien ... y sabe contar en base dos.

Si, por ejemplo, tenemos tres montones de cerillas como el del dibujo, ganará el que hace la primera jugada siempre que utilice la siguiente estrategia: escribir el número de cada montón de cerillas en sistema binario uno encima del otro y retirar el número de cerillas necesario para que, en los montones que queden, la cantidad de números 1 de cada columna sea par.

CERILLAS	SISTEMA DECIMAL	SISTEMA BINARIO	PARIDAD POR COLUMNAS			PARIDAD DESEADA			MODO DE CONSEGUIRLA	JUGADA
	5	101	1	0 1		1	0 1		1101 = 13 19 - 13 = 6	
	8	1000	1 0 0 0			1 0 0 0			Deben retirarse 6 cerillas del montón de 19	
	19	10011	1 0 0 1 1			1 1 0 1				
			impar impar impar impar par			par par par par par				

Números en otras bases

Es posible escribir números del sistema decimal en otros, cuyas bases sean distintos números. Para ello, se utiliza el método de las divisiones sucesivas, como en el sistema binario.

Por ejemplo, sea escribir el número 23 en base 5.

$$\begin{array}{r|l} 23 & 5 \\ \hline (3) \leftarrow (4) \end{array} \qquad 23_{10} = 43_5$$

Realizamos ahora el paso al sistema decimal:

$$43_5 = 3 + 4 \cdot 5 =$$
$$= 3 + 20 = 23_{10}$$

Ejemplos:

a) Pasar 1024_5 al sistema binario
Para poder transformar 1204_5 al sistema binario, primero debemos pasarlo al decimal:

$$1204_5 = 4 + 0 \cdot 5 + 2 \cdot 5 \cdot 5 +$$
$$+ 1 \cdot 5 \cdot 5 \cdot 5 = 4 + 0 + 50 + 125 =$$
$$= 179_{10}$$

LOS VEINTE PRIMEROS NÚMEROS ESCRITOS EN DIFERENTES BASES

Base 10	1	2	3	4	5	6	7	8	9	10	11	12	13	14	15	16	17	18	19	20
Base 2	1	10	11	100	101	110	111	1000	1001	1010	1011	1100	1101	1110	1111	10000	10001	10010	10011	10100
Base 3	1	2	10	11	12	20	21	22	100	101	102	110	111	112	120	121	122	200	201	202
Base 4	1	2	3	10	11	12	13	20	21	22	23	30	31	32	33	100	101	102	103	110
Base 5	1	2	3	4	10	11	12	13	14	20	21	22	23	24	30	31	32	33	34	40
Base 6	1	2	3	4	5	10	11	12	13	14	15	20	21	22	23	24	25	30	31	32
Base 7	1	2	3	4	5	6	10	11	12	13	14	15	16	20	21	22	23	24	25	26
Base 8	1	2	3	4	5	6	7	10	11	12	13	14	15	16	17	20	21	22	23	24
Base 9	1	2	3	4	5	6	7	8	10	11	12	13	14	15	16	17	18	20	21	22

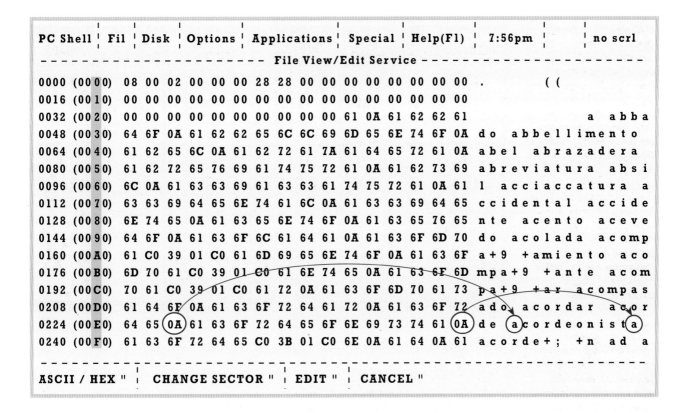

```
  ┌──┬──┬──┬──────┬──────────┬────────┬───────┬────────┬──────────┐
PC Shell │ Fil │Disk │ Options │ Applications│ Special │ Help(F1) │ 7:56pm │     │ no scrl
- - - - - - - - - - - - - - - - - - - -  File View/Edit Service - - - - - - - - - - - - - - - - -

0000 (0000)  08 00 02 00 00 00 28 28 00 00 00 00 00 00 00 00  .          ( (
0016 (0010)  00 00 00 00 00 00 00 00 00 00 00 00 00 00 00 00
0032 (0020)  00 00 00 00 00 00 00 00 00 00 61 0A 61 62 62 61         a abba
0048 (0030)  64 6F 0A 61 62 62 65 6C 6C 69 6D 65 6E 74 6F 0A  do abbellimento
0064 (0040)  61 62 65 6C 0A 61 62 72 61 7A 61 64 65 72 61 0A  abel abrazadera
0080 (0050)  61 62 72 65 76 69 61 74 75 72 61 0A 61 62 73 69  abreviatura absi
0096 (0060)  6C 0A 61 63 63 69 61 63 63 61 74 75 72 61 0A 61  l acciaccatura a
0112 (0070)  63 63 69 64 65 6E 74 61 6C 0A 61 63 63 69 64 65  ccidental accide
0128 (0080)  6E 74 65 0A 61 63 65 6E 74 6F 0A 61 63 65 76 65  nte acento aceve
0144 (0090)  64 6F 0A 61 63 6F 6C 61 64 61 0A 61 63 6F 6D 70  do acolada acomp
0160 (00A0)  61 C0 39 01 C0 61 6D 69 65 6E 74 6F 0A 61 63 6F  a+9 +amiento aco
0176 (00B0)  6D 70 61 C0 39 01 C0 61 6E 74 65 0A 61 63 6F 6D  mpa+9 +ante acom
0192 (00C0)  70 61 C0 39 01 C0 61 72 0A 61 63 6F 6D 70 61 73  pa+9 +ar acompas
0208 (00D0)  61 64 6F 0A 61 63 6F 72 64 61 72 0A 61 63 6F 72  ado acordar acor
0224 (00E0)  64 65 0A 61 63 6F 72 64 65 6F 6E 69 73 74 61 0A  de acordeonista
0240 (00F0)  61 63 6F 72 64 65 C0 3B 01 C0 6E 0A 61 64 0A 61  acorde+; +n ad a

- - - - - - - - - - - - - - - - - - - - - - - - - - - - - - - - - - - - - - - - - - - - - - - -
ASCII / HEX "  │  CHANGE SECTOR "  │ EDIT "  │  CANCEL "
```

Y luego transformamos a binario:

```
179 |2
 19 89 |2
 (1) 09 44 |2
    (1) 04 22 |2
       (0) 02 11 |2
          (0)(1) 5 |2
                 1 2 |2
                 (0)(1)
```

$$1204_5 = 10110011_2$$

b) Pasar al sistema binario 120_3

El número 120_3 debemos convertirlo en un número decimal, para luego poder pasarlo al binario:

$$120_3 = 0 + 2 \cdot 3 + 1 \cdot 3 \cdot 3 =$$
$$= 0 + 6 + 9 = 15_{10}$$

```
15 | 2
(1)  7 | 2
    (1)  3 | 2
        (1) ← (1)
```

$$120_3 = 1111_2$$

c) Pasar el número 101_2 a base 5

Para poder transformar al sistema de base 5, primero lo transformamos al decimal.

$$101_2 = 1 + 0 \cdot 2 + 1 \cdot 2 \cdot 2 =$$
$$= 1 + 0 + 4 = 5_{10}$$

Ahora transformamos a la base pedida:

```
5 | 5
(0) ← (1)
```

$$101_2 = 10_5$$

d) Pasar 30_6 a base decimal

$$30_6 = 0 + 3 \cdot 6 = 0 + 18 = 18_{10}$$

$$30_6 = 18_{10}$$

e) Pasar XXII a base 4

$$XXII = 22_{10}$$

```
22 | 4
(2)  5 | 4
    (1) (1)
```

$$XXII = 112_4$$

El sistema de numeración hexagesimal, o en base 16, se utiliza en las computadoras para codificar los símbolos tipográficos. Las cifras de dicho sistema son 16: 0, 1, 2, 3, 4, 5, 6, 7, 8, 9, A, B, C, D, E y F. Con ellas se pueden escribir 16 x 16 = 256 «números» hexagesimales de dos cifras; por ejemplo, en esta pantalla de computadora puede verse cómo la letra «a» se escribe como 0A en base dieciséis. Este sistema de escritura universal se denomina código ASCII.

Divisibilidad

285 542 542 228 279 613 901 563 566 102 164 008 326 164 238 644 702 889 199 247 456
602 284 400 390 600 653 875 954 571 505 539 843 239 754 513 915 896 150 297 878 399
377 056 071 435 169 747 221 107 988 791 198 200 988 477 531 339 214 282 772 016 059
009 904 586 686 254 989 084 815 735 422 480 409 022 344 297 588 352 526 004 383 890
632 616 124 076 317 387 416 881 148 592 486 188 361 873 904 175 783 145 696 016 919
574 390 765 598 280 188 599 035 578 448 591 077 683 677 175 520 434 074 287 726 578
006 266 759 615 970 759 521 327 828 555 662 781 678 385 691 581 844 436 444 812 511
562 428 136 742 490 459 363 212 810 180 276 096 088 111 401 003 377 570 363 545 725
120 924 073 646 921 576 797 146 199 387 619 296 560 302 680 261 790 118 132 925 012
323 046 444 438 622 308 877 924 609 373 773 012 481 681 672 424 493 674 474 488 537
770 155 783 006 880 852 648 161 513 067 144 814 790 288 366 664 062 257 274 665 275
787 127 374 649 231 096 375 001 170 901 890 786 263 324 619 578 795 731 425 693 805
073 056 119 677 580 338 084 333 381 987 500 902 968 831 935 913 095 269 821 311 141
322 393 356 490 178 488 728 982 288 156 282 600 813 831 296 143 663 845 945 431 144
043 753 821 542 871 277 745 606 447 858 564 159 213 328 443 580 260 422 714 694 913
091 762 716 447 041 689 678 070 096 773 590 429 808 909 616 750 452 927 258 000 843
500 344 831 628 297 089 902 728 649 981 994 387 647 234 574 276 263 729 694 848 304
750 917 174 186 181 130 688 518 792 748 622 612 293 341 368 928 056 634 384 466 646
326 572 476 167 275 660 839 105 650 528 975 713 899 320 211 121 495 795 311 427 946
254 553 305 387 067 821 067 601 768 750 977 866 100 460 014 602 138 408 448 021 225
053 689 054 793 742 003 095 722 096 732 954 750 721 718 115 531 871 310 231 057 902
608 580 607

Esta larga retahíla de cifras no es una sucesión de números tomados al azar. Son las 1332 cifras que forman el mayor número primo conocido a principios de los 60, encontrado gracias a una computadora; hoy se conocen otros mucho mayores, con decenas de millares de cifras. En 1644, Mersenne estudió los números de la forma $2^p - 1$ con p primo, y conjeturó que para ciertos valores de p (2, 3, 5, 7, 13, 19, 31, 67, 127 y 257), $2^p - 1$ era primo. Los números que responden a esta expresión y son primos se conocen ahora como «primos de Mersenne». En los años sucesivos se descubrió que la lista era errónea: sobran 67 y 257, y faltan 61, 89 y 107. El número primo reproducido en la parte superior es un primo de Mersenne, el que corresponde a $p = 4423$.

Divisibilidad

Si el número entero *a* es igual al producto del entero *b* por un tercer entero, se dice que *a* es múltiplo de *b* o divisible por *b*, y que *b* es divisor de *a*.

$$a = b \cdot c \Rightarrow a = \dot{b} \text{ (}a \text{ es múltiplo de } b\text{)}$$
$$6 = 3 \cdot 2 \Rightarrow 6 = \dot{3} \text{ (}6 \text{ es múltiplo de } 3\text{)}$$

◣ Propiedades

1) *Reflexiva:* Todo número es múltiplo de sí mismo.

2) *Transitiva:* Si un número es múltiplo de otro, el cual a su vez lo es de un tercero, el primer número será también múltiplo del tercero.

3) *Antisimétrica:* Si un número *a* es múltiplo de *b* y *b* es a la vez múltiplo de *a*, *a* y *b* tienen que ser el mismo número.

4) Si dos números son múltiplos de otro, su suma y su diferencia lo serán también.

$$\left. \begin{array}{l} a = \dot{b} \\ c = \dot{b} \end{array} \right\} \Rightarrow \begin{array}{l} a + c = \dot{b} \\ a - c = \dot{b} \end{array}$$

$$\left. \begin{array}{l} 6 = \dot{2} \\ 4 = \dot{2} \end{array} \right\} \Rightarrow \begin{array}{l} 6 + 4 = \dot{2} \\ 6 - 4 = \dot{2} \end{array}$$

◣ Números primos y compuestos

El número era concebido en la escuela de Pitágoras como un elemento natural constitutivo del universo; algo así como si todos los cuerpos se imaginaran formados por un cierto «número» de puntos, cuya distribución y orden numérico caracterizase a cada ser.

Una importante contribución de la aritmética pitagórica fue la distinción entre los números primos y compuestos.

Así, *número primo* es el que no tiene otros divisores que él mismo y la unidad. Los que no son primos se dicen *compuestos*.

Materializando un número en un conjunto de otros tantos elementos (por ejemplo, soldados de juguete), podemos hacer la distinción entre primos y compuestos de la siguiente manera: si el grupo de soldados puede disponerse en varias filas formando un rectángulo, el número es compuesto (admite divisores). Si en cambio el conjunto soldados no admite otra disposición que no sea sólo en fila o en línea, entonces el número se llama primo (no admite otros divisores que él mismo y la unidad).

Ejemplo:

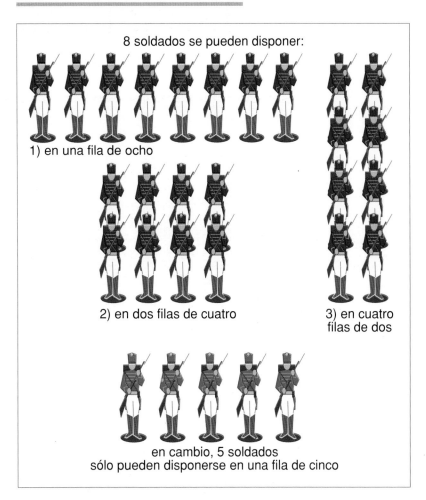

8 soldados se pueden disponer:

1) en una fila de ocho

2) en dos filas de cuatro

3) en cuatro filas de dos

en cambio, 5 soldados sólo pueden disponerse en una fila de cinco

◣ Construcción de la tabla de números primos hasta 100

También se conoce dicha tabla con el nombre de *criba de Eratóstenes*.

(Eratóstenes fue un astrónomo, filósofo y matemático griego, oriundo de Cirene. Dirigió la biblioteca de Alejandría e ideó un método para reconocer si un número es primo. También calculó el diámetro del Sol y la distancia Tierra-Sol. Murió en Alejandría en el año 194 a.C.)

Para construirla se procede así:
1) Se escriben los números hasta el 100.

Un número primo sólo tiene como divisores el 1 y el mismo número. Si el número de soldados del pelotón es primo, por ejemplo 5, sólo pueden disponerse –de forma regular– en una fila o en una columna. En cambio, si el número de soldados del pelotón es compuesto, pueden ordenarse de modos distintos.

2) Se suprimen todos los múltiplos de dos (excepto el 2).

3) Luego se suprimen todos los múltiplos de 3, luego los de 5, que es el próximo número sin tachar, y así sucesivamente (múltiplos de 7). Los números que no se han tachado son primos.

Después de Eratóstenes, otros, siguiendo el mismo método, publicaron tablas de números primos: Schosten (1657) hasta el 10000 y, actualmente, en la época de las computadoras, hay tablas con números de centenares de dígitos.

A la derecha, criba de Eratóstenes para hallar los números primos menores de 100. Después de suprimir los divisores de 2 (números pares), de 3, de 5 y de 7, los números que quedan son primos. No quedan múltiplos de 11 o de otro primo mayor, ya que cualquier múltiplo de éstos, menor de 100, ha de ser también múltiplo de 2, de 3, de 5 o de 7, y ya se han suprimido: 33 = 3 · 11, 91 = 7 · 13, 85 = 5 · 17, ...

1	②	③	4	⑤	6
⑦	8	9	10	11	12
13	14	15	16	17	18
19	20	21	22	23	24
25	26	27	28	29	30
31	32	33	34	35	36
37	38	39	40	41	42
43	44	45	46	47	48
49	50	51	52	53	54
55	56	57	58	59	60
61	62	63	64	65	66
67	68	69	70	71	72
73	74	75	76	77	78
79	80	81	82	83	84
85	86	87	88	89	90
91	92	93	94	95	96
97	98	99	100		

Descomposición de un número en factores primos

Para descomponer un número en sus factores primos, se comienza a dividir el número dado por el menor divisor primo posible. Se continúa el procedimiento hasta obtener un cociente que sólo será divisible por sí mismo y la unidad.

Ejemplo:

Para descomponer 48 en factores primos, como es un número par lo dividimos por 2:

$$48 : 2 = 24$$

Como 24 (y los cocientes sucesivos) es par volvemos a dividir por 2:

$$24 : 2 = 12$$
$$12 : 2 = 6$$
$$6 : 2 = 3$$

Como 3 es primo,

$$3 : 3 = 1$$

Es decir,

$$48 = 2 \cdot 2 \cdot 2 \cdot 2 \cdot 3 = 2^4 \cdot 3$$

O sea:

El número dado es igual al producto de los factores primos que figuran en la descomposición.

En la práctica, los sucesivos cocientes y divisiones se disponen en columnas separadas por una línea vertical

48	2
24	2
12	2
6	2
3	3
1	

Ejemplo:

Descomponer 27720 en factores primos

27720	2
13860	2
6930	2
3465	3
1155	3
385	5
77	7
11	11
1	

$$27720 = 2^3 \cdot 3^2 \cdot 5 \cdot 7 \cdot 11$$

Divisores de un número

Para hallar todos los divisores de un número, primero se descompone en sus factores primos y, luego, se hacen todos los productos posibles entre éstos. Por ejemplo, los divisores de 180 son:

180	2		1	2	4
90	2		3	6	12
45	3		9	18	36
15	3		5	10	20
5	5		15	30	60
1			45	90	180

Cálculo del máximo común divisor y del mínimo común múltiplo

Dados los números: 12, 8 y 15

Descomponemos dichos números en sus factores primos y formamos el conjunto de los divisores primos de cada número:

```
12 │ 2      8 │ 2      15 │ 3
 6 │ 2      4 │ 2       5 │ 5
 3 │ 3      2 │ 2       1 │
 1 │        1 │
```

$$12 = 2^2 \cdot 3 \qquad 8 = 2^3 \qquad 15 = 3 \cdot 5$$

M = {divisores de 12} = {1, 2, 3, 4, 6, 12}
N = {divisores de 8} = {1, 2, 4, 8}
R = {divisores de 15} = {1, 3, 5, 15}

Gráficamente:

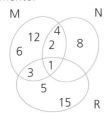

• **Regla para la obtención del máximo común divisor (m.c.d.):** El máximo común divisor (también llamado mayor divisor común o m.d.c.) lo obtenemos mediante el producto de los factores primos comunes tomados con sus menores exponentes:

m.c.d. (12, 8, 15) = 1

• **Regla para la obtención del mínimo común múltiplo (m.c.m.):** El mínimo común múltiplo (también llamado menor múltiplo común o m.m.c.) se obtiene considerando el producto de los factores comunes y no comunes tomados con su mayor exponente:

m.c.m. (12, 8, 15) = $2^3 \cdot 3 \cdot 5$ = 120

 División exacta

Dados dos números enteros, *m* y *n*, dividir *m* por *n*, siendo *m* múltiplo de *n* y *n* distinto de cero, es encontrar un número *p*, tal que multiplicado por *n* dé por resultado *m*.

Si $m = \dot{n}$ y $n \neq 0$
$m : n = p \Longrightarrow p \cdot n = m$

El número *m* se llama dividendo, *n* divisor y *p* cociente exacto, y la operación **división exacta.**

CRITERIOS DE DIVISIBILIDAD
(Permiten reconocer cuándo un número es divisible por otro)

divisibilidad por	criterio
10	Un número es divisible por 10 cuando la cifra de las unidades es cero.
100	Un número es divisible por 100, si sus dos últimas cifras son ceros.
2	Un número es divisible por 2 cuando termina en cifra par.
3	Un número es divisible por 3 si la suma de los valores absolutos de sus cifras es múltiplo de 3.
4	Un número es divisible por 4 cuando el número formado por las dos últimas cifras es múltiplo de 4.
5	Un número es divisible por 5, si la cifra de sus unidades es 5 o 0.
6	Un número es divisible por 6, si lo es por 2 y 3.
9	Un número es divisible por 9, si la suma de sus valores absolutos es múltiplo de 9.
11	Un número es divisible por 11 cuando la diferencia entre la suma de los valores absolutos de las cifras de los lugares pares e impares (en el sentido posible) es múltiplo de 11.

Propiedad distributiva de la división exacta con respecto a la suma algebraica de múltiplos del divisor.

Se cumple:

$(m - n + p) : x = m : x - n : x + p : x$

Ejemplo:

$$(15 - 27 + 18) : 3 = 15 : 3 - 27 : 3 + 18 : 3 =$$
$$= \quad 5 \quad - \quad 9 \quad + \quad 6 =$$
$$= (5 + 6) - 9 = 11 - 9 = 2$$

 Transposición o pasaje de factores y divisores

Para pasar un número de un miembro a otro, pasa con la operación inversa, es decir, si está multiplicando pasa dividiendo y viceversa.

$m : n = x$

Por definición sabemos que:

$m = n \cdot x$

a : 8 = 7	o m · 5 = 20
a = 7 · 8	m = 20 : 5
a = 56	m = 4

Los criterios de divisibilidad permiten conocer de una forma más o menos rápida si un número es divisible por otro o no. Conocer estos criterios facilita la tarea de hallar los divisores de un número.

Ejemplos de ejercicios de divisibilidad

a) Los aviones hacia Rio de Janeiro parten cada 42 minutos, y hacia Montevideo cada 54 minutos. A mediodía partieron juntos. ¿A qué hora volverán a hacerlo?

42	2
21	3
7	3
1	

54	2
27	3
9	3
3	3

$42 = 2 \cdot 3 \cdot 7$
$54 = 2 \cdot 3^3$

m.c.m. $= 2 \cdot 3^3 \cdot 7 = 2 \cdot 27 \cdot 7 = 378$ minutos

Reducimos a horas

$$\frac{378}{60} = 6 \text{ horas } 18 \text{ minutos}$$

12 h + 6 h 18 m = 18 h 18 m

Si partieron a las 12 horas, volverán a hacerlo a las 18 h 18 m.

b) Se desean entregar 90 globos, 120 chocolates y 180 pelotas a un cierto número de niños, de manera tal, que cada uno reciba un número exacto de globos, chocolates y pelotas. ¿Cuál es la mayor cantidad de niños que pueden recibir los obsequios?

90	2
45	3
15	3
5	5
1	

180	2
90	2
45	3
15	3
5	5
1	

120	2
60	2
30	2
15	3
5	5
1	

$90 = 2 \cdot 3^2 \cdot 5 \quad 180 = 2^2 \cdot 3^2 \cdot 5$
$120 = 2^3 \cdot 3 \cdot 5$

m.c.d. $= 2 \cdot 3 \cdot 5 = 30$

El mayor número de niños que pueden recibir los obsequios es 30.

Para pensar...

Los números y sus curiosidades

Al operar con los números se obtienen resultados que, si bien carecen de importancia desde el punto de vista matemático, son interesantes o curiosos.

Así, el número 806 puede descomponerse en el producto de 31 y 26:

$$806 = 31 \cdot 26$$

pero, obsérvese que curiosamente también:

$$806 = 62 \cdot 13$$

Otro ejemplo curioso es el producto del número 37 por los primeros múltiplos de 3 que da como resultado una serie de números con todas las cifras iguales:

$$3 \cdot 37 = 111$$
$$6 \cdot 37 = 222$$
$$9 \cdot 37 = 333$$
$$12 \cdot 37 = 444$$
$$15 \cdot 37 = 555$$
$$18 \cdot 37 = 666$$
$$21 \cdot 37 = 777$$
$$24 \cdot 37 = 888$$
$$27 \cdot 37 = 999$$

Evidentemente, la serie se detiene aquí, ya que $30 \cdot 37 = 1110$ no tiene todas sus cifras iguales.

Algo parecido sucede al multiplicar los primeros múltiplos de 33 por 3367:

$$33 \cdot 3367 = 111111$$
$$66 \cdot 3367 = 222222$$
$$99 \cdot 3367 = 333333$$
$$132 \cdot 3367 = 444444$$
$$165 \cdot 3367 = 555555$$
$$198 \cdot 3367 = 666666$$
$$231 \cdot 3367 = 777777$$
$$264 \cdot 3367 = 888888$$
$$297 \cdot 3367 = 999999$$

Otra serie curiosa es la siguiente:

$$1 \cdot 9 + 2 = 11$$
$$12 \cdot 9 + 3 = 111$$
$$123 \cdot 9 + 4 = 1111$$
$$1234 \cdot 9 + 5 = 11111$$
$$12345 \cdot 9 + 6 = 111111$$
$$123456 \cdot 9 + 7 = 1111111$$
$$1234567 \cdot 9 + 8 = 11111111$$
$$12345678 \cdot 9 + 9 = 111111111$$

Fijémonos ahora en estas igualdades:

$$12345679 \cdot 27 = 333333333$$
$$12345679 \cdot 63 = 777777777$$

¿por qué números hay que multiplicar 12345679 para obtener secuencias de cualquier cifra del 1 al 9?

Capítulo

6

Números
enteros

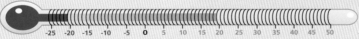

En algunas escalas termométricas (Celsius, Reaumur), a partir de una temperatura
que se toma como «cero» por convenio, como es la de la congelación
del agua (pura, a nivel del mar), se definen las temperaturas «positivas» como las
superiores a ésta y «negativas» como las inferiores a ella.
Para distinguir las segundas de las primeras se les antepone un signo menos, es decir,
la escala de temperatura Celsius nos ilustra prácticamente un claro
caso de utilización de los números enteros. El conjunto de estos números está
formado por los naturales, el cero y los «naturales negativos»,
que serían los números naturales precedidos de un signo menos.

Números enteros

El conjunto de todos los números está formado por muchísimos tipos de números según el sistema de clasificación que utilicemos. A partir de los números naturales, definidos prácticamente a partir de la intuitiva noción de contar, se construye el gran puzzle de los números por la sucesiva adición de nuevas piezas. La primera de las piezas es el conjunto de los números naturales y el cero; al añadirle los números negativos se obtiene el conjunto de los números enteros.

A medida que el hombre avanza en sus investigaciones se le presentan dificultades, por ejemplo, resolver operaciones del tipo: 6 – 8 =, y como en el campo de los números naturales no existe ningún número que sumado a 8 dé por resultado 6, surgen los números enteros negativos.

Estos son números precedidos por el signo – menos (–).

De esta manera tiene solución dicha diferencia:

$$6 - 8 = -2$$

La unión de los números naturales y los enteros negativos forma el conjunto de los números enteros que se designa con la letra o símbolo $\mathbb{Z}$.

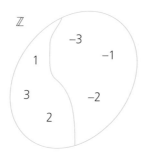

$\mathbb{Z} = \{..., -3, -2, -1, 0, 1, 2, 3,...\}$
$\mathbb{Z} = \{x/x \text{ es un número entero}\}$

Todo número entero está determinado por un par ordenado de números naturales, de los cuales él es la diferencia (véase recuadro de la página siguiente).

De manera tal que el número –*a* está determinado por (0, *a*)

El número –5 por (0, 5), (7, 12) o (6, 11).

Los pares (8, 11) y (10, 13) son equivalentes porque ambos definen el número –3.

Recordemos que para que una relación sea de equivalencia deben cumplirse las propiedades reflexiva, simétrica y transitiva.

Cada clase puede representarse por cualquiera de sus pares y define un número entero.

Podemos considerar tres clases:

a) El primer elemento de cada par es mayor que el segundo.

Estas clases definen los números enteros positivos que designamos con $\mathbb{Z}^+$.

Ejemplo:

$$\{(3, 0), (4, 1), (5, 2)... \} \rightarrow +3$$
$$\{(5, 0), (6, 1), (7, 2)... \} \rightarrow +5$$

b) El primer elemento de cada par es menor que el segundo. Estas clases definen los números enteros negativos, que se designan con $\mathbb{Z}^-$.

Ejemplo:

$$\{(0, 4), (1, 5), (2, 6)... \} \rightarrow -4$$
$$\{(0, 5), (1, 6), (2, 7)... \} \rightarrow -5$$

c) La clase de pares cuyos componentes son iguales define el número cero, que no es positivo, ni negativo.

$$\{(0, 0), (1, 1), (2, 2)... \} \rightarrow 0$$

Representación de los números enteros en la recta numérica

Dada una recta y un punto O que representa el número cero, se representan los enteros positivos sobre una semirrecta y los negativos sobre la opuesta.

–5 –4 –3 –2 –1 0 1 2 3 4 5
O

LOS NÚMEROS ENTEROS

Los números enteros pueden definirse a partir del producto cartesiano del conjunto de los números naturales –ampliado con el cero– consigo mismo. Este conjunto ($\mathbb{N} \times \mathbb{N}$) contiene todos los pares (a, b) de números naturales.

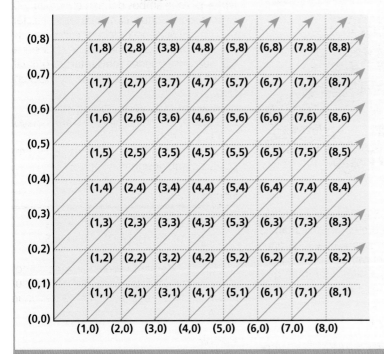

Se define entonces la relación:

$(a, b) R (c, d)$ si y sólo si $a + d = b + c$

Esta relación es de equivalencia, ya que cumple las propiedades:

• *reflexiva*: $(a, b) R (a, b)$, ya que $a + b = b + a$ (propiedad conmutativa de los números naturales).
• *simétrica*: $(a, b) R (c, d)$, ya que $a + d = b + c$ equivale a $c + b = d + a$ (propiedad conmutativa de los números naturales), luego $(c, d) R (a, b)$.
• *transitiva*: $(a, b) R (c, d)$ y $(c, d) R (e, f)$ equivale a $a + d = b + c$ y $c + f = d + e$, luego sumando las dos igualdades miembro a miembro, $a + d + c + f = b + c + d + e$. Por la propiedad idempotente de la suma de números naturales, esta última igualdad equivale a (eliminando los términos idénticos de los dos miembros de la igualdad) $a + f = b + e$, y por lo tanto $(a, b) R (e, f)$.

Esta relación de equivalencia establece una clasificación en el conjunto $\mathbb{N} \times \mathbb{N}$. Al conjunto cociente $\mathbb{N} \times \mathbb{N}/R$ se le llama conjunto de los números enteros $\mathbb{Z}$. Se toma como elemento canónico de cada clase a cualquiera de los pares (a, b) de la clase que se representa por medio de la diferencia $a - b$.
Puede suceder:

• $a > b$, entonces $a - b = z > 0$ (números positivos).
• $a = b$, entonces $a - b = 0$ (cero).
• $a < b$, entonces $a - b = z < 0$ y se representa con un signo $-$ delante del valor de la diferencia: $a - b = -z$ (números negativos).

Valor absoluto

Cuando del número entero se considera su valor intrínseco —independiente del signo—, se habla del valor absoluto del número entero.

Para indicar el valor absoluto de un número entero se encierra éste entre dos barras verticales:

$$|4| = 4$$
$$|-4| = 4$$

O sea, que 4 y –4 tienen el mismo valor absoluto, y es 4.

Dos números enteros de distinto signo pero de igual valor absoluto se llaman *opuestos*.

El opuesto de 9 es –9
El opuesto de –8 es 8.

Igualdad y desigualdad entre números enteros

1) Dos números enteros son iguales cuando tienen igual valor absoluto y el mismo signo.

$$a = a \qquad 3 = 3$$
$$-b = -b \qquad -7 = -7$$

2) Un número entero es mayor que otro en los siguientes casos:
a) El número 0 es mayor que cualquier negativo.
b) El número 0 es menor que cualquier número positivo.
c) Dados m y n enteros positivos, si el valor absoluto de m es mayor que el valor absoluto de n.

$$+m > +n \qquad \text{si } |m| > |n|$$
$$11 > 5 \qquad \text{si } |11| > |5|$$

d) Si *m* y *n* son enteros negativos, el valor absoluto de *m* debe ser menor que el valor absoluto de *n*.

$$m > n \qquad si \ |m| < |n|$$
$$-7 > -13 \qquad si \ |-7| < |-13|$$

e) Si *m* y *n* son de distinto signo y *m* es positivo:

$$m > n, \ si \ m > 0 \ y \ n < 0$$
$$8 > -11$$

Todo número entero positivo es mayor que todo número entero negativo.

◤ Operaciones con números enteros

▶ Suma

Sumar dos números es añadir las unidades del segundo al primero. En el caso de los números enteros hay que tener en cuenta si las unidades que se añaden son positivas o negativas.

Ejemplos:

a) $(-3) + (+5)$

Si representamos el número –3 en la recta numérica:

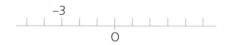

añadirle cinco unidades positivas (+5) equivale a contar cinco divisiones *hacia la derecha* desde el propio –3:

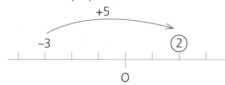

2 es el resultado de añadir 5 unidades positivas a –3:

$$(-3) + (+5) = 2$$

b) $(+2) + (-4)$
Análogamente representamos el número +2 en la recta numérica:

añadirle cuatro unidades negativas (–4) equivale a contar *hacia la izquierda* cuatro divisiones desde +2:

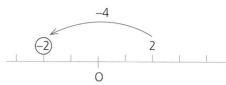

–2 es el resultado de añadir 4 unidades negativas (–4) a +2:

$$(+2) + (-4) = -2$$

Añadir unidades negativas equivale a quitar (*restar*) unidades positivas.

Regla: Para sumar números enteros de distinto signo, se restan sus valores absolutos y se coloca al resultado el signo del número de mayor valor absoluto.

Si los números tienen el mismo signo, se suman sus valores absolutos y el signo es el mismo de los números.

Ejemplos:

$$(-5) + (-6) + (-1) = -12$$
$$(+2) + (+4) + (+3) = +9$$

▶ Propiedades

• **Asociativa:** $(a + b) + c = a + (b + c)$

Ejemplo:

$$[(-3) + (+2)] + (-1) = (-3) + [(+2) + (-1)]$$
$$[-1] + (-1) = (-3) + [+1]$$
$$-2 = -2$$

• **Conmutativa:** $a + b = b + a$

Ejemplo:

$$(+2) + (-3) = (-3) + (+2); \ -1 = -1$$

• **Elemento neutro.** En el conjunto de los enteros existe un número que, sumado a cualquier otro, da siempre este otro. Este número se llama elemento neutro de la suma y es el cero.

Ejemplos:

$$(-2) + 0 = -2; \ 0 + (+5) = +5$$

• **Notación de la suma**
De los ejemplos anteriores podemos extraer la siguiente conclusión:
a) Cuando sumamos números enteros de igual signo, el resultado es otro número entero del mismo signo.
b) Cuando sumamos números enteros de distinto signo, el resultado lleva el signo del número de mayor valor absoluto.

6

PIERRE DE FERMAT

Este matemático francés nació en Beaumont de Lomagne, en agosto de 1601, y falleció en Castres, el 12 de enero de 1665. Se educó en su ciudad natal y en Toulouse, dedicándose a la abogacía al terminar sus estudios. Fue nombrado consejero del Parlamento de Toulouse en el año 1631.

Entre sus maestros tuvo a Blaise Pascal, con quien posteriormente mantendría correspondencia sobre temas matemáticos. Entre sus cartas relativas a un juego de azar se encontraba el germen del cálculo de probabilidades. También mantuvo correspondencia con Descartes y otros sabios, pero es especialmente recordado por sus aportaciones a la teoría de

números, a la que contribuyó con la formulación de numerosos teoremas (aunque en la mayoría de los casos no daba su demostración). El más famoso de estos teoremas es el llamado «último teorema de Fermat» cuya demostración ha representado un gran reto para los matemáticos durante más de trescientos años: «no existen a, b, c, enteros positivos tales que si $n > 2$ se cumple $a^n + b^n = c^n$».

Format solía escribir sus teoremas en los márgenes de los libros que tenía en sus manos y junto a este teorema dejó anotado «haber encontrado una maravillosa demostración de este teorema pero no cabe en la estrechez del margen».

La demostración maravillosa que no cabía en la estrechez del margen ha sido fuente de numerosas aportaciones matemáticas hasta convertise en los doscientos folios que el matemático británico Andrew Wiles presentó en 1993 y que contenía un error hacia el final, corregido en 1995 por el propio Wiles y su colega Taylor. Con esta demostración cayó uno de los mayores mitos de las matemáticas.

Arriba, retrato de Pierre de Fermat (1601-1665) autor de numerosas e importantes aportaciones a las Matemáticas. Su último teorema ha sido un reto al ingenio humano desde que fue formulado hace más de 350 años. A la izquierda, página del libro Aritmética de Diofanto, editado por el hijo de Fermat y que incorpora al texto los comentarios de su padre. El texto titulado «Observatio domini Petri de Fermat» es la redacción original en latín del teorema de Fermat.

► Diferencia de enteros

Regla: para efectuar la resta basta sumar al minuendo el opuesto del sustraendo.

$$(+5) - (+7) = (+5) + (-7) = -2$$

Así, la sustracción queda transformada en una suma de enteros y la regla para resolverla se dio en el apartado anterior.

Ejemplos:

$$(+7) - (-6) = (+7) + (+6) = 13$$
$$(-8) - (-5) = (-8) + (+5) = -3$$

La diferencia de números enteros goza de las propiedades dadas (no asociativa, no conmutativa, uniforme) para números naturales.

► Multiplicación de números enteros

$$2 \cdot 3 = \underbrace{2 + 2 + 2}_{3 \text{ veces}} = 6$$

Se llama producto de un número por otro a un tercer número que resulta de sumar tantas veces el primero como indica el segundo de los números dados.

$$2 \cdot 3 = 6 \text{ o } 2 \times 3 = 6$$

2 y 3 se llaman factores de la multiplicación y 6 es el producto.

En el producto de números enteros se pueden presentar distintas situaciones:

a) Si ambos números enteros tienen el mismo signo, para multiplicarlos se multiplican sus valores absolutos y el resultado es un número entero positivo:

$$(-2) \cdot (-8) = +16$$
$$(+4) \cdot (+10) = +40$$

b) Si los números tienen signo contrario, el resultado tiene signo negativo:

$$(-15) \cdot (+5) = -75$$
$$(-8) \cdot (+3) = -24$$

En síntesis:

$$\left.\begin{array}{l} (+a) \cdot (+b) = + c \\ (-a) \cdot (-b) = + c \end{array}\right\} \begin{array}{l} \text{resultado} \\ \text{con signo } + \end{array}$$

$$\left.\begin{array}{l} (-a) \cdot (+b) = - c \\ (+a) \cdot (-b) = - c \end{array}\right\} \begin{array}{l} \text{resultado} \\ \text{con signo } - \end{array}$$

► Propiedades

• **Asociativa:** $(a \cdot b) \cdot c = a \cdot (b \cdot c)$

Ejemplo:

$$[(-3) \cdot 4] \cdot (-2) = (-3) \cdot [4 \cdot (-2)]$$
$$[-12] \cdot (-2) = (-3) \cdot [-8]$$
$$+24 = +24$$

• **Conmutativa:** $a \cdot b = b \cdot c$

Ejemplo:

$$(-6) \cdot 2 = 2 \cdot (-6)$$
$$-12 = -12$$

Es decir, el orden de los factores no altera el valor del producto.

• **Elemento neutro:** El uno es un elemento neutro en la multiplicación de números enteros.

Ejemplo:

$$(-3) \cdot 1 = -3$$
$$(+7) \cdot 1 = +7$$

• **Producto por cero:** El producto de cualquier número entero por el número cero es cero.

Ejemplo:

$$(-3) \cdot 0 = 0$$
$$(+41) \cdot 0 = 0$$

► Propiedad distributiva de la multiplicación con respecto a la suma algebraica

Para multiplicar una suma algebraica por un entero se multiplica cada uno de ellos por el entero (aplicando la regla de los signos), y luego se suman los resultados.

Ejemplo:

$$(-3) \cdot (4 - 2 + 1 - 3) = -12 + 6 - 3 + 9 =$$
$$= (6 + 9) - (12 + 3) =$$
$$= 15 - 15 = 0$$

La operación inversa se llama *extracción del factor común.*

Ejemplo:

$$4a + 8a - 16ab = 4a (1 + 2 - 4b)$$

Capítulo 7

Números racionales

El conjunto de las fracciones (o sus equivalentes, los decimales periódicos)
constituyen la tercera pieza del puzzle de los números. Con ella,
se obtiene el conjunto de los números racionales. Así como con la adición de los
números negativos a los números naturales podían resolverse
los problemas relativos a la resta de números naturales (operación opuesta a la
suma), con las fracciones pueden resolverse los problemas derivados de la
división (operación inversa del producto). Con las operaciones de suma y
producto el conjunto de los números racionales tiene estructura de cuerpo
(hay elemento inverso en ambas operaciones).

Números racionales

Ya se ha destacado, en la división exacta de números naturales, la condición necesaria de que el dividendo sea múltiplo del divisor para que el cociente sea un número natural. En el caso de las divisiones como $9:(-4)$, los matemáticos trataron de solucionarlas con una nueva clase de números, llamados *fraccionarios*.

Se llama *fracción* a todo par de números enteros, dados en un cierto orden, de tal modo que el segundo sea distinto de cero.

Para su representación sigue utilizándose la notación clásica $\dfrac{a}{b}$, en la que *a* es el numerador de la fracción y *b* el denominador. Ambos se llaman términos de la fracción.

Lectura de fracciones

$\dfrac{1}{2}$ se lee: un medio

$\dfrac{1}{3}$ se lee: un tercio

$\dfrac{3}{5}$ se lee: tres quintos

$\dfrac{3}{4}$ se lee: tres cuartos

$\dfrac{6}{7}$ se lee: seis séptimos

$\dfrac{5}{8}$ se lee: cinco octavos

$\dfrac{4}{9}$ se lee: cuatro novenos

$\dfrac{1}{10}$ se lee: un décimo

$\dfrac{7}{23}$ se lee: siete veintitrés-avos

$\dfrac{9}{13}$ se lee: nueve trece-avos

El signo de la fracción es el que resulta de aplicar la regla de los signos del producto de números enteros.

$$(-3) : (-7) = \frac{3}{7}$$

Recordando que el producto (y el cociente) de signos iguales es positivo y el de signos distintos es negativo:

$$(-) \cdot (-) = (+) \cdot (+) = +$$
$$(-) \cdot (+) = (+) \cdot (-) = -$$

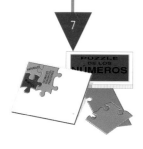

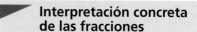

Interpretación concreta de las fracciones

Representaremos la fracción $\dfrac{3}{5}$ dividiendo un objeto en 5 partes iguales y tomando luego 3 de estas partes:

De igual manera $\dfrac{5}{8}$ lo representaremos dividiendo la unidad en 8 partes y tomando 5 de ellas:

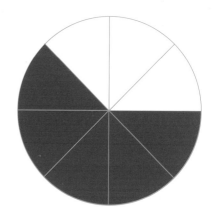

En general: para representar gráficamente una fracción, dividimos el objeto en tantas partes iguales como indica su denominador, y tomamos de ellas las partes que indica su numerador.

Relación de equivalencia

Dos fracciones son equivalentes (iguales) si se verifica que el producto del numerador de la primera por el denominador de la segunda es igual al producto del denominador de la primera por el numerador de la segunda.

$$\frac{a}{b} = \frac{c}{d} \Rightarrow a \cdot d = b \cdot c$$

Ejemplo:

$$\frac{3}{4} = \frac{9}{12} \Rightarrow 3 \cdot 12 = 9 \cdot 4$$
$$36 = 36$$

Podemos demostrar que cumple las siguientes propiedades:

Reflexiva: $\quad \dfrac{a}{b} = \dfrac{a}{b}$

$$\dfrac{3}{4} = \dfrac{3}{4}$$

Simétrica o recíproca: $\dfrac{a}{b} = \dfrac{c}{d} \Leftrightarrow \dfrac{c}{d} = \dfrac{a}{b}$

$$\dfrac{2}{3} = \dfrac{4}{6} \Leftrightarrow \dfrac{4}{6} = \dfrac{2}{3}$$

Transitiva: $\dfrac{a}{b} = \dfrac{c}{d} \wedge \dfrac{c}{d} = \dfrac{e}{f} \Leftrightarrow \dfrac{a}{b} = \dfrac{e}{f}$

$$\dfrac{2}{3} = \dfrac{4}{6} \wedge \dfrac{4}{6} = \dfrac{8}{12} \Leftrightarrow \dfrac{2}{3} = \dfrac{8}{12}$$

Se deduce, entonces, que, entre fracciones, podemos hablar de una relación de equivalencia en el conjunto $\mathbb{Z} \times (\mathbb{Z} - \{0\})$.

La relación de equivalencia anterior define un conjunto cociente en $\mathbb{Z} \times \mathbb{Z}$ que es el conjunto de los números racionales. Se representa por $\mathbb{Q}$.

$\mathbb{Q}$ está formado por clases de equivalencia, cada una de las cuales representa un número racional.

c) $\{(2, 1); (4, 2); (8, 4); \ldots\} \rightarrow 2$
$\{(-4, 1); (-8, 2); (16; -4); \ldots\} \rightarrow -4$

Si el primer elemento de cada par es múltiplo del segundo, la clase representa un número entero.

d) $\{(1, 1); (3, 3); (-4; -4); \ldots\} \rightarrow 1$

Si las componentes son iguales, la clase representa el número uno.

e) $\{(0, 1); (0, 3); \ldots\} \rightarrow 0$

Si el primer componente es cero, la clase representa el número cero.

◣ Propiedades de los números racionales

I. Si los dos términos de una fracción se multiplican por un mismo número entero, la fracción resultante es equivalente a la primera y representa, por lo tanto, el mismo número racional.

$$\frac{a \cdot n}{b \cdot n} = \frac{c}{d} \Rightarrow \frac{a}{b} = \frac{c}{d}$$

$$\frac{3 \cdot 2}{5 \cdot 2} = \frac{6}{10} \Rightarrow \frac{3}{5} = \frac{6}{10}$$

Este dibujo ilustra claramente la igualdad de las fracciones. Podemos observar que son la misma cantidad de pizza dos mitades, cuatro cuartos u ocho octavos (los tres casos equivalen a toda la pizza). También son la misma cantidad tres cuartos y seis octavos; y asimismo son equivalentes una mitad, dos cuartos y cuatro octavos.

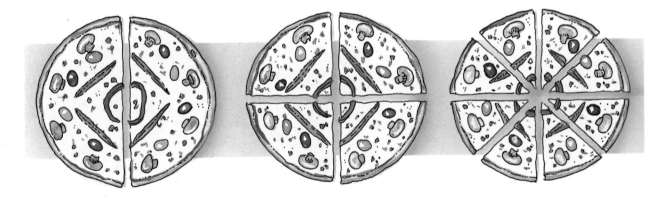

◣ Propiedades

a) $\{(1, 2); (3, 6); (-2, -4); \ldots\} \rightarrow \dfrac{1}{2}$

Si las componentes de cada par son del mismo signo, la clase representa un número racional positivo.

b) $\{(-2, 3); (4, -6); (-6, 9); \ldots\} \rightarrow -\dfrac{2}{3}$

Si las componentes de cada par son de distinto signo, la clase representa un número racional negativo.

Consecuencia: siempre es posible representar un número racional por una fracción de denominador positivo, ya que si éste fuera negativo, bastaría con multiplicar por -1 los dos términos de la fracción.

$$\frac{4}{-5} \cdot \frac{(-1)}{(-1)} = \frac{-4}{5}$$

II. Si los dos términos de una fracción tienen un divisor común y se dividen por él, la fracción resultante es equivalente a la primera.

$$\frac{m:a}{n:a} = \frac{r}{s} \Rightarrow \frac{m}{n} = \frac{r}{s}$$

$$\frac{4:2}{6:2} = \frac{2}{3} \Rightarrow \frac{4}{6} = \frac{2}{3}$$

Consecuencia: un número natural puede representarse por una fracción cuyos dos términos son primos entre sí (basta con dividirlos por su máximo común divisor). Una fracción de este tipo se llama irreducible y se toma como *representante canónico* del número racional.

$$\frac{15:5}{10:5} = \frac{3}{2} \Rightarrow \text{fracción irreducible}$$

Es decir, el par (3, 2) es el representante canónico de la clase.

Reproducción del papiro de Rhind (hacia 1600 a.C.) que contiene numerosos resultados aritméticos y geométricos conocidos por los antiguos egipcios. En particular, el fragmento reproducido hace referencia a diversas equivalencias y relaciones entre fracciones.

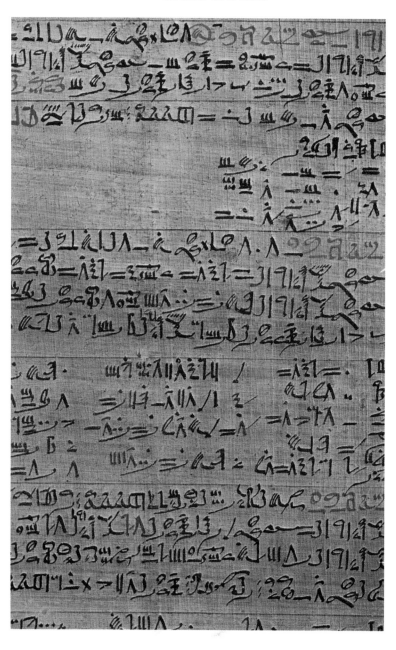

Operaciones con números racionales

Simplificación:

Simplificar una fracción es hallar otra equivalente que sea irreducible.

Para simplificar una fracción se dividen los dos términos por el m.c.d. (máximo común divisor o mayor divisor común).

Ejemplo:

Simplificar: $\dfrac{36}{24}$

Hallamos el m.c.d.

36	2		24	2
18	2		12	2
9	3		6	2
3	3		3	3
1			1	

m.c.d. = 2 · 2 · 3 = 12

Entonces:

$$36 : 12 = 3; \ 24 : 12 = 2$$

$$\frac{24}{36} = \frac{2}{3}$$

Reducción de fracciones a común denominador

Reducir varias fracciones a común denominador es hallar otras fracciones equivalentes a ellas, cuyos denominadores sean iguales.

Si este denominador común es el menor de todos los posibles, se dice que es el mínimo común denominador.

Para reducirlas a común denominador, basta con multiplicar los dos términos de cada una de ellas por los denominadores de las demás.

Ejemplo:

Reducir a común denominador:

$$\frac{3}{4}; \frac{2}{3}; \frac{6}{8}$$

$$\frac{3}{4} = \frac{3 \cdot 3 \cdot 8}{4 \cdot 3 \cdot 8} = \frac{72}{96}$$

$$\frac{2}{3} = \frac{2 \cdot 4 \cdot 8}{3 \cdot 4 \cdot 8} = \frac{64}{96}$$

$$\frac{6}{8} = \frac{6 \cdot 4 \cdot 3}{8 \cdot 4 \cdot 3} = \frac{72}{96}$$

Si se desea reducir a mínimo común denominador, bastará con hallar el m.c.m. (mínimo común múltiplo o menor múltiplo común) de los denominadores y éste será el común.

Para hallar los numeradores se divide el m.c.m. por cada uno de los denominadores y se multiplica el cociente por el numerador correspondiente.

Ejemplo:

Reducir a común denominador las fracciones siguientes:

$$\frac{5}{6};\ \frac{7}{12};\ \frac{3}{10}$$

$$
\begin{array}{c|c}
6 & 2 \\
3 & 3 \\
1 &
\end{array}
\quad
\begin{array}{c|c}
12 & 2 \\
6 & 2 \\
3 & 3 \\
1 &
\end{array}
\quad
\begin{array}{c|c}
10 & 2 \\
5 & 5 \\
1 &
\end{array}
$$

m.c.m. $= 2 \cdot 2 \cdot 3 \cdot 5 = 60$

$$60 : 6 = 10,\ 10 \cdot 5 = 50,\qquad \frac{5}{6} = \frac{50}{60}$$

$$60 : 12 = 5,\ 5 \cdot 7 = 35,\qquad \frac{7}{12} = \frac{35}{60}$$

$$60 : 10 = 6,\ 6 \cdot 3 = 18,\qquad \frac{3}{10} = \frac{18}{60}$$

▶ Suma de números racionales

En la suma de números racionales pueden darse los siguientes casos:
a) Sumar números racionales del mismo denominador.

En este caso, la suma se efectúa sumando los numeradores de las fracciones dadas y colocando el mismo denominador.

Ejemplo:

$$\frac{3}{5} + \frac{7}{5} = \frac{3+7}{5} = \frac{10}{5}$$

b) Sumar fracciones con denominadores que sean números primos entre sí.

Para sumarlos deben reducirse a común denominador y luego se efectúa la suma como en el caso anterior.

Ejemplo:

$$\frac{3}{5} + \frac{7}{11} = \frac{3 \cdot 11}{5 \cdot 11} + \frac{7 \cdot 5}{11 \cdot 5} =$$

$$= \frac{33}{55} + \frac{35}{55} = \frac{33+35}{55} = \frac{68}{55}$$

c) Sumar fracciones cuyos denominadores no sean números primos.

Se halla el m.c.m. y luego se suma como en los casos anteriores.

Ejemplo:

$$\frac{3}{6} + \frac{7}{12} = \frac{6+7}{12} = \frac{13}{12}$$

▶ Propiedades

La suma de números racionales tiene las mismas propiedades que la suma de números naturales y enteros.

Es decir, tiene las propiedades uniforme, conmutativa, asociativa, existe elemento neutro y existe el opuesto de cualquier elemento racional.

• **Uniforme:** La suma de números racionales no depende de las fracciones elegidas para representarlos.

Consideramos dos fracciones equivalentes $\frac{2}{3}$ y $\frac{6}{9}$, representantes ambas del mismo número racional, y otras dos fracciones también equivalentes $\frac{1}{5}$ y $\frac{4}{20}$, representantes de otro número racional.

La propiedad uniforme afirma que la suma miembro a miembro de estos dos números racionales será la misma, sea cual fuere la fracción con que los representemos.

Ejemplo:

$$
\begin{aligned}
\frac{2}{3} &= \frac{6}{9} \\
+\ \frac{1}{5} &= \frac{4}{20} \\
\hline
\frac{2}{3} + \frac{1}{5} &= \frac{6}{9} + \frac{4}{20}
\end{aligned}
$$

$$\frac{13}{15} = \frac{156}{180}$$

Y ambas fracciones representan el mismo número racional.

• **Asociativa:** En una suma de números racionales pueden sustituirse dos o más sumandos por su suma ya efectuada, y no varía la suma total.

Ejemplo:

Para sumar $\frac{2}{3} + \frac{1}{5} + \frac{7}{15}$ aplicamos la pro-

piedad asociativa:

$$\frac{2}{3} + \left(\frac{1}{5} + \frac{7}{15}\right) = \frac{2}{3} + \frac{3}{7} =$$

$$= \frac{2}{3} + \frac{10}{15} = \frac{10 + 10}{15} = \frac{20}{15}$$

• **Conmutativa:** El orden de los sumandos no altera el valor de la suma.

$$\frac{2}{3} + \frac{1}{5} + \frac{7}{15} = \frac{1}{5} + \frac{7}{15} + \frac{2}{3}$$

Verificamos si se cumple la igualdad indicada:

$$\frac{10 + 3 + 7}{15} = \frac{3 + 7 + 10}{15}$$

$$\frac{20}{15} = \frac{20}{15}$$

• **Elemento neutro:** En el conjunto de los números racionales existe un número que sumado a cualquier otro da siempre este otro. Este número se llama elemento neutro de la suma y es el cero.

$$\frac{3}{4} + \frac{0}{6} = \frac{9 + 0}{12} = \frac{9}{12} = \frac{3}{4}$$

• **Existencia del opuesto:** El opuesto del número racional $\frac{3}{4}$ es $\left(-\frac{3}{4}\right)$.

Podemos ver que la suma de dos números opuestos pertenece a la clase de numerador cero.

$$\frac{3}{4} + \left(-\frac{3}{4}\right) = \frac{3 + (-3)}{4} = \frac{3 - 3}{4} = \frac{0}{4}$$

▶ Número mixto

Se llama número mixto a la suma de un número entero y un racional.

En el número mixto está sobreentendido el signo de la suma, razón por la cual se prescinde de él.

Ejemplo:

$3\frac{1}{4}$ es un número mixto que indica $3 + \frac{1}{4}$.

Si se desea expresar el número mixto como racional, bastará con efectuar la suma indicada.

Ejemplo:

$$2\frac{3}{5} = 2 + \frac{3}{5} = \frac{10 + 3}{5} = \frac{13}{5}$$

Recíprocamente:

Si un número racional (con numerador mayor que el denominador) se quiere expresar como número mixto, bastará con dividir el numerador por el denominador, e indicarlo así:

sea, por ejemplo, $\dfrac{13}{4}$

$$13 \underline{|\ 4}$$

13 → denominador del número racional

1 ③ → número entero

numerador del número racional

$$\frac{13}{4} = 3\frac{1}{4}$$

▶ Diferencia de números racionales

Se llama diferencia de números racionales a la suma del minuendo con el opuesto del sustraendo. Es decir:

$$\frac{5}{3} - \frac{7}{3} = \frac{5}{3} + \left(-\frac{7}{3}\right) = \frac{5 + (-7)}{3} =$$

$$= \frac{-2}{3} = -\frac{2}{3}$$

a) Si los números racionales tienen el mismo denominador, su resta se efectúa sumando al minuendo el opuesto del sustraendo y se deja el mismo denominador.

b) Si deseamos restar números racionales de distinto denominador, bastará con hallar su mínimo común denominador.

Ejemplo:

a) $-\dfrac{7}{8} - \left(-\dfrac{5}{8}\right) = \dfrac{-7 + (-5)}{8} =$

$$= \frac{-7 - 5}{8} = \frac{-12}{8} = -\frac{3}{2}$$

b) $\dfrac{5}{6} - \left(-\dfrac{4}{8}\right) = \dfrac{5}{6} + \left(\dfrac{4}{8}\right) =$

$$= \frac{20 + 12}{24} = \frac{32}{24} = \frac{4}{3}$$

6	2		8	2
3	3		4	2
1			2	2
			1	

m.c.m. $= 2^3 \cdot 3 = 24$

Multiplicación de números racionales

El producto de números racionales es otro número racional, cuyo numerador es el producto de los numeradores, y cuyo denominador es el producto de los denominadores. Para simplificar los cálculos pueden reducirse los factores comunes de numerador y denominador antes de multiplicar.

Ejemplo:

$$\left(-\frac{3}{15}\right) \cdot \frac{7}{12} \cdot \frac{4}{21} \cdot \left(-\frac{5}{6}\right) =$$

$$= \frac{(-3) \cdot 7 \cdot 4 \cdot (-5)}{15 \cdot 12 \cdot 21 \cdot 6} = \frac{(-1) \cdot 1 \cdot 1 \cdot (-1)}{3 \cdot 1 \cdot 3 \cdot 6} = \frac{1}{54}$$

Si hay números racionales negativos en la multiplicación, es necesario multiplicar sus signos, aplicando la conocida regla de los signos.

Propiedades

El producto de números racionales cumple con las propiedades enunciadas para los números enteros ($\mathbb{Z}$).

• **Uniforme:** El producto de números racionales no depende de las fracciones elegidas para representarlo.

• **Asociativa:** En un producto de números racionales pueden sustituirse dos o más de los factores por el producto efectuado.

• **Conmutativa:** El orden de los factores no altera el producto.

Ejemplo:

$$\frac{8}{9} \cdot \left(-\frac{3}{4}\right) \cdot \frac{1}{6} = \frac{1}{6} \cdot \frac{8}{9} \cdot \left(-\frac{3}{4}\right) =$$

$$= \left(-\frac{3}{4}\right) \cdot \frac{8}{9} \cdot \frac{1}{6} = \frac{-24}{216}$$

• **Elemento neutro:** En el conjunto de los números racionales existe un número que, multiplicado por cualquier otro, da siempre este otro. A tal número se le llama elemento neutro respecto del producto. Es el representado por las fracciones del tipo $\frac{a}{a}$ (numerador y denominador iguales).

Ejemplo:

$$\frac{3}{5} \cdot \frac{1}{1} = \frac{3}{5} \; ;$$

$$\left(-\frac{4}{3}\right) \cdot \frac{3}{3} = \frac{12}{9} = -\frac{4}{3}$$

• **Elemento inverso:** Es el que, multiplicado por un número racional, hace que su producto sea el elemento neutro.

Para $\frac{2}{5}$ el inverso es $\frac{5}{2}$ porque:

ara pensar...

Los cuatro mágicos

En este problema, expuesto por primera vez en el siglo pasado, se trata de obtener la serie de números naturales con expresiones en las que aparezca cuatro veces el número 4, junto con símbolos matemáticos simples. Para expresar los diez primeros números, sólo son necesarios los signos de las cuatro operaciones fundamentales: sumar, restar, multiplicar y dividir.

Aquí está la prueba hasta el número 5.

$$1 = \frac{44}{44}$$

$$2 = \frac{4}{4} + \frac{4}{4}$$

$$3 = \frac{4 + 4 + 4}{4}$$

$$4 = 4 + \frac{4 - 4}{4}$$

$$5 = \frac{(4 \cdot 4) + 4}{4}$$

Pensando un poco seguro que podrá llegar hasta el 10. Inténtelo.

En el grabado de la derecha (Margarita Philosophica de *Gregorius Reisch, 1503*), la Aritmética —simbolizada por la mujer del centro— trata de poner paz en el debate entre los que para hacer cuentas eran partidarios de los algoritmos con cifras arábigas y los partidarios del ábaco tradicional, aunque por su mirada parece decantarse por los primeros. Puede observarse que, en este grabado, ya aparecen fracciones escritas tal como hoy las conocemos (con sus números separados por una rayita horizontal).

$$\frac{2}{5} \cdot \frac{5}{2} = \frac{2 \cdot 5}{5 \cdot 2} = \frac{10}{10}$$

Dos números racionales que tienen el numerador y el denominador de uno respectivamente iguales al denominador y al numerador del otro, se llaman inversos.

Ejemplos:

$-\dfrac{3}{5}$: su inverso para la multiplicación es $-\dfrac{5}{3}$

$\dfrac{1}{3}$: su inverso para la multiplicación es 3.

Convenimos en no escribir el denominador 1.

El 0 no tiene inverso.

• Propiedad distributiva de la multiplicación con respecto a la suma algebraica

Para aplicar la propiedad distributiva de la multiplicación con respecto a la suma algebraica se procede así: el factor se multiplica por cada término de la suma algebraica, aplicando la regla de los signos; por último se efectúa la suma algebraica indicada.

Ejemplos:

a) $\dfrac{1}{3} \cdot \left(\dfrac{2}{3} + \dfrac{1}{4} \right) = \dfrac{1}{3} \cdot \dfrac{2}{3} + \dfrac{1}{3} \cdot \dfrac{1}{4} =$

$= \dfrac{2}{9} + \dfrac{1}{12} = \dfrac{8 + 3}{36} = \dfrac{11}{36}$

b) $\left(\dfrac{5}{2} - \dfrac{4}{3} \right) \cdot \left(-\dfrac{2}{3} \right) = \dfrac{5}{2} \cdot \left(-\dfrac{2}{3} \right) +$

$$+\left(-\frac{4}{3}\right)\cdot\left(-\frac{2}{3}\right)=-\frac{10}{6}+\frac{8}{9}=$$

$$=\frac{-30+16}{18}=-\frac{14}{18}=-\frac{7}{9}$$

c) $\frac{2}{5}\cdot\left(-\frac{1}{3}+\frac{2}{5}-\frac{3}{2}\right)=\frac{2}{5}\cdot\left(-\frac{1}{3}\right)+$

$$+\frac{2}{5}\cdot\frac{2}{5}+\frac{2}{5}\cdot\left(-\frac{3}{2}\right)=$$

$$=-\frac{2}{15}+\frac{4}{25}-\frac{6}{10}=\frac{-20+24-90}{150}=$$

$$=\frac{24-(20+90)}{150}=\frac{24-110}{150}=$$

$$=-\frac{86}{150}=-\frac{43}{75}$$

Cociente de números racionales

Para dividir dos números racionales, bastará con multiplicar el primero por el inverso del segundo.

Ejemplos:

a) $\left(-\frac{9}{4}\right):\frac{6}{5}=\left(-\frac{9}{4}\right)\cdot\frac{5}{6}=-\frac{45}{24}=-\frac{15}{8}$

b) $\left(\frac{3}{4}+\frac{6}{8}\right):\frac{3}{5}=\frac{6+6}{8}:\frac{3}{5}=\frac{12}{8}:\frac{3}{5}=$

$$=\frac{12}{8}\cdot\frac{5}{3}=\frac{60}{24}=\frac{5}{2}$$

Potencia de un número racional

Para hallar la potencia de un número racional se elevan a dicha potencia los dos términos de la fracción.

Ejemplo:

$$\left(\frac{5}{2}\right)^3=\frac{5^3}{2^3}=\frac{125}{8}$$

a) También se verifica que la potencia cero de un número racional distinto de cero, es 1.

$$\left(\frac{3}{7}\right)^0=1\qquad\left(-\frac{7}{4}\right)^0=1$$

b) La potencia primera de un número racional es el mismo racional.

$$\left(-\frac{4}{7}\right)^1=\frac{4}{7}\qquad\left(\frac{5}{8}\right)^1=\frac{5}{8}$$

c) Puede ocurrir que el número racional esté elevado a un exponente negativo.

Este caso no se había presentado anteriormente, porque siempre elevábamos a exponentes naturales.

Sea por ejemplo: $\left(\frac{2}{3}\right)^{-2}$

Para resolverla se aplica la siguiente regla:

Se eleva el inverso de dicho número racional a una potencia de igual valor absoluto a la dada, pero con exponente positivo.

$$\left(\frac{a}{b}\right)^{-n}=\left(\frac{b}{a}\right)^n$$

$$\left(\frac{2}{3}\right)^{-2}=\left(\frac{3}{2}\right)^2=\frac{3^2}{2^2}=\frac{9}{4}$$

Si el número es entero:

$$3^{-2}=\left(\frac{1}{3}\right)^2=\frac{1^2}{3^2}=\frac{1}{9}$$

Si la base es negativa, se emplea la regla de los signos del producto:

$$\left(-\frac{3}{4}\right)^{-3}=\left(-\frac{4}{3}\right)^3=-\frac{64}{27}$$

$$\left(-\frac{7}{6}\right)^{-2}=\left(-\frac{6}{7}\right)^2=\frac{36}{49}$$

Reproducción de una página del clásico El arte de los décimos o Aritmética decimal *de Simon Stevin (edición de 1608), quien introdujo la escritura moderna con coma o punto decimal.*

◤ *Propiedades*

En la potencia con exponente negativo siguen siendo válidas todas las propiedades de las potencias de exponente natural.

• **Uniforme:**

$$a^{-n} = b^{-n} \quad \text{si } a = b$$

• **Distributiva de la potencia:**
a) Con respecto al producto:

$$(a \cdot b \cdot c)^{-x} = a^{-x} \cdot b^{-x} \cdot c^{-x}$$

$$\left(\frac{1}{2} \cdot 3\right)^{-2} = \left(\frac{1}{2}\right)^{-2} \cdot 3^{-2} = 4 \cdot \frac{1}{9} = \frac{4}{9}$$

La potencia de exponente negativo de un producto es igual al producto de las potencias del mismo exponente de cada uno de los factores.
b) Con respecto al cociente:

$$(m : m)^{-r} = m^{-r} : n^{-r}$$

$$\left[\left(-\frac{3}{2}\right) : 4\right]^{-2} = \left(-\frac{3}{2}\right)^{-2} : 4^{-2} =$$

$$\left(-\frac{2}{3}\right)^2 : \left(\frac{1}{4}\right)^2 = \frac{4}{9} : \frac{1}{16} = \frac{4}{9} \cdot 16 = \frac{64}{9}$$

La potencia de exponente negativo de un cociente es igual al cociente de las potencias del mismo exponente del dividendo y divisor.

◤ *Producto de potencias de igual base*

Se coloca la misma base y se suman los exponentes.

$$a^{-n} \cdot a^{-x} \cdot a^{-r} = a^{(-n) + (-x) + (-r)}$$

$$\left(-\frac{1}{2}\right)^{-1} \cdot \left(-\frac{1}{2}\right)^{-2} =$$

$$= \left(-\frac{1}{2}\right)^{(-1) + (-2)} = \left(-\frac{1}{2}\right)^{-3} = (-2)^3 = -8$$

◤ *Cociente de potencias de igual base*

Se coloca la misma base y se restan los exponentes.

$$\left(-\frac{2}{3}\right)^{-4} : \left(-\frac{2}{3}\right)^{-2} =$$

$$= \left(-\frac{2}{3}\right)^{(-4) - (-2)} = \left(-\frac{2}{3}\right)^{-2} =$$

$$= \left(-\frac{3}{2}\right)^2 = \frac{9}{4}$$

◤ *Potencia de otra potencia*

Se coloca la misma base y se multiplican los exponentes.

$$\left[\left(a^{-x}\right)^{-n}\right]^{-r} = a^{(-x) \cdot (-n) \cdot (-r)}$$

$$\left[\left(2^{-1}\right)^{-3}\right]^{-2} = 2^{(-1) \cdot (-3) \cdot (-2)} = 2^{-6} =$$

$$= \frac{1}{2^6} = \frac{1}{64}$$

◤ *Raíz de una fracción*

Para hallar la raíz de una fracción, se extraen las raíces de sus dos términos.

$$\sqrt[x]{\frac{a}{b}} = \frac{c}{d} \Rightarrow \left(\frac{c}{d}\right)^x = \frac{a}{b}$$

$$\sqrt{\frac{16}{25}} = \frac{\sqrt{16}}{\sqrt{25}} = \pm\frac{4}{5}$$

$$\sqrt[3]{-\frac{1}{8}} = \frac{1}{\sqrt[3]{-8}} = -\frac{1}{2}$$

◤ *Propiedad distributiva de la radicación con respecto al producto y al cociente*

a) $$\sqrt[n]{\frac{a}{m} \cdot \frac{b}{q} \cdot \frac{c}{p}} = \sqrt[n]{\frac{a}{m}} \cdot \sqrt[n]{\frac{b}{q}} \cdot \sqrt[n]{\frac{c}{p}}$$

$$\sqrt[3]{\frac{27}{216} \cdot \frac{64}{343} \cdot \frac{125}{8}} = \sqrt[3]{\frac{27}{216}} \cdot$$

$$\sqrt[3]{\frac{64}{343}} \cdot \sqrt[3]{\frac{125}{8}} = \frac{3}{6} \cdot \frac{4}{7} \cdot \frac{5}{2} = \frac{5}{7}$$

b) $$\sqrt[n]{\frac{a}{x} : \frac{b}{y}} = \sqrt[n]{\frac{a}{x}} : \sqrt[n]{\frac{b}{y}}$$

$$\sqrt{\frac{64}{25} : \frac{16}{49}} = \sqrt{\frac{64}{25}} : \sqrt{\frac{16}{49}} =$$

$$= \frac{8}{5} : \frac{4}{7} = \frac{8}{5} \cdot \frac{7}{4} = \frac{14}{5}$$

PUZZLE
DE LOS
NÚMEROS

Capítulo

8

Números decimales

Los números decimales permiten escribir cómodamente aproximaciones de
fracciones y, de este modo, facilitan las operaciones aritméticas básicas
(suma, resta, multiplicación, división, radicación) con los números racionales al
tratarlas como una extensión de las operaciones con números enteros.
Pero no todos los números decimales son racionales. Sólo son racionales aquéllos
que tienen un número finito de cifras decimales o, si éstas son infinitas,
se repiten periódicamente. Los números que no son racionales, como π –cuyas
primeras 707 cifras decimales se recogen en la sala del Palais de la Decouverte
de París reproducida arriba– se llaman irracionales.

Números decimales

Fracción decimal

Es una fracción, cuyo denominador es la unidad seguida de ceros.

Ejemplos:

$$\frac{3}{10} \qquad \frac{71}{1000}$$

Número decimal

Una fracción decimal se puede escribir como número decimal, recordando que:
–se escribe el numerador y se separan con una coma* tantas cifras a la derecha, como ceros acompañan al denominador (en caso de que sea necesario se agregan ceros a la izquierda).
–las cifras situadas a la izquierda de la coma decimal forman la parte entera de la división; las de la derecha, la parte decimal.

Ejemplos:

$$\frac{7}{10} = 0,7$$

que se lee: «siete décimas».

$$\frac{42}{10} = 4,2$$

que se lee: «cuatro enteros, dos décimas».

$$\frac{874}{10000} = 0,0874$$

que se lee: «ochocientos setenta y cuatro diezmilésimimas».

$$\frac{1843}{100} = 18,43$$

que se lee: «dieciocho enteros, cuarenta y tres centésimas».

Si se desea transformar en fracción un número decimal, se debe recordar que:
–el numerador quedará formado con las ci-

fras, suprimidos los ceros de la izquierda del número decimal, y el denominador será la unidad acompañada de tantos ceros, como cifras tiene la parte decimal.

Ejemplos:

$$0,04 = \frac{4}{100}$$

$$3,27 = \frac{327}{100}$$

$$0,18 = \frac{18}{100}$$

$$4,5 = \frac{45}{10}$$

Operaciones con números decimales

Adición

La práctica de estas operaciones entre expresiones decimales no difiere de la seguida para los números enteros.

Se disponen unas expresiones debajo de otras, de modo que queden en una misma columna las unidades, decenas y centenas, así como las décimas, centésimas, etc. Una vez efectuada la operación se coloca la coma decimal, en el resultado, en el lugar que corresponda.

Ejemplo:

$$4,26 + 3,2 + 7,426 =$$

$$\begin{array}{r} 4,26 \\ + \ 3,2 \\ 7,426 \\ \hline 14,886 \end{array}$$

Justificación:

transformamos los números en fracciones decimales y sumamos).

$$\frac{426}{100} + \frac{32}{10} + \frac{7426}{1000} =$$

$$= \frac{4260 + 3200 + 7426}{1000} = \frac{14886}{1000}$$

$$14,886 = \frac{14886}{1000}$$

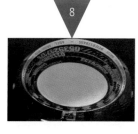

* En algunos países, en especial los anglosajones y en sus zonas de influencia, se utiliza el «punto» decimal en lugar de la coma, pero ambos son equivalentes.

➤ Sustracción

Se debe recordar que, para restar números decimales, es necesario, previamente, igualar el número de cifras decimales del minuendo y sustraendo y luego restar como si se tratara de enteros, colocando luego la coma decimal alineada con las anteriores.

Ejemplo:

$$7,2 - 3,274 = 3,926$$

$$\begin{array}{r} 7,200 \\ -\ 3,274 \\ \hline 3,926 \end{array}$$

Justificación:

$$\frac{72}{10} - \frac{3274}{1000} = \frac{7200 - 3274}{1000} = \frac{3926}{1000}$$

$$3,926 = \frac{3926}{1000}$$

➤ Producto

Se efectúa prescindiendo de la coma decimal. A la derecha del producto se separan tantas cifras decimales como tengan en total los dos factores.

Ejemplo:

$$67,32 \cdot 4,25 = 286,1100$$

$$\begin{array}{r} 67,32 \\ \cdot\ 4,25 \\ \hline 33660 \\ 13464 \\ 26928 \\ \hline 286,1100 \end{array}$$

Justificación:

$$\frac{6732}{100} \cdot \frac{425}{100} = \frac{2861100}{10000}$$

$$286,1100 = \frac{2861100}{10000}$$

• Producto de un decimal por la unidad seguida de ceros

Para multiplicar un número decimal por la unidad seguida de ceros, se desplaza la coma decimal hacia la derecha tantos lugares como ceros acompañan a la unidad (si no alcanzan los lugares, se completan con ceros).

Ejemplos:

1) $7,2 \cdot 10 = 72$

Justificación:

$$\frac{72}{10} \cdot 10 = 72$$

2) $6,237 \cdot 100 = 623,7$

Justificación:

$$\frac{6237}{1000} \cdot \frac{100}{1} = \frac{6237}{10} = 623,7$$

3) $72,4 \cdot 1000 = 72400$

Justificación:

$$\frac{724}{10} \cdot 1000 = 72400$$

➤ Cociente

Se distinguen tres casos:
I) Si el dividendo es decimal y el divisor entero: se dividen como si se tratara de enteros y, al bajar la primera cifra decimal del dividendo, se coloca una coma decimal en el cociente.

Ejemplo:

$$52,24 : 8$$

$$\begin{array}{r} 52,24\ \lfloor\underline{8} \\ 4\ 2\quad 6,53 \\ 24 \\ 0 \end{array}$$

Justificación:

$$\frac{5224}{100} : 8 = \frac{5224}{100} \cdot \frac{1}{8} = \frac{653}{100}$$

$$6,53 = \frac{653}{100}$$

II) Cuando el dividendo es entero y el divisor decimal se multiplican dividendo y divisor por la unidad seguida de tantos ceros, como cifras decimales tenga el divisor, con lo cual éste pasará a ser entero. Así la operación queda convertida en una división de enteros.

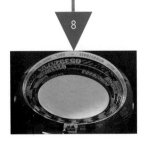

Ejemplo:

$$453 : 3,2$$

$$4530 \quad \underline{|32}$$
$$133 \quad 141$$
$$050$$
$$18$$

III) Si el dividendo y el divisor son decimales: se iguala con ceros el número de cifras decimales de ambos (a la derecha de una expresión decimal pueden colocarse ceros sin que se varíe su valor). Se tachan las comas, lo cual equivale a multiplicar ambos términos por un mismo número, y luego se dividen como enteros.

Ejemplo:

$$7,4 : 0,25 = 29,6$$

$$740 \quad \underline{|25}$$
$$240 \quad 29,6$$
$$150$$
$$00$$

• Cociente de un número decimal por la unidad seguida de ceros
Para dividir un número decimal por la unidad seguida de ceros, bastará con desplazar la coma decimal hacia la izquierda tantos lugares como ceros acompañan a la unidad (si no alcanzan los lugares se completan con ceros).

Ejemplos:

a) $328,2 : 10 = 32,82$

$$\frac{3282}{10} : 10 = \frac{3282}{10} \cdot \frac{1}{10} = \frac{3282}{100} = 32,82$$

b) $7,4 : 10 = 0,74$

$$\frac{74}{10} : 10 = \frac{74}{10} \cdot \frac{1}{10} = \frac{74}{100}$$

c) $12,3 : 1000 = 0,0123$

$$\frac{123}{10} : 1000 = \frac{123}{10} \cdot \frac{1}{1000} = \frac{123}{10000}$$

▶ Potenciación

Para elevar un número decimal a un exponente natural, se eleva el número como si fuera entero y luego se separan en el resultado, con una coma decimal, tantas cifras como el producto del exponente de la potencia por el número de cifras decimales que tenía el número dado.

Ejemplos:

1) $1,1^2 = 1,21$
2) $0,4^2 = 0,16$
3) $0,03^2 = 0,0009$
4) $0,2^3 = 0,008$

En 1) y 2) el número tenía una cifra decimal, el exponente es 2, $2 \cdot 1 = 2$; por eso el número que resulta tiene dos cifras decimales.

En 3) el número tenía 2 cifras decimales y está elevado al cuadrado, $2 \cdot 2 = 4$; por eso el número que resulta tiene cuatro cifras decimales.

En 4) el número tiene 1 cifra decimal y está elevado al cubo, $3 \cdot 1 = 3$; por esta razón el número que resulta tiene tres cifras decimales.

▶ Radicación

Para extraer la raíz de un número decimal, se extrae como si el número fuera entero y en el número que se obtiene, se separan tantas cifras hacia la derecha, como indique el cociente entre la cantidad de cifras decimales que tenía el número dado y el índice de la raíz.

Ejemplos:

1) $\sqrt[2]{0,0016} = 0,04$

2) $\sqrt[3]{0,008} = 0,2$

3) $\sqrt[5]{0,00032} = 0,2$

4) $\sqrt[2]{0,64} = 0,8$

En 1) el número decimal que es radicando tiene 4 cifras decimales y el índice es un 2, $4 : 2 = 2$; por eso el número obtenido tiene dos cifras decimales.

Igual procedimiento se sigue en los demás casos.

• Raíz cuadrada aproximada de números decimales
Recordamos que:

$$\sqrt{0,04} = \pm 0,2$$

Pero si, por ejemplo, queremos extraer:

$$\sqrt{2,475}$$

Para poder hallar la raíz cuadrada de números decimales se utiliza el procedimiento

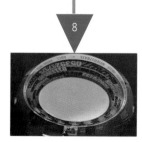

general indicado para extraer la raíz cuadrada aproximada de números enteros, con la particularidad de que, en este caso, las cifras se separan, en grupos de dos, hacia la izquierda y derecha y a partir de la coma decimal. Además, las cifras de la parte decimal deben ser 2 o múltiplos de 2; si eso no ocurre, se completa el par agregando un cero.

La coma decimal se coloca antes de comenzar a considerar los grupos de cifras decimales.

Ejemplo:

$$
\begin{array}{l|l}
\sqrt{2,4750} & 1,57 \\
\quad 1 & 1^2 = 1 \\
\hline
\;\;\,14\hat{7} & 1 \cdot 2 = 2 \\
-\;\,125 & 25 \cdot 5 = 125 \\
\hline
\;\;2250\hat{} & 15 \cdot 2 = 30 \\
\;\;2149 & 308 \cdot 8 = 2464 \\
\hline
\;\;\;101 & 307 \cdot 7 = 2149 \\
\end{array}
$$

Si se desean más cifras decimales en la raíz, bastará con agregar detrás de la última cifra decimal del radicando los pares de ceros que se consideren necesarios.

Ejemplo:

$$\sqrt{0,74}$$

Si se desea la raíz con dos cifras decimales, bastará con agregar en el radicando un par de ceros. Es decir, equivale a escribir:

$$\sqrt{0,7400}$$

y luego extraer la raíz:

$$
\begin{array}{l|l}
\sqrt{0,7400} & 0,86 \\
\quad 64 & 8^2 = 64 \\
\hline
\;1000 & 8 \cdot 2 = 16 \\
\;\;996 & 166 \cdot 6 = 996 \\
\hline
\;\;\;\;4 & \\
\end{array}
$$

Números irracionales

Hay números que, al ser extraída su raíz cuadrada, dan como resultado números con infinitas cifras decimales, porque no son cuadrados perfectos. Las expresiones de las raíces de dichos números son los llamados *números irracionales*.

Ejemplo:

$$\sqrt{3} = 1,73\ldots\ldots$$

Existe, además, un número irracional que

se utiliza mucho en matemática y es π, que resulta del cociente entre la longitud de la circunferencia y su diámetro; sus primeras cifras decimales son:

$$\pi = 3,14159265\ldots$$

Los números racionales y los irracionales constituyen, en conjunto, los llamados números reales, que se designan con el símbolo $\mathbb{R}$.

Resumiendo, diremos que las clases de números conocidas hasta el momento son:

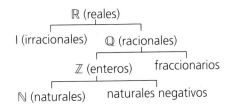

Al añadir a los números racionales el conjunto de los números irracionales o decimales no periódicos se obtiene el conjunto de los números reales. Con este conjunto ya disponemos de todos los números que precisamos para las operaciones corrientes en el mundo real, ya que ahora también tenemos el resultado de las operaciones de radicación.

Conversión de fracciones en fracciones decimales

Las únicas fracciones irreducibles que pueden transformarse en fracciones decimales son aquellas que tienen por denominador potencias de 2, de 5, o productos de potencias de 2 y 5.

Ejemplos:

1) Transformar $\dfrac{9}{8}$ en fracción decimal.

Descomponemos en factores primos su denominador:

$$
\begin{array}{r|l}
8 & 2 \\
4 & 2 \\
2 & 2 \\
1 & \\
\end{array}
$$

Como $8 = 2^3$, es necesario multiplicar por 5^3 para que el denominador sea una potencia de 10. Como $5^3 = 125$.

$$\frac{9}{8} = \frac{9 \cdot 125}{8 \cdot 125} = \frac{1125}{1000} = 1,125$$

2) Transformar $\frac{7}{20}$

$$\begin{array}{c|c} 20 & 2 \\ 10 & 2 \\ 5 & 5 \\ 1 & \end{array}$$

Como $20 = 2^2 \cdot 5$, sólo es necesario multiplicar por 5.

$$\frac{7}{20} = \frac{7 \cdot 5}{20 \cdot 5} = \frac{35}{100} = 0,35$$

Expresiones decimales periódicas

Cuando una fracción no puede reducirse a fracción decimal, se efectúa la división que indica y se transforma en un número de cifras decimales.

Al efectuar las divisiones puede ocurrir:
I) Que las cifras del cociente se repitan ordenadamente.

Ejemplo:

$$\frac{4}{11}$$

$$\begin{array}{r|l} 4,0 & 11 \\ \hline 070 & 0,3636 \\ 040 & \\ 070 & \\ 04 & \end{array}$$

Estas divisiones no tienen fin, puesto que nunca se llegará a un resto cero.
Se indican así:

$$\frac{4}{11} = 0,3636\ldots \text{ o } \frac{4}{11} = 0,\widehat{36}$$

Los puntos suspensivos indican que hay infinitas cifras.

Estas expresiones decimales se llaman *expresiones decimales periódicas puras*, y el número que se repite se llama período.

II) Que no todas las cifras del cociente se repitan ordenadamente.

Ejemplo:

$$\frac{417}{495}$$

$$\begin{array}{r|l} 417,0 & 495 \\ \hline 2100 & 0,84242 \\ 1200 & \\ 2100 & \\ 1200 & \\ 210 & \end{array}$$

Se indica así:

$$\frac{417}{495} = 0,84242\ldots \text{ o } 0,8\widehat{42}$$

Se observa que la parte decimal está formada por un número que no se repite, seguido de un número que se repite. El primero se llama parte no periódica y el que se repite, período.

Este tipo de expresiones se llaman *expresiones decimales periódicas mixtas*.

¿COMA O PUNTO DECIMAL?

Si se hace un repaso de todos los libros de Matemáticas que se han escrito –sin tener en cuenta las cuestiones de los fundamentos y las discusiones entre formalistas, logicistas e intuicionistas–, puede observarse que las diferencias entre ellos suelen ser exclusivamente de lengua (a diferencia, por ejemplo, de los de Química, con sus múltiples y evolutivas interpretaciones sobre la naturaleza y composición de los átomos y la materia).
Una de las cuestiones ortográficas que diferencian tanto los libros de Matemáticas, como los que no lo son, pero utilizan números decimales, es el signo utilizado para separar la parte entera de la decimal de los números no enteros. Así, los decimales se escriben:
• con punto decimal (1.23) en EE.UU., Canadá, México y sus zonas de influencia.
• con punto decimal centrado en la línea (1·23) en Gran Bretaña y su zona de influencia.
• con coma decimal (1,23) en Europa continental y su zona de influencia.
En la notación científica estándar, los números muy grandes o muy pequeños se escriben con el auxilio de potencias de 10 (los ingenieros sólo utilizan las potencias cuyo exponente es múltiplo –positivo o negativo– de 3). Así, 0,000000123 se escribe:
• $1,23 \cdot 10^{-7}$ si se pertenece a la comunidad científica «europea».
• $1·23 \times 10^{-7}$ si se pertenece a la comunidad científica «anglosajona».
Estas diferencias «gramaticales» también aparecen con el término inglés *billion* = un millón de millones o mil millones según de dónde provenga el texto.
Estas diferencias culturales podrían servir a sociólogos o antropólogos interesados en el tema para hacer un mapa del mundo basado en la influencia científica de los diversos centros de creación.

Ejemplos:

I) Expresiones periódicas puras

$0,\widehat{81}$ o $0,818181\ldots$
$1,\hat{3}$ o $1,333\ldots$

II) Expresiones periódicas mixtas

$3,2\widehat{15}$ o $3,21515\ldots$
$0,8\hat{4}$ o $0,8444\ldots$

▶ Transformación de expresiones periódicas puras y mixtas en fracciones

• Para transformar una *expresión periódica pura*, con parte entera nula, en fracción, se debe tener en cuenta el siguiente procedimiento:
–la fracción generatriz se forma usando como numerador el período y como denominador un número formado por tantos nueves, como cifras tiene el período.

Ejemplos:

$$0,\hat{5} = \frac{5}{9} \qquad 0,\widehat{72} = \frac{72}{99}$$

–si la expresión periódica pura no tiene parte entera nula, se procede sumando la parte entera a la fracción generatriz, así:

$$3,\hat{6} = 3 + \frac{6}{9} = \frac{27 + 6}{9} = \frac{33}{9}$$

• Si se desea transformar en fracción una *expresión periódica mixta* de parte entera nula, se usa el siguiente procedimiento:
–la fracción generatriz se forma con un numerador que se obtiene con la parte no periódica seguida del período menos la parte no periódica; y un denominador que tiene tantos nueves, como cifras tiene la parte periódica, seguidos de tantos ceros, como cifras tiene la parte no periódica.

Ejemplos:

$$0,1\widehat{23} = \frac{123 - 1}{990} = \frac{122}{990}$$

$$0,12\hat{3} = \frac{123 - 12}{900} = \frac{111}{900}$$

–si la expresión periódica mixta tiene parte entera, se procede así:

1) $4,11\hat{3} = 4 + \frac{113 - 11}{900} = \frac{3702}{900}$

2) $7,3\hat{2} = 7 + \frac{32 - 3}{90} =$

$= 7 + \frac{29}{90} = \frac{630 + 29}{90} = \frac{659}{90}$

• Si las expresiones decimales tienen un período nueve, se transforman quitando el período y agregando una unidad a la cifra escrita a la izquierda de dicho período.

$$\begin{array}{ll} 0,\hat{9} = 1 & 3,299\ldots = 3,3 \\ 0,0\hat{9} = 0,1 & 0,4299\ldots = 0,43 \end{array}$$

Ejemplos:

a) $0,\hat{4} = \dfrac{4}{9}$

b) $0,\widehat{12} = \dfrac{12}{99} = \dfrac{4}{33}$

c) $2,\widehat{36} = 2 + \dfrac{36}{99} = \dfrac{26}{11}$

d) $0,2\hat{3} = \dfrac{23 - 2}{90} = \dfrac{21}{90} = \dfrac{7}{30}$

e) $0,1\widehat{45} = \dfrac{145 - 1}{990} = \dfrac{144}{990} = \dfrac{8}{55}$

f) $1,57\hat{6} = 1 + \dfrac{576 - 57}{900} = 1 + \dfrac{519}{900} = \dfrac{473}{300}$

g) $\dfrac{2}{3} + 0,\hat{9} - 0,\hat{5} \cdot \dfrac{3}{4} = \dfrac{2}{3} + 1 - \dfrac{5}{9} \cdot \dfrac{3}{4} =$

$= \dfrac{2}{3} + 1 - \dfrac{5}{12} = \dfrac{8 + 12 - 5}{12} = \dfrac{15}{12} = \dfrac{5}{4}$

h) $(2,5 + 0,06 - 2,4) \cdot 1,2 = 0,192$

$$\begin{array}{r} 2,5 \\ + 0,06 \\ \hline 2,56 \\ -2,4 \\ \hline 0,16 \\ \times 1,2 \\ \hline 32 \\ 16 \\ \hline 0,192 \end{array}$$

i) $(5,4 - 3,34) : 1,4 = 1,4$

$$\begin{array}{r} 5,40 \\ -3,34 \\ \hline 2,06 \end{array} \Big| \underline{1,40} \\ \; 0\,660 \quad 1,4 \\ \quad 100$$

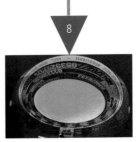

8

Capítulo

9

Potenciación y radicación

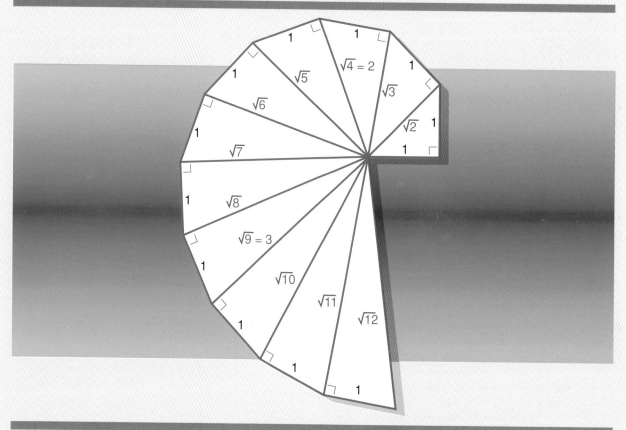

La figura muestra un método geométrico ya conocido por los griegos para obtener las raíces cuadradas de la sucesión de números naturales.

Sobre un extremo de un segmento unidad se dibuja en ángulo recto otro segmento unidad; la hipotenusa del triángulo rectángulo que se obtiene uniendo los dos extremos libres de los segmentos mide raíz cuadrada de 2. Si ahora este lado lo tomamos como un cateto de un nuevo triángulo rectángulo y el otro cateto mide la unidad, la hipotenusa medirá raíz cuadrada de 3. Repitiendo el proceso como se muestra en la figura se obtienen segmentos que miden la raíz cuadrada de los números naturales.

Potenciación y radicación

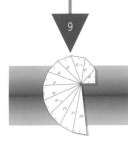

Potencia de base entera y exponente natural

$$m^n = \underbrace{m \cdot m \cdot m \ldots \cdot m}_{n \text{ veces}}$$

Elevar un número entero m a una potencia n es multiplicarlo tantas veces por sí mismo como unidades tiene n.

$$\overset{\text{exponente}}{\underset{\text{base}}{m^n}} = b \rightarrow \text{potencia}$$

Esta operación se llama potenciación.

• Propiedad distributiva de la potenciación con respecto al producto:

$$(b \cdot c \cdot n)^x = b^x \cdot c^x \cdot n^x$$
$$[(-3) \cdot 2 \cdot (-1)]^2 = (-3)^2 \cdot 2^2 \cdot (-1)^2 =$$
$$= 9 \cdot 4 \cdot 1 = 36$$

• Propiedad distributiva de la potenciación con respecto al cociente:

$$(a : b)^r = a^r : b^r$$
$$[(-8) : 4]^3 = (-8)^3 : 4^3 =$$
$$= (-512) : 64 = 8$$

Regla de los signos

1) Si la base es positiva, el resultado es positivo.
2) Si la base es negativa y el exponente un número par, el resultado es positivo.
3) Si la base es negativa y el exponente un número impar, el resultado es negativo.

Ejemplos:

$(+3)^4 = 81$
$(-2)^6 = 64$
$(-5)^3 = -125$

Potencia de exponente cero y uno

• La *potencia de exponente uno* de cualquier número es el mismo número.

$$m^1 = m$$
$$285^1 = 285$$

• La *potencia de exponente* cero de cualquier número es uno.

$$m^0 = 1 \qquad\qquad (-3)^0 = 1$$

Producto de potencias de igual base

El producto de potencias de igual base es otra potencia de la misma base, y el exponente es la suma de los exponentes de los factores dados.

$$m^3 \cdot m^0 \cdot m^1 = m^{3+0+1} = m^4$$
$$(-3)^2 \cdot (-3) \cdot (-3)^3 = (-3)^{2+1+3} = (-3)^6 = 729$$
$$(+4) \cdot (+4)^2 \cdot (+4)^0 = (+4)^3 = 64$$

Cociente de potencias de igual base

El cociente de potencias de igual base es una potencia de la misma base, cuyo exponente se obtiene restando los exponentes dados.

$$a^5 : a^3 = a^{5-3} = a^2$$
$$7^9 : 7^6 = 7^{9-6} = 7^3 = 343$$
$$(-6)^8 : (-6)^5 = (-6)^3 = -216$$

Potencia de otra potencia

Es igual a la misma base con un exponente que es el producto de los exponentes dados.

$$\left\{\left[(a)^n\right]^m\right\}^p = a^{n \cdot m \cdot p}$$

$$\left\{\left[(-2)^2\right]^1\right\}^3 = (-2)^{2 \cdot 1 \cdot 3} = (-2)^6 = 64$$

Cuadrado de la suma o diferencia de dos números

El cuadrado de la suma o diferencia de dos números es igual al cuadrado del primero, más el cuadrado del segundo más o menos el doble producto del primero por el segundo.

$$(a \pm b)^2 = a^2 + b^2 \pm 2 \cdot a \cdot b$$

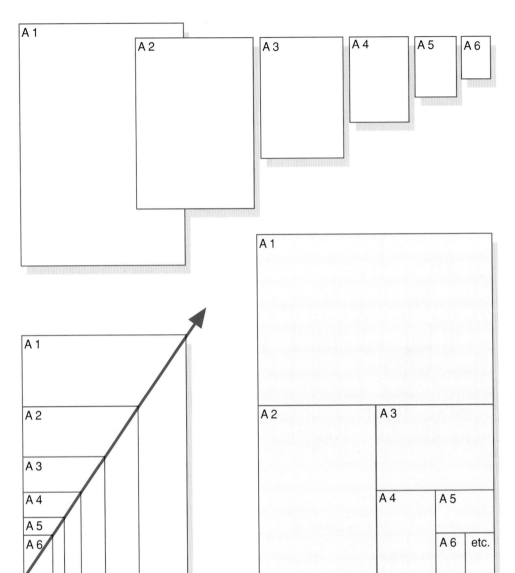

Diversas relaciones entre los formatos de papel de la normas industriales alemanas (Deutsche Industrie Normen = DIN). Como puede verse, cada formato es la mitad del anterior, estableciéndose una relación exponencial entre ellos; así el A4 es igual a 2^{-4} de A1, es decir, es igual a su dieciseisava parte (los términos cuartilla y octavilla provienen de una relación similar). Si se toman dos formatos cualesquiera, por ejemplo A3 y A5, para calcular su relación habrá que aplicar la propiedad del cociente de potencias de igual base.

Ejemplos:

$$(4 + 3)^2 = 4^2 + 3^2 + 2 \cdot 4 \cdot 3 =$$
$$= 16 + 9 + 24 = 49$$
$$(5 - 6)^2 = 5^2 + 6^2 - 2 \cdot 5 \cdot 6 =$$
$$= 25 + 36 - 60 = 1$$
$$(3x + y)^2 = (3x)^2 + y^2 + 2 \cdot 3x \cdot y =$$
$$= 9x^2 + y^2 + 6xy$$

Radicación

La raíz enésima de un número a es otro número b que elevado a la potencia n da como resultado a.

$$\sqrt[n]{a} = b \Rightarrow b^n = a$$

$$\sqrt[5]{243} = 3 \Rightarrow 3^5 = 243$$

$$\sqrt[4]{16} = 2 \Rightarrow 2^4 = 16$$

índice ← $\overset{\text{⑦}}{\underset{\underset{\text{base o}}{\text{radicando}}}{\sqrt{\mathbf{128}}}} = \mathbf{2}$ → raíz

radical

Esta operación se llama radicación

• Propiedad distributiva de la radicación con respecto al producto:

$$\sqrt[n]{a \cdot b \cdot c} = \sqrt[n]{a} \cdot \sqrt[n]{b} \cdot \sqrt[n]{c}$$

$$\sqrt[3]{(-125) \cdot 512 \cdot 8} =$$
$$= \sqrt[3]{-125} \cdot \sqrt[3]{512} \cdot \sqrt[3]{8} =$$
$$= -5 \cdot 8 \cdot 2 = -80$$

Recíprocamente:

$$\sqrt[n]{a} \cdot \sqrt[n]{b} \cdot \sqrt[n]{c} = \sqrt[n]{a \cdot b \cdot c}$$
$$\sqrt[4]{-3} \cdot \sqrt[4]{27} \cdot \sqrt[4]{-1} = \sqrt[4]{(-3) \cdot 27 \cdot (-1)} =$$
$$= \sqrt[4]{81} = 3$$

- Propiedad distributiva de la radicación con respecto al cociente exacto:

$$\sqrt[x]{m : n} = \sqrt[x]{m} : \sqrt[x]{n}$$

$$\sqrt[3]{64 : (-8)} = \sqrt[3]{64} : \sqrt[3]{-8} = 4 : (-2) = -2$$

Recíprocamente:

$$\sqrt[x]{m} : \sqrt[x]{n} = \sqrt[x]{m : n}$$
$$\sqrt{32} : \sqrt{2} = \sqrt{32 : 2} = \sqrt{16} = 4$$

- La raíz de cualquier índice del número uno, es igual al mismo número uno:

$$\sqrt[n]{1} = 1 \text{ porque } 1^n = 1$$
$$\sqrt[7]{1} = 1 \text{ porque } 1^7 = 1$$

▶ Regla de los signos

1) Cuando el radicando es negativo y el índice un número impar, el resultado es negativo.

$$\sqrt[3]{-343} = -7$$

2) Cuando el radicando es negativo y el índice es un número par, no tiene solución en el campo de los números reales.

$$\sqrt{-64} = \text{no tiene solución porque:}$$

$$8^2 = 64$$

8 no puede ser la raíz porque al elevarlo da una base positiva;

$$(-8)^2 = 64$$

si se elige (–8) ocurre lo mismo.

3) Cuando el radicando es positivo y el índice es un número par, hay dos resultados que tienen el mismo valor absoluto y distinto signo.

$$\sqrt[4]{16} = \pm 2 \text{ porque} \begin{cases} (+2)^4 = 16 \\ (-2)^4 = 16 \end{cases}$$

ambos son resultados correctos porque verifican la definición.

POTENCIA RÉCORD

La potenciación da lugar a números enormes con muy poco esfuerzo de escritura; por ejemplo,

$$10^{10} = 10\,000\,000\,000$$

es ya, sin duda, un número respetable. Y basta con poner $10^{10^{10}}$ para obtener un número monstruo: se escribiría con un 1 seguido de 10 000 000 000 ceros y para imprimirlo en páginas como las de este libro –¡y en caracteres muy pequeños!– serían necesarias un millón de páginas.

Los matemáticos, sin embargo, tratan con números gigantescos con extrema naturalidad, porque lo que les interesa de los mismos no es su tamaño o manejabilidad, sino sus propiedades. Y ello les lleva a tomar en consideración cantidades casi inconcebibles en el mundo físico, como

$$10^{10^{10^{10^{10^{10}}}}}$$

que es ciertamente mayor que el número de átomos del universo. Se trata del *número de Folkman*, que aparece en el estudio de la teoría de grafos e indica el número mínimo de vértices de un grafo si cumple determinadas condiciones algebraicas que no vienen al caso.

El número de Folkman era, en la década de los 90, el récord de tamaño entre los números naturales con los que se trabaja en matemáticas. Y gracias a las potencias, sólo se necesitan 12 cifras para escribirlo.

▶ Paso de exponente e índice de un miembro a otro

Como la operación contraria de la potenciación es la radicación, si en una igualdad uno de los miembros tiene una raíz enésima, pasa al otro miembro con la operación contraria, es decir, como potencia enésima y viceversa:

1)
$$\sqrt[n]{a} = b \qquad \sqrt[3]{x} = 5$$
por definición
$$a = b^n \qquad\quad x = 5^3$$
$$\qquad\qquad\quad x = 125$$

2)
$$a^n = b \qquad\quad x^5 = 32$$
$$a = \sqrt[n]{b} \qquad x = \sqrt[5]{32}$$
$$\qquad\qquad\quad x = 2$$

POTENCIAS DE DIEZ

Las unidades de medida se crearon a escala humana. El metro, el kilogramo, el segundo, son útiles para las cosas corrientes, pero resulta bastante complicado utilizarlas cuando el objeto que se mide es mucho mayor (la distancia de la Tierra al Sol o el volumen de la Tierra) o mucho menor (el ancho de un chip de una computadora) que el hombre, la medida de todas las cosas en el mundo renacentista. Para subsanar el problema de operar con números tremendamente grandes o tremendamente pequeños se usan las potencias –positivas y negativas– de diez. Así, un billón se escribe 10^{12} en lugar de la engorrosa unidad seguida de 12 ceros, una billonésima se escribe sencillamente 10^{-12} en lugar de 0,000000000001, y para indicar el número de moléculas en un mol de cualquier gas se escribe $6,2 \cdot 10^{23}$ en lugar de seiscientos veinte mil trillones (que es un número de 24 cifras); y ésta es sólo la cantidad de moléculas de hidrógeno contenidas en 2 g de este gas, ¿qué número necesitaríamos para indicar todo el hidrógeno del Sol sin las potencias de 10?

En las ilustraciones de esta doble página se recogen algunas de estas medidas siguiendo el modelo del clásico libro *Potencias de diez* de Eames y Morrison.

Arriba, fotografía aérea de una zona de la Tierra (1 km = = 1000 m = 10^3 m).

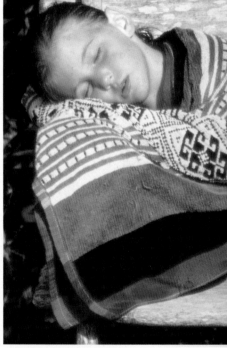

Izquierda, fotografía de la Tierra tomada por un satélite a 100.000 km = = 10^8 m de distancia.

Desde una distancia de 0,1 mm = 10⁻⁴ m las cosas empiezan a hacérsenos irreales por desconocidas, como este poro de la fotografía.

Fotografía de un glóbulo blanco (10 μm = 10⁻⁵ m).

Arriba, un niño dormido fotografiado a una distancia aproximada de 1 m = 10⁰ m.

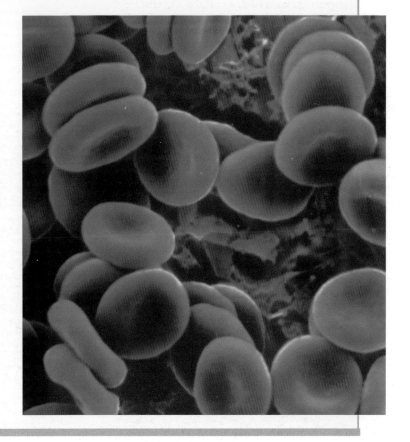

Raíz de raíz

Considerando la raíz n de un número a, $\sqrt[n]{a}$, su raíz de índice m será:

$$\sqrt[m]{\sqrt[n]{a}}$$

Esta expresión será igual a:

$$\sqrt[m\cdot n]{a}$$

de acuerdo al siguiente teorema:

La raíz m de la raíz n de un número es igual a la raíz $m \cdot n$ de ese mismo número.

Los índices de las raíces se pueden descomponer en factores. Es decir:

$$\sqrt[m\cdot n]{a} = \sqrt[m]{\sqrt[n]{a}} \qquad \sqrt[12]{a} = \sqrt[4]{\sqrt[3]{a}}$$

$m \cdot n = 12$

$\left.\begin{array}{l} m = 4 \\ n = 3 \end{array}\right\}$ o $\left.\begin{array}{l} m = 3 \\ n = 4 \end{array}\right\}$

$\left.\begin{array}{l} m = 2 \\ n = 6 \end{array}\right\}$ o $\left.\begin{array}{l} m = 6 \\ n = 2 \end{array}\right\}$

Teorema recíproco:

La raíz $m \cdot n$ de un número es igual a la raíz m de la raíz n de dicho número.

Raíz cuadrada entera

Hay muchos números que no tienen raíz cuadrada exacta porque no existe ningún número que elevado al cuadrado dé por resultado dicho número, tal es el caso de 4 273, pero a continuación se explica el modo práctico de conocer la raíz entera del mencionado número.

a) Separar el radicando en grupos de dos cifras, comenzando por la derecha.

$$\sqrt{42\,\overgroup{73}}\,\big|$$

b) Extraer la raíz cuadrada del primer grupo de la izquierda (puede ser de una o dos cifras).

$$\sqrt{42\,\overgroup{73}}\,\big|\ 6$$

c) Elevar al cuadrado la raíz hallada y restar dicho valor al primer grupo.

Escribir a continuación del resto el segundo grupo y separar la cifra de las unidades.

$$
\begin{array}{r|l}
\sqrt{4273} & 6 \\
\hline
-36 & 6^2 = 36 \\
\hline
673 &
\end{array}
$$

d) Hallar el duplo de la raíz.
Dividir por ese valor el número que queda a la izquierda de las unidades separadas.

$$
\begin{array}{r|l}
\sqrt{42\,\overgroup{73}} & 6 \\
\hline
-36 & 6^2 = 36 \\
\hline
673 & 6\cdot2 = 12 \\
& \qquad 67 : 12 = 5
\end{array}
$$

e) Escribir el valor del duplo de la raíz seguido del cociente hallado, y multiplicar el número formado por dicho cociente.

$$
\begin{array}{r|l}
\sqrt{42\,\overgroup{73}} & 6 \\
\hline
-36 & 6^2 = 36 \\
\hline
673 & 6\cdot2 = 12 \\
& \qquad 67 : 12 = 5 \\
& 125 \cdot 5 = 625
\end{array}
$$

f) Restar el producto obtenido al número formado por el resto más el segundo grupo (si la resta no fuera posible se disminuye en 1 el cociente).
Si la resta es posible, el cociente obtenido es la segunda cifra de la raíz.

$$
\begin{array}{r|l}
\sqrt{42\,\overgroup{73}} & 65 \\
\hline
-36 & 6^2 = 36 \\
\hline
673 & 6\cdot2 = 12 \quad 67 : 12 = 5 \\
625 & 125 \cdot 5 = 625 \\
\hline
48 & \\
\text{resto} &
\end{array}
$$

La diferencia obtenida es el *resto* de la raíz.
Siempre se debe verificar el resultado:

$$4\,273 = 65^2 + 48 =$$
$$= 4\,225 + 48$$

Ejemplo:

$$
\begin{array}{r|l}
\sqrt{1\,27\,\overgroup{51}} & 112 \\
\hline
-1 & 1^2 = 1 \\
\hline
027 & 1\cdot2 = 2 \\
-21 & 21 \cdot 1 = 21 \\
\hline
651 & 11 \cdot 2 = 22 \quad 65 : 22 = 2 \\
-444 & 222 \cdot 2 = 444 \\
\hline
207 &
\end{array}
$$

$$12\,751 = (112)^2 + 207 = 12\,544 + 207$$

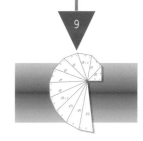

9

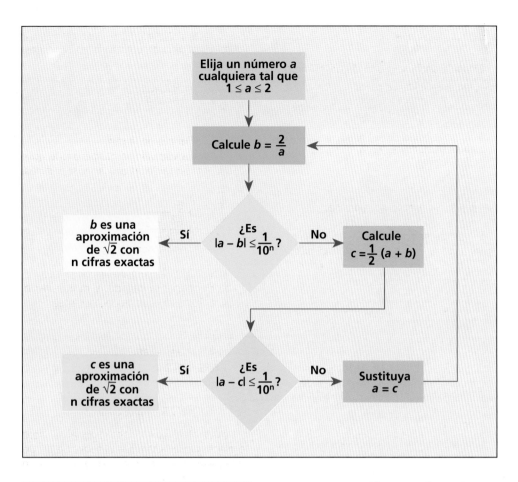

Algoritmo para calcular la raíz cuadrada de 2 con la aproximación que se quiera (determinada por n) por el método de aproximaciones sucesivas.

Transformación de radicales

Consideremos una raíz de índice *n*, base *a*, y exponente de la base *r*:

$$\sqrt[n]{a^r}$$

Si multiplicamos o dividimos el índice y el exponente por un mismo número positivo mayor que uno, se obtiene otro radical igual al primero.

• Multiplicación

$$\sqrt[n]{a^r} = \sqrt[n \cdot m]{a^{r \cdot m}}$$

Ejemplos:

a) $\sqrt[5]{2^3\,b^2} =$

$$= \sqrt[5 \cdot 6]{2^{3 \cdot 6} \cdot b^{2 \cdot 6}} = \sqrt[30]{2^{18} \cdot b^{12}}$$

b) $\sqrt[4]{(a - 2b)^{-1/5}} =$

$$\sqrt[4 \cdot 5]{(a - 2b)^{-(1/5) \cdot 5}} =$$

$$= \sqrt[20]{(a - 2b)^{-1}} = \sqrt[20]{\frac{1}{a - 2b}}$$

Nota: En esta última transformación recordamos que toda potencia de *exponente negativo* puede transformarse en otra potencia de *exponente positivo*, hallando la inversa de la base.

• División

$$\sqrt[n]{a^r} = \sqrt[n : m]{a^{r : m}}$$

Ejemplos:

$$\sqrt[6]{(a - b)^{-4}} = \sqrt[6 : 2]{(a - b)^{-4 : 2}} =$$

$$= \sqrt[3]{(a - b)^{-2}} = \sqrt[3]{\frac{1}{(a - b)^2}}$$

Simplificación de radicales

Consiste en obtener otro radical de igual valor y menor índice dividiendo el índice y el exponente del radicando por un mismo número, que es el máximo común divisor.

Los casos que pueden presentarse son:

• Radicando de potencia única

$$\sqrt[n]{a^r} = \sqrt[n : m]{a^{r : m}}$$

Ejemplo:

$$\sqrt[6]{a^4} = \sqrt[6:2]{a^{4:2}} = \sqrt[3]{a^2}$$

• La base es un producto de potencias

Ejemplo:

$$\sqrt[6]{3^4 \cdot a^8 \cdot b^6} = \sqrt[6:2]{3^{4:2} \cdot a^{8:2} \cdot b^{6:2}} =$$

$$= \sqrt[3]{3^2 \cdot a^4 \cdot b^3} = \sqrt[3]{9 \cdot a^4 \cdot b^3}$$

• La base es un polinomio

Ejemplo:

$$\sqrt[6]{a^3 - 3a^2b - b^3 + 3ab^2} =$$

$$= \sqrt[6]{(a-b)^3} = \sqrt[6:3]{(a-b)^{3:3}} =$$

$$= \sqrt{(a-b)}$$

Nota: No se pueden simplificar individualmente los términos ya que la radicación no es distributiva con respecto a la suma y a la resta.

Mínimo común índice

Dados varios radicales de distinto índice, es posible reducirlos a un índice común.

El índice común es el mínimo común múltiplo de los índices dados.

Ejemplo:

El mínimo común múltiplo de los índices de

$$\sqrt[5]{\frac{a^2}{b}}, \quad \sqrt{\frac{x^5}{(a-b)^3}}, \quad \sqrt[10]{\frac{5a}{(3+x)^{-2}}} \text{ es } 20:$$

$$\sqrt[20]{\frac{a^{2\cdot4}}{b^4}}; \quad \sqrt[20]{\frac{x^{5\cdot5}}{(a-b)^{3\cdot5}}}; \quad \sqrt[20]{\frac{5^2 \cdot a^2}{(3+x)^{-2\cdot2}}}$$

Extracción de factores

Casos que pueden presentarse:

• El exponente del radicando es múltiplo del índice

Ejemplo:

$$\sqrt[4]{a^8} = a^{\frac{8}{4}} = a^2$$

Regla práctica: Se divide el exponente de la base por el índice de la raíz.

Observación: El exponente de la base debe ser mayor o igual en valor absoluto que el índice de la raíz.

• El exponente del radicando es mayor que el índice, pero no múltiplo de él.

Ejemplo:

$$\sqrt[5]{x^{22}} = \sqrt[5]{x^{20} \cdot x^2} =$$

$$= \sqrt[5]{x^{20}} \cdot \sqrt[5]{x^2} =$$

$$= x^{\frac{20}{5}} \cdot \sqrt[5]{x^2} = x^4 \cdot \sqrt[5]{x^2}$$

Regla práctica:

Sea: $\sqrt[5]{x^{22}}$

$$\begin{array}{r|l} 22 & 5 \\ \hline \text{(resto) } 2 & 4 \text{ (cociente)} \end{array}$$

1) Se divide el exponente (22) por el índice (5), se obtiene

2: resto
4: cociente

2) Se extrae fuera del radical el factor elevado a una potencia igual al cociente (4); quedará dentro del radical el factor con exponente igual al resto (2). Es decir:

$$\sqrt[5]{x^{22}} = x^4 \cdot \sqrt[5]{x^2}$$

Otro ejemplo es:

$$\sqrt[6]{\frac{x^{15}}{(a+b)^{10}}} = \frac{x^2}{(a+b)} \sqrt[6]{\frac{x^3}{(a+b)^4}}$$

Introducción de factores

Sea, por ejemplo:

$$x^4 \cdot \sqrt[5]{x^2}$$

Para introducir el factor, en este caso x, dentro de la raíz, se multiplica el exponente de dicho factor por el índice de la raíz. Si dentro de la raíz hay un factor de igual base que el anterior, se sumarán los exponentes.

Para nuestro ejemplo será:

$$x^4 \cdot \sqrt[5]{x^2} = \sqrt[5]{x^{4\cdot5} \cdot x^2} =$$

$$= \sqrt[5]{x^{20} \cdot x^2} = \sqrt[5]{x^{20+2}} =$$

$$= \sqrt[5]{x^{22}}$$

9

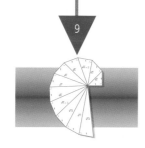

Radicales semejantes

Son aquellos que tienen igual índice e igual radicando.

$$\sqrt[8]{x^5};\ 3\ \sqrt[8]{x^5};\ (a + b)\ \sqrt[8]{\left(\frac{1}{x}\right)^{-5}}$$

Observación: Aparentemente el último radical no es semejante a los anteriores.
Pero si observamos veremos que

$$\left(\frac{1}{x}\right)^{-5} = x^5$$

porque todo exponente negativo puede escribirse como positivo invirtiendo la base.

Operaciones con radicales

Suma

• **Radicales semejantes.** Sea sumar los siguientes radicales, por ejemplo:

$$3a\ \sqrt[3]{a}\ ;\ -6\ \sqrt[3]{a}\ ;\ a^2\ x\ \sqrt[3]{a}$$

$$3a\ \sqrt[3]{a} - 6\ \sqrt[3]{a} + a^2\ x\ \sqrt[3]{a}$$

Los coeficientes (factores que están fuera del radical) son: $3a$; -6; a^2x.

Sacando factor común: $\sqrt[3]{a}$ quedará:

$$(3a - 6 + a^2x)\ \sqrt[3]{a}$$

Regla práctica: Se suman los coeficientes y se multiplica dicha suma por el radical semejante.

• **Radicales no semejantes.** Sea sumar:

$$\sqrt[3]{a^5\ b}\ ;\ \sqrt[5]{x}\ ;\ \sqrt[2]{y^2}$$

$$\sqrt[3]{a^5\ b} + \sqrt[5]{x} + \sqrt[2]{y^2} =$$

$$= \sqrt[3]{a^5\ b} + \sqrt[5]{x} + \sqrt[2]{y^2}$$

Regla práctica: Se expresará la operación mediante una suma indicada.

Resta

• **Resta de radicales semejantes.** Sea restar:

$$-9\ m\ \sqrt[5]{x^2\ y}\ ;\ -2bz\ \sqrt[5]{x^2\ y}$$

radical minuendo: $-9m\ \sqrt[5]{x^2\ y}$

radical sustraendo: $-2b\ z\ \sqrt[5]{x^2\ y}$

$$-9m\ \sqrt[5]{x^2\ y} - \left(-2bz\ \sqrt[5]{x^2\ y}\right) =$$

$$= -9m\ \sqrt[5]{x^2\ y} + 2bz\ \sqrt[5]{x^2\ y} =$$

$$= (-9m + 2bz)\ \sqrt[5]{x^2\ y}$$

• **Resta de radicales no semejantes.** Por ejemplo:

$$-5p\ \sqrt[3]{x^2}\ ;\ 3\ \sqrt[3]{x}$$

$$-5p\ \sqrt[3]{x^2} - \left(+3\ \sqrt[3]{x}\right) = -5p\ \sqrt[3]{x^2} - 3\ \sqrt[3]{x}$$

Regla práctica: Se suma al radical minuendo el radical sustraendo con signo cambiado.

Producto

• **Radicales de igual índice.** Por ejemplo:

$$(3\ \sqrt{by}) \cdot (-5\ \sqrt{m}) \cdot (\sqrt{n}) =$$
$$= 3\ (-5) \cdot 1\ \sqrt{by} \cdot \sqrt{m} \cdot \sqrt{n} =$$
$$= -15\ \sqrt{bymn}$$

Regla práctica: Se obtiene otro radical del mismo índice, cuyo radicando es el producto de los radicandos y que tiene por coeficiente al producto de los coeficientes.

• **Radicales de distinto índice.** Sea el siguiente ejemplo:

$$(\sqrt[3]{a^2\ b})\ (\frac{3}{4}\ \sqrt[5]{ab^4}) =$$
$$= \sqrt[3 \cdot 5]{a^{2 \cdot 5}\ b^{1 \cdot 5}} \cdot \frac{3}{4}\ \sqrt[3 \cdot 5]{a^{1 \cdot 3} \cdot b^{4 \cdot 3}}$$
$$= \frac{3}{4}\ \sqrt[15]{a^{10}\ b^5\ a^3\ b^{12}} =$$
$$= \frac{3}{4}\ \sqrt[15]{a^{13}\ b^{17}}$$

Regla práctica: Se reducen los radicales al común índice y se procede como en el caso anterior.

Signo de la raíz cúbica creado en 1525 por el matemático alemán Christoff Rudolff.

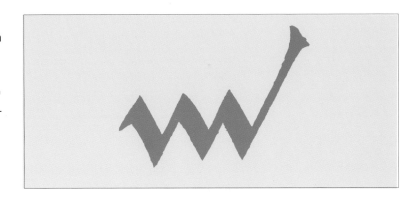

Leonardo de Pisa (hacia 1180–1250) es también conocido con el nombre de Fibonacci (hijo de Bonaccio). Acompañando a su padre, un comerciante de la ciudad de Pisa, viajó por el norte de África y el Próximo Oriente, donde aprendió las matemáticas indias y, en especial, el uso de la numeración arábiga.
En 1202, de vuelta a Pisa, escribió Liber Abaci, en el que introdujo las cifras arábigas, el cero y le sistema posicional de numeración. Sin embargo, su contribución al desarrollo de las matemáticas no tuvo el eco merecido hasta que fue inventada la imprenta y su obra pudo ser ampliamente divulgada.

▶ División

• **Radicales de igual índice.** Veamos el siguiente ejemplo:

$$6 \sqrt[5]{x^4} : \sqrt[5]{x^3\,y} = 6\,\frac{\sqrt[5]{x^4}}{\sqrt[5]{x^3\,y}} =$$

$$= 6\,\sqrt[5]{\frac{x^4}{x^3\,y}} = 6\,\sqrt[5]{\frac{x}{y}}$$

Observación: En cocientes de potencias de igual base, los exponentes se restan.

Ejemplo:

$$\frac{a^4}{a^{-3}} = a^{4-(-3)} = a^7$$

• **Radicales de distinto índice.** Veamos el siguiente ejemplo:

$$m\sqrt[4]{3ab} : 2\sqrt[3]{ab} =$$

$$= m\,\sqrt[12]{(3ab)^3} : 2\sqrt[12]{(ab)^4} =$$

$$= m\,\sqrt[12]{3^3\,a^3\,b^3} : 2\,\sqrt[12]{a^4\,b^4} =$$

$$= \frac{m}{2}\,\sqrt[12]{\frac{3^3\,a^3\,b^3}{a^4\,b^4}} = \frac{m}{2}\,\sqrt[12]{\frac{27\,a^3\,b^3}{a^4\,b^4}} =$$

$$= \frac{m}{2}\,\sqrt[12]{\frac{27}{a\,b}}$$

Regla práctica: Se reducen los radicales a común índice y se opera como en el caso anterior.

◀ Conjugado de un binomio

Dado el siguiente binomio $(a + b)$ su conjugado será $(a - b)$.

El producto de dos binomios conjugados es igual a la diferencia de los cuadrados de los términos del binomio:

$$(a + b) \cdot (a - b) = a^2 - b^2$$

◀ Racionalización de denominadores

Dada una fracción como la siguiente:

$$\frac{1}{\sqrt{2}}$$

¿Podría eliminarse la raíz del denominador?

Si multiplicamos el numerador y el denominador por el denominador de la fracción, ésta no altera; porque

$$\frac{\sqrt{2}}{\sqrt{2}} = 1$$

Es decir: $\dfrac{1 \cdot \sqrt{2}}{\sqrt{2} \cdot \sqrt{2}} = \dfrac{\sqrt{2}}{(\sqrt{2})^2}$

en el denominador, el índice del radical y el exponente de la base pueden simplificarse.

Se llega a: $\dfrac{\sqrt{2}}{(\sqrt{2})^2} = \dfrac{\sqrt{2}}{2}$

La operación realizada se denomina *racionalización*.

Racionalizar significa eliminar radicales del denominador de una fracción sin que ésta se altere.

• **El denominador es un radical único.** Veamos un ejemplo:

$$\frac{3}{\sqrt[4]{a}} = \frac{3\,\sqrt[4]{a^3}}{\sqrt[4]{a} \cdot \sqrt[4]{a^3}} = \frac{3\,\sqrt[4]{a^3}}{\sqrt[4]{a^4}} = \frac{3\,\sqrt[4]{a^3}}{a}$$

Se multiplicó por un factor formado por un radical de igual índice y un radicando de exponente igual a la diferencia entre el índice y el exponente dado. Dicho factor se denomina *factor de racionalización*.

En nuestro ejemplo es necesario multiplicar $\sqrt[4]{a}$ por $\sqrt[4]{a^3}$; de tal manera que al multiplicar las bases, el exponente suma es igual al índice de la raíz.

$$\sqrt[4]{a} \cdot \sqrt[4]{a^3} = \sqrt[4]{a \cdot a^3} = \sqrt[4]{a^{1+3}} = \sqrt[4]{a^4}$$

Si el exponente del radicando es mayor que el índice, previamente a la racionalización se deben extraer factores del radi-cando.

• El denominador es un binomio con un término racional y otro irracional cuadrático. Sea el siguiente ejemplo:

$$\frac{5b}{z + \sqrt{a}}$$

término racional: z
término irracional cuadrático: $\sqrt{a}$
En este caso el factor de racionalización será el conjugado del denominador de la expresión dada.

Para nuestro ejemplo el conjugado del denominador será:

$$(z - \sqrt{a})$$

Para que no altere la expresión original, se multiplica numerador y denominador por $(z - \sqrt{a})$ es decir:

$$\frac{5b}{z + \sqrt{a}} = \frac{5b \cdot (z - \sqrt{a})}{(z + \sqrt{a}) \cdot (z - \sqrt{a})} =$$

$$= \frac{5b \cdot (z - \sqrt{a})}{z^2 - (\sqrt{a})^2} = \frac{5b(z - \sqrt{a})}{z^2 - a}$$

• El denominador es un binomio cuyos dos términos son irracionales cuadráticos. Por ejemplo:

$$\frac{1}{\sqrt{x} + \sqrt{y}}$$

Como en el caso anterior, se busca el conjugado del denominador que será:

$$(\sqrt{x} - \sqrt{y})$$

Procediendo como en el caso anterior, será:

$$\frac{1}{\sqrt{x} + \sqrt{y}} =$$

$$= \frac{1}{(\sqrt{x} + \sqrt{y})} \cdot \frac{(\sqrt{x} - \sqrt{y})}{(\sqrt{x} - \sqrt{y})} =$$

$$= \frac{(\sqrt{x} - \sqrt{y})}{(\sqrt{x})^2 - (\sqrt{y})^2} = \frac{\sqrt{x} - \sqrt{y}}{\sqrt{x^2} - \sqrt{y^2}} =$$

$$= \frac{\sqrt{x} - \sqrt{y}}{x - y}$$

Ejemplos de ejercicios

1) Extracción de factores fuera del radical.

a) $\sqrt[4]{81 \cdot a^8 \cdot b^7 \cdot z^{14}} = \sqrt[4]{3^4 \cdot a^8 \cdot b^7 \cdot z^{14}}$

$= 3\, a^2\, bz^3 \sqrt[4]{b^3\, z^2}$

b) $\sqrt[5]{32 \cdot z^{10}} = \sqrt[5]{2^5 \cdot z^{10}} = 2 \cdot z^2$

2) Reducción de radicales a común índice:

$$\sqrt[5]{\frac{b^2}{x+1}} = \sqrt[30]{\left(\frac{b^2}{x+1}\right)^6} = \sqrt[30]{\frac{b^{2 \cdot 6}}{(x+1)^6}} =$$

$$= \sqrt[30]{\frac{b^{12}}{(x+1)^6}}$$

$$\sqrt[6]{\frac{(z+2)^2}{a^5}} = \sqrt[30]{\left[\frac{(z+2)^2}{a^5}\right]^5} =$$

$$\sqrt[30]{\frac{(z+2)^{2 \cdot 5}}{a^{5 \cdot 5}}} = \sqrt[30]{\frac{(z+2)^{10}}{a^{25}}}$$

3) Racionalizar:

a) $\dfrac{2x}{\sqrt[4]{m^3}} = \dfrac{2x}{\sqrt[4]{m^3}} \cdot \dfrac{\sqrt[4]{m}}{\sqrt[4]{m}} = \dfrac{2x \sqrt[4]{m}}{\sqrt[4]{m^4}} =$

$$= \frac{2x \sqrt[4]{m}}{m}$$

b) $\dfrac{\sqrt{2} - \sqrt{7}}{2 - \sqrt{7}} = \dfrac{(\sqrt{2} - \sqrt{7}) \cdot (2 + \sqrt{7})}{(2 - \sqrt{7}) \cdot (2 + \sqrt{7})} =$

$$= \frac{2\sqrt{2} + \sqrt{2} \cdot \sqrt{7} - 2\sqrt{7} - (\sqrt{7})^2}{2^2 - (\sqrt{7})^2} =$$

$$= \frac{2\sqrt{2} + \sqrt{14} - 2\sqrt{7} - 7}{4 - 7} =$$

$$= \frac{2\sqrt{2} + \sqrt{14} - 2\sqrt{7} - 7}{-3} =$$

$$= -\frac{2}{3}\sqrt{2} - \frac{\sqrt{14}}{3} + \frac{2}{3}\sqrt{7} - \frac{7}{3}$$

c) $\dfrac{\sqrt{a} - \sqrt{b}}{\sqrt{a} + \sqrt{b}} = \dfrac{(\sqrt{a} - \sqrt{b})\,(\sqrt{a} - \sqrt{b})}{(\sqrt{a} + \sqrt{b})\,(\sqrt{a} - \sqrt{b})} =$

$$= \frac{(\sqrt{a} - \sqrt{b})^2}{(\sqrt{a})^2 - (\sqrt{b})^2} =$$

$$= \frac{(\sqrt{a})^2 + (\sqrt{b})^2 - 2 \cdot \sqrt{a} \cdot \sqrt{b}}{a - b} =$$

$$= \frac{a + b - 2\sqrt{a \cdot b}}{a - b}$$

*Símbolo de la raíz cuadrada utilizado por primera vez por Leonardo de Pisa en 1220. Este signo proviene de la palabra latina **radix**, de la que deriva el término español **raíz**.*

Razones y proporciones

Si un obrero tarda sus buenas horas en levantar una pared, ¿cuánto tiempo tardarán en levantar la misma pared dos obreros? La resolución de este típico problema de *regla de tres* se basa en las propiedades de las razones y proporciones numéricas. A su vez, éstas son la transposición a la aritmética de las relaciones geométricas entre las medidas de segmentos establecidas por el teorema de Tales.

Razones y proporciones

Definiciones

- **Razón:** Dados dos números en un cierto orden, distintos de cero, se llama razón al cociente entre ellos.
- **Proporción:** Dados cuatro números distintos de cero, en un cierto orden, constituyen una proporción, si la razón de los dos primeros es igual a la razón de los dos segundos.

dados a, b, c, d.

$$\left. \begin{array}{l} \text{si } \dfrac{a}{b} = m \\[2mm] \text{y } \dfrac{c}{d} = m \end{array} \right\} \Rightarrow \dfrac{a}{b} = \dfrac{c}{d} \text{ es una proporción}$$

se lee: «a es a b como c es a d»

Ejemplo:

6, 4, 3, 2.

$$\left. \begin{array}{l} \text{si } \dfrac{6}{4} = 1,5 \\[2mm] \text{y } \dfrac{3}{2} = 1,5 \end{array} \right\} \Rightarrow \dfrac{6}{4} = \dfrac{3}{2}$$

se lee: «6 es a 4 como 3 es a 2»

En una proporción $\dfrac{a}{b} = \dfrac{c}{d}$

- a y d son los *extremos;*
- b y c son los *medios;*

- $\dfrac{a}{b}$ es la *primera razón;*

- $\dfrac{c}{d}$ es la *segunda razón;*

- a y c son los *antecedentes;*
- b y d son los *consecuentes.*

Una proporción puede ser *ordinaria:*

$$\dfrac{a}{b} = \dfrac{c}{d}; \quad ejemplo: \dfrac{7}{8} = \dfrac{14}{16}$$

o *continua:*

$$\dfrac{a}{b} = \dfrac{b}{c}; \quad ejemplo: \dfrac{4}{6} = \dfrac{6}{9}$$

Se dice que una proporción es continua cuando sus medios son iguales.

Propiedades de las proporciones

- En toda proporción el producto de los extremos es igual al producto de los medios.

$$\dfrac{a}{b} = \dfrac{c}{d}$$

$$a \cdot d = b \cdot c$$

Ejemplo:

$$\dfrac{6}{4} = \dfrac{3}{2}$$

$$6 \cdot 2 = 4 \cdot 3$$

$$12 = 12$$

- En toda proporción la suma del antecedente y consecuente de la primera razón es a su antecedente como la suma del antecedente y consecuente de la segunda razón es a su antecedente.

$$\dfrac{a}{b} = \dfrac{c}{d}$$

$$\dfrac{a + b}{a} = \dfrac{c + d}{c}$$

Ejemplo:

$$\dfrac{6}{4} = \dfrac{3}{2}$$

$$\dfrac{6 + 4}{6} = \dfrac{3 + 2}{3}$$

$$\dfrac{10}{6} = \dfrac{5}{3}$$

$$10 \cdot 3 = 6 \cdot 5$$

$$30 = 30$$

- En toda proporción la suma del antecedente y consecuente de la primera razón es a su consecuente como la suma del antecedente y consecuente de la segunda razón es a su consecuente.

$$\dfrac{a}{b} = \dfrac{c}{d}$$

$$\dfrac{a + b}{b} = \dfrac{c + d}{d}$$

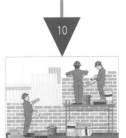

Ejemplo:

$$\frac{6}{4} = \frac{3}{2}$$

$$\frac{6+4}{4} = \frac{3+2}{2}$$

$$\frac{10}{4} = \frac{5}{2}$$

$$20 = 20$$

• En toda proporción la diferencia del antecedente y consecuente de la primera razón es a su antecedente como la diferencia del antecedente y consecuente de la segunda razón es a su antecedente.

$$\frac{a}{b} = \frac{c}{d}$$

$$\frac{a-b}{a} = \frac{c-d}{c}$$

Ejemplo:

$$\frac{6}{4} = \frac{3}{2}$$

$$\frac{6-4}{6} = \frac{3-2}{3}$$

$$\frac{2}{6} = \frac{1}{3}$$

$$6 = 6$$

• En toda proporción la diferencia del antecedente y consecuente de la primera razón es a su consecuente como la diferencia del antecedente y consecuente de la segunda razón es a su consecuente.

$$\frac{a}{b} = \frac{c}{d}$$

$$\frac{a-b}{b} = \frac{c-d}{d}$$

Ejemplo:

$$\frac{6}{4} = \frac{3}{2}$$

$$\frac{6-4}{4} = \frac{3-2}{2}$$

$$\frac{2}{4} = \frac{1}{2}$$

$$4 = 4$$

• La suma del antecedente y consecuente de la primera razón es a su diferencia como la suma del antecedente y consecuente de la segunda razón es a su diferencia.

$$\frac{a}{b} = \frac{c}{d}$$

$$\frac{a+b}{a-b} = \frac{c+d}{c-d}$$

Ejemplo:

$$\frac{6}{4} = \frac{3}{2}$$

$$\frac{6+4}{6-4} = \frac{3+2}{3-2}$$

$$\frac{10}{2} = \frac{5}{1}$$

$$10 = 10$$

• La diferencia del antecedente y consecuente de la primera razón es a su suma como la diferencia del antecedente y consecuente de la segunda razón es a su suma.

$$\frac{a}{b} = \frac{c}{d}$$

$$\frac{a-b}{a+b} = \frac{c-d}{c+d}$$

Ejemplo:

$$\frac{6}{4} = \frac{3}{2}$$

$$\frac{6-4}{6+4} = \frac{3-2}{3+2}$$

$$\frac{2}{10} = \frac{1}{5}$$

$$10 = 10$$

• Una proporción puede transformarse en otras siete equivalentes.

Ejemplo:

Dados

$$\frac{m}{n} = \frac{p}{q} \qquad \frac{5}{6} = \frac{10}{12}$$

1) Cambiando los extremos:

$$\frac{q}{n} = \frac{p}{m} \qquad \frac{12}{6} = \frac{10}{5}$$

2) Cambiando los medios:

$$\frac{m}{p} = \frac{n}{q} \qquad \frac{5}{10} = \frac{6}{12}$$

3) Cambiando las razones:

$$\frac{p}{q} = \frac{m}{n} \qquad \frac{10}{12} = \frac{5}{6}$$

10

4) Invirtiendo las razones:

$$\frac{n}{m} = \frac{q}{p} \qquad\qquad \frac{6}{5} = \frac{12}{10}$$

5) Invirtiendo las razones y permutando los extremos:

$$\frac{p}{m} = \frac{q}{n} \qquad\qquad \frac{10}{5} = \frac{12}{6}$$

6) Invirtiendo las razones y permutando los medios:

$$\frac{n}{q} = \frac{m}{p} \qquad\qquad \frac{6}{12} = \frac{5}{10}$$

7) Invirtiendo las razones y permutándolas:

$$\frac{q}{p} = \frac{n}{m} \qquad\qquad \frac{12}{10} = \frac{6}{5}$$

Serie de razones iguales

En toda serie de razones iguales, la suma de los antecedentes es a la suma de los consecuentes como un antecedente cualquiera es a su consecuente.

$$\frac{a}{b} = \frac{c}{d} = \frac{m}{n} = \frac{x}{y}$$

$$\frac{a + c + m + x}{b + d + n + y} = \frac{c}{d}$$

$$\frac{2}{3} = \frac{4}{6} = \frac{8}{12} = \frac{16}{24} = \frac{32}{48}$$

$$\frac{2 + 4 + 8 + 16 + 32}{3 + 6 + 12 + 24 + 48} = \frac{8}{12}$$

$$\frac{62}{93} = \frac{8}{12}$$

$$62 \cdot 12 = 93 \cdot 8$$
$$744 = 744$$

Cálculo de los valores de una proporción

• Hallar el valor de un extremo.

1) $\dfrac{a}{b} = \dfrac{c}{x}$

De acuerdo con la primera propiedad

$$a \cdot x = b \cdot c$$

se pasa a al otro miembro

$$x = \frac{b \cdot c}{a}$$

Conclusión: En toda proporción un extremo es igual al producto de los medios divididos por el otro extremo.

Este cuadro holandés del siglo XVII atribuido a Hendrik van Balen conocido como Los medidores *ilustra la máxima del poeta romano Horacio: «Hay una medida en todas las cosas». Las propiedades de las proporciones nos permiten conocer las medidas de las cosas grandes, como la distancia entre dos puntos de la Tierra, midiendo las pequeñas dibujadas en un mapa a escala.*

Ejemplo:

$$\frac{5}{6} = \frac{10}{x} \quad \Rightarrow \quad x = \frac{6 \cdot 10}{5}; \quad = 12$$

2) $\quad \dfrac{x}{b} = \dfrac{c}{d} \quad \Rightarrow \quad x = \dfrac{b \cdot c}{d}$

Ejemplos:

a) $\quad \dfrac{x}{6} = \dfrac{10}{12} \Rightarrow x = \dfrac{6 \cdot 10}{12} = 5$

b) $\quad \dfrac{\sqrt{1 - \dfrac{5}{9}}}{\left(1 - \dfrac{2}{3}\right)^2} = \dfrac{\dfrac{5}{6} \cdot \left(-\dfrac{2}{3}\right) \cdot -\left(\dfrac{8}{15}\right)}{x}$

Primero trataremos de resolver cada término, manteniendo el esquema de la proporción.

$$\frac{\sqrt{\dfrac{9-5}{9}}}{\left(\dfrac{3-2}{3}\right)^2} = \frac{\dfrac{5 \cdot (-2) \cdot (-8)}{6 \cdot 3 \cdot 15}}{x}$$

$$\frac{\sqrt{\dfrac{4}{9}}}{\left(\dfrac{1}{3}\right)^2} = \frac{\dfrac{8}{27}}{x}$$

$$\frac{\dfrac{2}{3}}{\dfrac{1}{9}} = \frac{\dfrac{8}{27}}{x}$$

$$x = \frac{\dfrac{1}{9} \cdot \dfrac{8}{27}}{\dfrac{2}{3}} = \frac{1}{9} \cdot \frac{8}{27} \cdot \frac{3}{2} = \frac{4}{81}$$

• Hallar el valor de un extremo en una proporción continua.

1) $\dfrac{a}{b} = \dfrac{b}{x}$

De acuerdo con la primera propiedad

$$a \cdot x = b \cdot b$$

se pasa a al otro miembro

$$x = \frac{b \cdot b}{a}; \text{ o bien: } x = \frac{b^2}{a}$$

Conclusión: En toda proporción continua un extremo es igual al cuadrado del medio proporcional dividido por el extremo conocido.

2) $\dfrac{x}{b} = \dfrac{b}{d} \quad \Rightarrow \quad x = \dfrac{b^2}{d}$

Ejemplos:

a) $\dfrac{x}{6} = \dfrac{6}{9} \quad \Rightarrow \quad x = \dfrac{6^2}{9} = \dfrac{36}{9} = 4$

b) $\dfrac{x}{\dfrac{3}{4} - 0,5} = \dfrac{\dfrac{3}{4} - 0,5}{(1 - 0,7)^2}$

$$x = \frac{\left(\dfrac{3}{4} - 0,5\right)^2}{(1 - 0,7)^2}$$

$$x = \frac{(0,75 - 0,5)^2}{0,3^2} = \frac{0,25^2}{0,09} =$$

$$= \frac{0,0625}{0,0900} = \frac{625}{900} = \frac{25}{36}$$

• Hallar el valor del medio de una proporción.

1) $\dfrac{a}{x} = \dfrac{c}{d}$

De acuerdo con la primera propiedad

$$a \cdot d = c \cdot x$$

el factor c pasa al otro miembro

$$x = \frac{a \cdot d}{c}$$

Conclusión: En toda proporción el medio es igual al producto de los extremos dividido por el medio conocido.

2) $\dfrac{a}{b} = \dfrac{x}{d} \quad \Rightarrow \quad x = \dfrac{a \cdot d}{b}$

LAS MATEMÁTICAS EN LA MÚSICA

Atendiendo a los sonidos emitidos por los instrumentos de cuerda tales como: violín, guitarra, piano, etc., a nadie escapa que resultan de la vibración de las cuerdas que dicho instrumento posee.

Ahora bien, la altura de la nota musical dada depende tanto de la longitud de la cuerda con que se emite, como de la tensión que esta última soporta.

Ya Pitágoras había descubierto, utilizando un monocordio, que: «Si una cuerda y su tensión permanecen inalteradas, pero se varía su longitud, el período de vibración es proporcional a su longitud».

Supongamos que un fabricante de pianos utilizara, siguiendo a Pitágoras, cuerdas de idéntica estructura pero de diferentes longitudes para lograr la gama de frecuencias de que goza dicho instrumento. En un piano moderno, con notas de frecuencia comprendida entre 27 y 4 096, la cuerda de mayor longitud resultaría 150 veces más larga que la de menor longitud. Obviamente, ello hubiera impedido la construcción del piano de nuestro ejemplo, de no mediar las dos leyes del matemático francés Mersenne. La primera dice que: «Para cuerdas distintas de la misma longitud e igual tensión, el período de vibración es proporcional a la raíz cuadrada del peso de la cuerda». El mayor peso se consigue, generalmente, arrollándole en espiral un alambre más delgado. Así se evita la excesiva longitud de las cuerdas asignadas a los graves.

La segunda ley expresa: «Cuando una cuerda y su longitud permanecen inalteradas pero se varía la tensión, la frecuencia de la vibración es proporcional a la raíz cuadrada de la tensión». Siguiéndola se evita que las cuerdas resulten demasiado cortas en los agudos, aumentando su tensión.

La incorporación de marcos de acero a los modernos pianos, ha posibilitado tensar los alambres hasta valores insospechados antiguamente y que rondan las 30 toneladas.

Las notas producidas por un instrumento de cuerda están en relación con la longitud de las cuerdas y con la tensión de éstas. Para evitar tener que usar cuerdas de muy diversas longitudes, puede obtenerse la escala de notas con cuerdas de la misma longitud sometidas a diferentes tensiones. Obsérvese que, inversamente, podemos conocer la tensión de la cuerda oyendo la nota que produce, como se hace al afinar un instrumento. Arriba, grabado medieval que representa a Pitágoras.

PITAGORAS

Ejemplos:

a) $\dfrac{5}{6} = \dfrac{x}{12} \Rightarrow x = \dfrac{5 \cdot 12}{6} = 10$

b) $\dfrac{0,\hat{3} - 2}{x} = \dfrac{\sqrt{1 + \dfrac{5}{4}}}{\left(1 - \dfrac{1}{2}\right)^2}$

$\dfrac{\dfrac{3}{9} - 2}{x} = \dfrac{\sqrt{\dfrac{4 + 5}{4}}}{\left(\dfrac{2 - 1}{2}\right)^2}$

$\dfrac{\dfrac{3 - 18}{9}}{x} = \dfrac{\sqrt{\dfrac{9}{4}}}{\left(\dfrac{1}{2}\right)^2}$

$\dfrac{-\dfrac{15}{9}}{x} = \dfrac{\dfrac{3}{2}}{\dfrac{1}{4}}$

$x = \dfrac{\left(-\dfrac{15}{9}\right) \dfrac{1}{4}}{\dfrac{3}{2}} = \dfrac{-\dfrac{5}{12}}{\dfrac{3}{2}} = -\dfrac{10}{36}$

• Hallar el valor del medio de una proporción continua.

$$\dfrac{a}{x} = \dfrac{x}{d}$$

De acuerdo con la primera propiedad

$$x \cdot x = a \cdot d$$
$$x^2 = a \cdot d$$
$$x = \sqrt{a \cdot d}$$

Conclusión: En toda proporción continua el medio es igual a la raíz cuadrada del producto de los extremos.

Ejemplos:

a) $\dfrac{4}{x} = \dfrac{x}{9} \Rightarrow x = \sqrt{4 \cdot 9} = \sqrt{36} = 6$

b) $\dfrac{\sqrt{144}}{x} = \dfrac{x}{3} \Rightarrow x^2 = \sqrt{144} \cdot 3$

$x = \sqrt{12 \cdot 3} = \sqrt{36} = 6$

c) $\dfrac{\left(2 - \dfrac{3}{4}\right) \cdot \dfrac{6}{5}}{x} = \dfrac{x}{\left[\left(1 - \dfrac{5}{6}\right) \cdot \left(\dfrac{1}{3}\right)^{-2}\right]^3}$

$\dfrac{\left(\dfrac{8 - 3}{4}\right) \cdot \dfrac{6}{5}}{x} = \dfrac{x}{\left[\left(\dfrac{6 - 5}{6}\right) \cdot 3^2\right]^3}$

$\dfrac{\dfrac{5}{4} \cdot \dfrac{6}{5}}{x} = \dfrac{x}{\left(\dfrac{1}{6} \cdot 9\right)^3}$

$\dfrac{\dfrac{3}{2}}{x} = \dfrac{x}{\left(\dfrac{3}{2}\right)^3}$

$\dfrac{\dfrac{3}{2}}{x} = \dfrac{x}{\dfrac{27}{8}} \Rightarrow x = \sqrt{\dfrac{3}{2} \cdot \dfrac{27}{8}}$

$x = \sqrt{\dfrac{81}{16}} = \dfrac{9}{4}$

Ejemplos de cálculos de medios y extremos

a) En la proporción

$$\dfrac{1}{\left(\dfrac{2 - 1}{2}\right)^2} = \dfrac{\sqrt[3]{\dfrac{8 - 7}{8}}}{x}$$

el extremo x vale:

$\dfrac{1}{\left(\dfrac{1}{2}\right)^2} = \dfrac{\sqrt[3]{\dfrac{1}{8}}}{x}$

$\dfrac{1}{\dfrac{1}{4}} = \dfrac{\sqrt[3]{\dfrac{1}{8}}}{x}$

$x = \dfrac{\dfrac{1}{4} \cdot \dfrac{1}{2}}{1} = \dfrac{\dfrac{1}{8}}{1} = \dfrac{1}{8}$

b) En la proporción

$$\dfrac{x}{\left(0,\hat{3} + \dfrac{1}{3}\right)^2} = \dfrac{\sqrt[3]{1 - \dfrac{26}{27}}}{\left(1,\hat{2} - \dfrac{5}{9}\right)^{-2}}$$

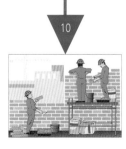

10

el extremo x vale:

$$\frac{x}{\left(\frac{3}{9}+\frac{1}{3}\right)^2}=\frac{\sqrt[3]{\dfrac{27-26}{27}}}{\left(1\dfrac{2}{9}-\dfrac{5}{9}\right)^{-2}}$$

$$\frac{x}{\left(\frac{3+3}{9}\right)^2}=\frac{\sqrt[3]{\dfrac{1}{27}}}{\left(\dfrac{11}{9}-\dfrac{5}{9}\right)^{-2}}$$

$$\frac{x}{\left(\frac{6}{9}\right)^2}=\frac{\dfrac{1}{3}}{\left(\dfrac{6}{9}\right)^{-2}}$$

$$\frac{x}{\frac{4}{9}}=\frac{\dfrac{1}{3}}{\left(\dfrac{3}{2}\right)^2}$$

$$\frac{x}{\frac{4}{9}}=\frac{\dfrac{1}{3}}{\dfrac{9}{4}}$$

$$x=\frac{\dfrac{4}{9}\cdot\dfrac{1}{3}}{\dfrac{9}{4}}=\frac{\dfrac{4}{27}}{\dfrac{9}{4}}=$$

$$=\frac{4}{27}\cdot\frac{4}{9}=\frac{16}{243}$$

c) En la proporción

$$\frac{0,5-\dfrac{3}{4}+0,\hat{2}}{x}=\frac{\left(2-\dfrac{1}{3}-\dfrac{1}{2}\right)^2}{\sqrt{\left(0,\hat{5}+\dfrac{1}{2}\right)\cdot\dfrac{1}{38}}}$$

el medio x vale:

$$\frac{\dfrac{1}{2}-\dfrac{3}{4}+\dfrac{2}{9}}{x}=\frac{\dfrac{(12-2-3)^2}{6}}{\sqrt{\left(\dfrac{5}{9}+\dfrac{1}{2}\right)\cdot\dfrac{1}{38}}}$$

$$\frac{\dfrac{18-27+8}{36}}{x}=\frac{\left(\dfrac{7}{6}\right)^2}{\sqrt{\dfrac{10+9}{18}\cdot\dfrac{1}{38}}}$$

$$\frac{-\dfrac{1}{36}}{x}=\frac{\dfrac{49}{36}}{\sqrt{\dfrac{19}{18}\cdot\dfrac{1}{38}}}$$

$$\frac{-\dfrac{1}{36}}{x}=\frac{\dfrac{49}{36}}{\sqrt{\dfrac{1}{36}}}$$

$$\frac{-\dfrac{1}{36}}{x}=\frac{\dfrac{49}{36}}{\dfrac{1}{6}}$$

$$x=\frac{\left(-\dfrac{1}{36}\right)\cdot\dfrac{1}{6}}{\dfrac{49}{36}}=\frac{-\dfrac{1}{216}}{\dfrac{49}{36}}=$$

$$=\left(-\frac{1}{216}\right)\cdot\frac{36}{49}=-\frac{1}{294}$$

d) En la proporción

$$\frac{(1,5-1,2)^2}{-1,3+0,9-0,2}=\frac{x}{\sqrt{(1-0,96)}}$$

el medio x vale:

$$\frac{(0,3)^2}{-0,6}=\frac{x}{\sqrt{0,04}}$$

Una niña juega con un grupo escultórico del parque Vigeland de Oslo (Noruega). La pintura y la escultura no abstractas representan estudios prácticos de las proporciones, tanto para que las figuras representadas tengan una relación armónica con el original, como para compensar la distorsión de la perspectiva en las figuras monumentales.

$$\frac{0,09}{-0,6} = \frac{x}{0,2}$$

$$x = \frac{0,09 \cdot 0,2}{-0,6} =$$

$$= \frac{0,018}{-0,6} = -0,03$$

e) En la proporción continua

$$\frac{x}{\frac{1}{2} + \sqrt{\frac{32}{125} : \frac{2}{5}}} = \frac{\frac{1}{2} + \sqrt{\frac{32}{125} : \frac{2}{5}}}{\left(1 - \frac{5}{6}\right)^{-2} \cdot \frac{7}{12}}$$

el extremo x vale:

$$\frac{x}{\frac{1}{2} + \sqrt{\frac{32}{125} \cdot \frac{5}{2}}} = \frac{\frac{1}{2} + \sqrt{\frac{16}{25}}}{\left(\frac{6-5}{6}\right)^{-2} \cdot \frac{7}{12}}$$

$$\frac{x}{\frac{1}{2} + \frac{4}{5}} = \frac{\frac{1}{2} + \frac{4}{5}}{\left(\frac{1}{6}\right)^{-2} \cdot \frac{7}{12}}$$

$$\frac{x}{\frac{5+8}{10}} = \frac{\frac{5+8}{10}}{6^2 \cdot \frac{7}{12}} ; \quad \frac{x}{\frac{13}{10}} = \frac{\frac{13}{10}}{\frac{36 \cdot 7}{12}}$$

$$\frac{x}{\frac{13}{10}} = \frac{\frac{13}{10}}{21}$$

$$x = \frac{\frac{13}{10} \cdot \frac{13}{10}}{21} = \frac{\frac{169}{100}}{21} =$$

$$= \frac{169}{100} \cdot \frac{1}{21} = \frac{169}{2100}$$

f) En la proporción continua

$$\frac{\sqrt{1 - 0,36}}{(0,1 + 2,7 - 1,7)^2} = \frac{(0,1 + 2,7 - 1,7)^2}{x},$$

el extremo x vale:

$$\frac{\sqrt{0,64}}{(1,1)^2} = \frac{(1,1)^2}{x}$$

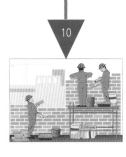

$$\frac{0,8}{1,21} = \frac{1,21}{x}$$

$$x = \frac{1,21^2}{0,8} = \frac{1,4641}{0,8} = 1,830$$

Regla de tres

Una de las aplicaciones más importantes de las proporciones está en la resolución de los problemas de regla de tres simple y compuesta.

Ejemplo:

Si 5 libros de lectura costaron 210$. ¿Cuál es el precio de la docena de libros?

Planteo:

5 | 210$
12 | x

Lo más importante es razonar bien el planteo, para deducir si la proporción es directa o inversa.

Procedemos del modo siguiente:

Convenimos en usar un signo más, cuando en el planteo la segunda cantidad aumenta o es mayor que la primera y un signo menos, cuando disminuye o es menor; es decir, hacemos lo siguiente:

5 | 210$
12 | x

Luego hacemos el razonamiento necesario:

«Si 5 libros cuestan 210$, más libros costarán más $»; entonces nos queda:

+ 5 | 210$ +
  12 | x

–si los dos signos son iguales (más o menos), existe entre los elementos del problema una correspondencia directamente proporcional.

–si los signos fueran distintos: uno más y otro menos, la correspondencia que existe es inversamente proporcional.

Resolvamos ahora el problema dado.

Como la correspondencia es directamente proporcional, planteamos la proporción con los datos en el orden que figuran en el planteo.

$$\frac{5 |}{12 |} = \frac{210\$}{x}$$

Y se obtiene una proporción donde falta averiguar el valor de un extremo; aplicando la fórmula deducida para el caso en el tema anterior.

$$x = \frac{12\ l \cdot 210\$}{5\ l} = \frac{12 \cdot 42}{1} = 504$$

El precio de la docena de libros es de 504$.

Enunciamos otro problema:

8 jóvenes piensan salir de campamento con víveres para 24 días; llegado el momento, 2 deciden no ir. ¿Para cuántos días les alcanzarán los víveres a los restantes?

Planteo:

$$-\left(\begin{array}{ll} 8\ \text{jov.} & 24\ \text{d} \\ 6\ \text{jov.} & x \end{array}\right.$$

Si 8 jóvenes podían vivir con esos alimentos 24 días, menos jóvenes podrán vivir más días.

$$-\left(\begin{array}{ll} 8\ \text{jov.} & 24\ \text{d} \\ 6\ \text{jov.} & x \end{array}\right) +$$

La correspondencia es inversamente proporcional.

Cuando formamos la proporción en una correspondencia inversamente proporcional, invertimos antecedente y consecuente de la razón donde figura x.

$$\frac{8\ j}{6\ j} = \frac{x}{24\ d}$$

Y luego resolvemos aplicando la fórmula para calcular un medio:

$$x = \frac{8\ j \cdot 24\ d}{6\ j} = 32\ d$$

Los víveres les alcanzan a los 6 jóvenes para 32 días.

A continuación resolvemos un problema de regla de tres *compuesta*.

Si 6 personas pueden veranear 10 días en Mar del Plata con 30 000$, ¿cuánto les costará, en iguales condiciones, el veraneo, a 2 personas, durante 8 días?

Planteo:

6 p ———— 10 d ———— 30 000$
2 p ———— 8 d ———— x

Para resolver una regla de tres compues-

ta por proporciones se consideran, consecutivamente, dos reglas de tres simples.

Procedemos así:

$$-\left(\begin{array}{ll} 6p & 30\,000\$ \\ 2p & x \end{array}\right) - \quad \frac{6\ p}{2\ p} = \frac{30\,000\$}{x}$$

Como es directamente proporcional:

$$x = \frac{30\,000 \cdot 2\ p}{6\ p} = 10\,000\$$$

Al plantear la segunda proporción aparece como dato $x = 10\,000\$$ hallado en la primera regla de tres.

$$-\left(\begin{array}{ll} 10\ \text{d} & 10\,000\$ \\ 8\ \text{d} & x \end{array}\right) -$$

$$\frac{10\ \text{d}}{8\ \text{d}} = \frac{10\,000\$}{x} \quad \Rightarrow$$

$$\Rightarrow \quad x = \frac{10\,000\$ \cdot 8\ \text{d}}{10\ \text{d}} = 8\,000\$$$

Los problemas basados en las propiedades de las razones y proporciones –los típicos problemas de regla de tres– son de gran utilidad práctica, tanto si se refieren a ferrocarriles, ciclistas o porcentajes.

El veraneo les costará a las 2 personas, durante 8 días, 8 000$.

La resolución por proporciones es una de las maneras de resolver reglas de tres, que se suma a la que ya se conoce, que es el clásico método de reducción a la unidad.

Ejemplos:

a) Si 15 rosales cuestan 1 095$, ¿cuánto costarán 5 rosales del mismo tipo?

Planteo:

$$-\left(\begin{array}{l} 15\ \text{r.} \rule[0.5ex]{2em}{0.4pt} 1\,095\$ \\ 5\ \text{r.} \rule[0.5ex]{2em}{0.4pt} x \end{array}\right)-$$

como es directa, se plantea la proporción

$$\frac{15}{5} = \frac{1\,095}{x} \Rightarrow x = \frac{1\,095 \cdot 5}{15} = 365\$$$

Los 5 rosales cuestan 365$

b) Si un automóvil recorre 60 km en 30 minutos, a razón de 120 km, ¿cuánto tiempo tardará en recorrer 80 km, a razón de 100 km?

Planteo:

120 km/h. ___ 60 km ___ 30 m
100 km/h. ___ 80 km ___ x

Solución:

1ʳ. paso

$$-\left(\begin{array}{ll} 120\ \text{km/h} & 30\ \text{m} \\ 100\ \text{km/h} & x \end{array}\right)+$$

$$\frac{120}{100} = \frac{x}{30} \Rightarrow x = \frac{120 \cdot 30}{100} =$$

$$= 36\ \text{minutos}$$

2.º paso

$$+\left(\begin{array}{l} 60\ \text{km} \rule[0.5ex]{2em}{0.4pt} 36\ \text{minutos} \\ 80\ \text{km} \rule[0.5ex]{2em}{0.4pt} x \end{array}\right)+$$

$$\frac{60\ \text{km}}{80\ \text{km}} = \frac{36\ \text{m}}{x} \Rightarrow$$

$$x = \frac{80 \cdot 36}{60} = 48\ \text{minutos}$$

Respuesta: Tardará 48 minutos en recorrer 80 km.

c) Si 21 obreros realizaron un trabajo en 72 días, a razón de 8 h diarias, ¿cuántos obreros serán necesarios para realizar el mismo trabajo en 56 días a 9 h diarias?

Planteo:

72 d _____ 8 h _____ 21 ob.
56 d _____ 9 h _____ x

Solución:

1.ʳ paso

$$-\left(\begin{array}{l} 72\ \text{d} \rule[0.5ex]{2em}{0.4pt} 21\ \text{ob} \\ 56\ \text{d} \rule[0.5ex]{2em}{0.4pt} x \end{array}\right)+$$

es inversamente proporcional

$$\frac{72\ \text{d}}{56\ \text{d}} = \frac{x}{21\ \text{ob}} \Rightarrow x = \frac{72 \cdot 21}{56} =$$

$$= 27\ \text{obreros}$$

2.º Paso

$$+\left(\begin{array}{l} 8\ \text{h} \rule[0.5ex]{2em}{0.4pt} 27\ \text{ob} \\ 9\ \text{h} \rule[0.5ex]{2em}{0.4pt} x \end{array}\right)-$$

$$\frac{8\ \text{h}}{9\ \text{h}} = \frac{x}{27\ \text{ob}} \Rightarrow$$

$$x = \frac{8 \cdot 27}{9} = 24\ \text{obreros}$$

Respuesta: Serán necesarios 24 obreros.

Reparto proporcional

Otro de los importantes temas que se resuelven aplicando proporciones y series de razones iguales es el de repartir en forma directa o inversa.

Supongamos que debemos resolver el siguiente problema:

Dos personas invirtieron 2 000$ y 3 000$, respectivamente, en un negocio, en el que obtuvieron una ganancia neta de 1 000$. ¿Cómo se debe repartir la ganancia?

Es fácil deducir que quien más dinero colocó, más ganancia debe obtener. Pero el problema consiste en determinar cuánto gana cada uno. Lo que le corresponde a la primera persona, lo designaremos con x. Lo que le corresponde a la segunda persona, lo designaremos con y. Además se sabe que:

$$x + y = 1\,000\$[1]$$

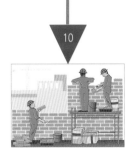

10

Para repartir proporcionalmente a lo que colocó cada uno, se procede así:

$$\frac{x}{2\,000\$} = \frac{y}{3\,000\$}$$

Considerando la proporción formada como una serie de razones iguales, aplicamos la propiedad que la caracteriza y que dice: «La suma de los antecedentes es a la suma de los consecuentes, como un antecedente cualquiera es a su consecuente».

1) $\dfrac{x + y}{2\,000\$ + 3\,000\$} = \dfrac{x}{2\,000\ \$}$

2) $\dfrac{x + y}{2\,000\$ + 3\,000\$} = \dfrac{y}{3\,000\ \$}$

Reemplazamos en ambas $x + y = 1\,000\$$ según①

1) $\dfrac{1\,000\$}{5\,000\$} = \dfrac{x}{2\,000\$} \Rightarrow$

$x = \dfrac{1\,000\$ \cdot 2\,000\$}{5\,000\$} = 400\$$

2) $\dfrac{1\,000\$}{5\,000\$} = \dfrac{y}{3\,000\$} \Rightarrow$

$y = \dfrac{1\,000\$ \cdot 3\,000\$}{5\,000\$} = 600\$$

La primera persona gana 400\$
La segunda persona gana 600\$
A continuación se resuelve un problema donde el reparto proporcional debe hacerse en forma inversa.

Repartir 5 200\$ en forma inversamente proporcional a los números 2, 3 y 4.
Sabemos que: $x + y + z = 5\,200\$$.
Formamos la serie de razones iguales; pero como el reparto es inverso, para resolverlo invertimos los números dados y el problema se reduce a un reparto directo con respecto a $\dfrac{1}{2}$; $\dfrac{1}{3}$ y $\dfrac{1}{4}$

$$\frac{x}{\frac{1}{2}} = \frac{y}{\frac{1}{3}} = \frac{z}{\frac{1}{4}}$$

Aplicando la propiedad de la serie de razones iguales:

1) $\dfrac{x + y + z}{\frac{1}{2} + \frac{1}{3} + \frac{1}{4}} = \dfrac{x}{\frac{1}{2}}$

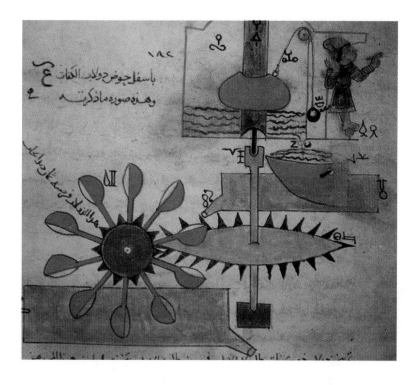

2) $\dfrac{x + y + z}{\frac{1}{2} + \frac{1}{3} + \frac{1}{4}} = \dfrac{y}{\frac{1}{3}}$

3) $\dfrac{x + y + z}{\frac{1}{2} + \frac{1}{3} + \frac{1}{4}} = \dfrac{z}{\frac{1}{4}}$

Reemplazamos $x + y + z$ por el valor de su suma y realizamos la suma de los números que figuran en el denominador.

$$\frac{1}{2} + \frac{1}{3} + \frac{1}{4} = \frac{6 + 4 + 3}{12} = \frac{13}{12}$$

1) $\dfrac{5\,200\$}{\frac{13}{12}} = \dfrac{x}{\frac{1}{2}} \Rightarrow x = \dfrac{5\,200\$ \cdot \frac{1}{2}}{\frac{13}{12}} =$

$= 5\,200\$ \cdot \dfrac{1}{2} \cdot \dfrac{12}{13} = 2\,400\$$

$x = 2\,400\$$

2) $\dfrac{5\,200\$}{\frac{13}{12}} = \dfrac{y}{\frac{1}{3}} \Rightarrow y = \dfrac{5\,200\$ \cdot \frac{1}{3}}{\frac{13}{12}} =$

$= 5\,200\$ \cdot \dfrac{1}{3} \cdot \dfrac{12}{13} = 1\,600\$$

$y = 1\,600\$$

Los efectos multiplicadores o desmultiplicadores de los engranajes se consiguen por medio de las relaciones de los diámetros de las ruedas engranadas, que están en proporción inversa con el diámetro: la mayor de dos ruedas dentadas engranadas gira más despacio que la menor. En la ilustración se muestra un curioso engranaje «acuático» del Libro de los procedimientos mecánicos de Al-Jazari (s. XIII).

3) $\dfrac{5\,200\$}{\frac{13}{12}} = \dfrac{z}{\frac{1}{4}} \Rightarrow z = \dfrac{5\,200\$ \cdot \frac{1}{4}}{\frac{13}{12}} =$

$= 5\,200\$ \cdot \dfrac{1}{4} \cdot \dfrac{12}{13} = 1\,200\$$

$z = 1\,200\$$

Ejercicio: Una tía trae 430 golosinas para repartir de forma directamente proporcional a las edades de sus tres sobrinos de 3, 4 y 8 años. ¿Cuántas le corresponden a cada uno?

Solución:

Como el reparto es con respecto a 3, 4 y 8 vamos a obtener tres números x, y, z.

$3 + 4 + 8 = 15$

1) $\dfrac{430}{15} = \dfrac{x}{3} \Rightarrow x = \dfrac{430 \cdot 3}{15} =$

$= 86$ golosinas

2) $\dfrac{430}{15} = \dfrac{y}{4} \Rightarrow y = \dfrac{430 \cdot 4}{15} =$

$= 114,6 \cong 115$ golosinas

3) $\dfrac{430}{15} = \dfrac{z}{8} \Rightarrow z = \dfrac{430 \cdot 8}{15} =$

$= 229,3 \cong 229$ golosinas

Regla de sociedad o compañía

Cuando varias personas colocan dinero en un negocio en común, lo que se gana o se pierde en el mismo se debe repartir en forma proporcional a lo que cada uno colocó y al tiempo que tuvo colocado dicho dinero. De esto derivan problemas, que se conocen con la denominación de «problemas de sociedad o compañía.» Los mismos pueden presentar distintos casos:
1) Que los socios coloquen distintos capitales durante un mismo tiempo.
2) Que los socios coloquen iguales capitales en distintos tiempos.

3) Que los socios coloquen distintos capitales en distintos tiempos.
Resolvemos un problema de cada caso:
1) En este caso, la ganancia o pérdida de cada uno, depende del capital colocado; el problema se reduce, así, a un simple problema de reparto directamente proporcional.

Cuatro personas hacen un fondo con un fin común, colocando respectivamente, 500\$, 200\$, 1 000\$ y 800\$. Lo invierten en un negocio que les produce una ganancia de 1 500\$. ¿Cuánto le corresponde a cada una de las personas que intervinieron?

$x + y + z + r = 1\,500\$$

1) $\dfrac{x + y + z + r}{500\$ + 200\$ + 1\,000\$ + 800\$} =$

$= \dfrac{x}{500\$}$

2) $\dfrac{x + y + z + r}{500 + 200 + 1\,000 + 800} = \dfrac{y}{200}$

3) $\dfrac{x + y + z + r}{500 + 200 + 1\,000 + 800} = \dfrac{z}{1\,000}$

4) $\dfrac{x + y + z + r}{500 + 200 + 1\,000 + 800} = \dfrac{r}{800}$

1) $\dfrac{1\,500\$}{2\,500\$} = \dfrac{x}{500\$} \Rightarrow$

$\Rightarrow x = \dfrac{1\,500\$ \cdot 500\$}{2\,500\$} = 300\$$

2) $\dfrac{1\,500\$}{2\,500\$} = \dfrac{y}{200\$} \Rightarrow$

$\Rightarrow y = \dfrac{1\,500\$ \cdot 200\$}{2\,500\$} = 120\$$

3) $\dfrac{1\,500\$}{2\,500\$} = \dfrac{z}{1\,000\$} \Rightarrow$

$\Rightarrow z = \dfrac{1\,500\$ \cdot 1\,000\$}{2\,500\$} = 600\$$

4) $\dfrac{1\,500\$}{2\,500\$} = \dfrac{r}{800\$} \Rightarrow$

$\Rightarrow r = \dfrac{1\,500\$ \cdot 800\$}{2\,500\$} = 480\$$

A cada uno le corresponde la siguiente ganancia:

El primero recibe 300$

El segundo recibe 120$

El tercero recibe 600$

El cuarto recibe 480$

2) En este caso la ganancia o pérdida de cada socio depende del mayor o menor tiempo que tenga colocado su dinero. Los problemas de este tipo se resuelven mediante una regla de tres directamente proporcional a los tiempos que cada capital ha estado colocado.

3) En este caso el reparto es compuesto, porque hay que repartir la ganancia o la pérdida en forma proporcional al dinero colocado y al tiempo que dicho dinero estuvo colocado.

Ejemplo:

Dos personas intervienen en un negocio con capitales de 3 000$ y 4 000$ durante 2 y 4 meses, respectivamente. Al cabo de ese tiempo el negocio dio una pérdida de 880$. ¿Cuál es la pérdida que debe sufrir cada persona?

$$x + y = 880\$$$

La serie se forma así:

$$\frac{x}{3\,000\$ \cdot 2} = \frac{y}{4\,000\$ \cdot 4}$$

1) $\dfrac{x + y}{6\,000 + 16\,000} = \dfrac{x}{6\,000}$

2) $\dfrac{x + y}{6\,000 + 16\,000} = \dfrac{y}{16\,000}$

1) $\dfrac{880}{22\,000} = \dfrac{x}{6\,000} \Rightarrow$

$\Rightarrow x = \dfrac{880 \cdot 6\,000}{22\,000} = 240\$$

2) $\dfrac{880}{22\,000} = \dfrac{y}{16\,000} \Rightarrow$

$\Rightarrow y = \dfrac{880 \cdot 16\,000}{22\,000} = 640\$$

La primera persona pierde 240$

La segunda persona pierde 640$

Ejercicio:

Las velocidades de cuatro lanchas de carreras son de 40 km/h, 50 km/h, 80 km/h y 60 km/h. En una carrera de motonáutica la suma de los tiempos de todas ellas es de 89 minutos. ¿Cuánto tardó cada una en llegar a la meta?

Solución:

$$x + y + z + w = 89 \text{ minutos}$$

Como cuanto mayor sea la velocidad de la lancha, menor será el número de horas que empleará la misma, el reparto es inversamente proporcional.

$$\frac{1}{40} + \frac{1}{50} + \frac{1}{80} + \frac{1}{60} =$$

$$= \frac{30 + 24 + 15 + 20}{1200} = \frac{89}{1\,200}$$

1) $\dfrac{\dfrac{89}{89}}{1\,200} = \dfrac{x}{\dfrac{1}{40}} \Rightarrow x = \dfrac{89 \cdot \dfrac{1}{40}}{\dfrac{89}{1\,200}}$

$= 89 \cdot \dfrac{1}{40} \cdot \dfrac{1\,200}{89} = 30$

2) $\dfrac{\dfrac{89}{89}}{1\,200} = \dfrac{y}{\dfrac{1}{50}} \Rightarrow y = \dfrac{89 \cdot \dfrac{1}{50}}{\dfrac{89}{1\,200}}$

$= 89 \cdot \dfrac{1}{50} \cdot \dfrac{1\,200}{89} = 24$

3) $\dfrac{\dfrac{89}{89}}{1\,200} = \dfrac{z}{\dfrac{1}{80}} \Rightarrow z = \dfrac{89 \cdot \dfrac{1}{50}}{\dfrac{89}{1\,200}}$

$= 89 \cdot \dfrac{1}{80} \cdot \dfrac{1\,200}{89} = 15$

4) $\dfrac{\dfrac{89}{89}}{1\,200} = \dfrac{w}{\dfrac{1}{60}} \Rightarrow w = \dfrac{89 \cdot \dfrac{1}{60}}{\dfrac{89}{1\,200}}$

$= 89 \cdot \dfrac{1}{60} \cdot \dfrac{1\,200}{89} = 20$

Comprobación:

$$x + y + z + w = 30 + 24 + 15 + 20 =$$
$$= 89 \text{ minutos}$$

10

Capítulo

11

Matemática financiera

VIVIENDAS
EN VENTA

hipoteca
9,6 %

GRANDES FACILIDADES

HOUSE
CASAS DE 180 m²
5 HABITACIONES.
GARAJE
2 BAÑOS
COMEDOR - SALÓN
JARDÍN BARBACOA
CALEFACCIÓN

Intereses bancarios, préstamos, hipotecas, financiamientos, comisiones,
porcentajes, corretajes, ..., las Matemáticas aplicadas a la economía
están por todas partes. La mayoría de los problemas referidos a estas cuestiones
son sólo aplicaciones de las propiedades de las proporciones
y de la regla de tres: si a cien le corresponde un cierto rédito, interés o porcentaje,
¿qué corresponderá a un capital C?

Matemática financiera

Interés simple

Consideremos el caso en que una persona pide dinero en préstamo. El que otorga el préstamo, o prestamista, por entregarlo debe recibir un beneficio. Dicho beneficio se llama interés.

Definiremos:

• **Capital** es la suma que entrega el prestamista durante un período fijo. Dicha cantidad no varía a lo largo del período del préstamo.
• **Interés** es la cantidad adicional de dinero que recibirá el prestamista como beneficio del préstamo otorgado.
• **Monto** es la cantidad total de dinero que recibirá el prestamista al terminar el período del préstamo. El monto varía uniformemente con el tiempo.

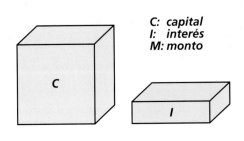

C: capital
I: interés
M: monto

Cálculo del interés

Puede calcularse mediante la fórmula:

$$I = \frac{C \cdot R \cdot T}{100 \cdot u}$$

Siendo:

I: interés
C: capital
T: tiempo
u: unidad de tiempo
R: rédito o interés

• **Rédito** es la cantidad que se recibirá por cada 100 $ o 1 000 $ que se otorguen en préstamo. Se expresa en forma porcentual (%).

Ejemplo:

5 % significa: 5 $ por cada 100 $ prestados.

5 ‰ significa: 5 $ por cada 1 000 $ prestados.

El rédito puede ser anual, mensual o semestral, según sea la unidad de tiempo que se utilice: año, mes o semestre.

Ejemplo:

Se pide un préstamo de 50 000 $ durante 6 meses con un interés de 40 % anual. ¿Cuál será la cantidad total a devolver, y cuál fue la cantidad pagada por intereses?

Solución:

$$I = \frac{C \cdot R \cdot T}{100 \cdot u} =$$

$$= \frac{50\,000\ \$ \cdot 40 \cdot 6\ meses}{100 \cdot 12\ meses}$$

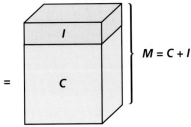

$$M = C + I$$

$I = 500 \cdot 20 = 10\,000\ \$$

$I = 10\,000\ \$$

La cantidad total a devolver es el monto, que como vimos es:

$M = C + I$
$M = 50\,000 + 10\,000 = 60\,000\ \$$

Cálculo del capital

Supongamos que ahora queremos conocer el valor del capital por el cual recibimos un interés de 5 000 $ si fue colocado al 40 % anual, durante 60 días.

Solución:

$C = ?$

Datos: I = 5 000 $, R = 40 % anual, T = 60 días, u = 360 días (año comercial)

Sabiendo que

$$I = \frac{C \cdot R \cdot T}{100 \cdot u}$$

el capital puede calcularse de la siguiente forma:

1) El denominador del segundo miembro, o sea 100 · u, se puede escribir en el otro miembro como multiplicador.

$$I \cdot 100 \cdot u = C \cdot R \cdot T$$

2) Como nos interesa averiguar el capital, el factor $R \cdot T$ pasará al otro miembro como divisor.

$$C = \frac{I \cdot 100 \cdot u}{R \cdot T}$$

Entre los babilonios ya se empleaba el sistema de préstamo llamado de interés variable, como prueban las anotaciones encontradas en tablillas como la de la ilustración, que data del siglo XVII a.C.

Reemplazando, en nuestro caso será:

$$C = \frac{5000 \ \$ \cdot 100 \cdot 360 \ \text{días}}{40 \cdot 60 \ \text{días}}$$

$$C = \frac{5000 \cdot 10 \cdot 36 \ \$}{24} = 75\,000 \ \$$$

► Cálculo del tiempo

Para averiguar el tiempo a partir de la fórmula del I será:

$$T = \frac{I \cdot 100 \cdot u}{C \cdot R}$$

Ejemplo:

Se desea conocer el tiempo al cabo del cual un capital de 200 000 $ al 40 % anual produce un interés de 50 000 $. Expresar el tiempo en meses.

Solución:

T = ?
Datos: C = 200 000 $
        R = 40 %
        I = 50 000 $
        u = 12 meses

$$T = \frac{50\,000 \ \$ \cdot 100 \cdot 12 \ \text{meses}}{200\,000 \ \$ \cdot 40} = 7,5 \ \text{meses}$$

► Cálculo del rédito

Para averiguar el rédito a partir de la fórmula del interés será:

$$R = \frac{I \cdot 100 \cdot u}{C \cdot T}$$

Ejemplo:

¿Cuál será el % al que se ha colocado un capital de 65 000 $ que al cabo de 2 años produce un interés de 30 000 $?

Solución:

R = ?
Datos: C = 65 000 $ I = 30 000 $
        T = 2 años u = 1 año

$$R = \frac{30\,000 \ \$ \cdot 100 \cdot 1 \ \text{año}}{65\,000 \ \$ \cdot 2 \ \text{años}}$$

$$R = \frac{30\,000 \cdot 100}{65\,000 \cdot 2} = 23,07$$

Descuento simple

Entre los documentos comerciales más corrientes podemos citar al pagaré.

• **Pagaré:** Puede definirse como el documento a través del cual una persona se compromete a pagar a otra una cantidad de dinero dentro de un plazo determinado. Un pagaré debe cumplir con una serie de requisitos, a saber:
1) Nombre de la persona (o empresa) a quien debe pagarse.
2) Domicilio y nombre del que se compromete a pagar.
3) Lugar y fecha en que se otorga.
4) Monto de la *deuda* (valor nominal).
5) Fecha de vencimiento.

La persona o empresa a quien se adeuda el valor del pagaré puede necesitar dinero en efectivo antes del plazo de vencimiento. En este caso puede dirigirse a otra empresa o a un banco y «vender» el pagaré. Esta última operación se conoce como *descuento del pagaré*. La cantidad que el poseedor del pagaré recibe es inferior al valor nominal del documento.

La empresa o banco que hará efectivo el pagaré entregará a cambio del documento una cantidad igual al valor nominal del mismo, menos una cantidad denominada *descuento*.

El descuento depende de:
1) Valor nominal.
2) Tiempo que falta para el vencimiento del pagaré.

Dicho descuento puede simbolizarse con *D* y expresarse como:

$$D = i \cdot N \cdot t$$

Siendo:

i = tasa de descuento anual.
t = tiempo en años que falta para el vencimiento del pagaré.
N = valor nominal.

Es decir, que la suma que se recibe al vender el pagaré es:

$$P = N - D = N (1 - it)$$

Con P se indica el precio que se pagó para «comprar» el pagaré.

Interés compuesto

Cuando se coloca un capital a un determinado interés anual, semestral o mensual, y el interés no se retira al cabo del año, mes o semestre respectivamente, el capital inicial se ve incrementado en un valor igual al interés percibido durante el período. Resulta, por lo tanto, anual, semestral o mensualmente:

$$M = C + I$$

El interés compuesto se aplica cuando los capitales se colocan a largo plazo; es decir, a más de un año.

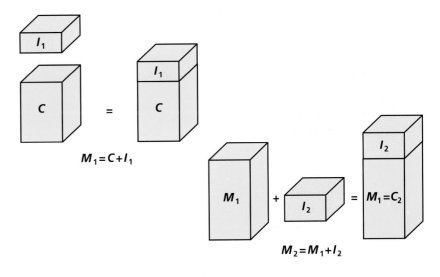

$$M_1 = C + I_1$$

$$M_2 = M_1 + I_2$$

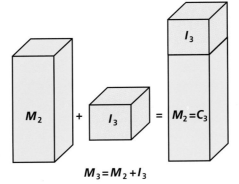

$$M_3 = M_2 + I_3$$

Tiempo de capitalización

Es el período al cabo del cual se produce la *adición* del interés al capital.

Ejemplo:

Si un capital está colocado al 42 % anual compuesto, el período de capitalización es un año. Es importante destacar que el capital no permanece constante, ya que se incrementa al cabo de cada período.

Al cabo del segundo período, el interés se percibe *no* por el capital inicial sino por el valor del *monto* correspondiente al primer período, y así sucesivamente a lo largo de cada período.

Ejemplo:

Hallar los intereses que produce un capital de 65000 $ colocado al 40 % anual compuesto durante 3 años.

Solución:

Primer año

$$I_1 = \frac{C \cdot R \cdot T}{100 \cdot u}$$

$$I_1 = \frac{65\,000 \cdot 40 \cdot 1 \text{ año}}{100 \cdot 1 \text{ año}} = \$\,26\,000$$

$$M_1 = C + I_1 = 65\,000 \$ + 26\,000 \$ = \\ = 91\,000 \$$$

Segundo año

$$I_2 = \frac{C_2 \cdot R \cdot T}{100 \cdot u} \qquad C_2 = M_1$$

$$I_2 = \frac{91\,000 \$ \cdot 40 \cdot 1 \text{ año}}{100 \cdot 1 \text{ año}} = 36\,400 \$$$

$$M_2 = C_2 + I_2 = 91\,000 \$ + 36\,400 \$ = \\ = 127\,400 \$$$

Tercer año

$$I_3 = \frac{C_3 \cdot R \cdot T}{100 \cdot u} \qquad C_3 = M_2$$

$$I_3 = \frac{127\,400 \cdot 40 \cdot 1 \text{ año}}{100 \cdot 1 \text{ año}} = 50\,960 \$$$

$$M_3 = C_3 + I_3 = 127\,400 \$ + 50\,960 \$ = \\ = 178\,360 \$$$

▶ *Fórmula fundamental del interés compuesto*

Cuando queremos conocer el monto correspondiente a un capital C, para un período de capitalización con una tasa i, podemos aplicar:

$$M = C\,(1 + i)$$

$$i = \frac{R}{m}$$

i: tasa que se emplea en el cálculo del interés compuesto. Es el interés que produce 1 $ de capital al finalizar un período de capitalización.

M: monto
C: capital
m: número de períodos de capitalización en un año.

Ejemplo:

Hallar la tasa i, para un interés del 26 % anual al cabo de un semestre.

Solución:

$$\text{tasa semestral} = \frac{i}{m} = \frac{0{,}26}{2} = 0{,}13$$

$m = 2$ por ser el interés semestral. Por lo tanto, en un año tendremos 2 períodos de capitalización.

Los sistemas de pensiones de jubilación se basan en la capitalización de unas anualidades o mensualidades previamente acordadas.

A lo largo del siglo XIV tuvo lugar en la parte occidental de Europa un episodio crucial en su historia. Este período histórico es conocido como «el paso del feudalismo al capitalismo» y contribuyó a marcar unas diferencias entre la Europa occidental y la oriental que se mantendrían durante 500 años.

Durante este período, Europa occidental vivía convulsionada por la guerra llamada de los Cien Años. Para financiar el largo conflicto, los reyes no pudieron contar con lo que obtenían de sus súbditos y sus arruinadas tierras y debieron buscar el dinero entre los grandes comerciantes, que pasaron a convertirse en los banqueros de los reyes.

Las religiones de los cristianos y de los mahometanos prohibían los préstamos de dinero con interés, por lo que los primeros banqueros fueron los judíos. Más tarde, los cristianos fueron autorizados por el Papa para prestar dinero y la Florencia de los Médici se convirtió en uno de los grandes centros financieros de su época.

Durante el siglo XIV, Europa empezó a vivir el nacimiento de una clase social: la burguesía, constituida por los comerciantes y los banqueros. En la ilustración se reproduce el cuadro El cambista y su mujer de la escuela holandesa, que se conserva en el Museo del Prado (Madrid).

Supongamos que queremos calcular el monto al finalizar un período de 3 años si el capital produce un interés anual.

A partir de $M = C(1 + i)$, para el primer año tendremos:

$$M_1 = C(1 + i)$$

Al finalizar el segundo año:

$$M_2 = M_1 -(1 + i)$$
$$M_2 = C(1 + i) \cdot (1 + i) =$$
$$= C(1 + i)^2$$

Al finalizar el tercer año:

$$M_3 = M_2 -(1 + i)$$
$$= C(1 + i)^2 \cdot (1 + i)$$
$$M_3 = C(1 + i)^3$$

Se deduce que el monto se puede hallar multiplicando el capital por el binomio $(1 + i)^n$, que tiene por exponente el número de períodos de capitalización (n).

Como los intereses que se obtienen son anuales y el capital está colocado a 3 años, los períodos serán 3.

En general:

$$M = C (1 + i)^n$$

Nota: Existen tablas financieras que dan el valor de las potencias negativas del binomio (ver parte inferior de esta página).

Ejemplo:

¿Cuál es el monto de 200 000 $ al cabo de 5 años, colocados a:
a) Interés anual simple del 20 %.
b) Interés compuesto 20 % anual.

Solución:

a) Interés simple

$$I = \frac{C \cdot R \cdot T}{100 \cdot u} =$$

$$= \frac{200\,000\ \$ \cdot 20 \cdot 5\ \text{años}}{100 \cdot 1\ \text{año}} = 200\,000\ \$$$

$$M = I + C = 400\,000\ \$$$

b) Interés compuesto

Puede calcularse aplicando:

$$M = C (1 + i)^n$$

Datos: $n = 5$; $C = \$\ 200\,000$
$i = 0,20$

$$M = 200\,000 \cdot (1 + 0,20)^5 =$$
$$= 200\,000 \cdot 2,5 = \$\ 500\,000$$

El cálculo se facilita empleando una tabla financiera.

▶ **Fórmula de interés compuesto**

$$I = C\ [(1 + i)^n - 1]$$

Esta tabla de los valores del factor $(1 + i)^{-n}$, donde i es el rédito por unidad y n el número de unidades de tiempo, normalmente años). Dividiendo 1 por cada uno de estos valores se obtiene el factor inverso: $(1 + i)^n$

Tabla financiera $(1 + i)^{-n}$

n	5 %	10 %	15 %	20 %	25 %	30 %	35 %	40 %	45 %
1	0,9524	0,9091	0,8696	0,8333	0,8000	0,7692	0,7407	0,7143	0,6897
2	0,9070	0,8264	0,7561	0,6944	0,6400	0,5917	0,5487	0,5102	0,4756
3	0,8638	0,7513	0,6575	0,5737	0,5120	0,4552	0,4064	0,3644	0,3280
4	0,8227	0,6830	0,5718	0,4823	0,4096	0,3501	0,3011	0,2603	0,2262
5	0,7835	0,6209	0,4972	0,4019	0,3277	0,2693	0,2230	0,1859	0,1560
6	0,7462	0,5645	0,4323	0,3349	0,2621	0,2072	0,1652	0,1328	0,1076
7	0,7107	0,5132	0,3759	0,2791	0,2097	0,1594	0,1224	0,0949	0,0742
8	0,6768	0,4665	0,3269	0,2326	0,1678	0,1226	0,0906	0,0678	0,0512
9	0,6446	0,4241	0,2843	0,1938	0,1342	0,0943	0,0671	0,0484	0,0353
10	0,6139	0,3855	0,2472	0,1615	0,1074	0,0725	0,0497	0,0346	0,0243
11	0,5847	0,3505	0,2149	0,1346	0,0859	0,0558	0,0368	0,0247	0,0168
12	0,5568	0,3186	0,1869	0,1122	0,0687	0,0429	0,0273	0,0176	0,0116
13	0,5303	0,2897	0,1625	0,0935	0,0550	0,0330	0,0202	0,0126	0,0080
14	0,5051	0,2683	0,1413	0,0779	0,0440	0,0253	0,0150	0,0090	0,0055
15	0,4810	0,2394	0,1229	0,0649	0,0352	0,0195	0,0111	0,0064	0,0038
16	0,4581	0,2176	0,1069	0,0541	0,0281	0,0150	0,0082	0,0046	0,0026
17	0,4363	0,1978	0,0929	0,0451	0,0225	0,0116	0,0061	0,0033	0,0018
18	0,4155	0,1799	0,0808	0,0376	0,0180	0,0089	0,0045	0,0023	0,0012
19	0,3957	0,1635	0,0703	0,0313	0,0144	0,0068	0,0033	0,0017	0,0009
20	0,3769	0,1486	0,0611	0,0261	0,0115	0,0063	0,0025	0,0012	0,0006
21	0,3589	0,1351	0,0531	0,0217	0,0092	0,0040	0,0018	0,0009	0,0004
22	0,3418	0,1228	0,0462	0,0181	0,0074	0,0031	0,0014	0,0006	0,0003
23	0,3258	0,1117	0,0402	0,0151	0,0059	0,0024	0,0010	0,0004	0,0002
24	0,3101	0,1015	0,0349	0,0126	0,0047	0,0018	0,0007	0,0003	0,0001
25	0,2953	0,0923	0,0304	0,0105	0,0038	0,0014	0,0006	0,0002	0,0001

Logaritmos

Los logaritmos fueron durante mucho tiempo una herramienta auxiliar del cálculo
muy importante, tanto cuando se usaban directamente mediante tablas
como en su aplicación en forma de regla de cálculo. Actualmente,
gracias a las calculadoras y a las computadoras, los engorrosos cálculos trigonométricos
ya no tienen la farragosidad de antaño y los logaritmos han perdido buena parte de
su utilidad práctica. Sin embargo, el paso al logaritmo
es una operación inversa de la potenciación. Si con la radicación encontramos
la base, con el paso al logaritmo, obtenemos el exponente.
La multiplicación de bacterias en un cultivo o en un organismo es una función
exponencial, su inversa es una función logarítmica.

Logaritmos

Dada la siguiente expresión:

$b^x = n$ (potenciación)

La operación inversa o sea $\log_b n = x$ recibe el nombre de *logaritmación*.

Ejemplo:

$2^5 = 32$ (potenciación)

$\log_2 32 = 5$ (logaritmación)

Potenciación:

$b^x = n$
x: exponente
b: base de la potencia
n: resultado (potencia)

Logaritmación:

$\log_b n = x$

x: resultado (logaritmo)
b: base del logaritmo
n: número real y positivo

Logaritmo de un número

El logaritmo de un número real y positivo *n*, en la base *b* es el exponente *x* de la potencia a la que hay que elevar la base para obtener el número *n*. O sea:

$\log_b n = x$
tal que $b^x = n$

• La **base** no puede ser negativa. Debe ser siempre mayor que 1.
Observación: la base debe ser mayor que 1, pues de acuerdo con la definición de logaritmos,

si $b^x = n$ para
$b = 1$ será $1^x = n$

cualquiera sea el exponente de *x*, será:

$n = 1$

Por razones análogas, si:

$b = 0$ será $0^x = n$

es decir: $n = 0$

• El logaritmo de un número en su misma base es igual a la unidad.

$\log_b b = 1$ pues $b^1 = b$

• En cualquier base el logaritmo de la unidad es igual a cero.

$\log_b 1 = 0$ pues $b^0 = 1$

• Como la base es un número positivo, no existe el logaritmo de los números negativos. No se pueden hallar exponentes para los números positivos que los transformen en números negativos. Es decir:

$\log_b (-n) =$ No existe

Función logarítmica

Es una función de la forma:

$$y = \log_b x$$

siendo: $b > 1$ y $x > 0$

Dando valores positivos arbitrarios a *x*, obtendremos los valores de *y*, que determinan las coordenadas de los puntos que pertenecen a la función. Representaremos el:

$\log_2 x = y$

Tabla de valores	
x	y
1	0
2	1
4	2
8	3
1/2	−1
1/4	−2
1/8	−3
1/16	−4

Características de la curva.
1) La función está definida sólo para valores de $x > 0$
2) Para $x > 1$ resultan valores de $y > 0$, o sea, positivos.
3) Para $x < 1$ resultan valores de $y < 0$

LA HISTORIA DE LOS LOGARITMOS

El uso sistemático de los logaritmos fue introducido en el segundo decenio del siglo XVII por Henry Briggs y John Napier (o Neper, de ahí el nombre de neperianos dado a los logaritmos naturales, mientras que los decimales se llaman a veces de Briggs). Como antecedente de los logaritmos podemos mencionar el «compás geométrico y militar» de Galileo Galilei, que era una regla de cálculo rudimentaria.

Neper fue un matemático escocés (1550-1617) nacido en Merchiston Castle, cerca de Edimburgo. Se educó en St. Andrews y amplió sus estudios en los Países Bajos, Francia e Italia.

Se destacó por su teoría de los logaritmos, método que reemplazó a las laboriosas operaciones aritméticas de las que había dependido hasta entonces la resolución de los más sencillos problemas trigonométricos. Sobre este tema escribió dos tratados (uno de ellos sus tablas, en 1614), tomando como base de los logaritmos el llamado «número de Neper». Se dedicó también a cuestiones de trigonometría esférica: las fórmulas conocidas con el nombre del matemático dan la expresión de los ángulos de un triángulo esférico, en función de la amplitud de los lados y se pueden calcular por medio de logaritmos.

Escribió también un tratado teológico (1593). En el año 1615 escribió su última obra, donde dio a conocer sus procedimientos de multiplicación y división abreviados, que implicaban el uso de los bastones de Neper, antecesores de las modernas máquinas de calcular.

El nombre del matemático escocés John Napier o Neper ha quedado por siempre ligado a su gran creación: los logaritmos, y en particular los que llevan su nombre, que toman como base el número de Neper, representado por la letra e.

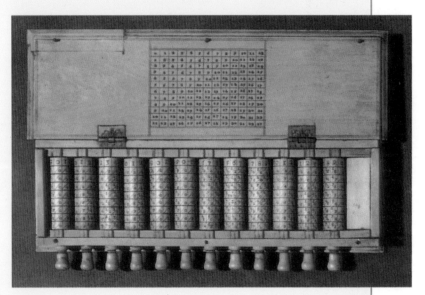

En las ilustraciones se reproducen una página de las tablas de logaritmos neperianos y una calculadora construida por Neper.

Propiedades de los logaritmos

• **Propiedad uniforme.** Los logaritmos de números iguales en la misma base son iguales.

Si $n = m$
$\log_b n = \log_b m$

• **Propiedad de monotonía.** Dada una desigualdad de números reales positivos, aplicando logaritmos en ambos miembros se obtiene una desigualdad del mismo sentido que la dada.

Si $n > m$
$\log_b n > \log_n m$

• **Propiedad distributiva.** La logaritmación **no** es distributiva respecto al producto, cociente, suma y resta.

Ejemplos:

a) $\log_b (n + m) \neq \log_b n + \log_b m$

b) $\log_b (n \cdot m) \neq \log_b n \cdot \log_b m$

c) $\log_b \left(\dfrac{n}{m}\right) \neq \dfrac{\log_b n}{\log_b m}$

d) $\log_b (n - m) \neq \log_b n - \log_b m$

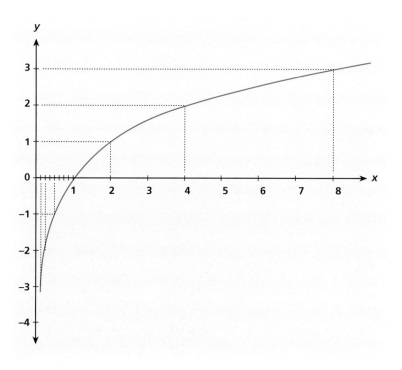

Representación gráfica de la función $y = log_2 x$, en la que pueden apreciarse algunas propiedades de los logaritmos: los números negativos no tienen logaritmo; los números menores que 1 tienen logaritmo negativo; el logaritmo de 1 es cero (en cualquier base); el logaritmo de la base (2) es 1; los logaritmos de las potencias de la base (4, 8, 1/2, 1/4, 1/8) son números enteros (2, 3, –1, –2, –3, respectivamente).

Operaciones con logaritmos

Para poder operar con logaritmos, estos deben tener igual base.

• El **logaritmo de un producto** es igual a la suma de los logaritmos de los factores.

$$\log_b n \cdot m = \log_b n + \log_b m$$

$$\text{siendo:} \begin{cases} m > 0 \\ n \cdot m > 0 \\ b > 1 \end{cases}$$

• Se llama **cologaritmo** de un número real y positivo, n, al logaritmo del inverso de dicho número.

$$\operatorname{colog}_b n = \log_b \left(\dfrac{1}{n}\right)$$

• El **logaritmo de un cociente** es igual al logaritmo del dividendo menos el logaritmo del divisor.

$$\log_b \dfrac{n}{m} = \log_b n - \log_b m$$

$$\text{siendo:} \begin{cases} m > 0 \\ n > 0 \\ b > 1 \end{cases}$$

Puede expresarse aplicando logaritmo de un producto como:

$$\log_b \dfrac{n}{m} = \log_b n + \log_b \dfrac{1}{m} =$$
$$= \log_b n + \operatorname{colg}_b m$$

• El **logaritmo de una potencia** es igual al logaritmo de la base multiplicado por el exponente.

$$\log_b (n)^p = p \cdot \log_b n$$

$$\text{siendo:} \begin{cases} n > 0 \\ b > 1 \end{cases}$$

p (entero o fraccionario)

• El **logaritmo de una raíz** es igual al logaritmo del radicando dividido por el índice de la raíz.

$$\log_b \sqrt[p]{n} = \dfrac{\log_b n}{p}$$

$b > 1$; $n > 0$; $p = n$ (natural)

Logaritmos decimales

Son aquellos que tienen como base al número 10

$$\log_{10} n = x$$

Desde ahora en adelante, sólo estudiaremos logaritmos en base 10. Por lo tanto, no se indicará la base, entendiéndose que la misma es 10:

$$\log_{10} n = \log n$$

Logaritmos de las potencias de 10:

a) $10^0 = 1$
   $\log_{10} 1 = \log 1 = 0$
b) $10^1 = 10$
   $\log_{10} 10 = \log 10 = 1$
c) $10^2 = 100$
   $\log_{10} 100 = \log 100 = 2$

y así para todas las potencias enteras de 10.

Observación: todas las potencias de exponente entero de 10 tienen por logaritmo números enteros.

► Característica y mantisa de un logaritmo

Análisis del logaritmo de un número entre 10 y 100

$$10 < n < 100$$

Sabiendo que log 10 = 1
$$\log 100 = 2$$

todo *n* entre 10 y 100 tendrá un logaritmo mayor que 1 y menor que 2, o sea, será:

$$\log n = 1, j\,k\,l \ldots$$

1: Característica

j k l : Mantisa (cifras decimales)

Ejemplo:

Hallar el log 46

$$\log^{10} < \log 46 < \log^{100}$$

es decir,

$$1 < \log 46 < 2$$

o sea,

$$\log 46 = 1, j\,k\,l$$

En general:

$$\log n = x, j\,k\,l \ldots$$

x: Parte entera: es la característica.
j k l…: Parte decimal: es la mantisa.

• Determinación de la característica
1) Números mayores que 1

La característica de un número mayor que 1 es igual al número de cifras enteras del mismo, menos 1.

Ejemplo:

a) log 2, 1 = 0,…

0: Característica. Es cero la característica, pues sólo hay una cifra entera.

Las leyes físicas de los gases permiten demostrar que la altitud es una función logarítmica de la presión atmosférica. Ello permite calcular la altitud a la que se encuentra un globo con la ayuda de un simple barómetro y una calculadora de bolsillo capaz de dar el logaritmo de un número.

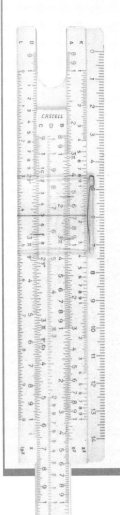

LA REGLA DE CÁLCULO

Basándose en las propiedades de los logaritmos, se construyó una sencilla máquina de calcular: la regla de cálculo. Ya en el siglo XVI, Neper, descubridor de los logaritmos, tuvo la idea de cómo debía ser, pero no fue hasta 1671 cuando Gunter construyó la primera regla de cálculo con divisiones proporcionales a los logaritmos. Posteriormente, Seth Pastridge añadió la reglilla. Lenoir-Granet elaboró (1829) el prototipo de la regla de cálculo rectilínea, compuesto de una regla provista de ranura, en la que se puede deslizar una rejilla. A Mannheim (1851) se le deben las escalas y el cursor.

La regla de cálculo está basada en las propiedades de los logaritmos, en especial el logaritmo del producto (igual a la suma de logaritmos de los factores) y el del cociente (igual a la diferencia de logaritmos del dividendo y el divisor). Gracias a ella, el cálculo de un producto se convierte en una suma de segmentos y el de un cociente, en una diferencia.

La versatilidad de la regla de cálculo la convirtió en el auxiliar imprescindible para arquitectos e ingenieros, en cuyos cálculos se admitía un cierto margen de error. Sin embargo, la mayor precisión de las calculadoras de bolsillo, así como su mayor facilidad de manejo ha significado la muerte fulminante para el que, hace tan sólo unos años, era un popularísimo instrumento de cálculo.

La regla de cálculo es una aplicación geométrica de los logaritmos: los productos de números se convierten en suma de segmentos y los cocientes, en diferencias.

b) log 9970 = 3,...

3: Característica. La característica es 3, pues se halló como la diferencia entre las cifras enteras y 1. Es decir: (4 − 1) = 3

c) log 40,1 =1,...
1: Característica. (2 − 1 = 1)

2) Números menores que 1
Los logaritmos de los números positivos menores que 1 tienen característica negativa cuyo valor absoluto es igual al número de ceros que preceden a la primera cifra significativa.

Ejemplo:

a) log 0,36 = $\overline{1}$,......

b) log 0,0043 = $\overline{3}$

• Determinación de la mantisa

Vemos que la mantisa es la parte decimal del logaritmo; nosotros la indicamos con las letras $j\ k\ l$......

Las mantisas se encuentran en las tablas de logaritmos y también pueden obtenerse en muchos modelos avanzados de calculadoras de bolsillo. Precisamente, las calculadoras de bolsillo han hecho que los logaritmos queden obsoletos como auxiliares de cálculo.

• Determinación del cologaritmo

De acuerdo con la definición:

$$\text{Colog } n = \log \frac{1}{n} = \log 1 - \log n$$

pero log 1 = 0

colog n = 0 − log n

«El cologaritmo de un número es la diferencia entre cero y el logaritmo del número.»

Ejemplo:

log n = 2,19033
colog n = 0 − 2,19033

La disposición para hallar la diferencia es la siguiente:

$$\begin{array}{r} ^{(-1)}0,00000 \\ -\ 2,19033 \\ \hline \overline{3},80967 \end{array}$$

Observemos que cada cifra de la mantisa del logaritmo se resta de 9, menos la última cifra significativa a la derecha que se resta de −1, por la unidad que ha cedido el cero para poder efectuar la suma. O sea:

(−1−2) = −3

colog n = $\overline{3}$,80967

Ejemplo:

log n = $\overline{3}$,20817
colog n = 0 − log n
colog n = 0 − $\overline{3}$,20817

Efectuando la resta será:

$$\begin{array}{r} ^{(-1)}0,00000 \\ -\ \overline{3},20817 \\ \hline 2,79183 \end{array}$$

−1 − (−3) = (−1 + 3) = 2
colog n = 2,79183

Capítulo

13

Sucesiones y progresiones

Se llama sucesión de Fibonacci a la que se inicia con dos unos: 1, 1 y cada término se
forma sumando los dos anteriores: 1, 1, 2, 3, 5, 8, 13, 21, 34, 55, 89, 144, 233, 377, ...
Esta serie tiene diversas relaciones curiosas con la botánica. Pero además
cumple que la razón entre dos términos consecutivos mayores de 3 es
aproximadamente 1,6, y cuanto más elevados son los términos más se acerca a 1,618
que es igual a la razón entre los lados del llamado rectángulo áureo,
la forma geométrica de más belleza y perfección, según los artistas plásticos desde
la época de los griegos. El Partenón de Atenas, con el ábaco completo,
puede inscribirse en un rectángulo áureo, es decir, la relación
entre su base y su altura es 1,618.

Sucesiones y progresiones

Gauss destacó desde muy temprana edad como matemático. Se cuenta que cuando era niño, su maestro planteó en clase el problema de calcular la suma de los 100 primeros números. Gauss obtuvo la respuesta casi de inmediato. Había comprendido que la sucesión de los 100 primeros números son una progresión aritmética de razón 1, que las sumas parciales de los elementos simétricos (1 + 100, 2 + 99, 3 + 98, ..., 50 + 51) era la misma para todos ellos (101) y que esta suma se repetía 50 veces; por tanto, la suma pedida era 1 + 2 + 3 + ... + 50 + 51 + ... + 98 + 99 + 100 = = 50 · 101 = 5050. En un momento, Gauss había deducido la suma de los términos de una progresión aritmética.

Un problema que se presenta frecuentemente en la matemática, tanto pura como aplicada, es el de determinar la suma de un conjunto de números que guarden entre sí una cierta relación.

Por supuesto, se trata de desechar el sistema de «las cuentas de la vieja» y utilizar fórmulas que, apoyándose en la mencionada relación, permitan efectuar el cálculo con rapidez y, naturalmente, con total exactitud.

A dicho conjunto de números se le denomina progresión, debido a que en principio se estudiaron sólo sucesiones crecientes de números. Aunque existen muchas clases de progresiones, las más usuales son las aritméticas y las geométricas, únicas que estudiaremos.

Las progresiones aritméticas

Una progresión aritmética es una sucesión de números tales que la diferencia entre dos consecutivos cualesquiera de ellos es siempre la misma.

Ejemplo:

$$1, 3, 5, 7, 9, 11, \ldots$$
$$2 \quad 2 \quad 2 \quad 2 \quad 2$$

Para representar los términos de la progresión se utiliza una letra, a, con un subíndice que expresa el número de orden que posee cada término. Así, a_5 sería el quinto término, o sea, en el ejemplo, el 9.

Una progresión aritmética se simbolizará, pues, del siguiente modo:

$$a_1, a_2, a_3, \ldots, a_{n-1}, a_n, \ldots$$

donde

$$a_2 - a_1 = a_3 - a_2 = \ldots = a_n - a_{n-1} = d$$

(d = diferencia, que es constante; en el ejemplo, $d = 2$).

Cálculo del término enésimo

La expresión término enésimo o n–simo, significa, término que ocupa el lugar n, siendo $n = 1, 2, 3, \ldots, 20$, etc., y lo que vamos a hacer es demostrar una fórmula que permita obtener directamente el valor de un término cualquiera en función del primero (a_1) y de la diferencia d.

Partiremos de las siguientes igualdades:

$$a_2 - a_1 = d$$
$$a_3 - a_2 = d$$
$$a_4 - a_3 = d$$
$$\ldots\ldots\ldots\ldots\ldots$$
$$a_{n-1} - a_{n-2} = d$$
$$a_n - a_{n-1} = d$$

y las sumaremos miembro a miembro; es decir,

$$(a_2 - a_1) + (a_3 - a_2) + (a_4 - a_3) + \ldots +$$
$$+ (a_{n-1} - a_{n-2}) + (a_n - a_{n-1}) =$$
$$= d + d + d + \overset{n-1}{\ldots} + d$$

Al desarrollar los paréntesis y efectuar operaciones resultará

$$a_n - a_1 = (n - 1)\, d$$

es decir,

$$a_n = a_1 + (n - 1)\, d$$

Ejemplo:

En la progresión aritmética 7, 10, 13, … halla el valor del término a_{83}.
Muy fácilmente calculamos

$$a_{83} = a_1 + (83 - 1)\, d$$

y vemos que

$$a_1 = 7 \text{ y } d = 10 - 7 = 13 - 10 = 3;$$

por lo tanto,

$$a_{83} = 7 + 82 \cdot 3 = 7 + 246 = 253$$

▶ Propiedad fundamental

Expresa que, en una progresión aritmética, las sumas

$$a_1 + a_n,\ a_2 + a_{n-1},\ a_3 + a_{n-2},\ \dots$$

son iguales.
O sea, en un ejemplo,

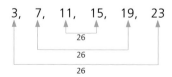

$$20,\ 18,\ 16,\ 14,\ 12,\ 10,\ 8$$

16 + 12 = 28
18 + 10 = 28
20 + 8 = 28

Observemos que el término central, 14, es igual a la mitad del valor común de las sumas.
Si la progresión tiene número par de términos, la propiedad también se cumplirá:

$$3,\ 7,\ 11,\ 15,\ 19,\ 23$$

26
26
26

▶ Suma de los términos

Se trata de hallar el valor

$$S_n = a_1 + a_2 + \dots + a_{n-1} + a_n$$

a través de una fórmula, para cuya demos-

tración utilizaremos la propiedad fundamental anterior.

Se tiene que

$$S_n = a_1 + a_2 + \dots + a_{n-1} + a_n$$

y también, por la propiedad conmutativa de la adición, que

$$S_n = a_n + a_{n-1} + \ldots + a_2 + a_1$$

Sumando ambas expresiones:

$$S_n + S_n = (a_1 + a_n) + (a_2 + a_{n-1}) + \ldots$$
$$+ (a_{n-1} + a_2) + (a_n + a_1)$$

Al efectuar operaciones indicadas, observando que, por la propiedad fundamental, los valores de los n paréntesis son iguales entre sí, podremos escribir

$$2 \cdot S_n = (a_1 + a_n)\, n$$

y al despejar S_n resulta finalmente

$$S_n = \frac{(a_1 + a_n)\, n}{2}$$

Ejemplo:

Calcular la suma de los 83 primeros términos de la progresión 7, 10, 13, …
Aplicando la fórmula tendremos

$$S_{83} = \frac{(a_1 + a_{83}) \cdot 83}{2}$$

y como $a_1 = 7$ y $a_{83} = 253$ (calculado anteriormente) saldrá

$$S_{83} = \frac{(7 + 253) \cdot 83}{2} =$$

$$= \frac{260 \cdot 83}{2} = 10970$$

Las progresiones geométricas

Una progresión geométrica es una sucesión de números tales que el cociente entre dos consecutivos cualesquiera de ellos es siempre el mismo.

Ejemplo:

2, 10, 50, 250, 1 250, …
   5   5   5   5

La notación será la misma que para las progresiones aritméticas: a_1, a_2, a_3, …, a_{n-1}, a_n, …,

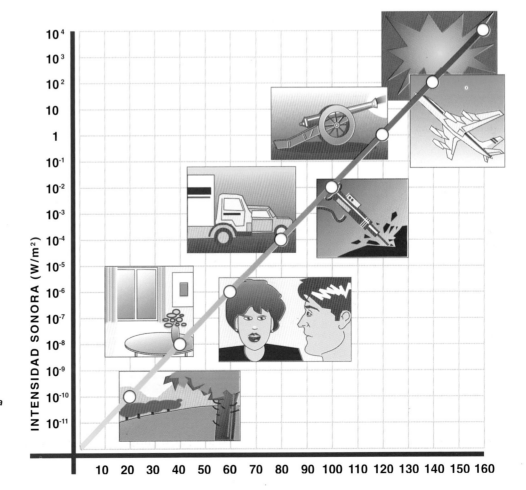

La unidad de medida de la intensidad sonora es el bel, pero se utiliza comúnmente su submúltiplo, el decibel o decibelio. En el gráfico puede apreciarse que la intensidad sonora crece en progresión geométrica y su medida lo hace en progresión aritmética. Esto es debido a que la relación entre ambas es logarítmica.

ara pensar...

Un negocio redondo

Juan, un estudiante de matemáticas, propone el siguiente negocio a un amigo suyo llamado Alfonso:
«Tomemos el día 1 del mes próximo como punto de partida. Yo te daré cada día 1 000 000 de centavos durante todo el mes. A cambio, tú me darás el primer día 1 centavo; el segundo, 2 centavos; el tercero 4 centavos y así sucesivamente. ¿Aceptas el trato?»

Alfonso, muy seguro de que a su amigo el estudiar tantas matemáticas le ha ablandado el cerebro, acepta rápidamente, y empieza a hacer proyectos para emplear el dinero que va a ganar. Sin embargo, Juan hace cálculos para saber cuánto le rentarán sus ganancias si las coloca en un banco a interés compuesto. ¿Quién tiene razón en su optimismo? Un sencillo cálculo nos dará la respuesta.

y se cumple que

$$\frac{a_2}{a_1} = \frac{a_3}{a_2} = \ldots = \frac{a_n}{a_{n-1}} = r$$

(r = cociente común, denominado razón de la progresión geométrica; en el ejemplo, $r = 5$).

Cálculo del término enésimo

También aquí se tratará de obtener una fórmula que permita el cálculo directo de un término que ocupa un lugar cualquiera.
Partiremos de la cadena de igualdades

$$\frac{a_2}{a_1} = \frac{a_3}{a_2} = \ldots = \frac{a_n}{a_{n-1}} = r$$

de la que deducimos las siguientes:

$$a_2 = a_1 \cdot r$$
$$a_3 = a_2 \cdot r$$
$$\ldots \ldots \ldots$$
$$a_n = a_{n-1} \cdot r$$

que multiplicaremos miembro a miembro; es decir,

$$a_2 \cdot a_3 \cdot \ldots \cdot a_n =$$
$$= (a_1 \cdot r) \cdot (a_2 \cdot r) \cdot \ldots \cdot (a_{n-1} \cdot r)$$

(en el segundo miembro el número de paréntesis es igual a $n - 1$).
Esta expresión puede simplificarse dividiendo por aquellos factores que se hallan en los dos miembros, que son

$$a_2, a_3, \ldots, a_{n-1},$$

por lo tanto,

$$a_n = a_1 \cdot \overbrace{(r \cdot r \cdot \ldots\ldots \cdot r)}^{(n-1)}$$

o sea,

$$a_n = a_1 \cdot r^{n-1}$$

Ejemplo:

Hallar el décimo término de la progresión 1, 2, 4, ...
Tendremos que

$$a_{10} = a_1 \cdot r^{10-1}$$

y como $a_1 = 1$ y

$$r = \frac{2}{1} = \frac{4}{2} = 2,$$

$$a_{10} = 1 \cdot 2^9 = 512$$

Propiedad fundamental

Expresa que, en una progresión geométrica, los productos

$$a_1 \cdot a_n, \ a_2 \cdot a_{n-1}, \ a_3 \cdot a_{n-2}, \ \ldots$$

son iguales.

O sea, en un ejemplo,

3,   9,   27,   81,   243

9 · 81 = 729

3 · 243 = 729

Observemos que el término central, 27, es igual a la raíz cuadrada del valor común de los productos.
Si la progresión tiene un número par de

13

términos, la propiedad también se cumplirá:

$$2, \quad 8, \quad 32, \quad 128$$

▶ Producto de los términos

Se trata de hallar el valor

$$P_n = a_1 \cdot a_2 \cdot \ldots \cdot a_{n-1} \cdot a_n$$

a través de una fórmula, para cuya demostración utilizaremos la propiedad fundamental anterior.

Se tiene que

$$P_n = a_1 \cdot a_2 \cdot \ldots \cdot a_{n-1} \cdot a_n$$

y también, por la propiedad conmutativa del producto, que

$$P_n = a_n \cdot a_{n-1} \cdot \ldots \cdot a_2 \cdot a_1$$

Multiplicando ambas expresiones:

$$P_n \cdot P_n = (a_1 \cdot a_n) \cdot (a_2 \cdot a_{n-1}) \cdot \ldots \cdot$$
$$\cdot (a_{n-1} \cdot a_2) \cdot (a_n \cdot a_1)$$

Al efectuar operaciones indicadas, y al ser los n paréntesis de igual valor, resulta

$$(P_n)^2 = (a_1 \cdot a_n)^n$$

y al despejar P_n:

$$P_n = \sqrt{(a_1 \cdot a_n)^n}$$

Ejemplo:

Calcular el producto de los diez primeros términos de la progresión 1, 2, 4, ...

Tendremos

$$P_{10} = \sqrt{(a_1 \cdot a_{10})^{10}}$$

y como $a_1 = 1$ y $a_{10} = 512$ (calculado anteriormente), saldrá

$$P_{10} = \sqrt{(1 \cdot 512)^{10}} = 512^5$$

▶ *Suma de los términos*

Se trata de hallar el valor

$$S_n = a_1 + a_2 + \ldots + a_{n-1} + a_n$$

mediante una fórmula, para cuya demostración utilizaremos la propiedad de que todo término de una progresión geométrica es igual al anterior multiplicado por la razón; es decir,

$$a_2 = a_1 \cdot r$$
$$a_3 = a_2 \cdot r$$
$$\ldots\ldots\ldots\ldots$$

tal como hemos visto al estudiar la fórmula de a_n.

Se tiene que

$$S_n = a_1 + a_2 + \ldots + a_{n-1} + a_n$$

igualdad que multiplicaremos por la razón r de la progresión:

$$S_n \cdot r = (a_1 + a_2 + \ldots + a_{n-1} + a_n) \cdot r =$$
$$= a_1 \cdot r + a_2 \cdot r + \ldots + a_{n-1} \cdot r + a_n \cdot r$$

$$\underbrace{\quad}_{= a_2} \quad \underbrace{\quad}_{= a_3} \quad \underbrace{\quad}_{= a_n}$$

O sea, llegamos a la nueva igualdad

$$S_n \cdot r = a_2 + a_3 + \ldots + a_n + a_n \cdot r$$

de la que restaremos

$$S_n = a_1 + a_2 + \ldots a_{n-1} + a_n$$

y quedará

$$S_n \cdot r - S_n =$$
$$= (a_2 + a_3 + \ldots + a_n + a_n \cdot r) -$$
$$- (a_1 + a_2 + \ldots + a_{n-1} + a_n) =$$
$$= a_2 + a_3 + \ldots + a_n +$$
$$a_n \cdot r - a_1 - a_2 - \ldots - a_{n-1} - a_n \Rightarrow$$
$$S_n \cdot r - S_n = a_n \cdot r - a_1$$

Ahora se saca factor común de S_n en el primer miembro:

$$S_n \cdot (r - 1) = a_n \cdot r - a_1$$

La expresión permite despejar S_n y llegar así a la fórmula buscada

$$S_n = \frac{a_n \cdot r - a_1}{r - 1}$$

¿Existen los vampiros?

No, si suponemos que se tarda un tiempo razonable en convertirse en vampiro después de ser mordido. Supongamos que hubiera existido uno y que cada semana debiera morder a un ser humano para chuparle la sangre, y que éste a su vez se convirtiera en vampiro. Al cabo de una semana habría 2 vampiros, que deberían morder a 2 personas, que a su vez se convertirían en vampiros:

4 vampiros la 2ª semana, que serían 8 a la 3ª semana, 16 a la 4ª semana... Es decir, los vampiros crecerían según una progresión geométrica de razón 2, por lo que al cabo de 32 semanas habría 4 294 967 296 vampiros: al cabo de 33 semanas toda la humanidad estaría formada por vampiros. ¿Es usted un vampiro? ¿Lo es la gente que usted conoce? Luego, no, no existen los vampiros.

Esta fórmula puede transformarse en otra sustituyendo a_n por su equivalente $a_1 \cdot r^{n-1}$ (fórmula del término n-simo);

$$S_n = a_1 \cdot \frac{r^n - 1}{r - 1}$$

• **Caso particular.** Si la razón de una progresión geométrica es, en valor absoluto, menor que la unidad, esto es, si $-1 < r < 1$, los términos se van haciendo cada vez menores. Por ejemplo, si

$$a_1 = 1 \text{ y } r = \frac{1}{2},$$

la sucesión será

$$1, \frac{1}{2}, \frac{1}{4}, \frac{1}{8}, \frac{1}{16}, \ldots$$

y se comprende, prosiguiendo así indefinidamente, la afirmación de que a_n tiende a cero. Por tal causa, la fórmula

$$S_n = \frac{a_n \cdot r - a_1}{r - 1}$$

se transformará en

$$S = \text{límite } S_n = \frac{0 \cdot r - a_1}{r - 1} =$$
$$= \frac{-a_1}{r - 1} = \frac{a_1}{1 - r}$$

Este resultado permite entender algo que a primera vista parece un absurdo: que la suma de infinitos números sea un valor finito.

En efecto, la progresión

$$1 + \frac{1}{2} + \frac{1}{4} + \frac{1}{8} + \frac{1}{16} + \frac{1}{32} + \ldots$$

tiene por suma el valor

$$S = \frac{a_1}{1 - r} = \frac{1}{1 - \frac{1}{2}} = \frac{1}{\frac{1}{2}} = 2$$

Capítulo 14

Expresiones algebraicas

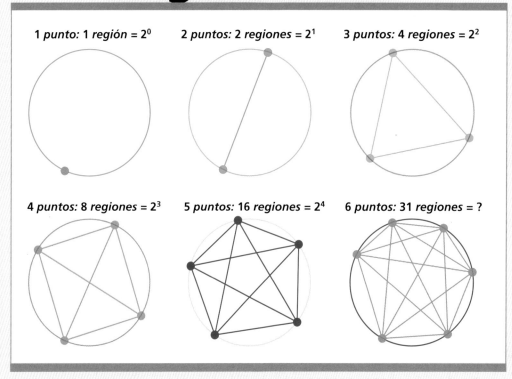

1 *punto*: 1 *región* = 2^0 2 *puntos*: 2 *regiones* = 2^1 3 *puntos*: 4 *regiones* = 2^2

4 *puntos*: 8 *regiones* = 2^3 5 *puntos*: 16 *regiones* = 2^4 6 *puntos*: 31 *regiones* = ?

¿Cuál es el número máximo de regiones en las que puede dividirse un círculo cuando se unen mediante todas las posibles líneas rectas cierto número de puntos situados sobre la circunferencia? ¿Hay alguna ley que permite obtener este número de regiones en función del número de puntos? De la observación de la figura, parece deducirse que el número de regiones es igual a 2 elevado al número de puntos menos 1, y que la sexta figura está mal dibujada ya que deberían ser 32 las regiones. Sin embargo, la figura está bien dibujada; lo que está mal es la suposición. Puede demostrarse, aunque no es sencillo, que si *n* es el número de puntos de la circunferencia, el número N de regiones se calcula mediante la expresión algebraica:

$$N = 1/4 \ (n^4 - 6n^3 + 23n^2 - 18n + 24)$$

Expresiones algebraicas

Se llaman *expresiones algebraicas* las que combinan operaciones entre numerales, variables o producto de numerales y variables.

Ejemplo:

$$x^2 + \frac{2}{5} - \sqrt{(c-d)^3}$$

Se llaman expresiones algebraicas *enteras* a las que son combinaciones únicamente de sumas, restas, multiplicaciones y potencias.

Ejemplo:

$$-3x^2a^3 + 2a^2\,x - 5a$$

Cada uno de los términos se llama *monomio.*

O sea:

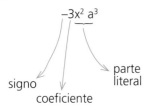

es un monomio.

Como se puede observar, todo monomio consta de tres partes que son *signo, coeficiente* y *parte literal.*

Polinomio

La suma o la resta indicada de varios monomios recibe el nombre de *polinomio.*

Ejemplos:

$$3x^2 - 2x$$

es un polinomio de dos términos que se llama *binomio.*

$$25m^4x^2 - 10m^2xa + a^2$$

es un polinomio de tres términos llamado *trinomio.*

$$m^3n - 2mn^2z + \frac{3}{2}bm^2 - \frac{2}{3}nzx$$

es un polinomio de cuatro términos llamado *cuatrinomio.*

Grado de un monomio y de un polinomio

El *grado de un monomio* es la suma de los grados de cada una de sus variables.

$$5a^2x^3y$$

es un monomio de grado 6, porque los exponentes de las letras *a, x, y* suman 2 + 3 + + 1 = 6

El *grado de un polinomio* es el mayor de los grados de sus términos.

Ejemplos:

1) Con una sola variable.

$$2a^4 - \frac{3}{2}a^3 + 6a^2$$

es un polinomio de cuarto grado, porque el exponente de la letra *a* es el mayor exponente de sus términos.

2) Con varias variables.

$$7m^3n^2 + 12m^2n^5 - 8mn$$

es un polinomio de séptimo grado, porque el segundo término tiene el más alto grado y es 7 (2 + 5).

Polinomio ordenado

Un polinomio está *ordenado* decrecientemente con respecto a una variable, cuando ésta figura, en cada término, elevada a un exponente menor que el anterior.

$$\frac{7}{4}m^4 - \frac{2}{5}m^3 + 3m^2 - m + 2$$

El polinomio es *completo* cuando figuran las potencias de una variable menores que la de más alto grado.

$$5z^3 - 3z + 4 - 8z^2$$

En caso contrario, se llama *incompleto.*

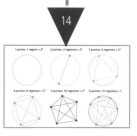

14

Suma de monomios y polinomios

Sólo se pueden sumar monomios que tengan igual parte literal, es decir, semejantes.

Ejemplos:

a) $4m^3n + 2m^3n = (4 + 2)\, m^3n = 6m^3n$

b) $2mp^2q^3 - \dfrac{1}{3}\, mp^2q^3 + \dfrac{3}{5}\, mp^2q^3 =$

$= \left(2 - \dfrac{1}{3} + \dfrac{3}{5}\right) mp^2q^3 =$

$= \left(\dfrac{30 - 5 + 9}{15}\right) mp^2q^3 = \dfrac{34}{15}\, mp^2q^3$

c) $0{,}3xab^2 - 1{,}8xab^2 + 2{,}5xab^2 -$
$- 0{,}26xab^2 = (0{,}3 - 1{,}8 + 2{,}5 - 0{,}26)\, xab^2 =$
$= (2{,}8 - 2{,}06)\, xab^2 = 0{,}74xab^2$

Para sumar polinomios, por ejemplo,

$(10x^3 + 5x^2 - 3x - 11)$
$y\ (8 + 3x - x^2 + 2x^3)$

se suman los términos (o monomios) semejantes. Si el polinomio que se coloca en primer lugar no está ordenado, primero se ordena en sentido decreciente, con respecto a alguna de sus variables, y luego se colocan los términos del segundo polinomio debajo de los respectivos términos semejantes y se realiza la suma, recordando que sólo se suman los coeficientes.

$$
\begin{array}{r}
10x^3 + 5x^2 - 3x - 11 \\
+\quad 2x^3 - \ x^2 + 3x + \ 8 \\
\hline
12x^3 + 4x^2 + 0\ \ - 3
\end{array}
$$

La suma también se puede expresar así:

$(10x^3 + 5x^2 - 3x - 11) + (8 + 3x - x^2 + 2x^3) = (10 + 2)\, x^3 + (5 - 1)x^2 + (-3 + 3)\, x + (-11 + 8) = 12x^3 + 4x^2 + 0x + (-3) = 12x^3 + 4x^2 - 3$

Ejemplos:

a) Para sumar

$\dfrac{3}{4}a^4 + \dfrac{1}{3}a^3b - \dfrac{5}{6}b^4;\ \dfrac{2}{3}a^4 + b^4;$

$\dfrac{7}{6}a^3b + 2 + \dfrac{1}{3}b^4$

Colocamos el primer polinomio

$\dfrac{3}{4}a^4 + \dfrac{1}{3}a^3b - \dfrac{5}{6}\, b^4$

Debajo colocamos el segundo polinomio, con sus respectivos signos

$+\, \dfrac{2}{3}a^4 + b^4$

y por último el tercer polinomio.

$+\, \dfrac{7}{6}\, a^3b + \dfrac{1}{3}b^4 + 2$

Sumamos cada columna haciendo los cálculos auxiliares:

$$
\begin{array}{l}
\quad \dfrac{3}{4}\, a^4 + \dfrac{1}{3}\, a^3b - \dfrac{5}{6}\, b^4 \\
+\quad \dfrac{2}{3}\, a^4 \qquad\qquad\quad + b^4 \\
\qquad\qquad + \dfrac{7}{6}\, a^3b + \dfrac{1}{3}\, b^4 + 2 \\
\hline
\quad \dfrac{17}{12}\, a^4 + \dfrac{3}{2}\, a^3b + \dfrac{1}{2}\, b^4 + 2
\end{array}
$$

Luego,

$\left(\dfrac{3}{4}a^4 + \dfrac{1}{3}a^3b - \dfrac{5}{6}\, b^4\right) + \left(\dfrac{2}{3}a^4 + b^4\right) +$

$+ \left(\dfrac{7}{6}a^3b + 2 + \dfrac{1}{3}b^4\right) =$

$= \dfrac{17}{12}\, a^4 + \dfrac{3}{2}a^3b + \dfrac{1}{2}b^4 + 2$

b) Calcular $(2{,}5x^3p - 0{,}3a^3b^5 + 4a^2b^6) + (0{,}8x^3p - 0{,}7a^3b^5 - 2{,}8a^2b^6) + (1{,}2x^3p - 3)$

$$
\begin{array}{l}
2{,}5x^3p - 0{,}3a^3b^5 + 4\ \ a^2b^6 \\
0{,}8x^3p - 0{,}7a^3b^5 - 2{,}8a^2b^6 \\
1{,}2x^3p \qquad\qquad\qquad\qquad\ -3 \\
\hline
4{,}5x^3p - 1\ \ a^3b^5 + 1{,}2a^2b^6 - 3
\end{array}
$$

Resta de monomios y polinomios

Sólo se pueden restar monomios semejantes y para ello se procede así: se suma al monomio minuendo el opuesto del sustraendo.

Ejemplos:

a) $(-3x^2y^3) - (7x^2y^3) = (-3x^2y^3) + (-7x^2y^3) =$

$= \left[(-3) + (-7)\right] x^2\, y^3 = -10x^2\, y^3$

b) $0{,}3a^3b^5 - 1{,}2a^3b^5 = (0{,}3 - 1{,}2)\, a^3\, b^5 =$

$= -0{,}9a^3b^5$

c) $\dfrac{3}{5}\, m^2n^3p^5 - \dfrac{1}{2}\, m^2n^3p^5 = \dfrac{1}{10}\, m^2n^3p^5$

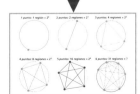

Los árabes introdujeron en Occidente la numeración y el álgebra, recogiendo la herencia científica de los griegos, asimilando el espíritu práctico de las matemáticas de la India y perfeccionando el sistema de numeración posicional.

Entre los matemáticos árabes sobresale Al-Kwarizmi (siglo IX), autor de una obra que trata sobre las operaciones para simplificar las ecuaciones. De una de estas operaciones, la de llevar un sumando del primer miembro al segundo, denominada en árabe *al-yabr*, derivó el término *álgebra*, mientras que del nombre de su autor se derivó la palabra *algoritmo*.

Dos son las principales características del álgebra:

• en los cálculos debe intervenir un número finito de cantidades y los procesos deben terminar después de un número finito de pasos (los procesos cuya solución se obtiene «en el límite» no corresponden al álgebra);

• los cálculos se realizan sobre entes abstractos, representados por letras.

El principal objetivo del álgebra elemental es la resolución de ecuaciones polinómicas. Este objetivo condujo al desarrollo de los números enteros, de los fraccionarios, de los reales y de los complejos.

El álgebra moderna o superior se desarrolló a partir del álgebra elemental, en especial a partir de los trabajos de Evariste Gallois (1830) sobre grupos. Sus principales objetos de estudio son los grupos, los anillos, los cuerpos, los espacios vectoriales y las álgebras (siendo éstos estructuras algebraicas dotadas de una o varias operaciones que cumplen propiedades determinadas).

EL ÁLGEBRA

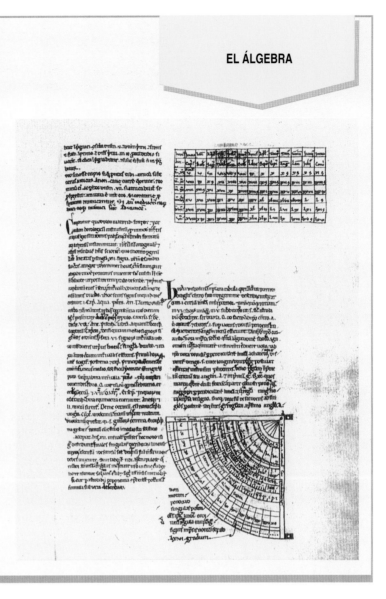

Para restar polinomios se usa el mismo procedimiento que para monomios; se le suma al minuendo el opuesto de cada término semejante del sustraendo.

$$\left(\frac{2}{5} m^3 - 3 m^2n + \frac{3}{4} mn^2\right) -$$
$$- (- 2 mn^2 + 6 - \frac{1}{5} m^3) =$$

$$
\begin{array}{l}
\dfrac{2}{5} m^3 - 3 m^2n + \dfrac{3}{4} mn^2 \\
+ \\
\dfrac{1}{5} m^3 + 2 mn^2 - 6 \\
\hline
\dfrac{3}{5} m^3 - 3 m^2n + \dfrac{11}{4} mn^2 - 6
\end{array}
$$

También se puede hacer la resta así:

$$\left(\frac{2}{5}m^3 - 3m^2n + \frac{3}{4} mn^2\right) - \left(-2mn^2 + 6 - \frac{1}{5} m^3\right) = \left(\frac{2}{5} m^3 - 3m^2n + \frac{3}{4} mn^2\right) +$$
$$+ \left(2mn^2 - 6 + \frac{1}{5} m^3\right) = \left[\left(\frac{2}{5} + \frac{1}{5}\right) m^3 +$$
$$+ (-3)m^2n + \left(\frac{3}{4} + 2\right) mn^2 + (-6)\right] = \frac{3}{5} m^3 -$$
$$- 3m^2n + \frac{11}{4} mn^2 - 6$$

Ejemplos:

$$
\begin{array}{l}
\dfrac{2}{7}y^2z^3 + \dfrac{1}{3}mn^3p^2 - \dfrac{2}{5}ax \\
-\dfrac{3}{4}y^2z^3 + \dfrac{3}{5}mn^3p^2 - \dfrac{1}{2}ax \\
\hline
-\dfrac{13}{28}y^2z^3 + \dfrac{14}{15}mn^3p^2 - \dfrac{9}{10}ax
\end{array}
$$

Manuscrito latino del Álgebra de Al Kwarizmi, conservado en la Biblioteca Nacional de París.

ya que:

$$\left(-\frac{2}{5}-\frac{1}{2}\right)ax = \left(\frac{-4-5}{10}\right)ax =$$

$$= -\frac{9}{10}ax$$

$$\left(\frac{1}{3}+\frac{3}{5}\right)mn^3p^2 = \left(\frac{5+9}{15}\right)mn^3p^2 =$$

$$= \frac{14}{15}mn^3p^2$$

$$\left(\frac{2}{7}-\frac{3}{4}\right)y^2z^3 = \left(\frac{8-21}{28}\right)y^2z^3 =$$

$$= -\frac{13}{28}y^2z^3$$

Los polinomios aparecen en los lugares más inesperados. Una molécula de ADN humano puede medir hasta un metro y, sin embargo, debe estar comprimida en una célula cuyo tamaño es de unas 5 millonésimas de metro. A pesar de estas apreturas, cuando debe autoduplicarse, lo hace perfectamente sin ningún problema aparente. Para estudiar el modo como el ADN se entrecruza y forma esos nudos tan particulares que le permiten mantener la estructura se utilizan diversos métodos matemáticos, entre los que se incluyen los llamados polinomios de Jones.

Multiplicación de monomios y polinomios

Antes de comenzar a desarrollar el tema de multiplicación de monomios y polinomios, vamos a recordar un concepto que nos será necesario.

Al multiplicar dos potencias de la misma base, se conserva la base y se suman los exponentes (producto de potencias de igual base).

$$b^m \cdot b^n = b^{m+n}$$
$$b^4 \cdot b^2 = b^{4+2} = b^6$$

Producto de dos monomios

Para multiplicar monomios se multiplican los coeficientes de los factores; el signo del producto se obtiene aplicando la regla de los signos, y la parte literal se halla escribiendo las variables con el exponente que se obtiene al aplicar la regla para el producto de potencias de igual base.

Ejemplos:

a) $(-2x^3yz)\cdot(\frac{1}{4}x^2y^2m) = -2\cdot\frac{1}{4}x^3\cdot x^2\cdot y\cdot y^2\cdot z\cdot m = -\frac{1}{2}x^5y^3zm$

b) $(-0,3m^2n^3)\cdot(-0,2mn)\cdot(-1,5mn^2) =$
$= (-0,3)\cdot(-0,2)\cdot(-1,5)m^2n^3mnmn^2 =$
$= -0,090m^4n^6$

c) $(-\frac{3}{8}a^{-2})\cdot(-\frac{4}{9}ab^3)\cdot 0,2a^3b^{-2} =$
$= \left(-\frac{3}{8}\right)\left(-\frac{4}{9}\right)\frac{2}{10}a^{-2}ab^3a^3b^{-2} = \frac{1}{30}a^2b$

d) $\frac{3}{4}x^2yz\cdot(-\frac{8}{9}xy^2z^3)\cdot(-\frac{3}{5}x^2z^3y^2) =$
$= \frac{3}{4}(-\frac{8}{9})(-\frac{3}{5})x^2yzxy^2z^3x^2z^3y^2 = \frac{2}{5}x^5y^5z^7$

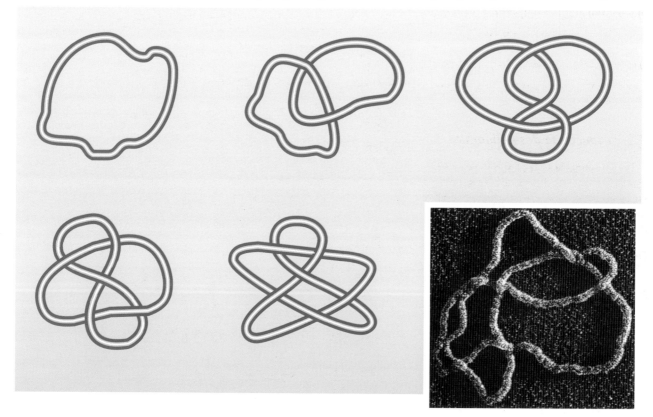

Producto de un monomio por un polinomio

Se obtiene aplicando la propiedad distributiva de la multiplicación con respecto a la suma algebraica; es decir, se multiplica cada término del polinomio por el monomio.

$$\left(-3x^2yz + \frac{1}{4}xy^2 - \frac{2}{3}y^3m^4\right) \cdot (-12x^2y^3m^2) =$$

$$= (-3x^2yz) \cdot (-12x^2y^3m^2) + \left(\frac{1}{4}xy^2\right) \cdot$$

$$\cdot (-12x^2y^3m^2) + \left(-\frac{2}{3}y^3m^4\right) \cdot$$

$$\cdot (-12x^2y^3m^2) =$$

$$= 36x^4y^4m^2z - 3x^3y^5m^2 + 8x^2y^6m^6$$

También se puede disponer así:

$$-3x^2yz + \frac{1}{4}xy^2 - \frac{2}{3}y^3m^4$$

$$-12x^2y^3m^2$$
$$\overline{36x^4y^4m^2z - 3x^3y^5m^2 + 8x^2y^6m^6}$$

Ejemplos:

a) $(5x^3 - \frac{2}{5}x^2y - \frac{7}{15}xy^2 - \frac{2}{3}y^3) \cdot (-5m) =$

$= -25x^3m + 2x^2ym + \frac{7}{3}xy^2m + \frac{10}{3}y^3m$

b) $(-0,2mn) \cdot (5m^2n^3 - 1,3m^4n + 3,5m^3n^2) =$

$= -1m^3n^4 + 0,26m^5n^2 - 0,70m^4n^3$

c) $(\frac{3}{4}a^3 - 4a^2b + 0,5ab^2 - 2b^3) \cdot (-0,5a^3b) =$

$= -\frac{3}{8}a^6b + 2a^5b^2 - 0,25a^4b^3 + 1a^3b^4$

Producto de dos polinomios

Para multiplicar un polinomio por otro se usa la propiedad distributiva que consiste en multiplicar cada término de un polinomio por cada término del otro y luego sumar los productos semejantes.

Ejemplos:

a) $\left(3x^2 - 2xy + \frac{1}{4}y^2\right) \cdot (2x + 3y) =$

$= 3x^2 \cdot 2x - 2xy \cdot 2x + \frac{1}{4}y^2 \cdot 2x + 3x^2 \cdot$

$\cdot 3y - 2xy \cdot 3y + \frac{1}{4}y^2 \cdot 3y = 6x^3 - 4x^2y +$

$+ \frac{1}{2}y^2x + 9x^2y - 6xy^2 + \frac{3}{4}y^3 =$

agrupamos los términos semejantes

$$= 6x^3 + (-4 + 9)x^2y + (\frac{1}{2} - 6)y^2x + \frac{3}{4}y^3 =$$

$$= 6x^3 + 5x^2y - \frac{11}{2}y^2x + \frac{3}{4}y^3$$

O también se puede disponer así:

$$3x^2 - 2xy + \frac{1}{4}y^2$$
$$2x + 3y$$
$$\overline{6x^3 - 4x^2y + \frac{1}{2}y^2x}$$
$$9x^2y - 6y^2x + \frac{3}{4}y^3$$
$$\overline{6x^3 + 5x^2y - \frac{11}{2}y^2x + \frac{3}{4}y^3}$$

Al realizar la multiplicación de este modo se deben colocar los términos semejantes en columna, para luego poder sumarlos.

b) $(a^2 - 0,4ab + 5b^2) \cdot (-0,12a^2 + 0,3ab - 0,2 b^2) =$

$= -0,12a^4 + 0,348a^3b - 0,92a^2b^2 + 1,58ab^3 - 1b^4$

ya que

$$a^2 - 0,4ab + 5b^2$$
$$-0,12a^2 + 0,3ab - 0,2b^2$$
$$\overline{-0,12a^2 + 0,048a^3b - 0,60a^2b^2}$$
$$0,3\quad a^3b - 0,12a^2b^2 + 1,5ab^3$$
$$-0,2\ a^2b^2 + 0,08ab^3 - 1b^4$$
$$\overline{-0,12a^2 + 0,348a^3b - 0,92a^2b^2 + 1,58ab^3 - 1b^4}$$

c) $(3m^2 - \frac{2}{5}mn + \frac{1}{2}n^2 + 6) (\frac{3}{4}m + \frac{1}{4}n) =$

$= \frac{9}{4}m^3 + \frac{9}{20}m^2n + \frac{11}{40}mn^2 + \frac{9}{2}m + \frac{1}{8}n^3 + \frac{3}{2}n$

ya que

$$3m^2 - \frac{2}{5}mn + \frac{1}{2}n^2 + 6$$
$$\frac{3}{4}m + \frac{1}{4}n$$
$$\overline{\frac{9}{4}m^3 - \frac{3}{10}m^2n + \frac{3}{8}mn^2 + \frac{9}{2}m}$$
$$\frac{3}{4}m^2n - \frac{1}{10}mn^2 \qquad + \frac{1}{8}n^3 + \frac{3}{2}n$$
$$\overline{\frac{9}{4}m^3 + \frac{9}{20}m^2n + \frac{11}{40}mn^2 + \frac{9}{2}m + \frac{1}{8}n^3 + \frac{3}{2}n}$$

d) $(\frac{2}{3}x^3 - \frac{1}{6}x^2z + \frac{2}{5}zx^2 - \frac{1}{3}z^3) (x - z) =$

$$= \frac{2}{3}x^4 - \frac{5}{6}x^3z + \frac{17}{30}x^2z^2 - \frac{11}{15}xz^3 + \frac{1}{3}z^4$$

ya que

$$\begin{array}{c} \frac{2}{3}x^3 - \frac{1}{6}x^2z + \frac{2}{5}xz^2 - \frac{1}{3}z^3 \\ \underline{ x - z} \\ \frac{2}{3}x^4 - \frac{1}{6}x^3z + \frac{2}{5}x^2z^2 - \frac{1}{3}xz^3 \\ \underline{ - \frac{2}{3}x^3z + \frac{1}{6}x^2z^2 - \frac{2}{5}xz^3 + \frac{1}{3}z^4} \\ \frac{2}{3}x^4 - \frac{5}{6}x^3z + \frac{17}{30}x^2z^2 - \frac{11}{15}xz^3 + \frac{1}{3}z^4 \end{array}$$

$$\left(-\frac{1}{3} - \frac{2}{5}\right)xz^3 = \left(\frac{-5 - 6}{15}\right)xz^3 = -\frac{11}{15}zx^3$$

$$\left(\frac{2}{5} + \frac{1}{6}\right)x^2z^2 = \left(\frac{12 + 5}{30}\right)x^2z^2 = \frac{17}{30}x^2z^2$$

$$\left(-\frac{1}{6} - \frac{2}{3}\right)x^3z = \left(\frac{-1 - 4}{6}\right)x^3z = -\frac{5}{6}x^3z$$

Potencia cuadrada y cúbica de un binomio

Vamos a recordar algunos conceptos que resultan fundamentales para aplicarlos a la resolución del cuadrado y cubo de un binomio.

• Propiedad distributiva de la potencia con respecto al producto.

$$(a \cdot b \cdot c)^n = a^n \cdot b^n \cdot c^n$$

• El signo de una potencia es positivo, si el exponente es par; y es igual al signo de la base, si el exponente es impar.

$$(-2)^2 = 4; \ 2^2 = 4$$

$$(-2)^3 = -8; \ 2^3 = 8$$

▶ Potencia de un monomio

La potencia de un monomio es otro monomio, que tiene un signo obtenido tras aplicar la regla de los signos para la potenciación; su coeficiente se obtiene elevando a la potencia dada el coeficiente del monomio, y la parte literal tiene las mismas letras elevadas a exponentes que resultan de aplicar el método para resolver potencia de otra potencia.

Ejemplos:

$$\left(\frac{1}{3}a^2m^3\right)^2 = \left(\frac{1}{3}\right)^2 \cdot (a^2)^2 \cdot (m^3)^2 = \frac{1}{9}a^4m^6$$

$$\left(-\frac{3}{4}z^3b\right)^3 = \left(-\frac{3}{4}\right)^3 (z^3)^3 \cdot b^3 = -\frac{27}{64}z^9b^3$$

▶ Cuadrado de un binomio

$$(a + b)^2 = a^2 + b^2 + 2 \cdot a \cdot c$$

Ejemplos:

$$\left(3x^2a^3 - \frac{2}{5}xb^2\right)^2 = (3x^2a^3)^2 + 2 \cdot 3x^2a^3 \cdot$$

$$\cdot \left(-\frac{2}{5}xb^2\right) + \left(-\frac{2}{5}xb^2\right)^2 = 3^2 \cdot (x^2)^2 \cdot (a^3)^2 -$$

$$-\frac{12}{5}x^2 \cdot xa^3b^2 + \left(-\frac{2}{5}\right)^2 \cdot x^2 \cdot (b^2)^2 =$$

$$= 9x^4a^6 - \frac{12}{5}x^3a^3b^2 + \frac{4}{25}x^2b^4$$

$$(3x + 3y^2)^2 = (3x)^2 + (3y^2)^2 + 2 \cdot 3x \cdot 3y^2 =$$

$$= 9x^2 + 9y^4 + 18xy^2$$

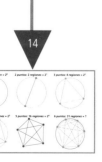

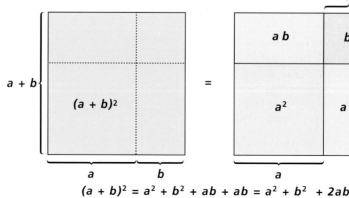

$$(a + b)^2 = a^2 + b^2 + ab + ab = a^2 + b^2 + 2ab$$

$(6x^3 - 5x^2y)^2 = (6x^3)^2 + (5x^2y)^2 - 2 \cdot 6x^3 \cdot$

$\cdot 5x^2y = 36x^6 + 25x^4y^2 - 60x^5y$

Cubo de un binomio

$(a + b)^3 = a^3 + 3a^2b + 3ab^2 + b^3$

Ejemplo:

$$\left(2x^2 - \frac{1}{3}xb^3\right)^3 =$$

$$= (2x^2)^3 + 3 \cdot (2x^2)^2 \cdot \left(-\frac{1}{3}xb^3\right) +$$

$$+ 3 \cdot 2x^2 \cdot \left(\frac{1}{3}xb^3\right)^2 + \left(-\frac{1}{3}xb^3\right)^3 =$$

$$2^3 (x^2)^3 + 3 \cdot 2^2(x^2) \cdot \left(-\frac{1}{3}\right) \cdot xb^3 + 3 \cdot 2 \cdot x^2 \cdot$$

$$\cdot \left(-\frac{1}{3}\right) \cdot x^2 \cdot (b^3)^2 + \left(-\frac{1}{3}\right)^3 x^3(b^3)^3 =$$

$$= 8x^6 - 3 \cdot 4x^4 \cdot \frac{1}{3}xb^3 + 3 \cdot 2x^2 \cdot$$

$$\cdot \frac{1}{9}x^2b^6 - \frac{1}{27}x^3b^9 =$$

$$8x^6 - 4x^5b^3 + \frac{2}{3}x^4b^3 + \frac{2}{3}x^4b^6 - \frac{1}{27}x^3b^9$$

Valor numérico de un polinomio

El *valor numérico* de un polinomio es el número que se obtiene al sustituir sus variables por números.

Ejemplo:

El valor numérico de $P(x) = x^5 - 3x^4 + 4x^2 - 2x + 5$ para $x = 2$ es:

$P(2) = 2^5 - 3 \cdot 2^4 + 4 \cdot 2^2 - 2 \cdot 2 + 5 =$

$= 32 - 48 + 16 - 4 + 5 = 1$

Su valor numérico para $x = -1$ se calcula del siguiente modo:

$P(-1) = (-1)^5 - 3(-1)^4 + 4(-1)^2 - 2(-1) + 5 = -1 - 3 + 4 + 2 + 5 = 7$

División de monomios y polinomios

Para ello recordamos el concepto de cociente de potencias de igual base.

$$b^m : b^n = b^{m-n}$$

Al dividir potencias de la misma base, se conserva la base y el exponente se obtiene restando los exponentes de las potencias.

$$\text{Si } m > n \quad b^m : b^n = b^{m-n} \Rightarrow x^5 : x^3 = x^2$$

$$m < n \quad b^m : b^n = \frac{1}{b^{n-m}} \Rightarrow a^3 : a^6 =$$

$$= \frac{1}{a^3} = a^{-3}$$

Para pensar...

¿Quiere divertirse con un poco de álgebra?

Si lo practica un poco puede llegar a asombrar a su público con un conocimiento casi mágico de los números.

Para ello le bastará con adivinar la edad de un voluntario (o bien un número cualquiera que elija). Se deberá proceder como sigue:

- Pida un voluntario y dígale…
a) que multiplique su edad (o un número cualquiera que haya elegido) por 3;
b) que le sume 10 al resultado;
c) que le reste el doble de su edad (o del número elegido) al resultado;
d) que reste 6 al último resultado obtenido;
e) que nos diga el número obtenido.

- Ahora, sólo tiene que restar 4 al número que ha dicho para dar con el número original

y maravillar a todos con su sagacidad.

Ejemplo: Supongamos que el voluntario tiene 20 años:
a) el triple de 20 es: 20 x 3 = 60;
b) este resultado más 10 es: 60 + 10 = 70;
c) menos el doble de su edad es: 70 − 20 x 2 = 70 − 40 = 30;
d) después de restarle 6 obtiene: 30 − 6 = 24 y éste es el número que nos dice.
Se le resta 4: 24 − 4 = 20 y se le dice: «tiene 20 años».
¿Sabe por qué?
Es sencillo comprender el mecanismo por el que se llega a la solución recurriendo al álgebra.
Inténtelo.

▶ División de monomios

Para dividir monomios, se dividen los coeficientes del dividendo y divisor; el signo se obtiene aplicando la regla de los signos, y la parte literal se halla escribiendo las variables con el exponente que resulta de aplicar el cociente de potencias de igual base.

Ejemplos:

a) $15x^4y^5 : (-5x^2y^3) = -3x^2y^2$

b) $-16a^{10}c^3 : 8a^7c^6 = -\dfrac{2a^3}{c^3} = -2a^3c^{-3}$

▶ División de un polinomio por un monomio

Para ello se usa la propiedad distributiva de la división con respecto a la suma algebraica, que divide cada término del polinomio por el monomio.

Ejemplos

$$\left(18m^4n^2 + 6m^3n^3 - \frac{8}{3}m^2n^6\right) : (3mn) =$$

$$= (18m^4n^2) : (3mn) + (6m^3n^3) : (3mn) +$$

$$+ \left(-\frac{8}{3}m^2n^6\right) : (3mn) =$$

$$= 6m^3n + 2m^2n^2 - \frac{8}{9}mn^5$$

O bien, se puede expresar así:

$$
\begin{array}{r|l}
18m^4n^2 + 6m^3n^3 - \dfrac{8}{3}m^2n^6 & 3mn \\
-18m^4n^2 & 6m^3n \\
\hline
0 \quad + 6m^3n^3 &
\end{array}
$$

Se divide el primer término del polinomio dividendo por el monomio divisor, y luego el cociente obtenido se multiplica nuevamente por el divisor, recordando cambiar el signo, antes de colocarlo debajo del término semejante para efectuar la suma.

A continuación se baja el segundo término y se procede de igual modo, hasta agotar los términos del polinomio dividendo.

$$
\begin{array}{r|l}
+\ 18m^4n^2 + 6m^3n^3 - \dfrac{8}{3}m^2n^6 & 3mn \\
+\ -18m^4n^2 & 6m^3n + 2m^2n^2 - \dfrac{8}{9}mn^5 \\
\hline
0 \quad + 6m^3n^3 & \\
+ \qquad\ -6m^3n^3 & \\
\hline
0 \quad -\dfrac{8}{3}m^2n^6 & \\
+ \qquad\ +\dfrac{8}{3}m^2n^6 & \\
\hline
0 &
\end{array}
$$

▶ División de dos polinomios

Para dividir dos polinomios se disponen los términos del dividendo y del divisor en orden de potencias decrecientes para una variable y se procede como en la división dada anteriormente.

Para dividir

$$8x^4 - 6x^3 + 3x^2 - 7x + 16 \text{ entre}$$
$$2x^2 + 3x - 4$$

Prácticamente se dispone así:

$$
\begin{array}{r|l}
8x^4 - 6x^3 + 3x^2 - 7x + 16 & 2x^2 + 3x - 4 \\
\hline
& 4x^2
\end{array}
$$

Se multiplica el cociente por cada uno de los términos del divisor; y dichos productos se colocan debajo de los términos semejantes, cambiados de signo para poder sumar.

$$
\begin{array}{r|l}
8x^4 - \ 6x^3 + \ 3x^2 - 7x + 16 & 2x^2 + 3x - 4 \\
-8x^4 - 12x^3 + 16x^2 & 4x^2 - 9x + 23 \\
\hline
0 \quad -18x^3 + 19x^2 - \ 7x & \text{cociente} \\
+18x^3 + 27x^2 - 36x & \\
\hline
0 \qquad 46x^2 - 43x + \ 16 & \\
-46x^2 - 69x + \ 92 & \\
\hline
0 \ -112x + 108 & \\
\end{array}
$$

$$\underbrace{\qquad\qquad}_{\text{resto}}$$

En el resto, la letra x tiene que tener un exponente menor que el mayor grado de la letra x en el divisor.

Ejemplos:

a) $(4x^4 + 2x^3 - 24x^2 + 18x) : (2x^2 - 3x) =$
   $= 2x^2 + 4x - 6$

$$
\begin{array}{r|l}
4x^4 + 2x^3 - 24x^2 + 18x & 2x^2 - 3x \\
-4x^4 + 6x^3 & 2x^2 + 4x - 6 \\
\hline
0 \quad +8x^3 - 24x^2 & \\
-8x^3 + 12x^2 & \\
\hline
0 \quad -12x^2 + 18x & \\
+12x^2 - 18x & \\
\hline
0 &
\end{array}
$$

b) $(3a^4 + 2a^3 - 5a^2 + 4a - 2) : (a + 2) =$
   $= 3a^3 - 4a^2 + 3a - 2$

$$
\begin{array}{r|l}
3a^4 + 2a^3 - 5a^2 + 4a - 2 & \underline{a + 2} \\
\underline{-3a^4 - 6a^3} & 2a^3 - 4a^2 + 3a - 2 \\
\;\; 0 \;\; -4a^3 - 5a^2 \\
\;\; 4a^3 + 8a^2 \\
\;\; 0 \;\; + 3a^2 + 4a \\
\;\; - 3a^2 - 6a \\
\;\; 0 \;\; -2a - 2 \\
\;\; 2a + 4 \\
\;\; +2
\end{array}
$$

Teorema del resto

Nos permite calcular el resto de la división de un polinomio en x por un binomio del tipo $(x \pm a)$, sin tener que efectuar la división para ello.

Su enunciado dice: «El resto de dividir un polinomio en x por un binomio de la forma $(x \pm a)$ es el valor numérico del polinomio dividendo para x igual a a cambiada de signo.»

Ejemplo:

Para conocer el resto de dividir $P(x) = 5x^4 - 10 x^2 + 6$ por $x - 2$ calcularemos el valor numérico de $P(x)$ para $x = 2$:

$$
\begin{aligned}
P(2) &= 5 \cdot 2^4 - 10 \cdot 2^2 + 6 = \\
&= 5 \cdot 16 - 10 \cdot 4 + 6 = 80 - 40 + 6 = \\
&= 86 - 40 = 46
\end{aligned}
$$

El resto de la división es 46. Como comprobación, efectuaremos la división indica-

$$
\begin{array}{r|l}
5x^4 + \;\; 0x^3 - 10x^2 + 0 \cdot x + 6 & \underline{x - 2} \\
\underline{^+\;-5x^4 + 10x^3} & 5x^3 + 10x^2 + 10x + 20 \\
\;\; 0 \;\; + 10x^3 - 10x^2 \\
\;^+\;-10x^3 + 20\,x^2 \\
\;\; 0 \;\;\;\; 10x^2 + \;\; 0x \\
\;^+\;-10x^2 + 20x \\
\;\; 0 \;\;\;\; 20x + \;\; 6 \\
\;^+\;-20x + 40 \\
\;\; 46
\end{array}
$$

da, para verificar que el resto de ella es el mismo que obtuvimos aplicando el teorema. Para efectuar la división debemos completar el polinomio dividendo, agregando ceros, como coeficientes de los términos que faltan.

La demostración del teorema del resto es de una gran sencillez y se basa en la propiedad fundamental de la división:

dividendo = divisor x cociente + resto

En general, si dividimos un polinomio $P_1(x)$ por otro $P_2(x)$ obtenemos un cociente $Q(x)$ y un resto $R(x)$ y se cumple:

$$P_1(x) = P_2(x) \cdot Q(x) + R(x)$$

Si el polinomio divisor es un binomio de la forma $x - a$, el resto es un número (ya que el grado del resto ha de ser menor que el del divisor).

Entonces

$$P(x) = (x - a) \cdot Q(x) + R$$

Si hacemos $x = a$ obtenemos el valor numérico de $P(x)$:

$$P(a) = (a - a) \cdot Q(a) + R$$

Como

$a - a = 0$, se tiene $0 \cdot Q(a) = 0$

Luego

$$P(a) = 0 + R = R$$

Ejemplos:

a) El resto de
$(2m^4 - 3m^3 + 5\,m^2 - 6m + 10) : (m - 2)$

es:

$$
\begin{aligned}
R &= 2 \cdot 2^4 - 3 \cdot 2^3 + 5 \cdot 2^2 - 6 \cdot 2 + 10 = \\
&= 2 \cdot 16 - 3 \cdot 8 + 5 \cdot 4 - 12 + 10 = \\
&= 32 - 24 + 20 - 12 + 10 = \\
&= (32 + 20 + 10) - (24 + 12) = \\
&= 62 - 36 = 26
\end{aligned}
$$

b) El resto de
$$(4x^4 - 8) : (x + 1)$$

es:

$$R = 4 \cdot (-1)^4 - 8 = 4 - 8 = -4$$

Regla de Ruffini

La *regla de Ruffini* permite hallar el cociente y el resto de la división de un polinomio, por ejemplo $P(x) = 2x^4 - 3x^3 + 5x^2 - 6x + 10$, por un binomio de primer grado $(x \pm a)$, por ejemplo $x - 2$, sin necesidad de efectuar la división.

Para ello se disponen del modo siguiente los coeficientes de $P(x)$:

$$
\begin{array}{r|rrrrr}
 & 2 & -3 & 5 & -6 & +10 \\
2 & & & & & \\
\hline
 & & & & &
\end{array}
$$

Se escribe el primer coeficiente debajo de la línea horizontal. Luego, este coeficiente

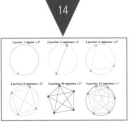

se multiplica por 2 (que es el término independiente del binomio divisor cambiado de signo) y el resultado se suma al segundo coeficiente:

$$
\begin{array}{r|rrrrr}
 & 2 & -3 & 5 & -6 & +10 \\
2 & & 4 & & & \\
\hline
 & 2 & 1 & & &
\end{array}
$$

Con el valor obtenido se reitera el proceso hasta llegar al final:

$$
\begin{array}{r|rrrrr}
 & 2 & -3 & 5 & -6 & +10 \\
2 & & 4 & 2 & 14 & 16 \\
\hline
 & 2 & 1 & 7 & 8 & 26
\end{array}
$$

El último número obtenido es el resto de la división; los otros números son los coeficientes del polinomio divisor. Para escribir éste basta recordar que su grado es una unidad inferior al del dividendo. Luego el resultado de dividir

$P(x) = 2x^4 - 3x^3 + 5x^2 - 6x + 10$ por $x - 2$ es, cociente: $Q(x) = 2x^3 + x^2 + 7x + 8$ y resto, $R = 26$

Si hacemos la división:

$$
\begin{array}{l}
\begin{array}{r}
2x^4 - 3x^3 + 5x^2 - 6x + 10 \\
-2x^4 + 4x^3 \\
\hline
x^3 + 5x^2 \\
-x^3 + 2x^2 \\
\hline
7x^2 - 6x \\
-7x^2 + 14x \\
\hline
8x + 10 \\
-8x + 16 \\
\hline
26
\end{array}
\end{array}
\quad
\begin{array}{l}
\underline{x-2} \\
2x^3 + x^2 + 7x + 8
\end{array}
$$

podemos comprobar que el cociente y el resto coinciden con los obtenidos anteriormente.

▶ *Divisibilidad*

Para dividir sumas o diferencias de potencias de igual grado por la suma o diferencia de sus bases, es necesario extraer reglas que luego puedan generalizarse para todos los casos.

Veamos con ejemplos los casos que se pueden presentar y resolvamos cada uno de ellos para extraer conclusiones:

1) $\dfrac{x^5 + 32}{x + 2}$ 2) $\dfrac{x^4 + 16}{x - 2}$

3) $\dfrac{x^2 - 9}{x + 3}$ 4) $\dfrac{x^3\ 27}{x - 3}$

Para resolver las divisiones indicadas vamos a usar el teorema del resto, porque lo que se necesita comprobar es que el resto de la división es cero, y así determinar si son divisibles.

• Probamos con el ejemplo 1.

$$(x^5 + 32) : (x + 2)$$

Reemplazamos x por (-2)

$$(-2)^5 + 32 = -32 + 32 = 0$$

En el ejemplo dado, el dividendo es divisible por el divisor porque cumple con la condición de que el resto sea 0.

Antes de determinar la regla, vamos a probar si también se cumple cuando el exponente es par.

Ejemplo:

$$\frac{x^2 + 4}{x + 2}$$

Reemplazamos x por (-2) aplicando el teorema del resto:

$$(-2)^2 + 4 = 4 + 4 = 8$$

El resto de la división no es cero, sino 8 y eso indica que en el ejemplo el dividendo no es divisible por el divisor.

Podemos ahora extraer como conclusión:

$\dfrac{x^n + a^n}{x + a}$ es divisible $\Leftrightarrow$ n es impar

La suma de potencias de igual grado es divisible por la suma de sus bases sólo si el exponente es impar.

• Probamos con el ejemplo 2, que consiste en dividir una suma de potencias de igual grado par por la diferencia de sus bases.

$$\dfrac{x^4 + 16}{x - 2}$$

Aplicando el teorema del resto:

$$(2)^4 + 16 = 16 + 16 = 32$$

no se verifica que el dividendo sea divisible por el divisor en el ejemplo donde el exponente presente un número par.

Probamos si se verifica con un ejemplo donde el exponente sea impar:

$$\dfrac{x^3 + 8}{x - 2}$$

Aplicando el teorema del resto:

$$(2)^3 + 8 = 8 + 8 = 16$$

tampoco se verifica que el dividendo sea divisible por el divisor.

En síntesis:

$\dfrac{x^n + a^n}{x - a}$ nunca es divisible, sea n par o impar

La suma de potencias de igual grado nunca es divisible por la diferencia de las bases.

• Probamos con el ejemplo 3. Consiste en dividir una diferencia de potencias de igual grado par por la suma de sus bases.

$\dfrac{x^2 - 9}{x + 3}$ Aplicamos el teorema del resto:

$$(-3)^2 - 9 = 9 - 9 = 0$$

El dividendo es divisible por el divisor.

Probamos si se verifica en un ejemplo donde n sea impar.

Ejemplo:

$\dfrac{x^5 - 32}{x + 2}$ Aplicamos el teorema del resto:

$$(-2)^5 - 32 = -32 - 32 = -64$$

No se verifica la divisibilidad del dividendo y divisor.

Sintetizamos:

$\dfrac{x^n - a^n}{x + a}$ es divisible $\Leftrightarrow$ n es impar

La diferencia de potencias de igual grado es divisible por la suma de las bases sólo si el exponente es par.

• Probamos el ejemplo 4.

$\dfrac{x^3 - 27}{x - 3}$ Aplicamos el teorema del resto:

$$3^3 - 27 = 27 - 27 = 0$$

El dividendo es divisible por el divisor.

Probamos si se verifica la divisibilidad cuando el exponente es par:

Ejemplo:

$\dfrac{x^6 - 64}{x - 2}$ Aplicamos el teorema del resto:

$$2^6 - 64 = 64 - 64 = 0$$

Se verifica la divisibilidad entre dividendo y divisor.

Sintetizando:

$$\dfrac{x^n - a^n}{x - a}$$

es divisible cuando n es par o impar.

La diferencia de potencias de igual grado es siempre divisible por la diferencia de las bases.

Ejemplos:

a) $\dfrac{a^3 + 216}{a + 6} \Rightarrow$ es divisible

b) $\dfrac{a^4 - 81}{a + 3} \Rightarrow$ es divisible

c) $\dfrac{a^5 - 243}{a - 3} \Rightarrow$ es divisible

d) $\dfrac{a^2 + 64}{a - 8} \Rightarrow$ no es divisible

e) $\dfrac{a^3 - 512}{a - 5} \Rightarrow$ es divisible

f) $\dfrac{a^4 + 625}{a - 5} \Rightarrow$ no es divisible

g) $\dfrac{a^6 - 64}{a + 2} \Rightarrow$ es divisible

h) $\dfrac{a^5 + 243}{a + 3} \Rightarrow$ es divisible

14

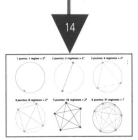

Factorización

Una de las primeras cosas que se explican en Aritmética elemental es que no pueden sumarse magnitudes heterogéneas. Este hecho es tan conocido, que se ha convertido en una frase hecha: «no pueden sumarse peras y manzanas». Sin embargo, es posible encontrar un *factor común*, en este caso frutas, y poder hacer la *suma imposible*: 5 peras + 8 manzanas = 13 frutas. Los problemas de factorización son similares. Consisten en transformar una expresión algebraica, aparentemente heterogénea, en una serie de productos que faciliten el manejo de la expresión. Los procesos de factorización son muy importantes en las demostraciones y para la obtención de fórmulas.

Factorización

Al expresar $24 = 3 \cdot 8$ se ha factorizado (se ha realizado una descomposición factorial) 24 en un producto de enteros; siendo 3 y 8 factores enteros de 24. A su vez $24 = 3 \cdot 2^3$; 3 y 2 son también factores enteros de 24 y se llaman factores primos.

Al expresar un polinomio como el producto de otros polinomios pertenecientes a un conjunto dado, se ha efectuado una factorización de polinomios.

No todos los polinomios se pueden factorizar. De acuerdo con las características que presentan se clasifican en los siguientes casos:

Primer caso de factorización

Se saca un factor común a todos los términos del polinomio.

Ejemplo:

Dado el polinomio:

$$24x^2y^2 + 16xy^3z + 32x^3my^4 - 64zx^3y^5$$

Observar:

1) Si entre los números de cada término existe un factor común a todos ellos.

Como

$$\left.\begin{array}{l} 24 = 3 \cdot 8 \\ 16 = 2 \cdot 8 \\ 32 = 4 \cdot 8 \\ 64 = 8 \cdot 8 \end{array}\right\} \Rightarrow 8 \text{ es el factor común}$$

2) Si entre la parte literal de cada término existe un factor común a todos ellos. Así, entre x^2y^2; xy^3z; x^3my^4; zx^3y^5 el factor común es la letra o las letras que se repiten en cada expresión con el menor exponente: xy^2.
3) Teniendo ya los factores comunes, utilizamos la propiedad distributiva transformando el polinomio dado como un producto entre su máximo factor común y un polinomio.
4) Cada término del polinomio dado se va dividiendo por el factor común, recordando que la división entre los números es el cociente exacto y la división entre las letras es el cociente de potencias de igual base (se coloca la misma base y se restan los exponentes).

$$x^2y^2 : xy^2 = x^{2-1}y^{2-2} = x^1y^0 = x^1 = x$$

$$xy^3z : xy^2 = x^{1-1}y^{3-2}z^{1-0} = x^0yz = yz$$

$$x^3my^4 : xy^2 = x^{3-1}m^{1-0}y^{4-2} = x^2m^1y^2 = x^2my^2$$

$$zx^3y^5 : xy^2 = z^{1-0}x^{3-1}y^{5-2} =$$

$$= z^1x^2y^3 = zx^2y^3$$

Al aplicar todo lo expuesto en la resolución del ejercicio resulta:

$$24x^2y^2 + 16xy^3z + 32x^3my^4 - 64zx^3y^5 =$$

$$= 8xy^2\,(3x + 2yz + 4x^2my^2 - 8zx^2y^3)$$

Segundo caso de factorización

El segundo caso de factorización se aplica cuando un polinomio no tiene un factor común a todos los términos. Entonces debe factorizarse en grupos iguales de términos.

Dado el siguiente polinomio $9ab + 12bd - 45ac - 60cd$ que tiene cuatro términos, puede factorizarse en dos grupos, eligiéndolos de tal manera que los polinomios que quedan al factorizarlo sean iguales.

El siguiente paso a seguir es sacar como factor común los paréntesis, es decir, los polinomios iguales.

Ejemplos:

factor común: 9a

a) $9ab + 12bd - 45ac - 60cd = 9a\,\underbrace{(b - 5c)}_{} + 12d\,\underbrace{(b - 5c)}_{} =$

            factor común: 12d   polinomios iguales

$$= (b - 5c) \cdot (9a + 12d)$$

b) $5m - mq + 2mn - pq + 2pn + 5p =$

$$= m\,\underbrace{(5 - q + 2n)}_{} + p\,\underbrace{(-q + 2n + 5)}_{} = (5 - q + 2n) \cdot (m + p)$$

Otra forma de resolverlo es la siguiente:

$$5m - mq + 2mn - pq + 2pn + 5p =$$

$$= (5m + 5p) + (2mn + 2pn) + (- mq - pq) =$$

$$= 5\,(m + p) + 2n\,(m + p) - q\,(m + p) =$$

$$= (5 + 2n - q) \cdot (m + p)$$

Tercer caso de factorización

El tercer caso de factorización, llamado trinomio cuadrado perfecto, tiene dos de sus términos que son cuadrados perfectos y el tercero es el doble producto de las bases. Corresponde al desarrollo del cuadrado de un binomio.

$$16x^2 + 9y^2 + 24xy = (4x + 3y)^2$$

$4x \qquad 3y \qquad 2 \cdot 4x \cdot 3y = 24xy$

base \quad base

Si el doble producto es negativo, el binomio que se ha desarrollado es un binomio diferencia

$$0,04m^2 + 0,25n^2 - 0,2m^2n = (0,2m^2 - 0,5n)^2$$

$(0,2m^2) \ (0,5n) \ (2 \cdot 0,2m^2 \cdot 0,5n) = 0,2m^2n$

Recordar que: el cuadrado de un binomio es igual al cuadrado del primero, más el cuadrado del segundo término, más o menos el doble producto del primero por el segundo.

Ejemplo:

$$\left(\frac{1}{2}a - \frac{3}{5}y^3\right)^2 =$$

$$= \left(\frac{1}{2}a\right)^2 + \left(\frac{3}{5}y^3\right)^2 - 2 \cdot \frac{1}{2}a \cdot \frac{3}{5}y^3 =$$

$$= \frac{1}{4}a^2 + \frac{9}{25}y^6 - \frac{3}{5}ay^3$$

Cuarto caso de factorización

El cuarto caso de factorización es el llamado cuatrinomio cubo perfecto, en el cual dos de los términos del polinomio son cubos perfectos, otro es el triplo del cuadrado de la base del primer cubo por la base del segundo, y el último es el triplo de la base del primer cubo por el cuadrado de la base del segundo. Este desarrollo corresponde al cubo de un binomio.

El cuatrinomio cubo perfecto es de la forma siguiente:

$$x^3 + 3x^2y + 3xy^2 + y^3 = (x + y)^3$$

$3 \cdot (x)^2y \qquad y$ base

x base $\qquad 3 \cdot x(y)^2$

se suman las bases y el binomio se coloca en un paréntesis elevado al cubo

Ejemplos:

a) $125m^3 + 450m^2n + 540mn^2 + 216n^3 =$
$= (5m + 6n)^3$

b) $0,008a^6 - 0,036a^4z + 0,054a^2z^2 - 0,027z^3 = (0,2a^2 - 0,3z)^3$

Como el segundo cubo es negativo, el binomio es una diferencia.

c) $-\frac{8}{27}x^3 + \frac{1}{3}x^2y - \frac{1}{8}xy^2 + \frac{1}{64}y^3 =$

$$= \left(-\frac{2}{3}x + \frac{1}{4}y\right)^3$$

Recordar que: el cubo de un binomio es igual al cubo del primero más el triple producto del cuadrado del primero por el segundo, más el triple producto del primero por el cuadrado del segundo, más el cubo del segundo, con sus respectivos signos.

Ejemplo:

$$\left(\frac{3}{5}m + \frac{1}{2}n\right)^3 =$$

$$= \left(\frac{3}{5}m\right)^3 + 3 \cdot \left(\frac{3}{5}m\right)^2 \cdot \frac{1}{2}n + 3 \cdot \frac{3}{5}m \cdot$$

$$\cdot \left(\frac{1}{2}n\right)^2 + \left(\frac{1}{2}n\right)^3 =$$

$$\frac{27}{125}m^3 + 3 \cdot \frac{9}{25}m^2 \cdot \frac{1}{2}n + 3 \cdot \frac{3}{5}m \cdot$$

$$\cdot \frac{1}{4}n^2 + \frac{1}{8}n^3 =$$

$$= \frac{27}{125}m^3 + \frac{27}{50}m^2n + \frac{9}{20}mn^2 +$$

$$+ \frac{1}{8}n^3$$

Quinto caso de factorización

El quinto caso de factorización se llama también diferencia de cuadrados y es igual al producto de la suma por la diferencia de las bases de dichos cuadrados.

Es de la forma: $x^2 - y^2 = (x + y) \cdot (x - y)$

Si al resultado le aplicamos la propiedad distributiva, nos queda nuevamente la diferencia de cuadrados.

Ejemplo:

$121m^2 - 169n^2 = (11m + 13n) \cdot (11m - 13n)$

Recordar que: el producto de la suma por la diferencia de dos números es igual al cuadrado del primer número menos el cuadrado del segundo, o sea, diferencia de cuadrados.

Ejemplos:

a) $(1,2r + 0,9t) \cdot (1,2r - 0,9t) =$
$= 1,44r^2 - 0,81t^2$

b) $\left(\dfrac{3}{2} + \dfrac{5}{6} p^3 \right) \cdot \left(\dfrac{3}{2} - \dfrac{5}{6}p^3 \right) = \dfrac{9}{4} - \dfrac{25}{36}p^6$

◤ Sexto caso de factorización

El sexto caso de factorización presenta tres posibilidades:
1) *Suma de potencias de igual grado:* Solamente es divisible por la suma de sus bases, cuando el exponente es número impar.

$x^7 + p^7 = (x + p) \cdot (x^6 - x^5p + x^4p^2 - x^3p^3 + x^2p^4 - xp^5 + p^6).$

Es igual al producto de la suma de sus bases por un polinomio con un grado menos que el dado, en forma decreciente para el primer término y en forma creciente para el segundo, siendo sus respectivos signos en forma intercalada + (más); – (menos).

Ejemplo:

$32a^5 + \dfrac{1}{243} y^5 = \left(2a + \dfrac{1}{3}y \right) \cdot \left[2^4a^4 - \right.$

$- 2^3a^3 \cdot \dfrac{1}{3}y + 2^2a^2 \left(\dfrac{1}{3} \right)^2 y^2 - 2a \left(\dfrac{1}{3} \right)^3 y^3 +$

$\left. + \left(\dfrac{1}{3} \right)^4 y^4 \right] =$

$= \left(2a + \dfrac{1}{3}y \right) \cdot \left(16a^4 - \dfrac{8}{3}a^3y + \dfrac{4}{9}a^2y^2 \right.$

$\left. - \dfrac{2}{27} ay^3 + \dfrac{1}{81}y^4 \right)$

2) *Diferencia de potencias de igual grado de exponente par.* Es divisible por la suma o la diferencia de sus bases.
Si los resolvemos por la suma de sus bases, resulta:

$a^6 - x^6 = (a + x) \cdot (a^5 - a^4x + a^3x^2 - a^2x^3 + ax^4 - x^5).$

Es igual al producto de la suma de sus bases por un polinomio con un grado menos que el dado en forma decreciente para el primer término y en forma creciente para el segundo, siendo sus respectivos signos en forma intercalada: más (+); menos (–).
Si se resuelve por la diferencia de sus bases resulta:

$a^6 - x^6 = (a - x) \cdot (a^5 + a^4x + a^3x^2 + a^2x^3 + ax^4 + x^5)$

Es igual al producto de la diferencia de sus bases por un polinomio con un grado menos que el dado, en forma decreciente para el primer término y en forma creciente para el segundo, siendo todos sus signos más (+).
Otra forma de resolverlo es como diferencia de cuadrados.

$a^6 - x^6 = (a^3)^2 - (x^3)^2 = (a^3 - x^3) \cdot (a^3 + x^3)$

Ejemplos:

Factorizar $256p^8 - q^8$

a) Resolviendo por la suma de sus bases.

$256p^8 - q^8 = (2p + q) \cdot (2^7p^7 - 2^6p^6q + 2^5p^5q^2 - 2^4p^4q^3 + 2^3p^3q^4 - 2^2p^2q^5 + 2pq^6 - q^7) =$
$= (2p + q) \cdot (128p^7 - 64p^6q + 32p^5q^2 - 16p^4q^3 + 8p^3q^4 - 4p^2q^5 + 2pq^6 - q^7)$

b) Resolviendo por la diferencia de sus bases.

$256p^8 - q^8 = (2p - q) \cdot (2^7p^7 + 2^6p^6q + 2^5p^5q^2 + 2^4p^4q^3 + 2^3p^3q^4 + 2^2p^2q^5 + 2pq^6 + q^7) = (2p - q) \cdot (128p^7 + 64p^6q + 32p^5q^2 + 16p^4q^3 + 8p^3q^4 + 4p^2q + 2pq^6 + q^7)$

c) Resolviendo por diferencia de cuadrados.

$256p^8 - q^8 = (16p^4)^2 - (q^4)^2 =$
$= (16p^4 + q^4) \cdot (16p^4 - q^4) =$
$= (16p + q^4) \cdot (4p^2 + q^2) \cdot (4p^2 - q^2) =$

15

$$= (16p^4 + q^4) \cdot (4p^2 + q^2) \cdot (2p + q) \cdot$$
$$\cdot (2p - q)$$

3) *Diferencia de potencias de igual grado de exponente impar:* Solamente es divisible por la diferencia de sus bases.

$$p^5 - q^5 = (p - q) \cdot (p^4 + p^3q + p^2q^2 + pq^3 + q^4)$$

Es igual al producto de la diferencia de sus bases por un polinomio con un grado menos que el dado, en forma creciente para el primer término y en forma decreciente para el segundo término, siendo todos sus términos de signo más (+).

Ejemplo:

$$0,027 - 0,125r^3 = (0,3 - 0,5r) \cdot (0,3^2 + 0,3 \cdot 0,5r + 0,5^2 r^2) =$$
$$= (0,3 - 0,5r) \cdot (0,09 + 0,15r + 0,25r^2)$$

Recordar que si al resultado de una factorización se le aplica la propiedad distributiva se obtiene la expresión inicial.

Combinación de casos de factorización

Sea el siguiente polinomio:

$$27mn^2 - 18mnp^2 + 3mp^4$$

Para realizar su factorización se observa si puede aplicarse el primer caso, o sea, si tiene un factor común:

$$27mn^2 - 18mnp^2 + 3mp^4 =$$
$$= 3m (9n^2 - 6np^2 + p^4)$$

Luego se observa el polinomio que ha quedado dentro del paréntesis; como tiene tres términos, se trata de verificar si es un trinomio cuadrado perfecto:

$$27mn^2 - 18mnp^2 + 3mp^4 =$$
$$= 3m \cdot (3n - p^2)^2$$

En general, para factorizar una expresión algebraica, se observa primero si tiene un factor común; luego, si el polinomio que quedó dentro del paréntesis tiene dos términos puede ser una diferencia de cuadrados o suma o diferencias de potencias de igual base; si tiene tres términos puede ser un trinomio cuadrado perfecto; si tiene cuatro términos, un cuatrinomio cubo perfecto; si tiene seis términos puede separarse en grupos, o sea, segundo caso de factorización.

Se aplica el caso de factorización correspondiente, en forma sucesiva, hasta llegar a una expresión que no se pueda seguir factoreando.

Ejemplos:

a) $\frac{1}{3} m^3a^3 - \frac{1}{3} m^3 ap + \frac{1}{3} m^3a -$

$- \frac{1}{3} mqa^3 + \frac{1}{3} mqap - \frac{1}{3} mqa=$

$= \frac{1}{3} ma (m^2a^2 - m^2p + m^2 -$

$-qa^2 + qp - q) = (1^{er}$ caso$)$

$= \frac{1}{3} ma [(m^2 (a^2 - p + 1) -$

$- q (a^2 - p + 1)] =$

$= \frac{1}{3} ma (a^2 - p + 1) (m^2 - q)$

b) $3a^5y^3 - 7 a^3y^5 =$
   $3a^3y^3 (a^2 - 25y^2) = (1^{er}$ caso$)$
   $= 3a^3y^3 \cdot (a - 5y) \cdot (a + 5y)$

Expresiones enteras primas y compuestas

Comparando los números enteros con las expresiones enteras (expresiones algebraicas con coeficientes enteros), llamamos prima a una expresión entera cuando sólo es divisible por la unidad y por sí misma.

Ejemplos:

1) $mx + a^3$
2) $a^2 + b$
3) $m - np + q$

sólo son divisibles por la unidad y por sí mismas porque no se pueden factorizar.

Una expresión entera es compuesta cuando se puede factorizar.

Ejemplos:

1) $m^2a^2 - b^2$
se puede factorizar (5º caso).

2) $m^2 - 2mn + n^2$
se puede factorizar (3er caso).

15

3) $7a + 14am - 21an^2$
se puede factorizar (1er caso).

Mínimo común múltiplo

De la misma forma en que se halla el m.c.m. de números se halla el m.c.m. de las expresiones algebraicas enteras.

El m.c.m. es el producto de la expresión algebraica entera común a todas ellas con el mayor exponente y las expresiones no comunes también con sus mayores exponentes.

$$\text{m.c.m.} = (m + n)^2 \cdot (m - n)$$

Ejemplos:

a) Hallar el m.c.m. de las expresiones siguientes:

$$m^2 - n^2 \; ; \; m^2 + 2m \cdot n^2 \; ; \; m + n$$

Se factorizan cada una de las expresiones algebraicas enteras.

$m^2 - n^2 = (m + n) \cdot (m - n)$

$m^2 + 2mn + n^2 = (m + n)^2$

$m + n = m + n$

(es una expresión algebraica entera prima)

b) Hallar el m.c.m. de las expresiones siguientes:

$$a^2 + 2ab + b^2 \; ; \; a^3 - b^3 \; ; \; a^2 - ab$$

$a^2 + 2ab + b^2 = (a + b)^2$

(es una expresión prima)

$a^3 - b^3 = (a - b) \cdot (a^2 + ab + b^2)$

$a^2 - ab = a (a - b)$

m.c.m.: $a (a - b) (a^2 + ab + b^2) (a + b)^2$

Expresiones algebraicas fraccionarias

Las fracciones

$$\frac{3m + y}{5ab} \; ; \; \frac{m + a}{p - q} \; ; \; \frac{3x + y^2}{a^2 - ay + y^2}$$

se llaman expresiones algebraicas fraccionarias, porque sus numeradores y denominadores son polinomios, para todo valor real de las variables que hacen el denominador distinto de cero.

Simplificación de expresiones algebraicas fraccionarias

Para simplificar una expresión algebraica fraccionaria, primero se factorizan el numerador y el denominador; a continuación se dividen el numerador y el denominador por las expresiones algebraicas iguales, aplicando cociente de potencias de igual base (se coloca la misma base y se restan los exponentes).

Ejemplos:

a) $\dfrac{m^3 - 25\,m}{2m^2 - 20m + 50} =$

$= \dfrac{m\,(m^2 - 25)}{2\,(m^2 - 10m + 25)} =$

$= \dfrac{m\,(m - 5)\,(m + 5)}{2\,(m - 5)^2} = \dfrac{m\,(m + 5)}{2\,(m - 5)}$

b) $\dfrac{x^2 + xy}{x^2 + xy - 2x - 2y} =$

$= \dfrac{x(x + y)}{x\,(x + y) - 2\,(x + y)} =$

$= \dfrac{x\,(x + y)}{(x + y)\,(x - 2)} = \dfrac{x}{x - 2}$

Producto de expresiones algebraicas fraccionarias

El producto de expresiones algebraicas fraccionarias es igual a la fracción cuyo numerador es el producto de los numeradores y cuyo denominador es el producto de los denominadores de las fracciones dadas, previamente factoreadas y simplificadas.

Ejemplo:

$\dfrac{12x^2 - 3}{15} \cdot \dfrac{1}{2x + 1} \cdot \dfrac{5}{2x + 1} =$

$\dfrac{3 \cdot (4x^2 - 1)}{15} \cdot \dfrac{1}{2x + 1} \cdot \dfrac{5}{2x + 1}$

$= \dfrac{3\,(2x + 1)\,(2x - 1) \cdot 1 \cdot 5}{15 \cdot (2x + 1)\,(2x + 1)} = \dfrac{2x - 1}{2x + 1}$

Cociente de expresiones algebraicas fraccionarias

Para dividir una expresión algebraica por otra, se multiplica la primera (dividendo) por la inversa de la segunda (divisor).

15

Ejemplo:

$$\frac{1}{5}(a^2 - x^2) : \frac{1}{10}(a + x) =$$

$$= \frac{1}{5}(a^2 - x^2) \cdot \frac{10}{a + x} =$$

$$= \frac{1(a - x)(a + x) \cdot 10}{5 \cdot (a + x)} =$$

$$= 2(a - x)$$

Suma de expresiones algebraicas fraccionarias

Recordar cómo se resuelve la suma de fracciones.

1) Se halla el denominador común (m.c.m.).
2) Dicho denominador se divide por el denominador de la primera fracción.
3) El resultado de la división se multiplica por el numerador de la fracción, y así sucesivamente.

De igual modo se resuelve la suma de expresiones algebraicas.

$$\frac{m + a}{p - q} + \frac{m - a}{p + q} + \frac{m^2 - a^2}{p^2 - q^2}$$

1) Se halla el m.c.m. de los denominadores:

$$p - q = p - q$$
$$p + q = p + q$$
$$p^2 - q^2 = (p + q)(p - q)$$
$$\text{m.c.m.} : (p + q)(p - q)$$

2) El m.c.m. se divide por el denominador de la primera fracción:

$$\frac{(p + q)(p - q)}{(p - q)} = p + q$$

3) El resultado de la división se multiplica por el numerador de dicha fracción.

$$(p + q) \cdot (m + a) = (p + q)(m + a)$$

Así se resuelve para cada término.

2° término:

$$\frac{(p + q)(p - q)}{(p + q)} = p - q$$

$$(p - q)(m - a)$$

3er término:

$$\frac{(p - q)(p + q)}{p^2 - q^2} =$$

$$= \frac{(p - q)(p + q)}{(p - q)(p + q)} = 1$$

El ejercicio quedaría así:

$$1 \cdot (m^2 - a^2) =$$

$$\frac{m + a}{p - q} + \frac{m - a}{p + q} + \frac{m^2 - a^2}{p^2 - q^2} =$$

$$= \frac{(p + q)(m + a) + (p - q)(m - a) + (m^2 - a^2)}{(p + q)(p - q)} =$$

Se resuelven las multiplicaciones de cada término, aplicando la propiedad distributiva:

$$= \frac{pm + pa + mq + qa + pm - pa - qm + qa + m^2 - a^2}{(p + q)(p - q)} =$$

Se agrupan los términos semejantes y se eliminan los términos iguales pero de distintos signos:

$$= \frac{2pm + 2qa + m^2 - a^2}{(p + q)(p - q)}$$

Ejemplo:

$$\frac{m + 2}{1 - m^2} + \frac{1}{m + m^2} + \frac{-1}{1 - m} =$$

$$= \frac{m(m + 2) + 1(1 - m) + (-1)m(1 + m)}{m(1 + m)(1 - m)} =$$

$$= \frac{m^2 + 2m + 1 - m - m - m^2}{m(1 + m)(1 - m)} =$$

$$= \frac{1}{m(1 - m^2)}$$

Resta de expresiones algebraicas fraccionarias

La resta de expresiones algebraicas se resuelve del mismo modo que la resta de números fraccionarios.

El procedimiento es el siguiente. Se saca m.c.m. y éste se divide por el denominador de la primera fracción y se multiplica por el numerador de dicha fracción. Del mismo modo se resuelve la segunda fracción.

Antes de resolver la resta, se aplica la propiedad distributiva para resolver las multiplicaciones de los numeradores. Los términos iguales pero de distinto signo se suprimen.

15

Ejemplo:

$$\frac{5}{9a^2 - z^2} - \frac{z - a}{6a^2z + 2az^2} =$$

$$= \frac{5 \cdot 2az - (3a - z)(z - a)}{2az(3a - z)(3a + z)} =$$

$$= \frac{10az - (3az - 3a^2 - z^2 + za)}{2az(3a - z)(3a + z)} =$$

$$= \frac{10az - 3az + 3a^2 + z^2 - za}{2az(3a - z)(3a + z)} =$$

$$= \frac{6az + 3a^2 + z^2}{2az(9a^2 - z^2)}$$

Suma algebraica de expresiones algebraicas fraccionarias

La suma algebraica de expresiones algebraicas fraccionarias se resuelve de la misma manera que la suma y la resta de expresiones algebraicas.

a) $1 + \dfrac{1}{4a + 4b} - \dfrac{a - b}{4a^2 - 4b^2} =$

$$= \frac{4(a - b)(a + b) + (a - b) - (a - b)}{4(a - b)(a + b)} =$$

$$= \frac{4(a^2 - b^2) + a - b - a + b}{4(a - b)(a + b)} =$$

$$= \frac{4(a^2 - b^2)}{4(a^2 - b^2)} = 1$$

b) $\dfrac{3a^3}{a^3 - y^3} - 9 + \dfrac{3y^2}{a^2 + ay + y^2} =$

$$= \frac{3a^3 - 9(a^3 - y^3) + 3y^2a - 3y^3}{(a - y)(a^2 + ay + y^2)} =$$

$$= \frac{3a^3 - 9a^3 + 9y^3 + 3y^2a - 3y^3}{(a - y)(a^2 + ay + y^2)} =$$

$$= \frac{-6a^3 + 6y^3 + 3y^2a}{a^3 - y^3} =$$

$$= \frac{3(-2a^3 + 2y^3 + y^2a)}{a^3 - y^3}$$

Ejemplos de cálculos con expresiones algebraicas fraccionarias

a) $\dfrac{2xp - bx^2}{(a + x)^2} \cdot \dfrac{xa + x^2}{2p - bx} =$

$$\frac{x(2p - bx)}{(a + x)^{2\,1}} \cdot \frac{x(a + x)}{(2p - bx)} = \frac{x^2}{a + x}$$

b) $\dfrac{a^2 - 6a + 9}{3} \cdot \dfrac{6}{a^3 - 27} \cdot \dfrac{1}{2a - 6} =$

$$= \frac{(a - 3)^2 \cdot 6 \cdot 1}{3 \cdot (a - 3)(a^2 + 3a + 9) \cdot 2 \cdot (a - 3)} =$$

$$= \frac{1}{a^2 + 3a + 9}$$

c) $\dfrac{xy - py + x - p}{y^3 + 1} : \dfrac{x - p}{y^2 - y + 1} =$

$$\frac{xy - py + x - p}{y^3 + 1} \cdot \frac{y^2 - y + 1}{x - p} =$$

$$= \frac{x(y + 1) - p(y + 1)}{(y + 1)(y^2 - y + 1)} \cdot \frac{y^2 - y + 1}{x - p} =$$

$$= \frac{(y + 1) \cdot (x - p) \cdot (y^2 - y + 1)}{(y + 1) \cdot (y^2 - y + 1) \cdot (x - p)} = 1$$

d) $\dfrac{a^3 - b^3}{a^2 - b^2} : \dfrac{a^2 + ab + b^2}{a^2 + 2ab + b^2} =$

$$= \frac{(a^3 - b^3) \cdot (a^2 + 2ab + b^2)}{(a^2 - b^2) \cdot (a^2 + ab + b^2)} =$$

$$= \frac{(a - b) \cdot (a^2 + ab + b^2) \cdot (a^2 + 2ab + b^2)}{(a - b)(a + b)(a^2 + ab + b^2)} =$$

$$= \frac{(a + b)^2}{(a + b)} = a + b$$

e) $\dfrac{4}{m + n} + \dfrac{10}{m - n} + \dfrac{m}{m^2 - n^2} =$

$$= \frac{4(m - n) + 10(m + n) + m}{(m - n)(m + n)} =$$

$$= \frac{4m - 4n + 10m + 10n + m}{(m - n)(m + n)} =$$

$$= \frac{15m + 6n}{(m^2 + n^2)} = \frac{3(5m + 2n)}{(m^2 - n^2)}$$

15

Ecuaciones

Representación del beso de Judas en la fachada de la Pasión del Templo
de la Sagrada Familia de Barcelona. Junto a este grupo escultórico aparece un
cuadrado mágico cuyas líneas suman siempre treinta y tres, la edad
a la que murió Jesucristo. Si no conociéramos alguno de los valores del cuadrado
mágico (cuadrado superior superpuesto sobre la ilustración original)
podríamos calcularlo por medio de una ecuación, con la que obtendríamos los
valores de x, y, z, que faltan para completarlo. Ecuación quiere decir
igualdad y se usa para indicar que la igualdad expresada sólo es cierta para
determinados valores, generalmente desconocidos (incógnitas = no conocidos).

Ecuaciones

En el conjunto de las expresiones algebraicas, una igualdad entre ellas es una relación de equivalencia.

Si dicha igualdad se satisface para cualquier valor asignado a sus letras, se llama identidad; y si sólo se satisface para algún x (valor asignado a sus letras), se llama ecuación.

Identidades:

$$(m + n)^2 = m^2 + 2mn + n^2$$
$$(3 + 5)^2 = 3^2 + 2 \cdot 3 \cdot 5 + 5^2$$
$$8^2 = 9 + 30 + 25$$
$$64 = 64$$

Ecuación:

$$m - 2 = 3m - 12$$
$$5 - 2 = 3 \cdot 5 - 12$$
$$3 = 15 - 12$$
$$3 = 3$$

Es una ecuación pues sólo se satisface la igualdad para $m = 5$.

Clasificación de las ecuaciones

Se clasifican en enteras, fraccionarias e irracionales.

1) Una ecuación es entera cuando las variables o incógnitas están sometidas a las operaciones de suma, resta y producto.

$$3x + 2 = 5x - 8$$

2) Una ecuación es fraccionaria cuando sus incógnitas, o por lo menos una de ellas, se hallan en el divisor.

$$\frac{3}{x} + 2 = 5x - 3$$

3) Una ecuación es irracional cuando una incógnita figura bajo el signo radical.

$$x + 3 = \sqrt{x} - 2$$

Ecuaciones de primer grado con una incógnita

Se llama ecuación de primer grado con una incógnita a aquella en que la incógnita está elevada a la primera potencia.

Ejemplos:

1) $2m + 3 = 21$

La letra m es la incógnita.
3 y 21 son los términos independientes.

Para resolver la ecuación $2m + 3 = 21$, se aplica la transposición de términos, dejando la incógnita en un miembro y los términos independientes en el otro miembro:

$$2m = 21 - 3$$
$$2m = 18$$
$$m = 18 : 2 = 9$$

9 es el único valor que satisface la ecuación. Si este valor $m = 9$ se reemplaza en la ecuación donde está la incógnita, se obtiene una igualdad.

$$2 \cdot 9 + 3 = 21$$
$$18 + 3 = 21 \qquad 21 = 21$$

2) $6a + 4 = 4a - 2$

Para resolver la ecuación, se agrupan los términos independientes en un miembro y los términos que poseen incógnitas en el otro miembro, mediante la transposición de términos.

$$6a - 4a = -2 - 4$$
$$2a = -6$$
$$a = \frac{-6}{2}$$
$$a = -3$$

3) $3 - \dfrac{x}{2} = 3x + 17$

Pasando $3x$ al primer miembro para agrupar los términos en x, y el término 3 al segundo miembro para agrupar los términos independientes, se obtiene:

$$-\frac{x}{2} - 3x = 17 - 3$$

se saca denominador común

$$\frac{-x - 6x}{2} = 14 \qquad \frac{-7x}{2} = 14$$

Pasando el divisor 2 y el factor

$$-x = \frac{14 \cdot 2}{7} \qquad\qquad -x = 4$$

16

Finalmente, se multiplican ambos miembros por (–1):

$$(-1) \cdot (-x) = (-1) \cdot 4$$
$$x = -4$$

4) $\dfrac{3}{x} + \dfrac{8}{3x} - \dfrac{1}{6x} = \dfrac{11}{12}$

Se resuelve la suma algebraica:

$$\dfrac{18 + 16 - 1}{6x} = \dfrac{11}{12}$$
$$\dfrac{33}{6x} = \dfrac{11}{12}$$

Se despeja la incógnita:

$$33 = \dfrac{11}{12} \cdot 6\,x$$

Se cambian de miembro los valores independientes:

$$\dfrac{33 \cdot 2}{11} = x$$
$$6 = x$$

5) $\dfrac{a^2}{a^2 - 9} + \dfrac{2}{a + 3} = \dfrac{3a}{3a - 9}$

Se resuelve la suma:

$$\dfrac{a^2 + 2\,(a - 3)}{(a - 3)\,(a + 3)} = \dfrac{3a}{3\,(a - 3)}$$

El divisor pasa como factor:

$$a^2 + 2a - 6 = \dfrac{a \cdot (a - 3)\,(a + 3)}{(a - 3)}$$

Se aplica la propiedad distributiva:

$$a^2 + 2a - 6 = a^2 + 3a$$

Se agrupan los términos independientes y los términos de las incógnitas:

$$a^2 + 2a - a^2 - 3a = 6$$
$$-a = 6$$
$$a = -6$$

Ejemplos:

a) $\sqrt{5x + 5} = \dfrac{5}{2}$

$$5x + 5 = \left(\dfrac{5}{2}\right)^2$$
$$5x = \dfrac{25}{4} - 5$$
$$5x = \dfrac{25 - 20}{4}$$
$$x = \dfrac{5}{4 \cdot 5}$$
$$x = \dfrac{1}{4}$$

b) $(x - 1)^3 + \dfrac{3}{2} = \dfrac{39}{8}$

$$(x - 1)^3 = \dfrac{39}{8} - \dfrac{3}{2}$$
$$x - 1 = \sqrt[3]{\dfrac{39}{8} - \dfrac{3}{2}}$$
$$x - 1 = \sqrt[3]{\dfrac{39 - 12}{8}}$$
$$x - 1 = \sqrt[3]{\dfrac{27}{8}}$$
$$x = \dfrac{3}{2} + 1 = \dfrac{5}{2}$$

Portada de una edición de 1670 del Libro sexto de la Aritmética de Diofanto de Alejandría comentado por Bachet, que incorpora los comentarios de Fermat.

ara pensar...

El enigma de la edad de Diofanto

Hacia el ocaso del esplendor de la era griega, muy pocos hombres de ciencia se interesaban por el álgebra. La mayor parte de ellos se hallaban imbuidos de conocimientos geométricos, concurriendo a la Universidad, donde Hypatía dictaba sus conferencias. Fue por ese entonces, sin embargo, cuando entra en escena un hombre singular: Diofanto. Éste sistematizó sus ideas con el empleo de símbolos creados por él mismo, dando nacimiento a lo que hoy se conoce como ecuaciones indeterminadas.

Por ello se le reconoce, con justicia, como el «padre del álgebra», y sus tan variados problemas como hábiles soluciones se constituyeron en modelo para Fermat, Euler y Gauss.

Ante lo ambiguo de los datos sobre la fecha precisa en que vivió Diofanto (se calcula que fue entre el 100 y el 400 de nuestra era), se opone el conocimiento exacto de cuántos años abarcó ésta.

A pesar de que lo antedicho parece un despropósito, en realidad no es tal, ya que la edad de este matemático quedó registrada para siempre en un acertijo descrito con términos algebraicos hace ya de esto unos 1500 años. Atribuido a Hypatía, gran estudiosa y analizadora de los trabajos de Diofanto, el

acertijo reza así: «Dios le concedió niñez durante una sexta parte de su vida, y juventud durante otra doceava parte. Lo alumbró con la luz del matrimonio durante una séptima parte más y cinco años después de su boda, le concedió un hijo. Después de alcanzar la mitad de la vida de su padre, la muerte lo llevó, dejando a Diofanto durante los últimos cuatro años de su vida con el único consuelo que puede ofrecer la matemática».

Expresado cada segmento en símbolos algebraicos y resuelta la ecuación, se obtiene cierto número (¿cuál?), que lógicamente se corresponde, dando crédito al trabajo, con los años vividos por el matemático.

Diofanto fue un matemático griego que vivió en Alejandría durante el siglo III a. de C. De su obra Aritmética se conservan 6 de los 13 libros de los que se componía; por sus estudios de las ecuaciones con soluciones enteras –el ahora llamado análisis diofántico–, se considera a Diofanto el padre del álgebra.

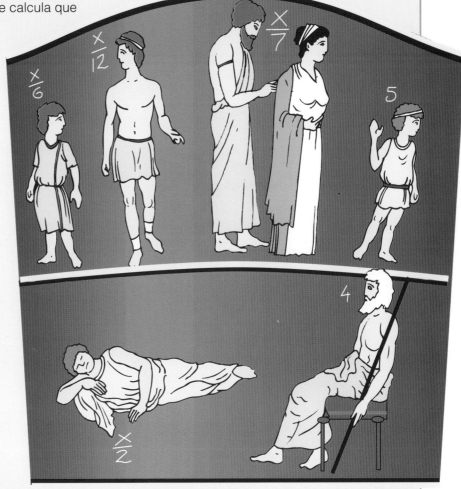

c) $\dfrac{x+2}{7} + \dfrac{3}{14} = \dfrac{13}{14}$

$\dfrac{x+2}{7} = \dfrac{13}{14} - \dfrac{3}{14}$

$x + 2 = \dfrac{10}{14} \cdot 7$

$x = \dfrac{10}{2} - 2$

$x = \dfrac{6}{2}$

$x = 3$

d) $7x - 5 = 4x + 8$

$7x - 4x = 8 + 5$

$3x = 13$

$x = \dfrac{13}{3}$

e) $2x - 1 = 4\left(\dfrac{2}{3}x - 3\right)$

$2x - 1 = \dfrac{8}{3}x - 12$

$2x - \dfrac{8}{3}x = -12 + 1$

$\dfrac{6x - 8x}{3} = -11$

$-2x = -33$

$-x = -\dfrac{33}{2}$

$x = \dfrac{33}{2}$

f) $\dfrac{2x-3}{4} + 1 = \dfrac{x-3}{5} + \dfrac{x-2}{2}$

$\dfrac{2x-3+4}{4} = \dfrac{2x-6+5x-10}{10}$

$2x + 1 = \dfrac{(7x-16) \cdot 4}{10}$

$5(2x + 1) = (7x - 16) \cdot 2$

$10x + 5 = 14x - 32$

$5 + 32 = 14x - 10x$

$37 = 4x$

$\dfrac{37}{4} = x$

Ecuaciones de primer grado con 2 incógnitas

$$2x + y = 6$$

Es una ecuación de primer grado con 2 incógnitas x e y; despejando queda:

$$y = 6 - 2x$$

variable
dependiente

constante

variable
independiente

Al hacer el gráfico de la ecuación, ella representa en el plano una recta; siendo la incógnita x la variable independiente y la incógnita y la variable dependiente.

Como x es la variable independiente, dándole valores arbitrarios se obtienen los valores de y.

Se construye una tabla de valores:

x	y
0	6
1	4
2	2
3	0

Si $x = 0 \Rightarrow 6 - 2 \cdot 0 = y \therefore 6 = y$

$x = 1 \Rightarrow 6 - 2 \cdot 1 = y \therefore 4 = y$

$x = 2 \Rightarrow 6 - 2 \cdot 2 = y \therefore 2 = y$

$x = 3 \Rightarrow 6 - 2 \cdot 3 = y \therefore 0 = y$

Para determinar la recta en el plano, son suficientes 2 valores.

Representamos en el plano el par de ejes cartesianos ortogonales.

• *Par de ejes:* por ser dos rectas.

Para pensar...

Álgebra en verso

Un curioso problema proveniente de la India se plantea por medio de unos versos. Su traducción dice así:

Regocíjanse los monos
divididos en dos bandos:
su octava parte al cuadrado
en el bosque se solaza.
Con alegres gritos, doce
atronando el campo están.
¿Sabes cuántos monos hay
en la manada, en total?

• *Cartesianos:* por el filósofo matemático francés René Descartes, creador de la geometría analítica que fue quien introdujo las coordenadas.

• *Ortogonales:* por ser los ejes perpendiculares.

La intersección de los dos ejes es el punto 0, llamado origen. Se considera un eje horizontal (eje *x*), llamado abscisa y otro eje vertical (eje *y*) llamado ordenada.

Utilizando unidades de longitud cuyo cero está en 0, còn números positivos y negativos como indica la figura. Cada una de las cuatro zonas se llama cuadrante.

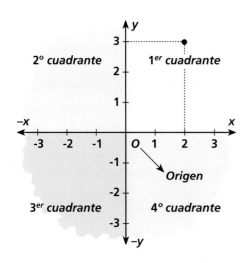

Para ubicar un par de números (2; 3) el valor 2 corresponde a dos unidades del eje *x* y el valor 3 al eje *y*; o sea, que el punto *P* (2; 3) (que se lee: punto *P* de coordenadas 2 y 3) está ubicado donde muestra la figura (arriba).

Si nos referimos a la ecuación lineal de dos incógnitas: $y = 6 - 2x$, una vez que hemos construido su tabla de valores, se representan los pares de números en el plano, asignándoles una letra (abajo izquierda).

El estudio de la ecuación lineal con dos incógnitas se realiza también sin hacer la tabla de valores y la representación gráfica.

Observando la expresión:

1) Si el coeficiente de la variable independiente (*x*) es positivo, la recta se dirige en la dirección del primero al tercer cuadrante.

Ejemplo:

$$y = 5x + 2$$

Si es negativa, como en la gráfica anterior, se dirige en la dirección del segundo al cuarto cuadrante (ejemplo dado $y = 6 - 2x$).

2) Si no tiene constante, la recta pasa por el origen.

Ejemplo:

$$y = -x$$

x	y	
0	6	→ A
1	4	→ B
2	2	→ C
3	0	→ D
−1	8	→ E
−2	10	→ F

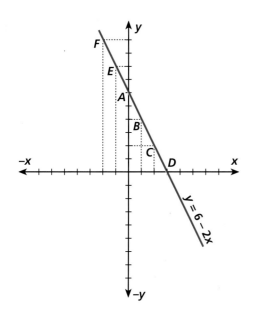

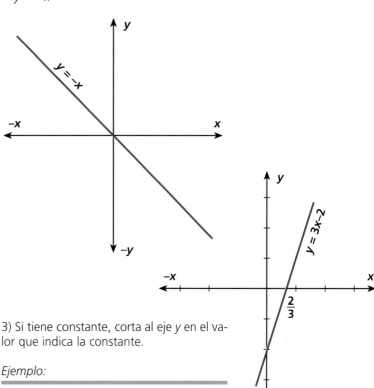

3) Si tiene constante, corta al eje *y* en el valor que indica la constante.

Ejemplo:

$$y = 3x - 2$$

Capítulo 17

Sistemas de ecuaciones

Una de las aplicaciones prácticas más importantes de los sistemas de ecuaciones es la *programación lineal*. Esta técnica es ampliamente usada en operaciones (militares, técnicas, industriales) en las que la precisión y eficacia son muy importantes. La programación lineal se emplea básicamente para determinar unos valores que maximicen o minimicen una forma polinómica dada. La resolución de estos problemas se lleva a cabo –gráfica o algebraicamente– por medio de sistemas de ecuaciones.

Sistemas de ecuaciones

Dos ecuaciones de primer grado con dos incógnitas cada una, que deben admitir simultáneamente las mismas raíces, forman un sistema de dos ecuaciones con dos incógnitas.

la llave simboliza: $\begin{cases} 3x - 2y = 7 \\ 5x + y = 3 \end{cases}$
sistema

Métodos para la resolución de sistemas de dos ecuaciones de primer grado con dos incógnitas:

1) Sustitución
2) Igualación
3) Reducción por suma o resta
4) Determinantes
5) Gráficamente

Con cualquiera de los métodos que se utilice, siempre se logra el mismo valor para las raíces.

Método de sustitución

$\begin{cases} 3x - 2y = 7 & \text{①} \\ 5x + y = 3 & \text{②} \end{cases}$

Dado el sistema, en la ecuación número ① se despeja una de las dos incógnitas, por ejemplo la x; luego se reemplaza dicho valor en la ecuación número ② (en el lugar de la x). Así se obtiene una ecuación lineal de una incógnita (que es y).

Mediante la transposición de términos se obtiene el valor de la incógnita y. Un proceso análogo se realiza para obtener el valor de la x; o sea, despejando la y en la ecuación número ① y reemplazando en la ②, queda una ecuación lineal de una incógnita (que es x); haciendo la transposición de términos, se obtiene el valor de y.

a) Se despeja la x en la ecuación ①

$$3x - 2y = 7$$

$$3x = 7 + 2y$$

$$x = \frac{7 + 2y}{3}$$

b) Se reemplaza el valor de la x en la ecuación ②

$$5x + y = 3$$

$$5\left(\frac{7 + 2y}{3}\right) + y = 3$$

c) Se realizan las operaciones indicadas y luego se hace la transposición de términos despejando y

Aplicando la propiedad distributiva,

$$\frac{35 + 10y}{3} + y = 3$$

Sacando 3 denominador común

$$\frac{35 + 10y + 3y}{3} = 3$$

Pasando el divisor 3

$$35 + 10y + 3y = 3 \cdot 3$$

Sumando los coeficientes de y

$$13y = 9 - 35$$

$$y = \frac{-26}{13}$$

$$y = -2 \quad \longrightarrow \quad \text{es una de las raíces}$$

Para obtener el valor de x:
a) Se despeja la y en la ecuación ①

$$3x - 2y = 7$$
$$-2y = 7 - 3x$$
$$-y = \frac{7 - 3x}{2}$$
$$y = \frac{-7 + 3x}{2}$$

b) Se reemplaza el valor de la y en la ecuación ②

$$5x + y = 3$$

$$5x + \left(\frac{-7 + 3x}{2}\right) = 3$$

c) Se realizan las operaciones indicadas y luego se hace la transposición de términos, despejando la x.

Operando el primer miembro,

$$\frac{10x - 7 + 3x}{2} = 3$$

Se agrupan los coeficientes de x

$$\frac{13x - 7}{2} = 3$$

Se pasa el divisor 2

$$13x - 7 = 3 \cdot 2$$

El 7 se pasa sumando

$$13x = 6 + 7 \qquad x = \frac{13}{13} = 1$$

$$x = 1 \quad \longrightarrow \quad \text{el valor de la } x \text{ es la otra raíz.}$$

Dado el sistema.

$$\begin{cases} 3x - 2y = 7 \\ 5x + y = 3 \end{cases}$$

las raíces que satisfacen a dicho sistema son: $(1; -2)$, o sea:

$$x = 1 \qquad\qquad y = -2$$

El valor de la segunda incógnita también puede hallarse sustituyendo el valor de la primera en una de las ecuaciones:

Sustituyendo en ① el valor de $y = -2$:

$$3x - 2\,(-2) = 7$$
$$3x + 4 = 7$$
$$3x = 7 - 4 = 3$$
$$x = \frac{3}{3} = 1$$

Naturalmente, obtendríamos el mismo valor de x, sustituyendo el valor de $y = -2$ en ②:

$$5x + (-2) = 3$$
$$5x - 2 = 3$$
$$5x = 3 + 2 = 5$$
$$x = \frac{5}{5} = 1$$

Para estar seguros de que esos son los dos únicos valores que satisfacen el sistema, se realiza la verificación.

Verificación:

En la ecuación ① se reemplazan las incógnitas x e y por los valores obtenidos.

$$3x - 2y = 7$$
$$3 \cdot 1 - 2\,(-2) = 7$$
$$3 + 4 = 7$$
$$7 = 7$$

Se cumple la igualdad.

En la ecuación ② se reemplazan las incógnitas x e y por los valores obtenidos:

$$5x + y = 3$$
$$5 \cdot 1 + (-2) = 3$$
$$5 - 2 = 3$$
$$3 = 3$$

Se cumple la igualdad.

Así se demuestra que las raíces son: $x = 1$; $y = -2$

► Método de igualación

Utilizamos el mismo sistema:

$$\begin{cases} 3x - 2y = 7 \\ 5x + y = 3 \end{cases}$$

Para verificar que, al emplear otro sistema, se obtienen las mismas raíces.

Se trabaja paralelamente con las dos ecuaciones, se despeja en ambas la misma incógnita, por ejemplo x, y quedan dos igualdades con un miembro igual; entonces el otro también lo es.

Se igualan los segundos miembros y se despeja el valor de y. Con un proceso análogo se halla el valor de x.

$$\begin{cases} 3x - 2y = 7 & ① \\ 5x + y = 3 & ② \end{cases}$$

Se despeja x:

① $\qquad 3x - 2y = 7$
$$3x = 7 + 2y$$
$$x = \frac{7 + 2y}{3} \qquad ⓐ$$

② $\qquad 5x + y = 3$
$$5x = 3 - y$$
$$x = \frac{3 - y}{5} \qquad ⓑ$$

Como en las igualdades ⓐ y ⓑ los primeros miembros son iguales; los segundos miembros también deben serlo:

$$\left.\begin{array}{l} x = \dfrac{7 + 2y}{3} \\[2mm] x = \dfrac{3 - y}{5} \end{array}\right\} \Rightarrow \frac{7 + 2y}{3} = \frac{3 - y}{5}$$

Al igualar los segundos miembros, se obtiene una ecuación con una sola incógnita.

Mediante transposición de términos se despeja el valor de y.

El 5 pasó como factor,

$$(7 + 2y) \cdot 5 = (3 - y) \cdot 3$$

El divisor 3 pasó como factor.

$$35 + 10y = 9 - 3y$$

Se agrupan en un miembro los términos independientes y en otro los que tienen incógnita:

$$10y + 3y = 9 - 35$$

$$13y = -26$$

$$y = -\frac{26}{13} = -2$$

$$y = -2 \;\rightarrow\; \text{una de las raíces}$$

Se despeja y:

① $$3x - 2y = 7$$

$$-2y = 7 - 3x$$

$$-y = \frac{7 - 3x}{2}$$

$$y = \frac{-7 + 3x}{2} \quad \text{ⓐ}$$

② $$5x + y = 3$$

$$y = 3 - 5x \quad \text{ⓑ}$$

Comparando ⓐ y ⓑ se obtiene:

$$\left. \begin{array}{l} y = \dfrac{-7 + 3x}{2} \\[2ex] y = 3 - 5x \end{array} \right\} \Rightarrow \begin{array}{l} \dfrac{-7 + 3x}{2} = 3 - 5x \\[2ex] -7 + 3x = (3 - 5x) \cdot 2 \end{array}$$

El divisor 2 pasó como factor.

Aplicamos la propiedad distributiva en el segundo miembro.

$$-7 + 3x = 6 - 10x$$

$$3x + 10x = 6 + 7$$

$$13x = 13$$

$$x = \frac{13}{13}$$

$$x = 1$$

Respuesta del sistema: $(1; -2)$. O sea: $x = 1$; $y = -2$

Método de reducción por suma o resta

Utilizamos el mismo sistema para seguir verificando que con cualquiera de los métodos se obtienen las mismas raíces.

$$\begin{cases} 3x - 2y = 7 & ① \\ 5x + y = 3 & ② \end{cases}$$

Mediante la suma o la resta de las dos ecuaciones se elimina una de las incógnitas; luego cambiando términos se halla la incógnita que quedó. Se observa que para eliminar una de las incógnitas, éstas deben tener el mismo coeficiente (así se anulan al sumar o restar). Si no tienen el mismo coeficiente, se multiplica una de ellas o las dos ecuaciones por un factor o distintos factores, de modo que queden los términos de las incógnitas iguales.

De acuerdo a los signos que tengan se suman o se restan las ecuaciones para anular la incógnita.

En nuestro sistema, para eliminar la incógnita x, a la ecuación ① se la multiplica por el factor 5, y la ecuación ② por el factor 3, quedando así:

$$\begin{array}{l} 5 \cdot \\ 3 \cdot \end{array} \begin{cases} 3x - 2y = 7 & \rightarrow & 15x - 10y = 35 \\ 5x + y = 3 & \rightarrow & \underline{15x + 3y = 9} \\ & & 0 - 13y = 26 \end{cases}$$

Como los coeficientes de las x son iguales y del mismo signo, para que se eliminen se restan las 2 ecuaciones miembro a miembro.

Se despeja y

$$-y = \frac{26}{13} = 2$$

Se multiplica por (-1)

$$y = -2$$

$$\downarrow$$

es una de las raíces

Para eliminar la incógnita y, solamente es necesario multiplicar la ecuación ② por el factor 2, para que los coeficientes de la incógnita queden iguales.

$$2 \cdot \begin{cases} 3x - 2y = 7 & \rightarrow & 3x - 2y = 7 \\ 5x + y = 3 & \rightarrow & \underline{10x + 2y = 6} \\ & & 13x + 0 = 13 \end{cases}$$

$$x = \frac{13}{13}$$

$$x = 1 \quad \rightarrow \quad \text{la otra raíz}$$

Solución del sistema: (1; –2).
O sea: $x = 1$, $y = 2$.

Método de determinantes

Para utilizar este método, primero vamos a definir lo que es un determinante de segundo orden.

El determinante de segundo orden está formado por 4 números que son sus elementos: a, b, c, d, dispuestos de la siguiente manera:

$$\begin{vmatrix} a & b \\ c & d \end{vmatrix}$$

siendo las líneas horizontales a,b y c,d las filas, y las líneas verticales a,c y b,d las columnas; de acuerdo a la cantidad de filas y columnas se determina el orden del determinante.

Es un número real (en los ejemplos que vamos a ver) que se obtiene del producto de los elementos de una diagonal $(a.d)$, menos el producto de los elementos de la otra diagonal $(b.c)$.
O sea:

$$\begin{vmatrix} a & b \\ c & d \end{vmatrix} = a \cdot d - b \cdot c$$

Numéricamente:

$$\begin{vmatrix} 3 & 4 \\ \frac{1}{2} & -3 \end{vmatrix} = 3 \cdot (-3) - 4 \cdot \frac{1}{2} =$$

$$= -9 - 2 = -11$$

Sabiendo elementalmente lo que es un determinante y cómo se opera con él, utilizaremos el método de determinantes para hallar los valores de las raíces de un sistema de dos ecuaciones lineales con dos incógnitas. Emplearemos el mismo sistema para verificar que con cualquier método se logran las mismas raíces.

$$\begin{cases} 3x - 2y = 7 & ① \\ 5x + y = 3 & ② \end{cases}$$

Cada incógnita es igual a un cociente entre dos determinantes; siendo el denominador formado por los coeficientes de las incógnitas de las ecuaciones, y el numerador

es el determinante formado por el anterior donde se ha reemplazado la columna de los coeficientes de la incógnita que se calcula por los términos independientes.

Por último se halla cada uno de los determinantes, para la incógnita.

En nuestro ejercicio, para hallar x, se reemplazan sus valores por los términos independientes, en el determinante numerador.

$$x = \frac{\begin{vmatrix} 7 & -2 \\ 3 & 1 \end{vmatrix}}{\begin{vmatrix} 3 & -2 \\ 5 & 1 \end{vmatrix}} = \frac{7 \cdot 1 - (-2) \cdot 3}{3 \cdot 1 - (-2) \cdot 5} =$$

$$= \frac{7 + 6}{3 + 10} = \frac{13}{13} = 1$$

términos independientes
coeficientes de y
coeficientes de las incógnitas

Para hallar y:

coeficientes de x
términos independientes

$$y = \frac{\begin{vmatrix} 3 & 7 \\ 5 & 3 \end{vmatrix}}{\begin{vmatrix} 3 & -2 \\ 5 & 1 \end{vmatrix}} = \frac{3 \cdot 3 - 5 \cdot 7}{3 \cdot 1 - 5 \cdot (-2)} =$$

$$= \frac{9 - 35}{3 + 10} = \frac{26}{13} = -2$$

$$y = -2$$

Solución del sistema: (1; –2)
O sea: $x = 1$, $y = -2$

Ejemplo:

$$\begin{cases} \dfrac{2}{5}x - 3y = 6 \\ 4x - \dfrac{1}{2}y = 1 \end{cases}$$

Para hallar x:

$$x = \frac{\begin{vmatrix} 6 & -3 \\ 1 & -\frac{1}{2} \end{vmatrix}}{\begin{vmatrix} \frac{2}{5} & -3 \\ 4 & -\frac{1}{2} \end{vmatrix}} = \frac{6 \cdot \left(-\frac{1}{2}\right) - (-3) \cdot 1}{\frac{2}{5} \cdot \left(-\frac{1}{2}\right) - 4 \cdot (-3)} =$$

$$= \frac{-3 + 3}{-\frac{1}{5} + 12} = \frac{0}{\frac{-1 + 60}{5}} = \frac{0}{\frac{59}{5}} = 0$$

$$x = 0$$

Para hallar y:

$$y = \frac{\begin{vmatrix} \dfrac{2}{5} & 6 \\[2mm] 4 & 1 \end{vmatrix}}{\begin{vmatrix} \dfrac{2}{5} & -3 \\[2mm] 4 & -\dfrac{1}{2} \end{vmatrix}} = \frac{\dfrac{2}{5} \cdot 1 - 6 \cdot 4}{\dfrac{2}{5} \cdot \left(-\dfrac{1}{2}\right) - 4(-3)} =$$

$$= \frac{\dfrac{2}{5} - 24}{-\dfrac{1}{5} + 12} = \frac{\dfrac{2 - 120}{5}}{\dfrac{59}{5}} = \frac{-\dfrac{118}{5}}{\dfrac{59}{5}} =$$

$$= -\frac{118}{5} \cdot \frac{5}{59} = -2 \qquad y = -2$$

Verificación:

$$\begin{cases} \dfrac{2}{5}x - 3y = 6 & \text{①} \\[3mm] 4x - \dfrac{1}{2}y = 1 & \text{②} \end{cases}$$

①
$$\frac{2}{5}x - 3y = 6$$
$$\frac{2}{5} \cdot 0 - 3(-2) = 6$$
$$0 + 6 = 6$$
$$6 = 6$$

Se cumple la igualdad.

②
$$4x - \frac{1}{2}y = 1$$
$$4 \cdot 0 - \frac{1}{1}(-2) = 1$$
$$0 + 1 = 1$$
$$1 = 1$$

Se cumple la igualdad.

◣ Método gráfico

Para este método utilizaremos el mismo sistema; así verificamos que se obtienen las mismas raíces.

$$\begin{cases} 3x - 2y = 7 & \text{①} \\ 5x + y = 3 & \text{②} \end{cases}$$

Se construyen las tablas de valores de cada una de las ecuaciones y luego se representan en el plano, en un par de ejes cartesianos ortogonales. El punto de intersección de las dos rectas determina los valores del sistema.

Trazando una perpendicular al eje x se obtiene el valor de x, y trazando una paralela al eje y se obtiene el valor de y.

$$\begin{cases} 3x - 2y = 7 & \text{①} \\ 5x + y = 3 & \text{②} \end{cases}$$

Se despeja y:

①
$$3x - 2y = 7$$
$$-2y = 7 - 3x$$
$$-y = \frac{7 - 3x}{2}$$
$$y = \frac{-7 + 3x}{2}$$

②
$$5x + y = 3$$
$$y = 3 - 5x$$

Se construyen las tablas de valores:

①

x	y		
0	$-3,5$	$\to \dfrac{-7 + 3 \cdot 0}{2}$	$= -\dfrac{7}{2} = -3,5$
1	-2	$\to \dfrac{-7 + 3 \cdot 1}{2}$	$= -\dfrac{4}{2} = -2$
2	$-0,5$	$\to \dfrac{-7 + 3 \cdot 2}{2}$	$= -\dfrac{1}{2} = -0,5$
3	1	$\to \dfrac{-7 + 3 \cdot 3}{2}$	$= -\dfrac{2}{2} = 1$
-1	-5	$\to \dfrac{-7 + 3 \cdot (-1)}{2}$	$= -\dfrac{10}{2} = -5$

②

x	y		
0	3	$\to 3 - 5 \cdot 0$	$= 3$
1	-2	$\to 3 - 5 \cdot 1$	$= -2$
2	-7	$\to 3 - 5 \cdot 2$	$= -7$
3	-12	$\to 3 - 5 \cdot 3$	$= -12$
-1	8	$\to 3 - 5 \cdot (-1)$	$= 8$

Construidas las tablas de valores, se representan en el plano, en el par de ejes cartesianos ortogonales, obteniendo dos rectas.

El punto P de intersección de las rectas tiene como coordenadas $(1, -2)$.

O sea: $x = 1$, $y = -2$ es la solución del sistema.

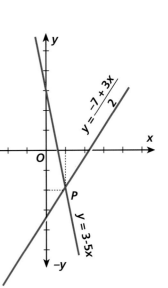

Ecuaciones de segundo grado

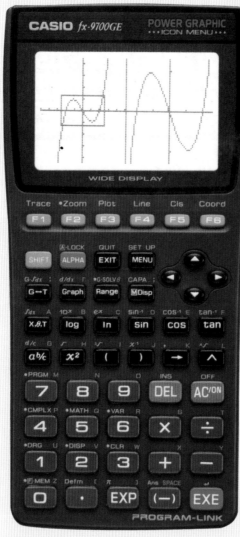

Encontrar métodos generales para la resolución de ecuaciones fue una de las cuestiones básicas de los algebristas. Primero se conocieron soluciones para algunos casos particulares, luego se obtuvo la fórmula para la resolución de la ecuación de segundo grado, la bicuadrada, la de tercer grado y la de cuarto grado. Se establecieron reglas y criterios para acotar el número y posición de las raíces o soluciones de un polinomio, hasta que se demostró la imposibilidad de hallar por métodos algebraicos sencillos las raíces de las ecuaciones de grado superior a 5. Gracias a los esfuerzos matemáticos anteriores, actualmente disponemos de calculadoras de bolsillo capaces de resolver ecuaciones rápidamente.

Ecuaciones de segundo grado

Toda ecuación que puede reducirse a un polinomio entero de segundo grado en dicha incógnita, igualado a cero mediante operaciones aritméticas, se llama ecuación de segundo grado con una incógnita.

La ecuación completa de segundo grado con una incógnita tiene la siguiente forma:

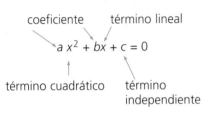

coeficiente   término lineal

$$a\,x^2 + bx + c = 0$$

término cuadrático   término independiente

Ejemplos:

a) $5x^2 - 7x + 6 = 0$

b) $9x^2 + 6x = 0$

c) $25x^2 = 0$

d) $\dfrac{3}{x} - \dfrac{5}{x^2} + 2 = 0$

que se reduce sacando m.c.d.

$$\frac{3x - 5 + 2x^2}{x^2} = 0$$

$$3x - 5 + 2x^2 = 0 \cdot x^2$$

y queda:

$$2x^2 + 3x - 5 = 0$$

e) $9x^2 = 12$ que se reduce

$$9x^2 - 12 = 0$$

f) $12x^2 = -6x$ que se reduce

$$12x^2 + 6x = 0$$

Según su número de términos, una ecuación de segundo grado con una incógnita puede ser:

• *Ecuación de segundo grado completa:*
Tiene la siguiente forma:

$$ax^2 + bx + c = 0$$
$$3x^2 - 5x + 6 = 0$$

• *Ecuación de segundo grado completa reducida.*
Cuando $a = 1$, tiene la siguiente forma:

coeficiente del término lineal   término independiente

$$1x^2 + px + q = 0$$

el coeficiente del término cuadrático no puede ser nulo, si no se reduce a una ecuación lineal.

Ejemplo:

$$x^2 - 3x + 2 = 0$$

• *Ecuación incompleta de segundo grado con una incógnita (falta el término lineal).*
Tiene la siguiente forma:

$$ax^2 + c = 0$$
$$2x^2 - 3 = 0$$

• *Ecuación incompleta de segundo grado con una incógnita (falta el término independiente).*

$$ax^2 + bx = 0$$
$$3x^2 - 5x = 0$$

• *Ecuación incompleta de segundo grado con una incógnita (falta el término lineal e independiente).*

$$ax^2 = 0$$
$$16x^2 = 0$$

Cada ecuación de segundo grado con una incógnita completa puede transformarse en una reducida, dividiendo miembro a miembro por el coeficiente de x^2.

$$ax^2 + bx + c = 0 \quad \text{completa}$$

Dividimos miembro a miebro por a:

$$\frac{ax^2}{a} + \frac{bx}{a} + \frac{c}{a} = \frac{0}{a}$$

Consideramos:

$$\frac{b}{a} = p \; ; \; \frac{c}{a} = q \; ; \; \frac{0}{a} = 0$$

queda: $\quad x^2 + px + q = 0$

que es la ecuación reducida.

Numéricamente:

$$7x^2 + 3x - 6 = 0$$

Se divide por 7:

$$\frac{7x^2}{7} + \frac{3x}{7} - \frac{6}{7} = 0 \Rightarrow$$

$$\Rightarrow x^2 + \frac{3}{7}x - \frac{6}{7} = 0$$

ecuación reducida.

Resolución de ecuaciones de segundo grado con una incógnita

• *Ecuaciones completas de la forma:*

$$ax^2 + bx + c = 0 \ siendo \ a>0$$

Para hallar x, primero multiplicamos los dos términos de la ecuación por $4a$.

$$4a \cdot (ax^2 + bx + c) = 4a \cdot 0 = 0$$
$$4a^2x^2 + 4abx + 4ac = 0$$

Pasamos el término independiente al segundo miembro.

$$4a^2x^2 + 4abx = -4ac$$

Sumamos b^2 a los dos miembros, con lo que obtenemos el cuadrado de un binomio en el primer miembro:

$$4a^2x^2 + 4abx + b^2 = b^2 - 4ac$$
$$(2ax + b)^2 = b^2 - 4ac$$

Extraemos la raíz cuadrada a cada uno de los miembros:

$$\sqrt{(2ax + b)^2} = \sqrt{b^2 - 4ac}$$
$$2ax + b = \pm \sqrt{b^2 - 4ac}$$

Despejamos el término con x:

$$2ax = -b \pm \sqrt{b^2 - 4ac}$$
$$x = \frac{-b \pm \sqrt{b^2 - 4ac}}{2a}$$

Luego las raíces son iguales a las fracciones cuyo numerador está formado por el coeficiente del término lineal cambiado de signo, menos la raíz cuadrada de la diferencia del cuadrado del coeficiente del término lineal y el cuádruplo producto del coeficiente del término cuadrático por el término independiente, y cuyo denominador está for-

mado por el duplo del coeficiente del término cuadrático.
Simbólicamente:

$$x_1 = \frac{-b + \sqrt{b^2 - 4ac}}{2a}$$

$$x = \frac{-b \pm \sqrt{b^2 - 4ac}}{2a} \quad \text{raíces}$$

$$x_2 = \frac{-b - \sqrt{b^2 - 4ac}}{2a}$$

Ejemplos:

a) $$6x^2 - 8x + 2 = 0$$

$$x = \frac{-b \pm \sqrt{b^2 - 4ac}}{2a}$$

cambiado de signo

$$x = \frac{8 \pm \sqrt{8^2 - 4 \cdot 6 \cdot 2}}{2 \cdot 6} =$$

$$= \frac{8 \pm \sqrt{64 - 48}}{12} = \frac{8 \pm \sqrt{16}}{12} =$$

$$= \frac{8 \pm 4}{12}$$

$$x_1 = \frac{8 + 4}{12} = \frac{12}{12} = 1$$

$$x_2 = \frac{8 - 4}{12} = \frac{4}{12} = \frac{1}{3}$$

Respuesta:

$$x_1 = 1; \ x_2 = \frac{1}{3}$$

son los dos únicos valores que satisfacen la ecuación.

Verificación:

Si reemplazamos los valores de las raíces en la ecuación, se cumple la igualdad.

Con el valor de $\ x_1 = 1$
$$6x^2 - 8x + 2 = 0$$
$$6 \cdot 1^2 - 8 \cdot 1 + 2 = 0$$
$$6 - 8 + 2 = 0$$
$$8 - 8 = 0$$
$$0 = 0$$

Con el valor de $\ x_2 = \frac{1}{3}$
$$6x^2 - 8x + 2 = 0$$
$$6\left(\frac{1}{3}\right)^2 - 8 \cdot \frac{1}{3} + 2 = 0$$

18

$$6 \cdot \frac{1}{9} - \frac{8}{3} + 2 = 0$$

$$\frac{2}{3} - \frac{8}{3} + 2 = 0$$

$$\frac{2 - 8 + 6}{3} = 0$$

$$\frac{8 - 8}{3} = 0$$

$$0 = 0$$

b) $\qquad 3 \cdot (x + 4)(x - 1) = 0$

Para que quede de la forma general, se aplica la propiedad distributiva del producto y se opera:

$$3(x^2 - x + 4x - 4) = 0$$

$$3(x^2 + 3x - 4) = 0$$

$$3x^2 + 9x - 12 = 0$$

Teniendo ya la forma general de la ecuación se aplica la fórmula:

$$x = \frac{-b \pm \sqrt{b^2 - 4ac}}{2a} =$$

$$= \frac{-9 \pm \sqrt{81 - 4 \cdot 3 \, (-12)}}{2 \cdot 3} =$$

$$= \frac{-9 \pm \sqrt{81 + 144}}{6} =$$

$$= \frac{-9 \pm \sqrt{255}}{6} = \frac{-9 \pm 15}{6} =$$

$$= \begin{cases} x_1 = \dfrac{-9 + 15}{6} = \dfrac{6}{6} = 1 \\[3mm] x_2 = \dfrac{-9 - 15}{6} = \dfrac{-24}{6} = -4 \end{cases}$$

• *Ecuación incompleta de segundo grado con una incógnita de la forma:*

$$ax^2 + c = 0$$

faltando el término lineal.

$$ax^2 + c = 0$$

$$ax^2 = -c$$

$$x^2 = -\frac{c}{a}$$

$$x = \pm \sqrt{-\frac{c}{a}}$$

Resultado que, naturalmente, coincide con el que se obtiene si se hace $b = 0$ en la fórmula general:

$$x = \frac{-b \pm \sqrt{b^2 - 4ac}}{2a} = \frac{0 \pm \sqrt{0 - 4ac}}{2a} =$$

$$= \pm \frac{\sqrt{-4ac}}{2a} = \pm \sqrt{\frac{-4ac}{4a^2}} = \pm \sqrt{-\frac{c}{a}}$$

Las raíces son iguales a más o menos la raíz cuadrada del cociente entre el término independiente cambiado de signo y el coeficiente del término cuadrático.

$$x_1 = + \sqrt{-\frac{c}{a}}$$

$$x_2 = - \sqrt{-\frac{c}{a}}$$

Ejemplo:

$$4x^2 - 25 = 0$$
$$4x^2 = 25$$
$$x^2 = \frac{25}{4}$$

$$x = \pm \sqrt{\frac{25}{4}} \begin{cases} x_1 = + \sqrt{\dfrac{25}{4}} = \dfrac{5}{2} \\[3mm] x_2 = - \sqrt{\dfrac{25}{4}} = -\dfrac{5}{2} \end{cases}$$

$$x_1 = \frac{5}{2} \qquad x_2 = -\frac{5}{2}$$

Verificación:

Para $x_1 = \dfrac{5}{2}$
$$4x^2 - 25 = 0$$
$$4\left(\frac{5}{2}\right)^2 - 25 = 0$$
$$4 \cdot \frac{25}{4} - 25 = 0$$
$$25 - 25 = 0$$
$$0 = 0$$

Para $x_2 = -\dfrac{5}{2}$
$$4x^2 - 25 = 0$$
$$4\left(-\frac{5}{2}\right)^2 - 25 = 0$$
$$4 \cdot \frac{25}{4} - 25 = 0$$
$$25 - 25 = 0$$
$$0 = 0$$

18

• *Ecuación incompleta de segundo grado con una incógnita de la forma:*

$$ax^2 + bx = 0$$

faltando el término independiente.

$$ax^2 + bx = 0$$

$$x\,(ax + b) = 0 \begin{cases} x_1 = 0 \\ \\ ax_2 + b = 0 \Rightarrow x_2 = \dfrac{-b}{a} \end{cases}$$

Las raíces son: cero, y la otra es igual al cociente entre el coeficiente del término lineal, cambiado de signo, y el coeficiente del término cuadrático.

Estos valores coinciden con los que se obtienen si se hace $c = 0$ en la fórmula general.

$$x = \frac{-b \pm \sqrt{b^2 \pm 4ac}}{2a} = \frac{-b \pm \sqrt{b^2 - 0}}{2a}$$

$$= \frac{-b \pm \sqrt{b^2}}{2a} = \frac{-b \pm b}{2a} =$$

$$= \begin{cases} x_1 = \dfrac{-b + b}{2a} = \dfrac{0}{2a} = 0 \\ \\ x_2 = \dfrac{-b - b}{2a} = \dfrac{-2b}{2a} = \dfrac{-b}{a} \end{cases}$$

Ejemplos:

a) $6x^2 - 7x = 0$

$$x\,(6x - 7) = 0 \begin{cases} x_1 = 0 \\ 6x - 7 = 0 \\ \quad 6x = 7 \\ \quad x_2 = \dfrac{7}{6} \end{cases}$$

Verificación:

Para $x_1 = 0$

$$6x^2 - 7x = 0$$
$$6 \cdot 0^2 - 7 \cdot 0 = 0$$
$$0 - 0 = 0$$
$$0 = 0$$

Para $x_2 = \dfrac{7}{6}$

$$6x^2 - 7x = 0$$
$$6\left(\frac{7}{6}\right)^2 - 7 \cdot \frac{7}{6} = 0$$
$$6 \cdot \frac{49}{36} - \frac{49}{6} = 0$$
$$\frac{49}{6} - \frac{49}{6} = 0$$
$$0 = 0$$

b)

$$\frac{x}{3} \cdot \frac{x}{5} = 4x$$

$$\frac{x^2}{15} = 4x$$

$$x^2 = 4 \cdot x \cdot 15$$
$$x^2 = 60x$$

Resolviendo las operaciones e igualando a cero, se llega a la expresión

$$x^2 - 60x = 0$$
$$x\,(x - 60) = 0 \quad \Rightarrow \quad x_1 = 0$$
$$x - 60 = 0$$
$$x = 60 \quad \Rightarrow \quad x_2 = 60$$

Verificación:

Para $x_1 = 0$

$$x^2 - 60x = 0$$
$$0^2 - 60 \cdot 0 = 0$$
$$0 - 0 = 0$$
$$0 = 0$$

Para $x_2 = 60$

$$x^2 - 60x = 0$$
$$60^2 - 60 \cdot 60 = 0$$
$$3\,600 - 3\,600 = 0$$
$$0 = 0$$

Otros ejemplos de resolución de ecuaciones de segundo grado

a)

$$2x\,(x - 1) = 4$$
$$2x^2 - 2x = 4$$
$$2x^2 - 2x - 4 = 0$$

$$x = \frac{2 \pm \sqrt{2^2 - 4 \cdot 2\,(-4)}}{2 \cdot 2} = \frac{2 \pm \sqrt{4 + 32}}{4} =$$

$$= \frac{2 \pm 6}{4} \begin{cases} x_1 = \dfrac{2 + 6}{4} = \dfrac{8}{4} = 2 \\ \\ x_2 = \dfrac{2 - 6}{4} = \dfrac{-4}{4} = -1 \end{cases}$$

$$x_1 = 2$$
$$x_2 = -1$$

b)

$$(x - 7)\,(x + 6) = 0$$
$$x^2 + 6x - 7x - 42 = 0$$
$$x^2 - x - 42 = 0$$

$$x = \frac{1 \pm \sqrt{1 - 4 \cdot 1 \cdot (-42)}}{2} =$$

$$= \frac{1 \pm \sqrt{1 + 168}}{2} = \frac{1 \pm \sqrt{169}}{2} =$$

$$= \begin{cases} x_1 = \dfrac{1 + 13}{2} = \dfrac{14}{2} = 7 \\ x_2 = \dfrac{1 - 13}{2} = \dfrac{-12}{2} = -6 \end{cases}$$

Suma y producto de las raíces de la ecuación de segundo grado

Dada una ecuación de segundo grado, $ax^2 + bx + c = 0$, la suma de sus raíces es igual a:

$$x_1 + x_2 =$$

$$= \frac{-b + \sqrt{b^2 - 4ac}}{2a} + \frac{-b - \sqrt{b^2 - 4ac}}{2a} =$$

$$= \frac{-b + \sqrt{b^2 - 4ac} - b - \sqrt{b^2 - 4ac}}{2a} =$$

$$= -\frac{2b}{2a} = -\frac{b}{a}$$

y su producto:

$$x_1 \cdot x_2 =$$

$$= \left(\frac{-b + \sqrt{b^2 - 4ac}}{2a} \right) \cdot \left(\frac{-b - \sqrt{b^2 - 4ac}}{2a} \right) =$$

$$= \frac{(-b + \sqrt{b^2 - 4ac}) \cdot (-b - \sqrt{b^2 - 4ac})}{2a \cdot 2a} =$$

$$= \frac{(-b)^2 - (\sqrt{b^2 - 4ac})^2}{4a^2} = \frac{b^2 - (b^2 - 4ac)}{4a^2} =$$

$$= \frac{b^2 - b^2 + 4ac}{4a^2} = \frac{4ac}{4a^2} = \frac{c}{a}$$

Si la ecuación está expresada en la forma $x^2 + px + q = 0$, con $p = \dfrac{b}{a}$ y $q = \dfrac{c}{a}$, se tiene $x_1 + x_2 = -p$ y $x_1 \cdot x_2 = q$.

Factorización de un trinomio de la forma $ax^2 + bx + c$

Un trinomio de la forma $ax^2 + bx + c$, puede factorizarse si existen las raíces de $ax^2 + bx + c = 0$. Si éstas son x_1 y x_2, se tiene:

$$ax^2 + bx + c = a(x - x_1)(x - x_2)$$

En efecto, $a(x - x_1)(x - x_2) =$

$$= a(x^2 - x_1 \cdot x - x_2 \cdot x + x_1 \cdot x_2) =$$

$$= a[x^2 - (x_1 + x_2) \cdot x + x_1 \cdot x_2] =$$

$$= a\left(x^2 - \left(\frac{-b}{a} \right) \cdot x + \frac{c}{a} \right) = ax^2 + bx + c$$

O también, como $-\dfrac{b}{a} = x_1 + x_2$, se tiene $b = -(x_1 + x_2) \cdot a$, y de $\dfrac{c}{a} = x_1 \cdot x_2$, se deduce $c = x_1 \cdot x_2 \cdot a$.

Luego,
$$ax^2 + bx + c =$$
$$= ax^2 - (x_1 + x_2) a \cdot x + x_1 \cdot x_2 a =$$
$$= a(x^2 - x_1 \cdot x - x_2 \cdot x + x_1 \cdot x_2) =$$
$$= a[x(x - x_1) - x_2(x - x_1)] =$$
$$= a(x - x_1)(x - x_2)$$

Representación gráfica de $y = ax^2 + bx + c$

La representación gráfica de la función $y = ax^2 + bx + c$ es una parábola.

Se tienen los siguientes casos:

• Si $a > 0$, el vértice es un mínimo.

• Si $a < 0$, el vértice es un máximo.

• Si $b^2 - 4ac > 0$, existen x_1 y x_2 y la parábola corta en dos puntos al eje de abscisas.

• Si $b^2 - 4ac = 0$, $x_1 = x_2 = -\dfrac{b}{a}$, y la parábola es secante al eje de abscisas.

• Si $b^2 - 4ac < 0$, x_1 y x_2 no existen y la parábola no toca al eje de abscisas.

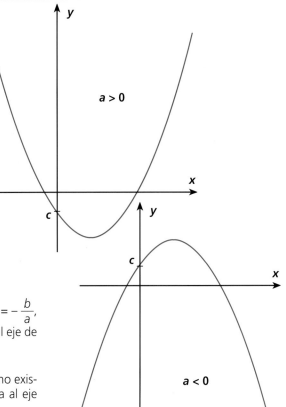

Capítulo

19

Números complejos

La ecuación $z^4 - 1 = 0$ sólo tiene dos soluciones en el conjunto
de los números reales: 1 y −1. En el conjunto de los números complejos, en cambio,
toda ecuación polinómica tiene tantas soluciones como indica su grado,
en este caso 4. Las dos que faltan se escriben i y $-i$.
Lo que muestra este espectacular gráfico de computadora son las «cuencas
de atracción» de las cuatro soluciones, obtenidas por el método de aproximaciones
sucesivas inventado por Newton.

Números complejos

Los números reales negativos no tienen raíces de índice par.

Ejemplo:

$\sqrt{-4}$ No existe $\sqrt[4]{-16}$ No existe

o sea,

$\sqrt[b]{n}$ No existe

Si $\begin{cases} b = \text{número natural par} \\ n = \text{número real negativo} \end{cases}$

Para salvar el inconveniente se recurre a los números complejos imaginarios.

Unidad imaginaria: i
Es la raíz cuadrada positiva del número -1, o sea,

$$i = + \sqrt{-1}$$

Elevando ambos miembros al cuadrado resulta:

$$i^2 = + (\sqrt{-1})^2 = -1$$

Raíz cuadrada de números reales negativos

Consideremos un ejemplo como el siguiente:

$$\sqrt{-9}$$

como $-9 = 9 \cdot (-1)$

aplicando el radical de índice 2 a ambos términos, quedará:

$$\sqrt{-9} = \sqrt{9 \cdot (-1)}$$

Por la propiedad distributiva de la radicación:

$$\sqrt{9 \, (-1)} = \sqrt{9} \cdot \sqrt{-1}$$

$\sqrt{9} = \begin{matrix} \nearrow +3 \\ \searrow -3 \end{matrix}$ admite dos raíces

Siendo $\sqrt{-1} = i$ resultará:

$$\sqrt{9} \cdot \sqrt{-1} = \pm 3i$$

Complejo imaginario

Dados dos números reales a y b, siendo $b \neq 0$, se puede definir un número imaginario de la siguiente forma:

$$(a, b)$$

componente real   componente imaginaria

Ejemplos: (3, 5)   (–5, 4/30)

De acuerdo a lo visto hasta ahora, sobre la clasificación general de los números, ésta se amplía con los números complejos.

Número imaginario puro

Es aquél cuya componente real es igual al cero.

Siendo $a = 0$ $b \neq 0$

será en forma general:

$$(a, b) = (0, b)$$

Ejemplo:

$$(0, -4)$$

Se puede expresar también como (bi), indicando con i que se trata de un número imaginario puro.

O sea:

$$(0, -4) = -4i$$

Números complejos iguales

Dados dos números complejos (a, b) y (c, d)

si $a = c$ y $b = d$,
será (a, b) = (c, d)

Ejemplo:

$$(-0,25, \frac{4}{5}); (-\frac{1}{4}, 0,8)$$

$$a = -0,25 = -\frac{1}{4} = c$$

$$d = 0,8 = \frac{8}{10} = \frac{4}{5} = b$$

es: $a = c$ y $b = d$

$$(-0,25, \frac{4}{5}) = (-\frac{1}{4}, 0,8)$$

Forma binómica

Los números complejos pueden presentarse en la forma:

$$a + bi$$

Ejemplo:

$$\left(-\sqrt{3}, \frac{1}{5}\right)$$

puede expresarse como binomio mediante la suma de ambas componentes. Es decir:

$$\left(-\sqrt{3}, \frac{1}{5}\right) = \left(-\sqrt{3} + \frac{1}{5}i\right)$$

$$(0,6, -8) = 0,6 + (-8)i = (0,6 - 8i)$$

Complejos conjugados

Son aquéllos que tienen componentes reales iguales e igual, en valor absoluto, y de signo contrario, las componentes imaginarias.

Ejemplo:

Dado el complejo en forma binómica ($a - bi$), su conjugado será ($a + bi$); debe ser:

$$a = a$$
$$|b| = |b|$$

Suma de números complejos

En general, para sumar varios números complejos se suman las componentes reales e imaginarias respectivamente. Es decir:

$$(a, b) + (c, d) + (m, n) =$$
$$= (a + c + m, b + d + n)$$

Componente real total   Componente imaginaria total

• *Componente real total:* es la suma de las componentes reales de cada número complejo.
• *Componente imaginaria total:* es la suma de las componentes imaginarias de cada número complejo.

Ejemplo:

$$(\sqrt{4}, -3) + (-1, 0,7) + (-5, -0,3) =$$
$$= \{[\sqrt{4} + (-1) + (-5)], [(-3) +$$
$$+ 0,7 + (-0,3)]\} =$$
$$= [(2 - 1 - 5), (-3 + 0,7 - 0,3)] =$$
$$= (-4, -2,6)$$

$-4 = a$ componente real
$-2,6 = b$ componente imaginaria pura

Suma de complejos conjugados

Dados los siguientes complejos conjugados:

$$(5 + 2i) ; (5 - 2i)$$

su suma es

$$(5 + 2i) + (5 - 2i) = 5 + 2i + 5 - 2i =$$
$$= 5 + 5 = 10$$

Se observa que la suma de dos complejos conjugados da por resultado un número real, que es el duplo de la componente real.
En general,

$$(a + bi) + (a - bi) = 2a$$

número real

Resta de números complejos

En general, dados dos números complejos

$$(m + ni) - (c + di) =$$
$$= (m - c) + (n - d)i$$

c. real   c. imaginaria

19

Ejemplo:

$$(6 + 3i) - (4 + 2i) = (6 - 4) + (3 - 2)i = 2 + i$$

▶ Resta de complejos conjugados

Dados los siguientes complejos conjugados:

$$(4 + 2i) ; (4 - 2i)$$

Su resta es:

$$(4 + 2i) - (4 - 2i) = 4 + 2i - 4 - (-2i) =$$
$$= 4 + 2i - 4 + 2i$$

operando:

$$4 + 2i - 4 + 2i = 4i$$

Observamos que la resta de complejos conjugados da por resultado un número imaginario puro, que es duplo de la componente imaginaria. En general:

$$(a + bi) - (a - bi) = 2bi$$
$$\downarrow$$
número imaginario puro

▶ Producto de números complejos

Siendo i la unidad imaginaria

$$i = \sqrt{-1}$$

La unidad imaginaria i, multiplicada por sí misma, es igual a:

$$(\sqrt{-1})^2 = -1$$
$$i \cdot i = -1$$

Multiplicando binomios

$$(a + bi) \cdot (c + di) =$$
$$= a \cdot c + a \cdot di + c \cdot b \cdot i + b \cdot d \cdot i^2 =$$
$$= a \cdot c + a \cdot d \cdot i + c \cdot b \cdot i + i^2 b \cdot d$$

(aplicando la propiedad distributiva)

siendo $\quad i^2 = -1 \quad$ quedará:

$$a \cdot c + a \cdot d \cdot i + c \cdot b \cdot i + (-1) b \cdot d$$

agrupando componentes imaginarias y reales:

$$a \cdot c + a \cdot di + c \cdot bi - b \cdot d =$$
$$= \underbrace{(ac - bd)}_{\text{componente real}} + \underbrace{(ad + cb)}_{\text{componente imaginaria}} i$$

Ejemplo:

$$\underset{a \quad b}{(2 + 3i)} \cdot \underset{c \quad d}{(5 - 2i)} =$$

$$= [2 \cdot 5 - (-2) \cdot 3] + [2 \cdot (-2) + 5 \cdot 3] i =$$
$$= (10 + 6) + (-4 + 15) i = 16 + 11i$$

▶ Producto de complejos conjugados

Dados $(a + bi)$ y $(a - bi)$, su producto puede expresarse como diferencia de cuadrados:

$$(a + bi) \cdot (a - bi) = a^2 - (bi)^2 =$$
$$= a^2 - b^2 \cdot i^2 = a^2 - b^2 (-1) = a^2 + b^2$$

Se observa que el producto de dos complejos conjugados es un número real, igual a la suma de los cuadrados de las componentes.

Ejemplos:

$$(6 + 5i) \cdot (6 - 5i) = 6^2 - (5i)^2 =$$
$$= 6^2 - 5^2 \cdot i^2 = 6^2 - 5^2 (-1) =$$
$$= 6^2 + 5^2 = 36 + 25 = 61$$

▶ División de complejos

Si se tiene la siguiente expresión:

$$\frac{a + bi}{c + di}$$

es necesario eliminar la unidad imaginaria del divisor. Se multiplica dividendo y divisor por el conjugado del divisor. En nuestro caso se multiplicará por $(c - di)$.

Es decir:

$$\frac{(a + bi) \cdot (c - di)}{(c + di) \cdot (c - di)}$$

aplicando en el numerador la propiedad distributiva y en el denominador producto de binomios conjugados se tendrá:

$$\frac{ac - adi + b \cdot i \cdot c - bd (i)^2}{c^2 - (di)^2} =$$

$$= \frac{ac - adi + bci - bd(-1)}{c^2 - d^2 (i)^2} =$$

$$= \frac{(ac + bd) + (bc - da)i}{c^2 + d^2} =$$

$$= \underbrace{\frac{(ac + bd)}{c^2 + d^2}}_{\text{C. real}} + \underbrace{\frac{(bc - da) i}{c^2 + d^2}}_{\text{C. imaginaria}}$$

19

Observación: Debemos expresar el resultado de tal manera que se puedan individualizar las componentes real e imaginaria, respectivamente.

Ejemplo:

$$\frac{2-5i}{3+4i} = \frac{(2-5i)(3-4i)}{(3+4i)(3-4i)} =$$

$$= \frac{[(2)\cdot(3)+(-5)(+4)]+[(-5)(3)-(+4)\cdot2]\,i}{3^2+4^2} =$$

$$= \frac{(6-20)+(-15-8)\,i}{9+16} =$$

$$= \frac{-20+6+(-23)\,i}{25} = \frac{-14-23\,i}{25} =$$

$$= -\frac{14}{25} - \frac{23}{25}\,i$$

Potencias de números complejos

Considerando las sucesivas potencias de i observamos:

$$i^0 = 1$$
$$i^1 = i$$
$$i^2 = -1$$
$$i^3 = i^2 \cdot i = -1i = -i$$
$$i^4 = i^2 \cdot i^2 = (-1)(-1) = 1$$
$$i^5 = i^4 \cdot i = 1 \cdot i = i$$
$$i^6 = i^5 \cdot i = i \cdot i = i^2 = -1$$

Se observa que, a partir de la cuarta potencia, los valores comienzan a repetirse ordenadamente.

Para calcular la potencia de un número complejo, se calcula la potencia del binomio y se sustituyen las potencias de i por sus valores de primer grado (i, -1, $-i$, 1).

Ejemplo:

$$(3+5i)^2 = 3^2 + (5i)^2 + 2\cdot3\cdot(5i) =$$
$$= 9 + 25i^2 + 30i = 9 + 25(-1) + 30i =$$
$$= 9 - 25 + 30i = -16 + 30i$$

Ejemplos de operaciones con números complejos

a) $\quad (-\sqrt{3}+i) + \left(\dfrac{\sqrt{3}}{2} - \dfrac{1}{4}i\right) =$

$$= -\sqrt{3} + i + \frac{\sqrt{3}}{2} - \frac{1}{4}i =$$

$$= -\sqrt{3} + \frac{\sqrt{3}}{2} + \frac{3}{4}i =$$

$$= \frac{-2\sqrt{3}+\sqrt{3}}{2} + \frac{3}{4}i =$$

$$= -\frac{\sqrt{3}}{2} + \frac{3}{4}i$$

b) $\quad \sqrt{2}i + (1+\sqrt{2}i) = \sqrt{2}i + 1 + \sqrt{2}i =$
$$= 2\sqrt{2}i + 1 = 1 + 2\sqrt{2}i$$

c) $\quad 3i - \left(-\dfrac{1}{5}i\right) = 3i + \dfrac{1}{5}i =$
$$\frac{15i+1i}{5} = \frac{16i}{5}$$

d) $\quad \dfrac{1}{5} + \dfrac{1}{3}i - \left(-\dfrac{1}{4} - 3i\right) =$
$$= \frac{1}{5} + \frac{1}{3}i + \frac{1}{4} + 3i = \frac{9}{20} + \frac{10i}{3}$$

e) $\quad \left(\dfrac{1}{2} - 3i\right)\left(4 - \dfrac{1}{2}i\right)(4+5i) =$
$$= \left(\frac{4}{2} - \frac{1}{4}i - 12i + \frac{3}{2}i^2\right)(4+5i) =$$
$$= \left(2 - \frac{49}{4}i - \frac{3}{2}\right)(4+5i) =$$
$$= \left(\frac{1}{2} - \frac{49}{4}i\right)(4+5i) =$$
$$= 2 + \frac{5}{2}i - 49i - \frac{49\cdot5}{4}i^2 =$$
$$= 2 + \frac{5}{2}i - 49i - \frac{49\cdot5}{4} =$$
$$= 2 + 61{,}25 - 46{,}50i =$$
$$= 63{,}25 - 46{,}50i$$

f) $\quad \left(-\dfrac{5}{6} + 3i\right)\cdot\left(1 + \dfrac{1}{5}i\right) =$
$$= -\frac{5}{6} - \frac{1}{6}i + 3i + \frac{3}{5}i^2 =$$
$$= -\frac{5}{6} + \frac{17}{6}i - \frac{3}{5} = -\frac{43}{30} + \frac{17}{6}i$$

g) $\quad \dfrac{(-1+\sqrt{3}i)}{(-4-\sqrt{5}i)} \cdot \dfrac{(-4+\sqrt{5}i)}{(-4+\sqrt{5}i)} =$
$$= \frac{4 - \sqrt{5}i - 4\sqrt{3}i + \sqrt{3}\sqrt{5}i^2}{(-4)^2 - (\sqrt{5}i)^2} =$$
$$= \frac{4 - \sqrt{5}i - 4\sqrt{3}i - \sqrt{15}}{16+5} =$$

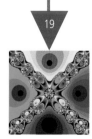

$$= \frac{4 - \sqrt{15} - 4\sqrt{3}\, i - \sqrt{5}\, i}{21} =$$

$$= \frac{(4 - \sqrt{15})}{21} + \frac{(-\sqrt{5} - 4\sqrt{3})\, i}{21} =$$

$$= \frac{(4 - \sqrt{15})}{21} + \frac{(-\sqrt{5} - 4\sqrt{3})}{21}\, i$$

h) $(-4 - 6i)^2 =$

$$= (-4)^2 + 2 \cdot (-4)\,(-6i) + (-6i)^2 =$$

$$= 16 + 48i + 36i^2 = 16 + 48i - 36 =$$

$$= -20 + 48i$$

i) $(2 - 3i)^2 = (2)^2 + 2\cdot(2)\cdot(-3i) + (-3i)^2 =$

$$= 4 - 12i + 9i^2 = 4 - 12i - 9 =$$

$$= -5 - 12i$$

j) $\left(\dfrac{\sqrt{2}}{2} + \dfrac{\sqrt{2}i}{2}\right)^2 = \left(\dfrac{\sqrt{2}}{2}\right)^2 +$

$$+ 2 \cdot \left(\frac{\sqrt{2}}{2}\right) \cdot \left(\frac{\sqrt{2}}{2}\, i\right) + \left(\frac{\sqrt{2}}{2}\, i\right)^2 =$$

$$= \frac{2}{4} + 2\,\frac{\sqrt{4}}{4}\, i + \frac{2}{4}\, i^2 =$$

$$= \frac{1}{2} + \frac{2}{2}\, i - \frac{1}{2} = \frac{1}{2} + 1i - \frac{1}{2} = 1i$$

k) $\sqrt{-64} = \pm\, 8i$

l) $\sqrt{-\dfrac{16}{25}} = \pm\, \dfrac{4}{5}\, i$

m) $\sqrt{-0,01} = \sqrt{-\dfrac{1}{100}} = \pm\, \dfrac{1}{10}\, i$

Representación gráfica de números complejos

Para representar gráficamente un número complejo, se trabaja en el plano complejo o de Gauss.

Utilizamos para la representación las coordenadas cartesianas ortogonales.

La componente real se mide sobre el eje real que coincide con el eje de abscisas o eje horizontal.

Eje real = Eje horizontal = Eje de abscisas

La componente imaginaria se mide sobre el eje imaginario o eje de ordenadas o eje vertical.

Eje imaginario = Eje vertical = = Eje de ordenadas

El plano determinado por el eje real y el eje imaginario es el plano complejo.

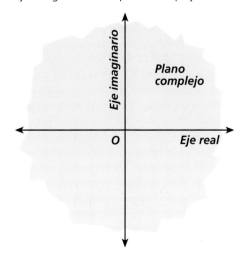

Para determinar un punto en el plano complejo es necesario conocer sus coordenadas (a, b).

Llamaremos z al binomio complejo (a + bi). Es decir:

$$z = a + bi$$

Establecemos una correspondencia entre números complejos y puntos del plano de la siguiente forma: dado el complejo (a + bi), llevamos sobre el eje real la componente real del complejo (a), y sobre el eje imaginario la componente imaginaria (b) del mismo. Queda así determinado un punto P (a, b). Existe una correspondencia biunívoca entre punto del plano y número complejo.

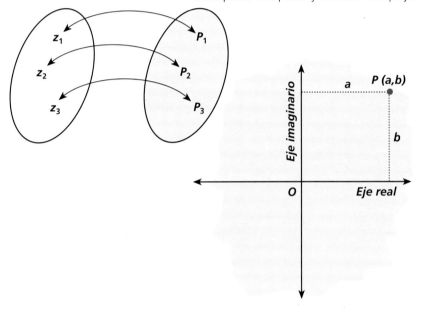

El punto P se llama afijo del complejo (a + bi). El complejo puede representarse también por un vector.

Un *vector* queda determinado por dos elementos:

• *Módulo:* Es la medida del segmento OP. Se indica con la letra griega ρ.

• *Argumento:* Es el valor del ángulo que forman el eje real y ρ.

En nuestro ejemplo, el argumento es el ángulo φ.

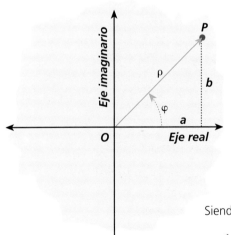

Siendo:

$$\rho = \sqrt{a^2 + b^2} \ ; \ \cos \varphi = a/\rho$$
$$\text{sen } \varphi = b/\rho$$
$$a = \rho \cos \varphi$$
$$b = \rho \text{ sen } \varphi$$

Es decir, que conocidos el ángulo φ y el módulo ρ se puede hallar el valor a y b.

Reemplazando en la forma binómica:

$$(a + bi) = (\rho \cos\varphi + \rho \, i \, \text{sen}\varphi)$$
$$z = a + bi = \rho \, (\cos\varphi + i \, \text{sen}\varphi)$$

$$z = \rho \, (\cos\varphi + i \, \text{sen}\varphi)$$
Forma polar

• Paso de la forma binómica a la forma polar.

Consideremos el siguiente complejo:

$$z = 2 + 2i$$

$$\text{módulo} = \rho = \sqrt{2^2 + 2^2} = \sqrt{8} =$$
$$= \sqrt{2^3} = 2\sqrt{2}$$

$$\cos\varphi = \frac{a}{\rho} = \frac{2}{2\sqrt{2}} = \frac{1}{\sqrt{2}} \cdot \frac{\sqrt{2}}{\sqrt{2}} =$$
$$= \frac{\sqrt{2}}{2}$$

$$\text{sen}\varphi = \frac{b}{\rho} = \frac{2}{2\sqrt{2}} = \frac{\sqrt{2}}{2}$$

El valor de senφ y cosφ de 45° es el mismo.

$$\text{sen}\varphi = \sqrt{2}/2 \Rightarrow \text{sen } 45°$$
$$\cos\varphi = \sqrt{2}/2 \Rightarrow \cos 45°$$
$$\text{siendo } \pi/4 = 45°$$

$$z = 2\sqrt{2}\left(\cos \frac{\pi}{4} + i \, \text{sen} \, \frac{\pi}{4}\right)$$

• Paso de la forma polar a la forma binómica.

Consideremos el siguiente complejo:

$$z = \sqrt{2} \, (\cos \pi/4 + i \, \text{sen } \pi/4)$$

Se procede de la siguiente forma:

$$\cos \frac{\pi}{4} = \cos 45° = \frac{\sqrt{2}}{2}$$

$$\text{sen} \frac{\pi}{4} = \text{sen } 45° = \frac{\sqrt{2}}{2}$$

Es decir, reemplazando en z resulta:

$$Z = 2\sqrt{2}\left(\frac{\sqrt{2}}{2} + i \, \frac{\sqrt{2}}{2}\right) =$$

$$= \frac{2\sqrt{2} \cdot \sqrt{2}}{2} = i \, \frac{2\sqrt{2} \cdot \sqrt{2}}{2} =$$

$$= 2 \, \frac{(\sqrt{2})^2}{2} + i \, \frac{(\sqrt{2})^2 \cdot 2}{2} = 2 + 2i$$

Es decir, de la transformación resulta un complejo de forma binómica, cuya componente real es igual a 2 y la componente imaginaria igual a 2i.

Capítulo
20

Geometría

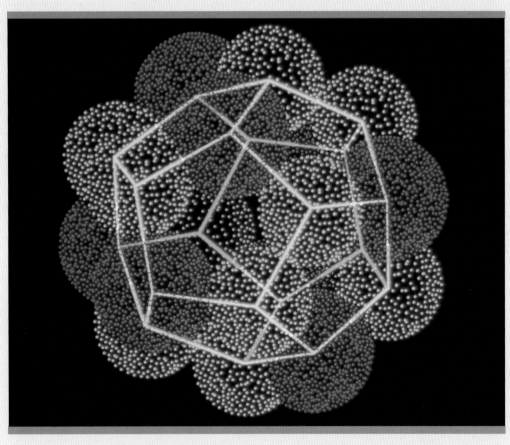

El dodecaedro de la figura es una imagen generada por ordenador de un modelo de una molécula compuesta por 12 átomos de carbono (en verde) y 8 de titanio (en azul). La Geometría estudia las relaciones entre los entes sencillos (punto, recta, plano) y las figuras que se obtienen a partir de ellos, como el dodecaedro. La Geometría actual proviene directamente de los trabajos de los geómetras griegos que, como Euclides, sistematizaron y convirtieron en ciencia los conocimientos de sumerios, egipcios, persas y otros pueblos de la Antigüedad:

Geometría

Orígenes

El hombre, mediante la observación de la naturaleza y todo cuanto lo rodea, fue formando conceptos de formas, figuras planas, cuerpos, volúmenes, rectas y curvas.

Así, a la Luna y al Sol los veía proyectados como discos; el rayo de luz le dio la idea de línea recta; los bordes de algunas hojas y el arco iris, la idea de curva; los troncos de algunos árboles y las montañas le dieron idea de las formas más diversas.

De la construcción de casas con paredes verticales y sus techos horizontales surgió la noción de perpendicularidad y paralelismo, llegando a descubrir que la distancia más corta entre dos ciudades es el camino recto.

Si bien en Egipto surgieron los conceptos de geometría en forma práctica, fue en Grecia donde estos conceptos adquirieron forma científica, alcanzando su máximo esplendor estrechamente ligado a la filosofía, de tal manera que, para ingresar en la escuela filosófica de Platón, debían tener conocimientos de geometría. Se destacaron: Thales de Mileto (uno de los siete sabios de Grecia) Pitágoras (famoso por el teorema que lleva su nombre), Euclides, que dio origen a la geometría euclidiana.

La palabra geometría es un vocablo compuesto por geo, que significa tierra; metria, que significa medir; es decir, medir la tierra.

Punto, recta y plano

Para comenzar a desarrollar la Geometría, debemos fijar los entes fundamentales, los que se aceptan sin definición previa.

• **Plano:** Es el conjunto de puntos que forman un espacio de dos dimensiones. El plano es designado habitualmente con una letra del alfabeto griego.

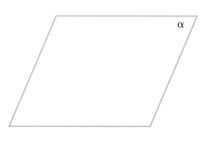

• **Recta:** La intersección de dos planos es un conjunto de puntos que forman un espacio de una dimensión llamado recta.

Se designa con letras minúsculas cursivas.

$$\alpha \cap \beta \equiv a$$

El plano α intersección con el plano β determinan la recta a.

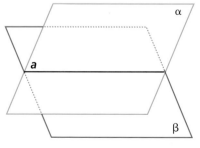

• **Punto:** Es la intersección de dos rectas. Se designa con letras mayúsculas de imprenta.

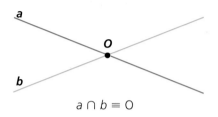

$$a \cap b \equiv O$$

La recta a intersección con la recta b determinan el punto O.

En esta publicación se mantiene la notación de mayúscula de imprenta para los puntos y minúscula cursiva para las rectas.

Postulados o axiomas

Los puntos, rectas y planos deben satisfacer ciertas propiedades que se aceptan sin demostrar y que surgen de la observación y experiencia. Dichas propiedades se conocen con el nombre de postulados o axiomas.

1) Existen infinitos puntos, infinitas rectas e infinitos planos.

2) Por un punto pasan infinitas rectas.

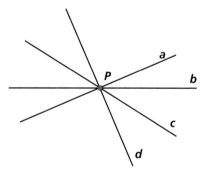

3) Por una recta pasan infinitos planos.

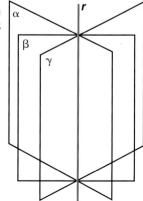

4) Dos puntos determinan una recta a la cual pertenecen.

5) Existen infinitos puntos que pertenecen a una recta y existen infinitos puntos que no pertenecen a ella.

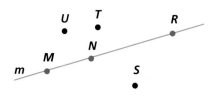

6) Una recta y un punto fuera de ella determinan un plano, en el cual la recta está incluida y al cual el punto pertenece.

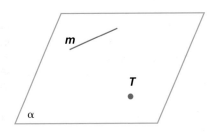

7) La recta determinada por dos puntos de un plano está incluida en dicho plano.

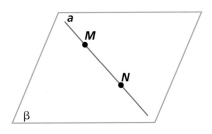

8) Existen infinitos puntos que pertenecen a un plano y existen también infinitos puntos fuera de él.

Figuras

A todo conjunto de puntos se le llama figura.
• **Semirrecta:** Un punto O de una recta *m* divide a la misma en dos subconjuntos de puntos que están a la derecha y a la izquierda de O; cada uno de estos subconjuntos es una semirrecta.

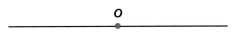

• **Segmento:** Dados los puntos M y N de una recta, se llama segmento MN a la intersección de la semirrecta de origen M, que contiene al punto N con la semirrecta de origen N, que contiene al punto M.

M y N
extremos del segmento $\overline{MN}$.

$$\overrightarrow{MN} \cap \overrightarrow{NM} = \overline{MN}$$

• **Segmento nulo:** Se llama segmento nulo a aquél cuyos extremos coinciden.

Igualdad y desigualdad de segmentos

Dados dos segmentos $\overline{MN}$ y $\overline{PQ}$, si transportamos el segmento $\overline{MN}$ sobre el $\overline{PQ}$, de manera que el extremo M coincida con P, puede suceder:

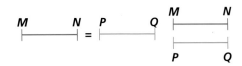

a) Que el extremo N coincida con Q, ello implica que: $\overline{MN} = \overline{PQ}$.

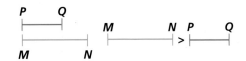

b) Que el extremo N sea un punto exterior al PQ, ello implica que: $\overline{MN} > \overline{PQ}$.

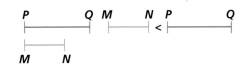

c) Que el extremo N sea punto interior al PQ, ello implica que: $\overline{MN} < \overline{PQ}$.

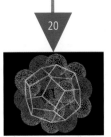

► Caracteres de la congruencia de segmentos

a) *Carácter reflexivo*: Todo segmento es igual a sí mismo.

b) *Carácter simétrico*: Si un segmento es igual a otro, éste es igual al primero.

c) *Carácter transitivo*: Si un segmento es igual a otro, y éste igual a un tercero, el primero es igual al tercero.

d) *Consecuencia del carácter transitivo*: Dos segmentos iguales a un tercero, son iguales entre sí.

e) Si un segmento es mayor que otro y éste mayor que un tercero, el primero es menor que el tercero.

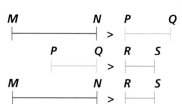

$$\left.\begin{array}{l} \text{Si } \overline{MN} > \overline{PQ} \\ \text{y } \overline{PQ} > \overline{RS} \end{array}\right\} \Rightarrow \overline{MN} > \overline{RS}$$

f) Si un segmento es menor que otro y éste menor que un tercero, el primero es menor que el tercero.

$$\left.\begin{array}{l} \text{Si } \overline{MN} < \overline{PQ} \\ \text{y } \overline{PQ} < \overline{RS} \end{array}\right\} \Rightarrow \overline{MN} < \overline{RS}$$

g) Si un segmento es mayor que otro y éste es igual a un tercero, el primero es mayor que el tercero.

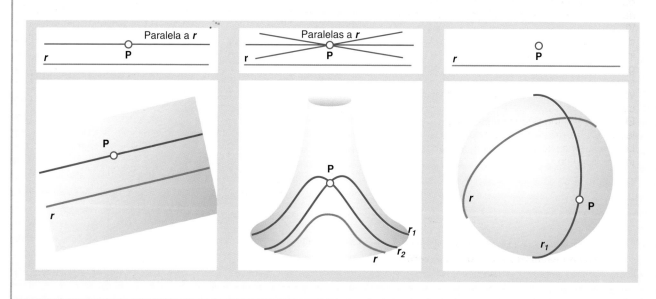

EUCLIDES Y LOS ELEMENTOS

Euclides postuló que por un punto P exterior a una recta r sólo puede trazarse una paralela a r (abajo, izquierda). Si, como Lobachevski, suponemos que por P pueden pasar infinitas paralelas a r (abajo, centro), tendremos la geometría hiperbólica. Si, como Riemann, suponemos que no existe ninguna paralela a r por P (abajo, derecha) tendremos la geometría esférica.

Euclides está reconocido como el matemático más importante de la Grecia clásica. De él sólo se sabe que enseñó y fundó una escuela en Alejandría hacia el año 300 a.C., en la época del rey Polomeo I. Se cuenta que, una vez, el rey le preguntó si no había un método más sencillo para aprender geometría y que Euclides contestó: «No hay un camino real para la geometría».

Otra anécdota sobre Euclides se refiere a uno de sus discípulos, el cual, después de aprender la primera proposición de geometría, le preguntó qué iba a ganar con eso. Entonces Euclides ordenó que le dieran una moneda «ya que debe obtener un beneficio de todo lo que aprende».

No obstante, Euclides es conocido como autor de una de las obras más importantes de la Geometría, los *Elementos*. Prácticamente, hasta que en el siglo XIX se desarrollaron las llamadas *geometrías no euclídeas*, los *Elementos* fueron *La Obra* de geometría. Puede dar idea de su importancia el hecho de que toda la geometría elemental se encuentra contenida en este libro.

Euclides compiló en los *Elementos* toda la geometría conocida en su época, pero no se

$$
\left.\begin{array}{l}
\text{Si } \overline{MN} > \overline{PQ} \\
\text{y } \overline{PQ} = \overline{RS}
\end{array}\right\} \Rightarrow \overline{MN} > \overline{RS}
$$

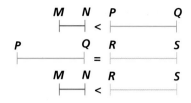

i) Si un segmento es igual a otro y éste es mayor que un tercero, el primero es mayor que el tercero.

h) Si un segmento es menor que otro, y éste es igual a un tercero, el primero es menor que el tercero.

$$
\left.\begin{array}{l}
\text{Si } \overline{MN} < \overline{PQ} \\
\text{y } \overline{PQ} = \overline{RS}
\end{array}\right\} \Rightarrow \overline{MN} < \overline{RS}
$$

$$
\left.\begin{array}{l}
\text{Si } \overline{MN} = \overline{PQ} \\
\text{y } \overline{PQ} > \overline{RS}
\end{array}\right\} \Rightarrow \overline{MN} > \overline{RS}
$$

limitó a reunir todo el conocimiento geométrico, sino que lo ordenó y le dio estructura de ciencia. Es decir, a partir de unos axiomas desarrolló y demostró los teoremas y proposiciones geométricos, dando nuevas demostraciones propias cuando las antiguas no se adaptaban a la nueva ordenación que había dado a las proposiciones.

Los *Elementos* comprenden 13 libros, el primero de los cuales contiene los axiomas distribuidos en dos grupos: postulados y nociones comunes. Los postulados constituyen los fundamentos específicamente geométricos, fijando la existencia de los entes fundamentales: punto, recta y plano.

En los cuatro primeros libros están las proposiciones de la geometría plana elemental. En los dos libros siguientes se trata de la teoría de las proporciones y la aplicación de esa teoría a las magnitudes geométricas. Los libros VII, VIII y IX tratan de la teoría de los números, de los enteros positivos, de la divisibilidad de los factores primos, de las proporciones y progresiones geométricas y aritméticas. (Cabe señalar que el libro VIII es el de más bajo nivel, conteniendo incluso algunas falacias lógicas.)

El libro X, que trata de los números irracionales, es el más extenso y el más difícil de todos. Los tres últimos libros se refieren a la geometría del espacio.

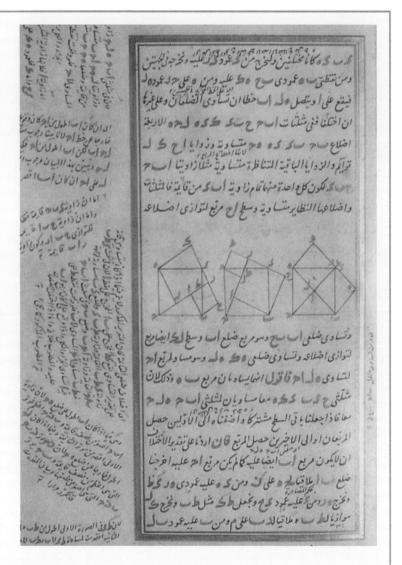

*Página de **Elementos** de **Euclides**, con comentarios de al-Tusi (manuscrito persa del siglo xv).*

Análogamente con la relación de igualdad y menor que combinadas.

$$\left. \begin{array}{l} \text{Si } \overline{MN} = \overline{PQ} \\ \\ \text{y } \overline{PQ} < \overline{RS} \end{array} \right\} \Rightarrow \overline{MN} < \overline{RS}$$

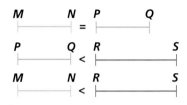

Postulado de las tres posibilidades

Dados dos segmentos MN y PQ debe verificarse una y sólo una de las tres posibilidades siguientes:

1) Si $\overline{MN} = \overline{PQ} \Rightarrow \overline{MN} \not> \overline{PQ}$ y $\overline{MN} \not< \overline{PQ}$
2) Si $\overline{MN} > \overline{PQ} \Rightarrow \overline{MN} \neq \overline{PQ}$ y $\overline{MN} \not< \overline{PQ}$
3) Si $\overline{MN} < \overline{PQ} \Rightarrow \overline{MN} \neq \overline{PQ}$ y $\overline{MN} \not> \overline{PQ}$

Segmentos consecutivos

Se dice que dos segmentos son consecutivos cuando tienen un extremo común y ningún otro punto fuera de él.

$\overline{MN}$ y $\overline{NR}$ son consecutivos
$\overline{NR}$ y $\overline{RS}$ son consecutivos

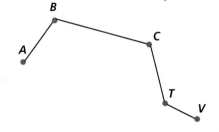

$\overline{AB}$ y $\overline{BC}$ son consecutivos
$\overline{BC}$ y $\overline{CT}$ son consecutivos
$\overline{CT}$ y $\overline{TV}$ son consecutivos

Construcción de un segmento igual al dado

Dado el segmento $\overline{ST}$, para construir uno igual a él se dibuja una semirrecta, con el compás, se toma la medida de $\overline{ST}$ colocando el compás de modo que sus puntas coincidan con los extremos S y T del segmento. Se lleva luego el compás sobre la semirrecta dibujada, haciendo que una de las

puntas coincida con el origen, y con la otra punta se hace una marca sobre la semirrecta. Así se obtiene un segmento $\overline{OL}$ igual al dado $\overline{ST}$.

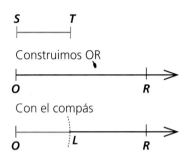

Postulado de la división del plano

Toda recta de un plano divide a éste en dos semiplanos y se cumple:

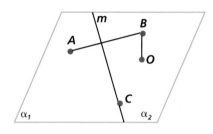

a) Un punto del plano pertenece a uno de los dos semiplanos o a la recta de división. $A \in \alpha_1$; $B \in \alpha_2$; $C \in m$
b) Todo segmento que corta a la recta de división tiene sus extremos en distintos semiplanos. Ej.: AB
c) Todo segmento que no corta a la recta de división del plano tiene sus extremos en el mismo semiplano. Ej.: BO

Se observa que:

$\alpha_1 \cap \alpha_2 \equiv m$ (la intersección de dos semiplanos es la recta)
$\alpha_1 \cup \alpha_2 \equiv \alpha$ (la unión de dichos semiplanos es el plano α)

Suma de segmentos

Para poder sumar segmentos, se colocan *consecutivamente* sobre una misma recta. El segmento suma tiene por origen, el origen del primero y por extremo, el extremo del último. Su longitud es igual a la suma de longitudes de los segmentos sumandos.

Ejemplos:

a)

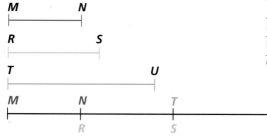

$$\overline{AB} + \overline{BC} + \overline{CD} = \overline{AD}$$

b)

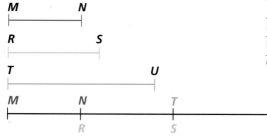

$$\overline{MN} + \overline{RS} + \overline{TU} = \overline{MU}$$

Podemos hacer la suma numérica de los segmentos si medimos con una regla graduada su longitud:

$\overline{MN} = 2$ cm

$\overline{RS} = 2{,}5$ cm

$\overline{TU} = 4$ cm

$\overline{MN} + \overline{RS} + \overline{TU} = 2$ cm + 2,5 cm + 4 cm = = 8,5 cm

$\overline{MU} = 8{,}5$ cm

La suma de segmentos tiene las propiedades asociativa, conmutativa, elemento neutro y elemento inverso.

Diferencia de segmentos

Para poder restar segmentos es necesario construir una semirrecta y transportar (con compás) la longitud del segmento minuendo a partir del origen de dicha semirrecta; luego se transporta la longitud del segmento sustraendo haciendo que uno de sus extremos coincida con el origen de la semirrecta dada. La diferencia entre ambos segmentos es el segmento diferencia.

El segmento diferencia es el formado por los extremos no comunes de los segmentos dados, y su longitud es igual a la diferencia entre la longitud del minuendo y el sustraendo.

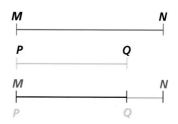

$$\overline{MN} - \overline{PQ} = \overline{QN}$$

Numéricamente:

$\overline{MN} = 4$ cm; $\overline{PQ} = 3$ cm

$\overline{MN} - \overline{PQ} = 4$ cm − 3 cm = 1 cm

$\overline{QN} = 1$ cm

Multiplicación de un segmento por un número natural

Dado el segmento $\overline{MN}$ y el número natural 3, se llama producto de $\overline{MN} \cdot 3$ al segmento cuya longitud es tres veces la longitud del segmento dado.

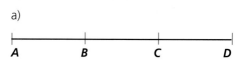

$$\overline{MN} \cdot 3 = \overline{MQ}$$

Para obtener $\overline{MQ}$ se transporta en forma consecutiva el segmento $\overline{MN}$ tantas veces como indica el número natural dado.

Numéricamente:

$\overline{MN} = 1{,}5$ cm

$\overline{MN} \cdot 3 = 1{,}5$ cm $\cdot$ 3 = 4,5 cm

$\overline{MQ} = 4{,}5$ cm

Trazado de la mediatriz de un segmento

Dado el segmento $\overline{AB}$, se traza una circunferencia de centro A y radio mayor que la mitad del segmento $\overline{AB}$ y otra de centro B y radio igual al anterior. Estas circunferencias se cortan en los puntos P y P'.

La recta determinada por dichos puntos es la mediatriz buscada y divide al segmento en partes iguales. O sea: $\overline{AM} = \overline{MB}$.

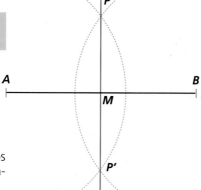

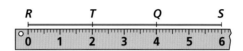

División de un segmento

Un segmento se puede dividir en partes iguales usando una regla milimetrada.

Ejemplo:

$$\overline{RS} : 3 = \overline{RT} \qquad \overline{RS} = 6 \text{ cm}$$

Si se desea dividir un segmento en un número de partes que sea potencia de 2 (ej.: 4, 8, 16), se utiliza para dicha división el uso sucesivo del trazado de mediatriz de un segmento.

Ejemplo:

M   N

: 4 =

1) Dividimos el segmento dado en dos partes iguales por medio del trazado de la mediatriz.

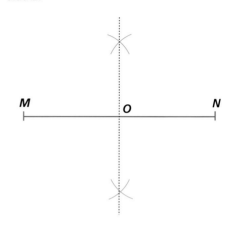

2) Procedemos ahora a dividir $\overline{MO}$ y $\overline{ON}$ en partes iguales, usando el mismo procedimiento anterior.

Cualquiera de los cuatro segmentos en que queda dividido $\overline{MN}$ es el resultado de la división en 4 partes.

Para pensar...

Ampliando las superficies

Cuenta la leyenda que Cartago fue fundada por una princesa fenicia, Dido. Al llegar a las costas de la actual Tunicia, el rey del lugar le concedió para construir una ciudad el espacio que quedara limitado por una piel de toro. Dido cortó la piel en finísimas tiras de modo que el resultado pudiera abarcar el máximo de extensión posible.

¿Sabría cómo hacer pasar un camello por un sello de correos?

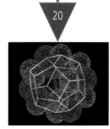

O sea: $\overline{MN} : 4 = \overline{MR}$

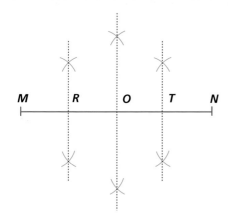

Ejercicios de recapitulación

1) Hallar el resultado de las siguientes operaciones:

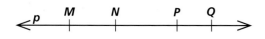

$\overline{MN} \cup \overline{NP}$; $\overline{NP} \cap \overline{MN}$; $\overrightarrow{MN} \cup \overrightarrow{NP}$; $\overrightarrow{MN} \cap \overrightarrow{NP}$; $\overrightarrow{NM} \cap \overrightarrow{NP}$; $\overrightarrow{NM} \cup \overrightarrow{NP}$.

Solución:

$\overline{MN} \cup \overline{NP} = \overline{MP}$
$\overline{NP} \cap \overline{MN} = \{N\}$ (punto)
$\overrightarrow{MN} \cup \overrightarrow{NP} = \overrightarrow{MQ}$ o $\overrightarrow{MP}$
$\overrightarrow{MN} \cap \overrightarrow{NP} = \overrightarrow{NP}$
$\overrightarrow{NM} \cap \overrightarrow{NP} = \{N\}$
$\overrightarrow{NM} \cup \overrightarrow{NP} = p$ (recta)
$\overrightarrow{MP} \cup \overrightarrow{NP} = \overrightarrow{MP}$
$\overrightarrow{MP} \cap \overrightarrow{NP} = \overrightarrow{NP}$

2) En el ejercicio anterior nombra tres pares de segmentos consecutivos.

Solución:

$\overline{MN}$ y $\overline{NP}$; $\overline{NP}$ y $\overline{PQ}$; $\overline{MP}$ y $\overline{PQ}$.

3) Si $\overline{MN} < \overline{PQ}$ y $\overline{PQ} = \overline{RS}$ y $\overline{RS} \ngtr \overline{TV}$. ¿Cómo es $\overline{MN}$ con respecto a $\overline{TV}$?

Solución:

$\left.\begin{array}{l} \overline{MN} < \overline{PQ} \\ \overline{PQ} = \overline{RS} \end{array}\right\} \Rightarrow \overline{MN} < \overline{RS}$ [1]

por carácter transitivo de la relación de menor e igualdad combinadas.

$\overline{RS} \ngtr \overline{TV} \quad \Rightarrow \overline{RS} = \overline{TV}$ [2]
$\quad\quad\quad\quad o \quad \overline{RS} < \overline{TV}$ [3]

por postulado de las tres posibilidades.

Relacionando [1] y [2]

$\left.\begin{array}{l} \overline{MN} < \overline{RS} \\ \overline{RS} = \overline{TV} \end{array}\right\} \Rightarrow \overline{MN} < \overline{TV}$

por carácter transitivo de la relación de menor.

Relacionando [1] y [3]

$\left.\begin{array}{l} \overline{MN} < \overline{RS} \\ \overline{RS} < \overline{TV} \end{array}\right\} \Rightarrow \overline{MN} < \overline{TV}$

$\overline{MN} < \overline{TV}$

por carácter transitivo de la relación de menor e igualdad combinadas.

4) Si $\overline{EF} = \overline{GH}$ y $\overline{GH} > \overline{JK}$ y $\overline{JK} \nless \overline{LM}$. ¿Cómo es $\overline{EF}$ con respecto a $\overline{LM}$?

Solución:

$\left.\begin{array}{l} \overline{EF} = \overline{GH} \\ \overline{GH} > \overline{JK} \end{array}\right\} \Rightarrow \overline{EF} > \overline{JK}$ [1]

por carácter transitivo de la relación de igualdad y mayor combinadas.

$\overline{JK} \nless \overline{LM} \Rightarrow \overline{JK} = \overline{LM}$ [2] o $\overline{JK} > \overline{LM}$ [3]

por postulado de las tres posibilidades.

Relacionando [1] y [3]

$\left.\begin{array}{l} \overline{EF} > \overline{JK} \\ \overline{JK} > \overline{LM} \end{array}\right\} \Rightarrow \overline{EF} > \overline{LM}$

por carácter transitivo de la relación de mayor e igualdad combinadas.

Relacionando [1] y [2]

$\left.\begin{array}{l} \overline{EF} > \overline{JK} \\ \overline{JK} = \overline{LM} \end{array}\right\} \Rightarrow \overline{EF} > \overline{LM}$

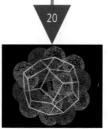

20

$\overline{EF} > \overline{LM}$

Las líneas paralelas son aquéllas que «por mucho que se prolonguen nunca se encuentran». Sin embargo, cuando miramos las vías del tren parecen juntarse en la lejanía. Este fenómeno óptico se conoce como perspectiva. En los dibujos hay que considerar los puntos de fuga, que son los puntos en los que parecen encontrarse las paralelas.

por carácter transitivo de la relación de mayor.

5) Dados en un plano los puntos M, N, P y Q no alineados (tres a tres).

Trazar:

a) La recta $\overline{MN}$
b) La semirrecta de origen P que contiene al punto N

c) $\overrightarrow{MP}$
d) La semirrecta $\overline{MQ}$.
e) $\overrightarrow{NQ}$

Solución:

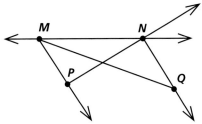

6) Nombrar dos pares de segmentos consecutivos y dos de ángulos consecutivos en el siguiente dibujo.

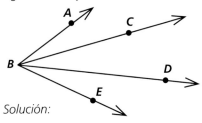

Solución:

Segmentos consecutivos: $\overline{AB}$ y $\overline{BC}$
$\overline{DB}$ y $\overline{BE}$

Ángulos consecutivos: $A\hat{B}C$ y $C\hat{B}D$
$C\hat{B}D$ y $D\hat{B}E$

7) Hallar en la figura anterior:

$A\hat{B}C \cap A\hat{B}D$; $(A\hat{B}C \cup C\hat{B}D) \cup D\hat{B}E$;
$A\hat{B}D \cup D\hat{B}E$; $(A\hat{B}C \cup C\hat{B}E) \cap C\hat{B}E$;
$A\hat{B}D \cap D\hat{B}E$;

Solución:

$A\hat{B}C \cap A\hat{B}D = A\hat{B}C$

$(A\hat{B}C \cup C\hat{B}D) \cup D\hat{B}E = A\hat{B}E$

$A\hat{B}D \cup D\hat{B}E = A\hat{B}E$

$(A\hat{B}C \cup C\hat{B}E) \cap C\hat{B}E = C\hat{B}E$

$A\hat{B}D \cap D\hat{B}E = \overrightarrow{BD}$

Alfabeto griego

α = alfa	ν = ny
β = beta	ξ = xi
γ = gamma	o = ómicron
δ = delta	π = pi
ϵ = épsilon	ρ = rho
ζ = zeta	σ = sigma
η = eta	τ = tau
θ = theta	υ = ípsilon
ι = iota	ϕ = phi
κ = kappa	χ = ji
λ = lambda	ψ = psi
μ = my	ω = omega

Capítulo
21

Ángulos

Las leyes que estudian los fenómenos ópticos de refracción y reflexión se deben principalmente a los trabajos del físico holandés Christian Huyghens. En ellas tienen una gran importancia los ángulos; en la reflexión (espejos), el ángulo de incidencia del rayo luminoso es igual al ángulo de reflexión; en la refracción, los rayos luminosos varían sus trayectorias en función de su longitud de onda —es decir, su color— y la densidad de los medios recorridos. Por ello, la luz blanca se descompone en los colores del arco iris al atravesar un prisma.

Ángulos

Ángulo convexo

Dados tres puntos no alineados, M, N y R, se llama ángulo convexo MNR a la intersección del semiplano de borde MN, que contiene al punto R y el semiplano de borde NR, que contiene al punto M.

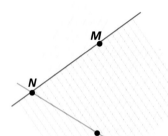

$$\left(S_{\overline{MN};\,R}\right) \cap \left(S_{NR;\,M}\right) = M\hat{N}R$$

Las semirrectas $\overrightarrow{MN}$ y $\overrightarrow{NR}$ son los lados del ángulo y el punto N es su vértice.

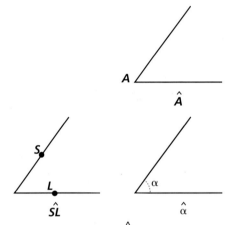

Se usa la notación M$\hat{N}$R cuando el ángulo está determinado por tres puntos; en tal caso se nombra en el medio la que corresponde a su vértice.

Se puede notar un ángulo con una sola letra colocada en su vértice ($\hat{A}$) o bien con una letra griega colocada en su interior ($\hat{\alpha}$).

También se puede designar usando un punto en cada semirrecta a la que pertenecen sus lados ($\hat{SL}$).

Ángulo cóncavo

Es el ángulo que se obtiene si consideramos la unión de los semiplanos anteriores.

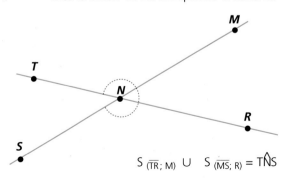

$$S_{(\overline{TR};\,M)} \cup S_{(\overline{MS};\,R)} = T\hat{N}S$$

Ángulo llano

Se llama ángulo llano a un semiplano.

El borde del semiplano constituye los lados del ángulo.

A un punto cualquiera se le puede llamar vértice.

Ángulos rectos

Dos rectas que al cortarse forman cuatro ángulos iguales se dice que son rectas perpendiculares, y los cuatro ángulos que forman son rectos.

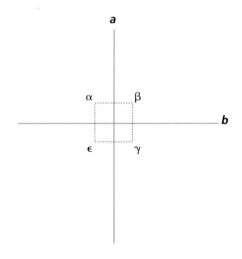

$a \perp b$. La recta a es perpendicular a la recta b.

$$\hat{\alpha} = \hat{\beta} = \hat{\gamma} = \hat{\epsilon} = 1 \text{ Recto}$$

$\hat{\alpha}$ es un ángulo recto, o sea, $\hat{\alpha} = 90°$ en el sistema sexagesimal.

Ángulos oblicuos

Las rectas que se cortan formando ángulos desiguales se llaman oblicuas. A estos ángulos que no son rectos se les llama oblicuos.

Se clasifican en:
- **Agudos**: si son menores que un recto.
- **Obtusos**: si son mayores que un recto.

$$\hat{\alpha} < 1R \qquad \hat{\beta} > 1\,R$$
$$\hat{\alpha} \text{ es agudo} \qquad \hat{\beta} \text{ es obtuso}$$

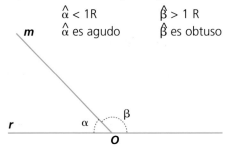

Ángulos consecutivos

Son los pares de ángulos que tienen un lado común y ningún otro punto más.

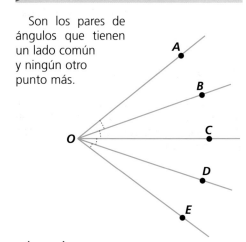

A$\hat{O}$B y B$\hat{O}$C son consecutivos
B$\hat{O}$C y C$\hat{O}$D son consecutivos
C$\hat{O}$D y D$\hat{O}$E son consecutivos

Construcción de un ángulo igual a otro dado

Dado un ángulo α, se traza, con centro en el vértice de dicho ángulo, un arco de circunferencia que corta a los lados del mismo en dos puntos M y R.

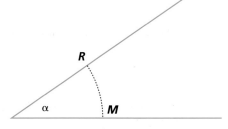

Se traza una semirrecta de origen O y, con radio igual al anterior, se traza un arco que corte la semirrecta, en un punto S.

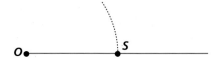

Se hacen coincidir los extremos del compás con los puntos M y R y, con esa misma abertura y haciendo centro en S, se corta al

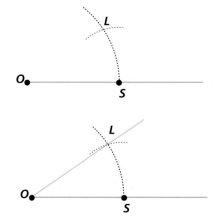

arco de circunferencia trazado anteriormente, en un punto L.

Uniendo O con L queda construido un ángulo igual al dado.

Cuando el ángulo que forma un objeto con la línea del horizonte (horizontal) es distinto de 90°, se dice que el objeto está inclinado, como la famosa Torre de Pisa de la ilustración. Si el ángulo del objeto y la horizontal es de 90°, el objeto es perpendicular a la horizontal y se dice que está vertical.

Puntos interiores a un ángulo

Los puntos de un ángulo que no pertenecen a sus lados, se llaman interiores.

R, S y T son puntos interiores al ángulo ABC.

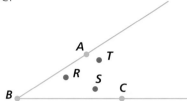

Semirrecta interior a un ángulo

Toda semirrecta que tiene su origen en el vértice de un ángulo y sus demás puntos interiores al mismo, se llama semirrecta interior.

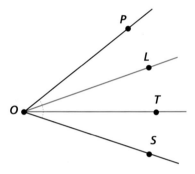

$\overrightarrow{OL}$ semirrecta interior a $P\hat{O}S$
$\overrightarrow{OT}$ semirrecta interior a $P\hat{O}S$

Postulado del segmento que apoya sus extremos en los lados de un ángulo

Si un segmento cualquiera tiene sus extremos en los lados de un ángulo, toda semirrecta interior al ángulo corta al segmento en un punto interior, y recíprocamente.

X es interior

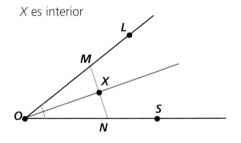

Medida de ángulos

La unidad de medida de ángulos es el ángulo recto. Éste se divide en noventa partes iguales a las que se llama grados.

Cada grado se subdivide, a su vez, en se-

Cuando el ángulo que forma la carretera con la horizontal alcanza cierto nivel es necesario extremar las precauciones para evitar que el vehículo se deslice hacia atrás (en subida) o acelere demasiado (en bajada). Para indicar este ángulo, se utiliza una señal triangular en la que se indica un porcentaje, por ejemplo, 15%; esto significa que en 100 metros de recorrido se subirán 15.

15 %

senta minutos, y cada minuto, en sesenta segundos.

O sea:

$$1 \text{ grado sexagesimal} = \frac{\text{ángulo recto}}{90}$$

$$1 \text{ minuto} = \frac{1 \text{ grado}}{60} = 60'$$

$$1 \text{ segundo} = \frac{1 \text{ minuto}}{60} = 60''$$

Suma de ángulos

Al igual que con segmentos, para realizar la suma de ángulos es necesario que éstos sean consecutivos.

Se llama suma de ángulos consecutivos al ángulo que tiene por lados los lados no comunes de los ángulos dados, y cuya amplitud es la suma de las amplitudes de los ángulos dados.

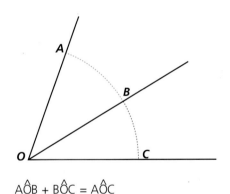

$$A\hat{O}B + B\hat{O}C = A\hat{O}C$$

Si los ángulos que se desean sumar no son consecutivos, basta con trasladarlos en forma consecutiva recordando el método para construir un ángulo igual a otro.

Para realizar la suma de ángulos no consecutivos se traza primero una semirrecta, se marca con el compás un arco con centro en el origen de dicha semirrecta y, con el mismo radio, se trazan arcos con centro en los vértices de los ángulos $\hat{\alpha}$, $\hat{\beta}$ y $\hat{\gamma}$. Se toma la medida de la abertura del ángulo $\hat{\alpha}$ y se transporta a partir del punto donde el arco corta a la semirrecta; a continuación se transporta la medida de la abertura de β y luego de γ. Uniendo el último punto con el origen de la semirrecta se obtiene el ángulo que es suma de los anteriores.

También podemos realizar la suma numérica de dichos ángulos teniendo la amplitud de cada uno de ellos, que se mide con el transportador.

Ejemplo:

$$\hat{\alpha} : 35°\ 15' \quad \hat{\beta} : 42° \quad \hat{\gamma} : 76°\ 20'$$

$$\hat{\alpha} + \hat{\beta} + \hat{\gamma} = 35°\ 15' + 42° + 76°\ 20' =$$
$$= 153°\ 35'$$

$$\hat{\epsilon} = 153°\ 35'$$

La suma de ángulos tiene las propiedades asociativa, conmutativa, elemento neutro y elemento inverso.

Diferencia de ángulos

Dados dos ángulos $A\hat{B}C$ y $M\hat{N}R$, para hallar su diferencia se construye una semirrecta de origen O y sobre ella se transporta la medida del $A\hat{B}C$ y luego $M\hat{N}R$, de manera que $\overrightarrow{BC}$ coincida con $\overrightarrow{NR}$ haciendo coincidir el extremo O con los vértices B y N; $M\hat{O}A$ es el ángulo diferencia.

El ángulo diferencia es el formado por los lados no comunes de los ángulos dados y su amplitud es igual a la diferencia entre la amplitud del minuendo y la del sustraendo.

Ejemplo:

Numéricamente:

$$A\hat{B}C = 110°\ 20'$$
$$M\hat{N}R = 82°\ 15'$$

Suma de ángulos.

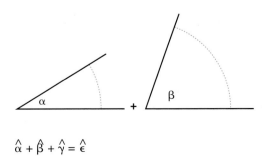 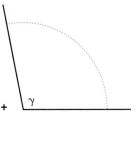 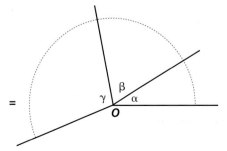

$$\hat{\alpha} + \hat{\beta} + \hat{\gamma} = \hat{\epsilon}$$

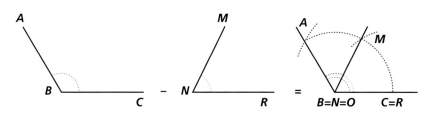

$$\stackrel{\wedge}{ABC} - \stackrel{\wedge}{MNR} = 110° \ 20' - 82° \ 15' =$$
$$= 28° \ 5', \text{ o sea, } \stackrel{\wedge}{MOA} = 28° \ 5'$$

Multiplicación de un ángulo por un número natural

Dado un ángulo $\stackrel{\wedge}{\alpha}$ y un número natural 4, se llama producto de $\stackrel{\wedge}{\alpha} \cdot 4$ al ángulo cuya amplitud es igual a cuatro veces la amplitud del ángulo dado.

Para obtener el ángulo $\stackrel{\wedge}{\beta}$, basta con transportar sobre una semirrecta tantas veces el $\stackrel{\wedge}{\alpha}$ como indica el número natural dado.

Ejemplo:

Numéricamente: $\stackrel{\wedge}{\alpha} = 32° \ 15'$
$\stackrel{\wedge}{\alpha} \cdot 4 = 32° \ 15' \cdot 4 = 128° \ 60'$
$\beta = 129°$

Trazado de la bisectriz de un ángulo

Bisectriz es la semirrecta interior que divide al ángulo en dos partes iguales.

Se traza un arco de circunferencia con centro en el vértice del ángulo, que corta a los lados del mismo en los puntos M y N. Con radio mayor que la mitad del segmento $\overline{MN}$, se trazan dos arcos, uno con centro M y otro con centro N; estos arcos se cortan en el punto P. La semirrecta $\overrightarrow{OP}$ es la bisectriz buscada y divide al ángulo en partes iguales. O sea: $\stackrel{\wedge}{MOP} = \stackrel{\wedge}{PON}$.

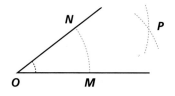

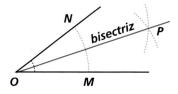

División de un ángulo en partes iguales

La división de un ángulo en cualquier número de partes se realiza usando el transportador.

Ejemplo:

$\stackrel{\wedge}{\alpha} = 45°$
$\stackrel{\wedge}{\alpha} : 3 = \stackrel{\wedge}{\alpha}_1$
$\stackrel{\wedge}{\alpha}_1 = 15°$

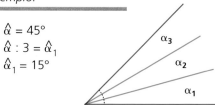

Si se desea dividir un ángulo en 2, 4, 8, 16 partes iguales, se utiliza en forma sucesiva el trazado de la bisectriz explicado anteriormente.

Ejemplo:

$\stackrel{\wedge}{\beta} : 4$

Dividimos el ángulo dado en dos partes iguales.

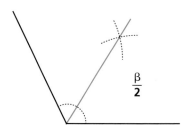

A continuación dividimos cada uno de los ángulos anteriores nuevamente en partes iguales siguiendo el procedimiento anterior.

Cualquiera de los cuatro ángulos en que queda dividido $\stackrel{\wedge}{\beta}$ es el resultado buscado.

O sea: $\stackrel{\wedge}{\beta} : 4 = \stackrel{\wedge}{\omega}$

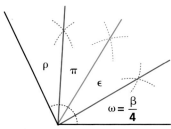

Numéricamente:

$\stackrel{\wedge}{\beta} = 115°$
$\stackrel{\wedge}{\beta} : 4 = 115° : 4 = 28° \ 45'$
$\stackrel{\wedge}{\omega} = 28° \ 45'$

Ángulos adyacentes

Son los que tienen un lado en común y los otros dos son semirrectas opuestas.

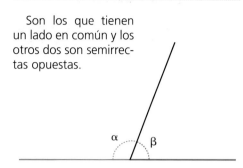

Los ángulos adyacentes son un caso particular de ángulos consecutivos.

Ángulos complementarios

Son dos ángulos cuya suma es igual a un recto, o sea, 90°.

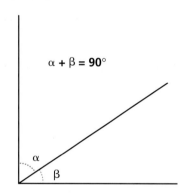

$\alpha + \beta = 90°$

$\hat{\alpha} = 60°$; $\hat{\beta} = 30°$
$\hat{\alpha}$ es complemento de $\hat{\beta}$
$\hat{\beta}$ es complemento de $\hat{\alpha}$
Si $\hat{\alpha} + \hat{\beta} = 90° \Rightarrow \hat{\alpha} = 90° - \hat{\beta}$
y $\hat{\beta} = 90° - \hat{\alpha}$

Ángulos suplementarios

Son dos ángulos cuya suma es igual a dos rectos, o sea, 180°.
Los ángulos adyacentes son suplementarios.

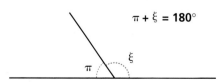

$\pi + \xi = 180°$

$\hat{\epsilon} = 120°$; $\hat{\pi} = 60°$
$\hat{\epsilon} + \hat{\pi} = 180°$
$\hat{\epsilon}$ es el suplemento de $\hat{\pi}$
$\hat{\pi}$ es el suplemento de $\hat{\epsilon}$

Si
$\hat{\epsilon} + \hat{\pi} = 180° \Rightarrow \hat{\epsilon} = 180° - \hat{\pi}$
y $\hat{\pi} = 180° - \hat{\epsilon}$

Ángulos opuestos por el vértice

Dos ángulos son opuestos por el vértice cuando los lados de uno de ellos son semirrectas opuestas a los lados del otro.

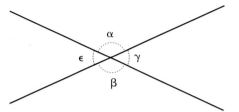

$\hat{\alpha}$ y $\hat{\beta}$ opuestos por el vértice.
$\hat{\gamma}$ y $\hat{\epsilon}$ opuestos por el vértice.

Los ángulos opuestos por el vértice son iguales.

$\hat{\alpha}$ y $\hat{\gamma}$ son adyacentes $\Rightarrow$ $\hat{\alpha}$ y $\hat{\gamma}$ son suplementarios: $\hat{\alpha} + \hat{\gamma} = 180°$, luego $\hat{\gamma} = 180° - \hat{\alpha}$

$\hat{\beta}$ y $\hat{\gamma}$ son adyacentes $\Rightarrow$ $\hat{\beta}$ y $\hat{\gamma}$ son suplementarios: $\hat{\beta} + \hat{\gamma} = 180°$, luego $\hat{\gamma} = 180° - \hat{\beta}$

Igualando los segundos miembros

$$180° - \hat{\alpha} = 180° - \hat{\beta}$$

De donde se obtiene $\hat{\alpha} = \hat{\beta}$

Ejercicios de recapitulación

1) Marcar en la figura, usando distintos colores, ángulos convexos y cóncavos.

Solución:

– Convexos B, E
– Cóncavos A, C, D, F

2) Si $\hat{\alpha} = \hat{\beta}$ y $\hat{\beta} \not> \hat{\epsilon}$. ¿Cómo es $\hat{\alpha}$ con respecto a $\hat{\epsilon}$?

Solución:

$\hat{\beta} \not> \hat{\epsilon} \Rightarrow \begin{matrix} \hat{\beta} = \hat{\epsilon} \\ \hat{\beta} < \hat{\epsilon} \end{matrix}$ por postulado de las tres posibilidades

$\left. \begin{matrix} \hat{\alpha} = \hat{\beta} \\ \beta = \epsilon \end{matrix} \right\} \Rightarrow \hat{\alpha} = \hat{\epsilon}$ por carácter transitivo de la igualdad

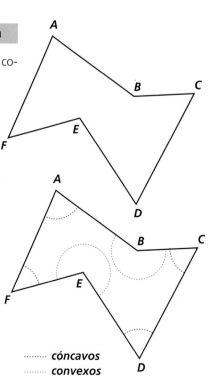

.... *cóncavos*
.... *convexos*

ERATÓSTENES

Eratóstenes (275-195 a.C.) puede considerarse como uno de los sabios más representativos de la escuela de Alejandría. Fue llevado a esta ciudad por Tolomeo III, que deseaba encomendarle la educación de su hijo, el futuro Tolomeo IV Filopator.

Más tarde se encargó de la dirección de la Gran Biblioteca.

Se propuso calcular las dimensiones terráqueas, para lo cual se planteó el problema de medir un arco de circunferencia terrestre; a tal fin, tomó como punto de partida el arco de meridiano que pasaba por Alejandría y Siena. En Siena, durante el solsticio de verano, el Sol se reflejaba al mediodía en el fondo de un pozo profundo, mientras que en Alejandría, mediante aparatos, midió un ángulo que correspondía a 1/50 de la circunferencia de la esfera terrestre.

De esta forma, Eratóstenes estableció la longitud del meridiano terrestre en 250 000 estadios; siendo 162,2 m el valor del estadio. Obtuvo un sorprendente resultado de 40 550 km. Es autor de la famosa «criba», un método para calcular una tabla de números primos. Al envejecer perdió la vista, y se suicidó dejando de comer porque no pudo soportar esta desgracia.

Para calcular el meridiano terrestre, Eratóstenes se valió de la diferencia del ángulo de incidencia de los rayos solares en Siena y Alejandría a mediodía.

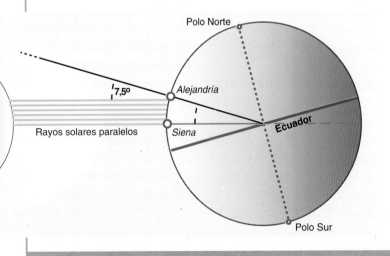

Solución:

$$\left.\begin{array}{c}\hat{\pi} > \hat{\omega} \\ \hat{\omega} = \hat{\delta}\end{array}\right\} \Rightarrow \hat{\pi} > \hat{\delta}$$ por carácter transitivo de la relación de mayor e igualdad combinadas.

$$\begin{array}{c}\hat{\delta} \not< \hat{\rho} \Rightarrow \hat{\delta} > \hat{\rho} \\ \text{o} \quad \delta = \hat{\rho}\end{array}$$ por postulado de las tres posibilidades.

$$\left.\begin{array}{c}\hat{\pi} > \hat{\delta} \\ \hat{\delta} > \hat{\rho}\end{array}\right\}\begin{array}{c}\Rightarrow \hat{\pi} > \hat{\rho} \Rightarrow \\ \Rightarrow \hat{\rho} < \hat{\pi}\end{array}$$ por carácter transitivo de la relación de mayor e igualdad combinadas.

$$\left.\begin{array}{c}\hat{\pi} > \hat{\delta} \\ \hat{\delta} > \hat{\rho}\end{array}\right\}\begin{array}{c}\Rightarrow \hat{\pi} > \hat{\rho} \\ \Rightarrow \hat{\rho} < \hat{\pi}\end{array}$$ por carácter transitivo de la relación de mayor.

$$\hat{\rho} < \hat{\pi}$$

4) Realizar, gráficamente, los siguientes ejercicios combinando operaciones entre ángulos.

$$\begin{array}{ll}\hat{\alpha} = 40° & \\ \hat{\beta} = 60° & \text{a) } (\hat{\alpha} + \hat{\beta}) : 2 = \\ \hat{\gamma} = 90° & \text{b) } (\hat{\gamma} - \hat{\beta}) \cdot 3 = \\ \hat{\epsilon} = 120° & \text{c) } [(\hat{\epsilon} : 4) + \hat{\alpha}] \cdot 2 = \end{array}$$

Solución:

a) $(\hat{\alpha} + \hat{\beta}) : 2 = \hat{\rho}$

Se suman los ángulos dados.

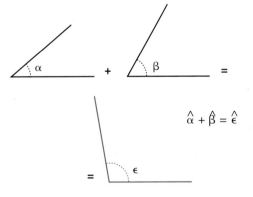

$$\hat{\alpha} + \hat{\beta} = \hat{\epsilon}$$

Luego se divide el ángulo obtenido en dos partes por medio del trazado de la bisectriz.

$$\hat{\epsilon} : 2 = \hat{\rho}$$

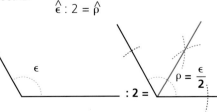

$$\rho = \frac{\epsilon}{2}$$

$$\left.\begin{array}{c}\hat{\alpha} = \hat{\beta} \\ \hat{\beta} < \hat{\epsilon}\end{array}\right\} \Rightarrow \hat{\alpha} < \hat{\epsilon}$$ por carácter transitivo de la relación de igualdad y menor combinadas

3) Si $\hat{\pi} > \hat{\omega}$ y $\hat{\omega} = \hat{\delta}$ y $\hat{\delta} \not< \hat{\rho}$ ¿Cómo es $\hat{\pi}$ con respecto a $\hat{\rho}$?

b) $(\hat{\gamma} - \hat{\beta}) \cdot 3 = \hat{\pi}$

Realizamos la diferencia de ángulos indicada.

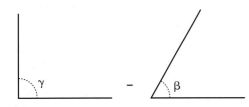

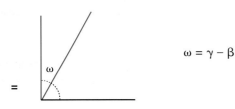

$$\omega = \gamma - \beta$$

Luego procedemos a realizar la multiplicación por tres, y obtener así el resultado final.

$$\hat{\omega} \cdot 3 = \hat{\pi}$$

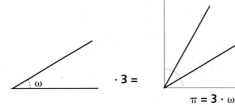

$$\pi = 3 \cdot \omega$$

c) $[(\hat{\epsilon} : 4) + \hat{\alpha}] \cdot 2 = \hat{\delta}$

Comenzamos realizando la división en 4 partes del ángulo $\hat{\epsilon}$.

$$\hat{\epsilon} : 4 = \hat{\omega}$$

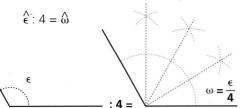

$$\omega = \frac{\epsilon}{4}$$

Realizamos a continuación la suma.

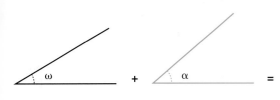

$$\hat{\omega} + \hat{\alpha} = \hat{\rho}$$

$$\rho = \omega + \alpha$$

Ahora multiplicamos el resultado anterior por 2.

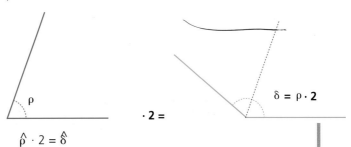

$$\hat{\rho} \cdot 2 = \hat{\delta}$$

$$\delta = \rho \cdot 2$$

5) Realizar los ejercicios anteriores en forma numérica para los siguientes valores de ángulos:

$$\hat{\alpha} = 40° \ 20'$$
$$\hat{\beta} = 60° \ 10' \ 12''$$
$$\hat{\gamma} = 90°$$
$$\hat{\epsilon} = 120°$$

Solución:

a) Realizamos $(\hat{\alpha} + \hat{\beta}) : 2$ en forma numérica usando los valores dados.

$$
\begin{array}{r}
\hat{\alpha} = 40° \ 20' \\
+ \ \hat{\beta} = 60° \ 10' \ 12'' \\
\hline
\hat{\alpha} + \hat{\beta} = 100° \ 30' \ 12''
\end{array}
$$

$$\frac{\hat{\alpha} + \hat{\beta}}{2} = \frac{100° \ 30' \ 12''}{2} = 50° \ 15' \ 6''$$

b) $(\hat{\gamma} - \hat{\beta}) \cdot 3 =$

$$
\begin{array}{r}
89° \ 59' \\
\hat{\gamma} = 90° \ 60' \ 60'' \\
- \ \hat{\beta} = 60° \ 10' \ 12'' \\
\hline
\hat{\gamma} - \hat{\beta} = 29° \ 49' \ 48''
\end{array}
$$

$$(\hat{\gamma} - \hat{\beta}) \cdot 3 = 29° \ 49' \ 48'' \cdot 3 = 89° \ 29' \ 24''$$

$$(\hat{\gamma} - \hat{\beta}) \cdot 3 = 89° \ 29' \ 24''$$

c) $[(\hat{\epsilon} : 4) + \hat{\alpha}] \cdot 2 =$

$$\frac{\hat{\epsilon}}{4} = \frac{120°}{4} = 30°$$

$$(\hat{\epsilon} : 4) + \hat{\alpha} = 30° + 40° \ 20' = 70° \ 20'$$
$$[(\hat{\epsilon} : 4) + \hat{\alpha}] \cdot 2 = 70° \ 20' \cdot 2 = 140° \ 40'$$
$$[(\hat{\epsilon} : 4) + \hat{\alpha}] \cdot 2 = 140° \ 40'$$

21

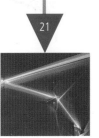

6) Hallar numérica y gráficamente el complemento y suplemento de:

$$\hat{\alpha} = 30°\ 12'\ 18''$$

Solución:

Numéricamente vamos a denominar con $\hat{\pi}$ al complemento de $\hat{\alpha}$, y $\hat{\epsilon}$ al suplemento de $\hat{\alpha}$.

Complemento

$$\hat{\pi} + \hat{\alpha} = 90°$$
$$\hat{\pi} = 90° - \hat{\alpha}$$
$$\hat{\pi} = 90° - 30°\ 12'\ 18''$$
$$\hat{\pi} = 59°\ 47'\ 42''$$

Suplemento

$$\hat{\epsilon} + \hat{\alpha} = 180°$$
$$\hat{\epsilon} = 180° - \hat{\alpha}$$
$$\hat{\epsilon} = 180° - 30°\ 12'\ 18''$$
$$\hat{\epsilon} = 149°\ 47'\ 42''$$

Gráficamente:

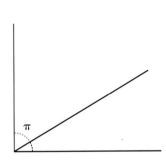

Complemento

$\hat{\pi}$ es el complemento de $\hat{\alpha}$

Suplemento

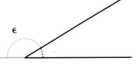

$\hat{\epsilon}$ es el suplemento de $\hat{\alpha}$

7) Hallar numéricamente el duplo de la cuarta parte de $\hat{\beta} = 130°\ 15'$

Solución:

Primero debemos hallar la cuarta parte de $\hat{\beta}$

$$\hat{\beta} : 4 = 130°\ 15' : 4 = 32°\ 33'\ 45''$$

Luego hallamos el duplo de ese valor.

$$(\hat{\beta} : 4) \cdot 2 = 32°\ 33'\ 45'' \cdot 2 = 65°\ 7'\ 30''$$

8) Hallar el valor de $\hat{\pi}$ si a y b forman un ángulo recto.

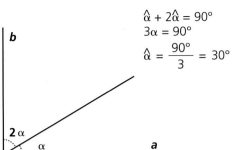

Solución:

$$\hat{\alpha} + 2\hat{\alpha} = 90°$$
$$3\alpha = 90°$$
$$\hat{\alpha} = \frac{90°}{3} = 30°$$

9) Hallar el valor de $\hat{\alpha}$

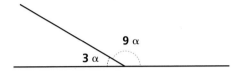

Solución:

$$3\hat{\alpha} + 9\hat{\alpha} = 180°$$

Sumamos

$$12\hat{\alpha} = 180°$$

despejamos $\hat{\alpha}$

$$\hat{\alpha} = 180° : 12$$
$$\hat{\alpha} = 15°$$

10) Dado $\hat{\alpha} = 85°\ 15'$, hallar el valor de $\hat{\beta}$, $\hat{\gamma}$ y $\hat{\epsilon}$.

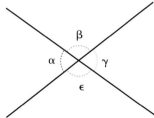

Solución:

$\hat{\alpha} = \hat{\gamma}$ por el teorema que dice que los ángulos opuestos por el vértice son iguales.

Entonces

$$\gamma = 85°\ 15'$$

$\hat{\gamma}$ y $\hat{\beta}$ son suplementarios
$$\Rightarrow \hat{\beta} = 180° - \hat{\gamma}$$
$$\hat{\beta} = 180° - 85°\ 15'$$
$$\hat{\beta} = 94°\ 45'$$

$\hat{\beta} = \hat{\epsilon}$ por ser ángulos opuestos por el vértice.

$$\hat{\epsilon} = 94°\ 45'$$

Rectas y ángulos

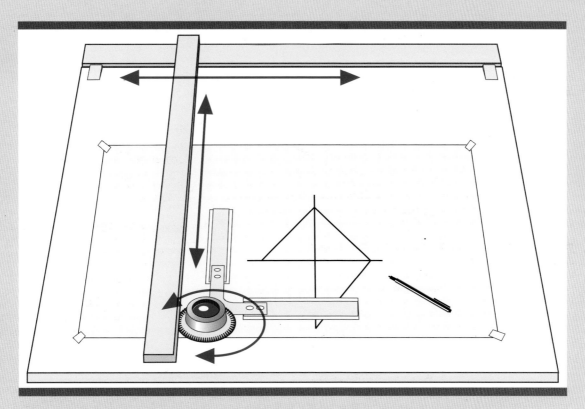

Las herramientas tradicionales para dibujar rectas paralelas, perpendiculares o con un
ángulo dado —como las de la ilustración— están próximas a ser enviadas al desván,
superadas por los avances del dibujo asistido por ordenador (CAD). Sin embargo, los
conocimientos geométricos relativos a rectas y ángulos, los axiomas y postulados
de paralelismo y perpendicularidad, las definiciones y teoremas, siguen teniendo cara al
siglo XXI la misma vigencia que cuando fueron formulados hace unos 2 500 años
por las civilizaciones clásicas del Mediterráneo oriental.

Rectas y ángulos

Rectas en el plano

Consideremos dos rectas p y r contenidas en el plano. Puede ocurrir:

1) Que la intersección de las dos rectas sea el conjunto vacío.

O sea: $p \cap r = \varnothing \Rightarrow p \parallel r$

que se lee: p es paralela a r.

Dos rectas se dicen paralelas cuando no tienen ningún punto en común.

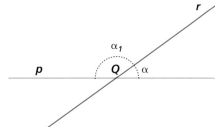

2) Que la intersección de las dos rectas sea un conjunto formado por un solo punto.

O sea $p \cap r = \{Q\} \Rightarrow p \perp r$

que se lee: p es oblicua a r.

En tal caso, los ángulos adyacentes $\hat{\alpha}$ y $\hat{\alpha}_1$ no son iguales.

En el caso particular que $\hat{\alpha}$ sea igual a $\hat{\alpha}_1$ $\Rightarrow p \perp r$

que se lee: p es perpendicular a r.

Dos rectas son perpendiculares cuando al cortarse forman ángulos adyacentes iguales.

3) Que la intersección de las dos rectas sea un conjunto formado por infinitos puntos; en tal caso se dice que las rectas son coincidentes.

O sea:

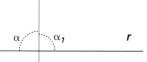

$p \equiv r$

$p \cap r = p = r \Rightarrow p$ y r son coincidentes

Propiedades de las relaciones de perpendicularidad y paralelismo

a) *Perpendicularidad*

1) No es reflexiva

$a \not\perp a$

2) Es simétrica

$a \perp b \Rightarrow b \perp a$

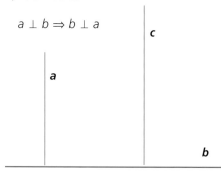

3) No es transitiva

$\left.\begin{array}{r} a \perp b \\ b \perp c \end{array}\right\} \Rightarrow a \not\perp c$

b) *Paralelismo*

1) Es reflexiva

$a \parallel a$

2) Es simétrica

$a \parallel b \Rightarrow b \parallel a$

3) Es transitiva

$\left.\begin{array}{r} a \parallel b \\ b \parallel c \end{array}\right\} \Rightarrow a \parallel c$

Observaciones: La relación de perpendicularidad no es una relación de orden ni de equivalencia; en cambio, la de paralelismo es de equivalencia.

A continuación definimos algunas propiedades inherentes a estos tipos de rectas:
1) Por un punto puede trazarse una sola perpendicular a una recta.

Por el punto A sólo puede trazarse una perpendicular a la recta *r*.

Lo mismo ocurre en el caso de B que es un punto que pertenece a la recta.
2) Si por un punto exterior a una recta trazamos una perpendicular y varias oblicuas, la perpendicular es menor que cualquier oblicua, y de las oblicuas es menor aquélla cuyo pie dista menos del pie de la perpendicular.

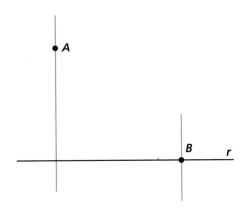

Llamamos *distancia de un punto* a una recta al segmento de perpendicular trazado desde el punto a la recta y comprendido entre dicho punto y la intersección con la recta.

$\overline{PM}$ distancia de P a *m*.
$\overline{PM}$ y $\overline{PS}$ oblicuas.
$\overline{PM} < \overline{PR}$ y $\overline{PM} < \overline{PS}$

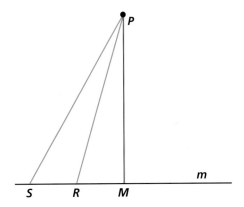

Trazado de perpendiculares

a) *Utilizando escuadra* trazaremos una perpendicular a la recta *a*, en el punto B.
1) Se aplica la escuadra de modo que un ca-

teto coincida con la recta dada *a*, y el vértice del ángulo recto con el punto B.
2) Se traza la recta *b* que pasa por el punto B y es la perpendicular buscada.

Con el mismo procedimiento podemos trazar una perpendicular a una recta desde un punto exterior a ella.

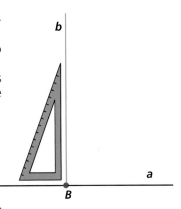

b) *Utilizando el compás*: trazaremos una perpendicular a la recta *m* desde un punto S exterior.
1) Con centro en el punto S y una abertura de compás mayor que la distancia desde el punto a la recta, trazamos un arco de circunferencia que corta a *m* en los puntos M y N.
2) Haciendo centro en M y luego en N, y con la misma abertura de compás, trazamos arcos que se cortan en los puntos S y R. Uniendo dichos puntos se obtiene una recta que resulta perpendicular a *m*.

Luego $s \perp m$.
3) Por un punto exterior a una recta puede trazarse una única paralela a dicha recta. (Esta propiedad constituye el postulado de Euclides, base de la geometría euclidiana).

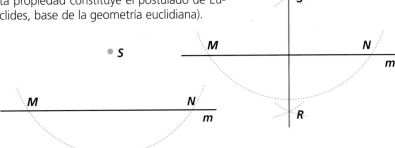

Trazado de paralelas

Usando regla y escuadra: dada la recta *a*, para trazar la paralela por el punto exterior P se procede así:
1) Se coloca la escuadra de modo que uno de sus catetos coincida con la recta *a*.
2) Se aplica la regla haciéndola coincidir con el otro cateto de la escuadra.
3) Se desliza la escuadra a lo largo de la regla, hasta que el cateto que coincidía con la recta *a*, pase por el punto P.
4) Se traza la recta *b* determinada sobre dicho cateto. Luego $a \parallel b$.

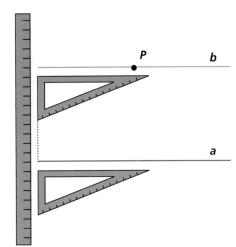

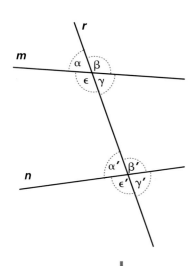

Ángulos formados por dos rectas al ser cortadas por una tercera

Sean dos rectas, *m* y *n*, cortadas por una tercera *r*, llamada transversal o secante. Vamos a separar los ocho ángulos que se forman en dos grupos.

Ángulos interiores

Son los ángulos situados en la banda comprendida entre las rectas *m* y *n*.

Ejemplos:

$\hat{\epsilon}$, $\hat{\gamma}$, $\hat{\alpha}'$ y $\hat{\beta}'$ son interiores.

Ángulos exteriores

Se llaman así a los ángulos que están situados fuera de la banda comprendida por las rectas *m* y *n*

Ejemplos:

$\hat{\alpha}$, $\hat{\beta}$, $\hat{\epsilon}'$ y $\hat{\gamma}'$ son exteriores

Si tenemos en cuenta su posición con respecto a la secante *r*, podemos distinguir:

Ángulos alternos

Son los pares de ángulos situados en distinto semiplano con respecto a la secante, no son adyacentes, y ambos son interiores o exteriores.

Ejemplos:

$\left.\begin{array}{l} \hat{\alpha} \text{ y } \hat{\gamma}' \\ \hat{\beta} \text{ y } \hat{\epsilon}' \end{array}\right\}$ son alternos externos

$\left.\begin{array}{l} \hat{\epsilon} \text{ y } \hat{\beta}' \\ \hat{\gamma} \text{ y } \hat{\alpha}' \end{array}\right\}$ son alternos internos

Ángulos correspondientes

Son los pares de ángulos situados en un mismo semiplano con respecto a la secante, uno es interior y el otro exterior.

Ejemplos:

$\left.\begin{array}{l} \alpha \text{ y } \alpha' \\ \epsilon \text{ y } \epsilon' \\ \beta \text{ y } \beta' \\ \gamma \text{ y } \gamma' \end{array}\right\}$ son correspondientes

Ángulos conjugados

Se llaman así a los pares de ángulos situados en un mismo semiplano con respecto a la secante, ambos son interiores o exteriores.

Ejemplos:

$\left.\begin{array}{l} \hat{\beta} \text{ y } \hat{\gamma}' \\ \hat{\alpha} \text{ y } \hat{\epsilon}' \end{array}\right\}$ son conjugados exteriores

$\left.\begin{array}{l} \hat{\epsilon} \text{ y } \hat{\alpha}' \\ \hat{\gamma} \text{ y } \hat{\beta}' \end{array}\right\}$ son conjugados interiores

En el caso que las rectas *m* y *n* sean paralelas, se aceptan las siguientes propiedades para los ángulos que ellas determinan al ser cortadas por una secante o transversal:

a) Los ángulos correspondientes determinados por dos rectas paralelas al ser cortadas por una transversal, son iguales.

Ejemplos:

Si $m \parallel n \Rightarrow$ $\begin{array}{l} \hat{\alpha} = \hat{\alpha}' \\ \hat{\beta} = \hat{\beta}' \\ \hat{\gamma} = \hat{\gamma}' \\ \hat{\epsilon} = \hat{\epsilon}' \end{array}$

b) Los ángulos alternos, internos o externos, entre paralelas, son iguales.

Ejemplo:

Si $m \parallel n \Rightarrow$ $\begin{array}{l} \hat{\epsilon} = \hat{\beta}' \\ \hat{\gamma} = \hat{\alpha}' \\ \hat{\beta} = \hat{\epsilon}' \\ \hat{\alpha} = \hat{\gamma}' \end{array}$

c) Los ángulos conjugados (interiores o exteriores) determinados por dos rectas paralelas, al ser cortadas por una transversal son suplementarios.

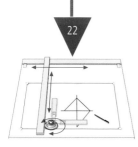

22

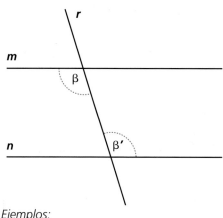

Ejemplos:

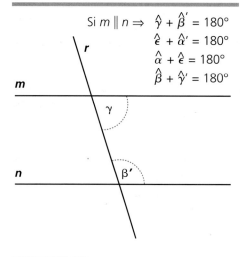

$$\text{Si } m \parallel n \Rightarrow \quad \hat{\gamma} + \hat{\beta}' = 180°$$
$$\hat{\epsilon} + \hat{\alpha}' = 180°$$
$$\hat{\alpha} + \hat{\epsilon} = 180°$$
$$\hat{\beta} + \hat{\gamma}' = 180°$$

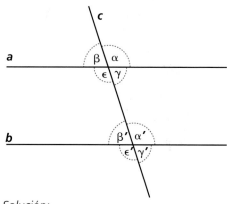

> **Ejercicios de recapitulación**

1) Siendo $a \parallel b$ y c secante y conocido el valor de $\hat{\epsilon} = 110° \, 15' \, 28''$ hallar el valor de los demás ángulos.

Solución:

$\hat{\epsilon} = \hat{\epsilon}'$ por ser ángulos correspondientes entre $a \parallel b$, secante c.

$\hat{\epsilon}' = 110° \, 15' \, 28''$

$\hat{\epsilon} = \hat{\alpha}$ por ser ángulos opuestos por el vértice.

$\hat{\alpha} = 110° \, 15' \, 28''$

$\hat{\epsilon} = \hat{\alpha}'$ por ser alternos internos entre paralelas.

$\hat{\alpha}' = 110° \, 15' \, 28''$

$\hat{\epsilon}$ y $\hat{\beta}$ son suplementarios

$\Rightarrow \hat{\beta} = 180° - \hat{\epsilon}$

$\hat{\beta} = 69° \, 44' \, 32''$

$\hat{\beta} = \hat{\beta}'$ por ser correspondientes

$\hat{\beta}' = 69° \, 44' \, 32''$

$\hat{\beta}' = \hat{\gamma}$ por alternos internos entre paralelas

$\hat{\gamma} = 69° \, 44' \, 32''$

$\hat{\beta} = \gamma'$ por alternos externos entre paralelas.

$\hat{\gamma}' = 69° \, 44' \, 32''$

2) Demostrar la propiedad que dice que los ángulos alternos externos entre paralelas son iguales.

Solución:

Consideramos un par de ángulos alternos externos entre paralelas.

Sea por ejemplo: $\hat{\alpha}$ y $\hat{\beta}$.

Tomamos un ángulo auxiliar $\hat{1}$ y relacionamos

$\hat{\alpha}$ y $\hat{1}$ son opuestos por el vértice

$\hat{1}$ y $\hat{\beta}$ son correspondientes entre paralelas

$\Rightarrow \hat{1} = \hat{\beta}$

Aplicamos el carácter transitivo de la igualdad entre ángulos $\Rightarrow \hat{\alpha} = \hat{\beta}$

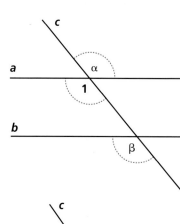

3) Demostrar la propiedad que dice que los ángulos conjugados interiores entre paralelas son suplementarios.

Solución:

Consideramos un ángulo auxiliar $\hat{\gamma}$ y relacionamos:

$\hat{\pi}$ y $\hat{\gamma}$ son adyacentes $\Rightarrow$ son suplementarios $\Rightarrow \hat{\pi} + \hat{\gamma} = 180°$ (a)

$\hat{\gamma} = \pi'$ por ser alternos internos entre paralelas.

Reemplazamos en (a) $\hat{\gamma}$ por su igual $\hat{\pi}'$ y nos queda que $\hat{\pi} + \hat{\pi}' = 180°$

Capítulo
23

Proporciones geométricas

Las proporciones geométricas son idénticas a las aritméticas. En realidad, estas últimas son una abstracción de las primeras, ya que las proporciones aritméticas consideran únicamente la medida –el número– de los segmentos en los que se basan las proporciones geométricas. Las propiedades de los dos tipos de proporciones son perfectamente intercambiables.

Una de las aplicaciones de la proporcionalidad geométrica es el cálculo, por medio de pequeños triángulos semejantes, de grandes distancias, como la comprendida entre dos estrellas, o de grandes alturas, como la de la secuoya de la ilustración.

Proporciones geométricas

Segmentos proporcionales

Dados cuatro segmentos en un cierto orden, si la razón de los dos primeros es igual a la razón de los dos segundos, dichos segmentos forman una proporción.

$$\left.\begin{array}{l} \text{si } \dfrac{AB}{CD} = m \\[2mm] \text{y } \dfrac{MN}{PQ} = m \end{array}\right\} \Rightarrow \dfrac{AB}{CD} = \dfrac{MN}{PQ}$$

$$\text{Si } \overline{AB} = 6 \text{ cm}$$
$$\overline{CD} = 3 \text{ cm}$$
$$\overline{MN} = 8 \text{ cm}$$
$$\overline{PQ} = 4 \text{ cm}$$

$$\left.\begin{array}{l} \dfrac{6}{3} = 2 \\[2mm] \dfrac{8}{4} = 2 \end{array}\right\} \Rightarrow \dfrac{6}{3} = \dfrac{8}{2}$$

Las proporciones entre segmentos gozan de las mismas propiedades que las proporciones numéricas.

Propiedades

Si tres o más paralelas son cortadas por dos transversales, a segmentos iguales en una de ellas, les corresponden segmentos iguales en la otra.

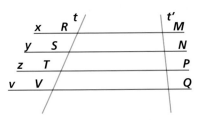

Así pues:

$x \parallel y \parallel z \parallel v$
t y t' transversales

$\text{Si } \overline{RS} = \overline{ST} = \overline{TV} \Rightarrow \overline{MN} = \overline{NP} = \overline{PQ}$

División de un segmento en partes iguales

Dado $\overline{MN}$, dividirlo en cuatro partes iguales.

Por el extremo M del segmento dado, se traza una semirrecta que forma con él un ángulo agudo; es decir, la semirrecta $\overline{MZ}$. En la misma se considera un segmento $\overline{MR}$ arbitrario, y se coloca a partir de M cuatro veces consecutivas. Quedan determinados los puntos S, T y U. Se une el último punto U con N.

Por los puntos R, S y T, se trazan las paralelas a $\overline{UN}$ que cortan al segmento $\overline{MN}$ en los puntos P, Q y A, que son los que dividen el segmento $\overline{MN}$ en cuatro partes iguales.

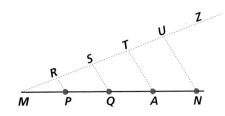

$$\overline{MP} = \overline{PQ} = \overline{QA} = \overline{AN}$$

Esta división se verifica aplicando la propiedad anterior en $\overline{MZ}$ y $\overline{MN}$ que son las transversales de las paralelas $\overline{RP} \parallel \overline{SQ} \parallel \overline{TA} \parallel \overline{UN}$.

Teorema de Tales

Si tres o más paralelas son cortadas por dos transversales, a segmentos proporcionales en una de ellas, les corresponden segmentos proporcionales en la otra.

$x \parallel y \parallel z;$ t y t' transversales

Demostrar: $\dfrac{\overline{RS}}{\overline{ST}} = \dfrac{\overline{MN}}{\overline{NP}}$

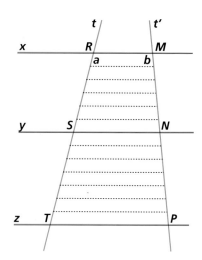

Consideramos un segmento cualquiera que esté contenido un número exacto de veces en $\overline{RS}$ y otro número exacto de veces en $\overline{ST}$. Por ejemplo, k veces en $\overline{RS}$ y u veces en $\overline{ST}$. En consecuencia:

$$\frac{\overline{RS} = k \cdot a}{\overline{ST} = u \cdot a}$$

$$\frac{\overline{RS}}{\overline{ST}} = \frac{k \cdot a}{u \cdot a}$$

dividiendo miembro a miembro dos igualdades se obtiene otra igualdad.

Como el segmento a es la unidad con que se han medido los $\overline{RS}$ y $\overline{ST}$ y, además, aparece como factor y divisor, se suprime:

$$\frac{\overline{RS}}{\overline{ST}} = \frac{k}{u} \qquad [1]$$

Por los puntos en que han quedado divididos los segmentos $\overline{RS}$ y $\overline{ST}$, se trazan paralelas a x, y, z, que determinan, sobre la otra transversal, segmentos iguales entre sí, que llamamos b.

Como el segmento a está contenido k veces en RS y u veces en $\overline{ST}$, por la propiedad anterior, que dice que «a segmentos iguales en una transversal le corresponden segmentos iguales en la otra», en consecuencia b está contenido k veces en $\overline{MN}$ y u veces en $\overline{NP}$.

$$\frac{\overline{MN} = k \cdot b}{\overline{NP} = u \cdot b}$$

$$\frac{\overline{MN}}{\overline{NP}} = \frac{k \cdot b}{u \cdot b}$$

dividiendo miembro a miembro y simplificando resulta:

$$\frac{\overline{MN}}{\overline{NP}} = \frac{k}{u} \qquad [2]$$

Comparando las igualdades [1] y [2] observamos que los segundos miembros son iguales. Ello implica que los primeros miembros también lo son.

Así se obtiene la proporcionalidad de los segmentos.

$$\frac{\overline{RS}}{\overline{ST}} = \frac{\overline{MN}}{\overline{NP}}$$

Se pueden considerar las siguientes proporciones, de acuerdo con la figura:

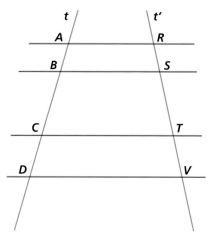

$$\frac{\overline{AB}}{\overline{BC}} = \frac{\overline{RS}}{\overline{ST}} \; ; \quad \frac{\overline{AB}}{\overline{CD}} = \frac{\overline{RS}}{\overline{TV}} \; ; \quad \frac{\overline{BC}}{\overline{CD}} = \frac{\overline{ST}}{\overline{TV}}$$

$$\frac{\overline{AC}}{\overline{CD}} = \frac{\overline{RT}}{\overline{TV}} \; ; \quad \frac{\overline{AB}}{\overline{BD}} = \frac{\overline{RS}}{\overline{SV}} \; ; \quad \frac{\overline{BD}}{\overline{CD}} = \frac{\overline{SV}}{\overline{TV}}$$

$$\frac{\overline{AC}}{\overline{BC}} = \frac{\overline{RT}}{\overline{ST}} \; ; \quad \frac{\overline{AC}}{\overline{AB}} = \frac{\overline{RT}}{\overline{RS}} \; ; \quad \frac{\overline{BD}}{\overline{BC}} = \frac{\overline{SV}}{\overline{ST}}$$

▶ Corolario

De acuerdo con el teorema de Tales, se obtiene, como conclusión, el siguiente corolario:

Toda paralela a un lado de un triángulo divide a los otros dos en segmentos proporcionales.

1)

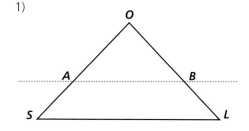

$S\hat{O}L; \; \overline{AB} \parallel \overline{SL}$

$$\frac{\overline{SA}}{\overline{AO}} = \frac{\overline{LB}}{\overline{BO}} ; \quad \frac{\overline{SO}}{\overline{SA}} = \frac{\overline{LO}}{\overline{LB}} ; \quad \frac{\overline{SO}}{\overline{AO}} = \frac{\overline{LO}}{\overline{BO}}$$

2)

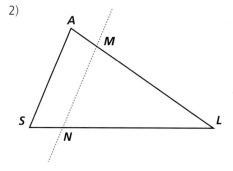

$\hat{SAL}$; $\overline{MN} \parallel \overline{AS}$

$$\frac{\overline{AL}}{} = \frac{\overline{SL}}{\overline{NL}}; \quad \frac{\overline{AM}}{\overline{ML}} = \frac{\overline{SN}}{\overline{NL}}; \quad \frac{\overline{AL}}{\overline{AM}} = \frac{\overline{SL}}{\overline{SN}}$$

3)

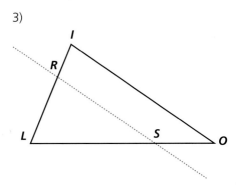

$\hat{LIO}$; $\overline{RS} \parallel \overline{IO}$

$$\frac{\overline{LR}}{\overline{RI}} = \frac{\overline{LS}}{\overline{SO}}; \quad \frac{\overline{LI}}{\overline{LR}} = \frac{\overline{LO}}{\overline{LS}}; \quad \frac{\overline{LI}}{\overline{RI}} = \frac{\overline{LO}}{\overline{SO}}$$

Construcción de un segmento que sea cuarto proporcional a otros tres segmentos dados

De acuerdo con la definición de proporción, se deduce que para que un segmento x sea cuarto proporcional a otros tres segmentos dados, m, n, p, se debe verificar que:

$$\frac{m}{n} = \frac{p}{x}$$

Dados los segmentos:

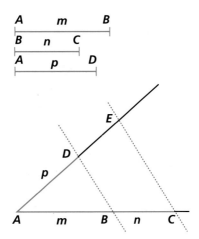

Se construyen dos semirrectas de origen A, que forman entre sí un ángulo de origen A. A uno de los lados del ángulo se transporta el segmento m = $\overline{AB}$, consecutivamente n = $\overline{BC}$. Al otro lado del ángulo se transporta p = $\overline{AD}$.

Se une el extremo D con B y por C se traza una paralela a $\overline{DB}$, determinando el punto E. El segmento $\overline{DE}$ es x, es decir, el cuarto proporcional.

Construcción de un segmento que sea tercero proporcional a otros dos segmentos

De acuerdo con la definición de proporción continua (sus medios son iguales), se deduce que para que un segmento x sea tercero proporcional a otros dos segmentos dados, m, n, se ha de verificar que:

$$\frac{m}{n} = \frac{n}{x}$$

Dados los segmentos:

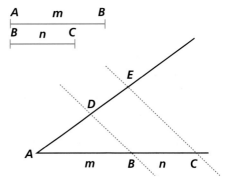

Se construyen dos semirrectas que forman un ángulo de origen A. A uno de los lados del ángulo se transporta el segmento m = $\overline{AB}$; consecutivamente el segmento n = $\overline{BC}$. Al otro lado del ángulo se transporta n = $\overline{BC}$ = $\overline{AD}$. El extremo D se une con B. Por el extremo C se traza una paralela a $\overline{DB}$, determinando el punto E.

El segmento $\overline{DE}$ es el segmento x, es decir, el tercero proporcional.

Dividir un segmento cualquiera en partes proporcionales

Sea dividir un segmento $\overline{AB}$ en partes proporcionales a $\frac{2}{5}$

Se construye el segmento $\overline{AB}$ y por el extremo A se traza una semirrecta $\overrightarrow{AZ}$. En la semirrecta $\overrightarrow{AZ}$ se construye $\overline{AC}$ = 2 y consecutivamente $\overline{CD}$ = 5.

Luego se une D con B y por el extremo C se traza una paralela a $\overline{DB}$, determinando el punto P. De esta manera el segmento $\overline{AB}$ ha quedado dividido en partes proporcionales a $\dfrac{2}{5}$.

$$\frac{AP}{PB} = \frac{2}{5}$$

◤ Ejercicios de recapitulación

1) Calcular, de acuerdo con la figura, aplicando el teorema de Tales:

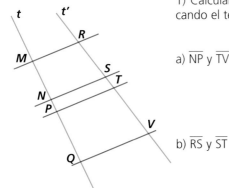

a) $\overline{NP}$ y $\overline{TV}$ si $\overline{RS}$ = 8 cm
                           $\overline{ST}$ = 2,4 cm
                           $\overline{PQ}$ = 10 cm
                           $\overline{MN}$ = 2,5 cm

b) $\overline{RS}$ y $\overline{ST}$ si $\overline{NP}$ = 6 cm
                           $\overline{MN}$ = 8 cm
                           $\overline{PQ}$ = 10 cm
                           $\overline{TV}$ = 12 cm

Solución:

a) Se escribe la proporción de acuerdo con los datos e incluyendo una de las incógnitas.

$$\frac{\overline{MN}}{\overline{NP}} = \frac{\overline{RS}}{\overline{ST}}$$

Se reemplaza por los valores

$$\frac{2,5}{\overline{NP}} = \frac{8}{2,4}$$

Se despeja la incógnita

$$\overline{NP} = \frac{2,5 \cdot 2,4}{8} = 0,75 \text{ cm}$$

$$\overline{NP} = 0,75 \text{ cm}$$

Para hallar $\overline{TV}$, se escribe la proporción de acuerdo con los datos e incluyendo la incógnita.

$$\frac{\overline{MN}}{\overline{PQ}} = \frac{\overline{RS}}{\overline{TV}}$$

Se reemplaza por los datos

$$\frac{2,5}{10} = \frac{8}{\overline{TV}}$$

Se despeja:

$$\overline{TV} = \frac{10 \cdot 8}{2,5} = 32 \text{ cm}$$

$$\overline{TV} = 32 \text{ cm}$$

b) Para hallar RS, también se forma la proporción incluyendo la incógnita.

$$\frac{\overline{MN}}{\overline{PQ}} = \frac{\overline{RS}}{\overline{TV}} \Rightarrow \frac{8}{10} = \frac{\overline{RS}}{12} \Rightarrow$$

$$\Rightarrow \overline{RS} = \frac{8 \cdot 12}{10} = 9,6 \text{ cm}$$

$$\overline{RS} = 9,6 \text{ cm}$$

Para hallar $\overline{ST}$, se procede igual:

$$\frac{\overline{NP}}{\overline{PQ}} = \frac{\overline{ST}}{\overline{TV}} \Rightarrow \frac{6}{10} = \frac{\overline{ST}}{12} \Rightarrow$$

$$\Rightarrow \overline{ST} = \frac{6 \cdot 12}{10} = 7,2 \text{ cm}$$

$$\overline{ST} = 7,2 \text{ cm}$$

2) Resolver, aplicando la consecuencia del teorema de Tales:

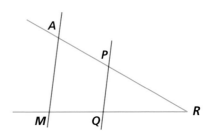

$M\hat{A}R$; $\overline{PQ} \parallel \overline{MA}$

$\overline{AR}$ = 16 cm
$\overline{MQ}$ = 6 cm
$\overline{QR}$ = 9 cm   Hallar $\overline{PR}$

Solución:

Aplicando la consecuencia del teorema de Tales, formamos la proporción incluyendo la incógnita:

$$\frac{\overline{AR}}{\overline{PR}} = \frac{\overline{MR}}{\overline{QR}}$$

Se reemplaza por los datos

$$\overline{MR} = \overline{MQ} + \overline{QR}$$

$$MR = 6 \text{ cm} + 9 \text{ cm}$$

23

MR = 15 cm

$$\frac{16}{\overline{PR}} = \frac{15}{9}$$

Se despeja:

$$\overline{PR} = \frac{16 \cdot 9}{15} = 9,6 \text{ cm}$$

$$\overline{PR} = 9,6 \text{ cm}$$

3) En un triángulo, toda bisectriz de un ángulo interior divide al lado opuesto en segmentos proporcionales a los otros dos lados (*propiedad de la bisectriz del ángulo interior de un triángulo*). Resolver, aplicando esta propiedad, el triángulo:

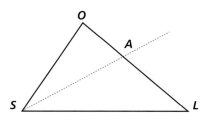

$S\hat{O}L$; $\overrightarrow{SA}$ bisectriz de $\hat{S}$.

$\overline{SO} = 18$ cm
$\overline{AL} = 5$ cm
$\overline{OL} = 13$ cm   Hallar $\overline{SL}$

Solución:

De acuerdo con la propiedad, la proporción es:

$$\frac{\overline{SO}}{\overline{OA}} = \frac{\overline{SL}}{\overline{AL}}$$

Los valores son:

$\overline{OA} = \overline{OL} - \overline{AL}$
$\overline{OA} = 13$ cm $- 5$ cm
$\overline{OA} = 8$ cm

Reemplazamos en la proporción:

$$\frac{18}{8} = \frac{\overline{SL}}{5} \Rightarrow \overline{SL} = \frac{18 \cdot 5}{8} = 11,25 \text{ cm}$$

4) Hallar el cuarto proporcional de $\overline{MA} =$ = 5 cm; $\overline{AN}$ = 3 cm y $\overline{MO}$ = 6 cm.

Solución:

Para hallar el cuarto proporcional, se traza una semirrecta de origen M y se transportan los segmentos $\overline{MA}$ y $\overline{AN}$. Se traza otra semirrecta de origen M, que forme con la anterior un ángulo agudo y se transporta a ella el segmento $\overline{MO}$.

Se une O con A y por N se traza una paralela a $\overline{OA}$, obteniendo el punto P. $\overline{OP}$ es el cuarto proporcional.

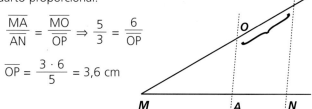

$$\frac{\overline{MA}}{\overline{AN}} = \frac{\overline{MO}}{\overline{OP}} \Rightarrow \frac{5}{3} = \frac{6}{\overline{OP}}$$

$$\overline{OP} = \frac{3 \cdot 6}{5} = 3,6 \text{ cm}$$

5) Hallar el tercero proporcional de $\overline{RS} =$ = 3 cm; $\overline{ST}$ = 5 cm.

Solución:

Mediante un procedimiento análogo y aplicando una proporción continua:

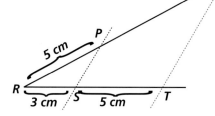

$$\frac{\overline{RS}}{\overline{ST}} = \frac{\overline{RP}}{\overline{PQ}} \qquad \overline{RP} = \overline{ST}$$

$$\frac{3}{5} = \frac{5}{\overline{PQ}} \Rightarrow \overline{PQ} = \frac{5 \cdot 5}{3} = 8,33 \text{ cm}$$

6) Dividir un segmento cualquiera PT en partes proporcionales a $\frac{5}{6}$

Solución:

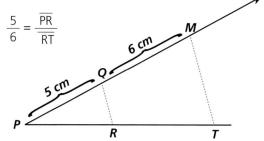

$$\frac{5}{6} = \frac{\overline{PR}}{\overline{RT}}$$

Dado el segmento $\overline{PT}$ y por el extremo P, se traza una semirrecta $\overrightarrow{PA}$ y en ella se toma $\overline{PQ}$ = 5 cm y $\overline{QM}$ = 6 cm.

El extremo M se une con T y por Q se traza una paralela a $\overline{MT}$, obteniéndose R.

23

Capítulo

24

Figuras geométricas

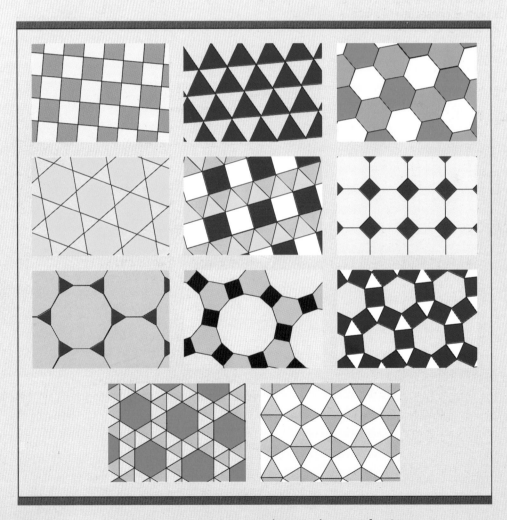

Algunas investigaciones matemáticas pueden resultar tan fascinantes como un buen caso de *serie negra*. Por ejemplo, utilizando únicamente polígonos regulares ¿de cuántos modos puede recubrirse una superficie? ¿Habrá infinitos modos, ya que hay infinitos polígonos, o los posibles recubrimientos son finitos? La respuesta es curiosamente un número primo: 11. Combinando polígonos regulares sólo es posible realizar los 11 recubrimientos representados en la figura.

Figuras geométricas

Polígono

La palabra polígono está formada por dos voces de origen griego: «polys» (mucho) y «gonía» (ángulo).

Polígono convexo

Dados tres o más puntos pertenecientes a un mismo plano, y que tres de ellos no estén alineados y que las rectas determinadas por dos de los puntos consecutivos dejen a los restantes en un mismo semiplano, se llama polígono convexo a la intersección de todos esos semiplanos.

A_1 ; B_1 ; C_1 ; D_1 ; E_1

A_2 ; B_2 ; C_2 ; D_2 ; E_2

semiplanos

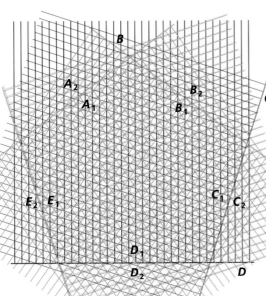

Polígono convexo ABCDE =
= $A_1 \cap B_1 \cap C_1 \cap D_1 \cap E_1$

Elementos de un polígono

• **Ángulos del polígono**: son los formados por su lados, al cortarse dos a dos.

• **Vértice del polígono**: son los vértices de sus lados.
• **Diagonal**: es la recta que une dos vértices no consecutivos.

A, B, C, D, E: vértices.

$\overline{AB}$, $\overline{BC}$, $\overline{CD}$, $\overline{DE}$, $\overline{EA}$: lados

$\hat{A}$, $\hat{B}$, $\hat{C}$, $\hat{D}$, $\hat{E}$: ángulos interiores

$\hat{\alpha}$, $\hat{\beta}$, $\hat{\gamma}$, $\hat{\delta}$, $\hat{\epsilon}$: ángulos exteriores

$\overline{AC}$, $\overline{AD}$, $\overline{BE}$, $\overline{BD}$, $\overline{CE}$: diagonales.

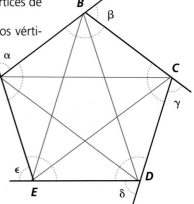

Clasificación de los polígonos

Atendiendo al número de lados, se clasifican de la siguiente manera:

de tres lados → triángulo
de cuatro lados → cuadrilátero
de cinco lados → pentágono
de seis lados → hexágono
de siete lados → heptágono
de ocho lados → octógono
de nueve lados → eneágono
de diez lados → decágono
de once lados → undecágono
de doce lados → dodecágono
de quince lados → pentadecágono
de veinte lados → icoságono

Los polígonos de n lados se llaman por el nombre de la cantidad de lados. Así, el polígono de 22 lados se llama polígono de veintidós lados.

Polígono regular

Un polígono convexo se llama regular cuando tiene sus lados y sus ángulos iguales.

ABCDEF $\begin{cases} \overline{AB} = \overline{BC} = \overline{CD} = \overline{DE} = \overline{EF} = \overline{FA} \\ \hat{A} = \hat{B} = \hat{C} = \hat{D} = \hat{E} = \hat{F} \end{cases}$ regular

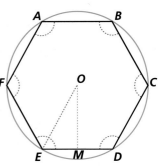

En un polígono regular existen otros elementos destacados:
• **centro**: es el punto interior equidistante de los vértices del polígono.

LA GEOMETRÍA NATURAL

Pappus, en uno de sus libros de la *Colección Pappus* hace una citación sobre la sagacidad de las abejas que dice así:

«Las abejas conocen solamente lo que les es útil, o sea, que el hexágono es mayor que el cuadrado y que el triángulo, y que con una misma cantidad de materia utilizada para la construcción de cada figura, el hexágono podrá contener más miel. Pero en cuanto a nosotros, que pretendemos poseer una mayor parte que las abejas en la sabiduría, investigaremos algo más amplio, a saber, que de todas las figuras planas equiláteras y equiángulas de idéntico perímetro, la que tiene un número mayor de ángulos es siempre mayor, y la mayor de todas es el círculo que tiene su mismo perímetro.»

¿Qué ha llevado a las abejas a construir las celdas de sus panales en forma de hexágono, consiguiendo así un aprovechamiento matemático perfecto del espacio? ¿El instinto, la selección natural o quizás existió alguna vez la abeja Euclides que las iluminó en el camino de la geometría?

• **radio**: es el segmento comprendido entre el centro del polígono y cada uno de los vértices (es igual al radio de la *circunferencia circunscrita*, es decir, que pasa por todos los vértices del polígono).

• **apotema**: es el segmento comprendido entre el centro y cada uno de los puntos medios de los lados (es igual al radio de la *circunferencia inscrita*, es decir, la que es tangente a todos los lados del polígono).

Suma de los ángulos interiores de un polígono

La suma de los ángulos interiores de un polígono es igual a dos rectos por el número de lados menos dos.

$$\sum_{\hat{A}}^{n} = 2R\,(n-2)$$

suma de los ángulos interiores ($\hat{A}$) del polígono.

Para la demostración consideramos un triángulo.

Sea el triángulo ABC de la figura en la que hemos dibujado una recta *r* paralela al lado $\overline{AB}$ por el punto C.

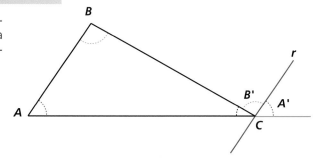

Se tiene $\hat{A}' + \hat{B}' + \hat{C} = 180° = 2R$

Por otra parte, $\hat{A} = \hat{A}'$ por ser ángulos correspondientes, y $B = B'$ por ser alternos internos.

Luego $\hat{A} + \hat{B} + \hat{C} = 180° = 2R$, es decir, los ángulos interiores de un triángulo suman tantas veces dos rectos (2R) como lados tiene (3) menos 2 (1). Tomemos ahora un pentágono (por ejemplo).

Consideramos un punto O interior al polígono ABCDE y unimos cada vértice con el centro O, quedando determinados los triángulos de la figura:

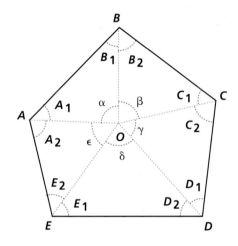

$A\hat{B}O \rightarrow \hat{A}_1 + \hat{B}_1 + \hat{\alpha} = 2R$

$B\hat{O}C \rightarrow \hat{B}_2 + \hat{\beta} + \hat{C}_1 = 2R$

$C\hat{O}D \rightarrow \hat{C}_2 + \hat{\gamma} + \hat{D}_1 = 2R$

$D\hat{O}E \rightarrow \hat{D}_2 + \hat{\delta} + \hat{E}_1 = 2R$

$E\hat{O}A \rightarrow \hat{E}_2 + \hat{\epsilon} + \hat{A}_2 = 2R$

por ser suma de los ángulos interiores de un triángulo.

Sumando miembro a miembro

$$\overbrace{}^{\text{Políg. ABCDE}}$$

$A\hat{B}O + B\hat{O}C + C\hat{O}D + D\hat{O}E + E\hat{O}A =$
$\Downarrow$

$= \hat{A}_1 + \hat{B}_1 + \hat{\alpha} + \hat{B}_2 +$

$+ \hat{\beta} + \hat{C}_1 + \hat{C}_2 + \hat{\gamma} +$

$+ \hat{D}_1 + \hat{D}_2 + \hat{\gamma} + \hat{E}_1 +$

$+ \hat{E}_2 + \hat{\epsilon} + \hat{A}_2 = 2R \cdot 5$ [1]

Como

$$\left.\begin{array}{l} \hat{A}_1 + \hat{A}_2 = \hat{A} \\ \hat{B}_1 + \hat{B}_2 = \hat{B} \\ \hat{C}_1 + \hat{C}_2 = \hat{C} \\ \hat{D}_1 + \hat{D}_2 = \hat{D} \\ \hat{E}_1 + \hat{E}_2 = \hat{E} \end{array}\right\} \text{ se reemplaza en [1]}$$

Polígono ABCDE $= (\hat{A} + \hat{B} + \hat{C} + \hat{D} + \hat{E}) + (\hat{\alpha} + \hat{\beta} + \hat{\gamma} + \hat{\delta} + \hat{\epsilon}) = 2R \cdot 5$; como $\hat{\alpha} + \hat{\beta} + \hat{\gamma} + \hat{\delta} + \hat{\epsilon} = 4R$ porque forman un ángulo de 360° (4R) pasa al otro miembro restando:

Polígono ABCDE $= \hat{A} + \hat{B} + \hat{C} + \hat{D} + \hat{E} =$
$= 2R \cdot 5 - 4R$

se saca factor común 2R

Polígono ABCDE $= (\hat{A} + \hat{B} + \hat{C} + \hat{D} + \hat{E}) =$
$= 2R (5 - 2)$

Polígono ABCDE $=$

$$\sum_{\hat{A}}^{n=5} = 2R (5 - 2)$$

Para cualquier número de lados del polígono

$$\sum_{\hat{A}}^{n} = 2R (n - 2)$$

La suma de los ángulos exteriores de cualquier polígono es siempre igual a 4R.

Polígonos semejantes

Un polígono es semejante a otro cuando sus lados son proporcionales y sus ángulos respectivamente iguales.

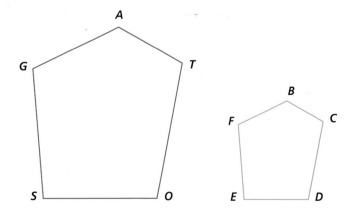

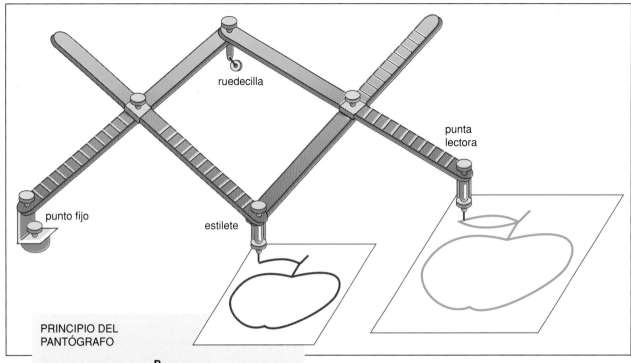

ruedecilla

punta lectora

punto fijo

estilete

PRINCIPIO DEL PANTÓGRAFO

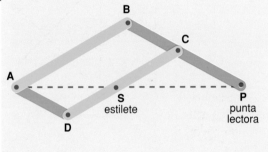

B

C

A

S
estilete

P
punta lectora

D

El pantógrafo es un instrumento clásico para reproducir figuras a diferente escala. Al varias las relaciones de los lados del paralelogramo ABCD es posible obtener figuras semejantes a la original —cuyo contorno se sigue con la punta lectora P—, en cualquier proporción, dibujadas por el estilete S.

$$\frac{\overline{GA}}{\overline{FB}} = \frac{\overline{AT}}{\overline{BC}} = \frac{\overline{TO}}{\overline{CD}} = \frac{\overline{OS}}{\overline{DE}} = \frac{\overline{SG}}{\overline{EF}} =$$

$$\hat{A} = \hat{B} \qquad \hat{T} = \hat{C}$$
$$\hat{G} = \hat{F} \qquad \hat{O} = \hat{D} \qquad \hat{S} = \hat{E}$$

GATOS ~ FBCDE

◤ Teorema fundamental de la semejanza de polígonos

Si por un punto cualquiera del primer lado de un polígono se traza una paralela al segundo lado, hasta cortar la primera diagonal, y por esta intersección una paralela al tercer lado, hasta cortar a la segunda diagonal, y así sucesivamen-

te, hasta cortar al último lado, el polígono que resulta es semejante al dado.

Como puede observarse este teorema es una aplicación del de Tales.

◤ Perímetro de un polígono

El perímetro de un polígono es igual a la suma de las longitudes de sus lados.

En un polígono regular, como todos los lados miden lo mismo, su perímetro (P) se obtiene multiplicando la longitud de un lado *l* por el número de lados del polígono *n*.

$$P = n \cdot l$$

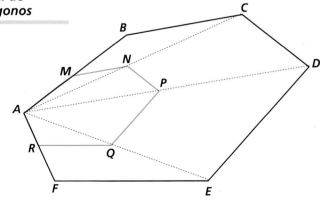

Ejercicios de recapitulación

1) Hallar el número de lados de un polígono regular, si la suma de los ángulos interiores es igual a 3 780°.

$$\sum_{\hat{A}}^{n} = 2R\ (n-2)$$

$$3\,780° = 180°\ (n-2)$$

$$\frac{3\,780°}{180°} = n-2$$

$$\frac{3\,780°}{180°} + 2 = n$$

$$21 + 2 = n$$

$$23 = n$$

2) Si la suma de los ángulos interiores de un polígono regular es de 2 700°, ¿cuál es el número de lados del polígono?

$$\sum_{\hat{A}}^{n} = 2R\ (n-2)$$

$$2\,700° = 180°\ (n-2)$$

$$\frac{2\,700°}{180°} = n-2$$

$$\frac{2\,700°}{180°} + 2 = n$$

$$15 + 2 = n$$

$$17 = n$$

Para pensar...

Tangram

El tangram es un antiguo rompecabezas de origen chino. Utilizando siempre las siete figuras geométricas de las que se compone —sin superponerlas, ni ponerlas de pie— hay que obtener los más variados dibujos. ¿Sabría componer las seis embarcaciones de la figura?

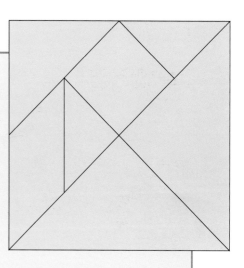

Compruebe su percepción geométrica componiendo estas seis figuras con las siete piezas del tangram. Primero, copie en cartulina las piezas del cuadrado superior.

Triángulo

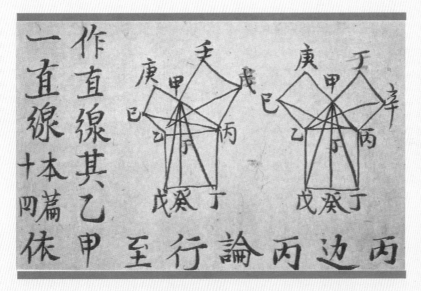

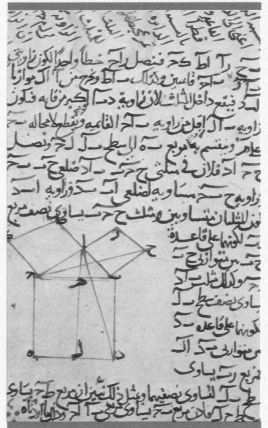

Los triángulos son las figuras geométricas
más importantes, ya que cualquier polígono con un
número mayor de lados puede reducirse a una
sucesión de triángulos, trazando todas las
diagonales a partir de un vértice, o uniendo
todos sus vértices con un punto interior del
polígono. Y de entre todos los triángulos sobresale
el triángulo rectángulo, cuyos lados satisfacen la
relación métrica conocida como *teorema de
Pitágoras*. Las ilustraciones reproducen dos páginas
manuscritas –una en árabe del siglo XIII y otra en
chino del siglo XVII– relativas a este teorema: «La
superficie del cuadrado construido sobre la
hipotenusa es igual a la suma de las superficies de
los cuadrados construidos sobre los catetos».

Triángulo

Triángulo es el polígono de tres lados.

Elementos del triángulo

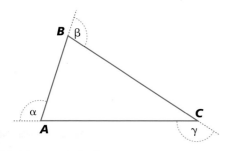

vértices: A, B, C

lados: $\overline{AB}$, $\overline{BC}$, $\overline{CA}$

áng. int.: $\hat{A}$, $\hat{B}$, $\hat{C}$,

áng. ext.: $\hat{\alpha}$, $\hat{\beta}$, $\hat{\gamma}$.

Clasificación de triángulos

a) Según sus lados:

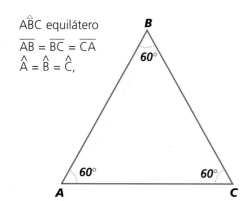

$A\hat{B}C$ equilátero

$\overline{AB} = \overline{BC} = \overline{CA}$

$\hat{A} = \hat{B} = \hat{C}$,

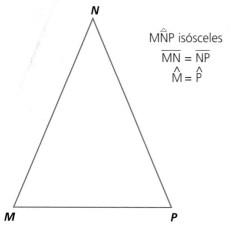

$M\hat{N}P$ isósceles

$\overline{MN} = \overline{NP}$

$\hat{M} = \hat{P}$

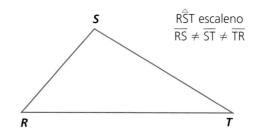

$R\hat{S}T$ escaleno

$\overline{RS} \neq \overline{ST} \neq \overline{TR}$

b) Según sus ángulos:

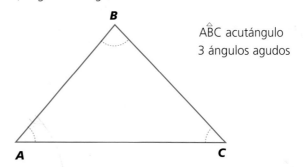

$A\hat{B}C$ acutángulo

3 ángulos agudos

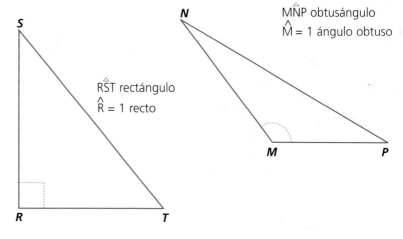

$R\hat{S}T$ rectángulo

$\hat{R}$ = 1 recto

$M\hat{N}P$ obtusángulo

$\hat{M}$ = 1 ángulo obtuso

Propiedad de los ángulos interiores de un triángulo

La suma de los ángulos interiores de un triángulo es igual a dos rectos.

$$\hat{A} + \hat{B} + \hat{C} = 2R = 180°$$

(esta propiedad está demostrada en el ca-pítulo «Polígonos»).

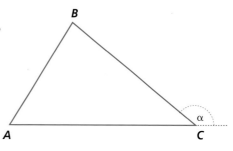

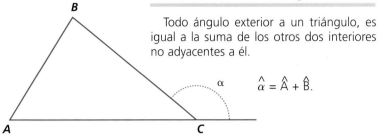

▶ Propiedades del ángulo exterior de un triángulo

Todo ángulo exterior a un triángulo, es igual a la suma de los otros dos interiores no adyacentes a él.

$$\hat{\alpha} = \hat{A} + \hat{B}.$$

Por la propiedad de los ángulos interiores de un triángulo:

$$\hat{A} + \hat{B} + \hat{C} = 2R$$

$$\hat{\alpha} + \hat{C} = 2R \text{ por ser adyacentes}$$

Comparando las dos igualdades, los segundos miembros son iguales, y ello implica que los primeros también son iguales.

$$\hat{A} + \hat{B} + \hat{C} = \hat{\alpha} + \hat{C}$$

pasamos $\hat{C}$ al segundo miembro, con la operación contraria.

$$\hat{A} + \hat{B} + \hat{C} - \hat{C} = \hat{\alpha}$$

Como $\hat{C}$ está sumando y restando, se elimina.

$$\hat{A} + \hat{B} = \hat{\alpha}$$

▶ Propiedades relativas a los lados y ángulos de un triángulo

1) En un triángulo, cada lado es menor que la suma de los otros dos y mayor que su diferencia.

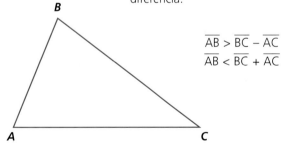

$$\overline{AB} > \overline{BC} - \overline{AC}$$
$$\overline{AB} < \overline{BC} + \overline{AC}$$

2) En todo triángulo, a lados iguales se oponen ángulos iguales y, cuanto mayor es el lado, mayor es el ángulo opuesto.

Consecuencias
3) En un triángulo solamente puede haber un ángulo recto u obtuso.

4) Cada ángulo de un triángulo equilátero vale 60°.

◀ Criterios de igualdad de triángulos

Primer criterio.
Dos triángulos son iguales cuando tienen dos lados y el ángulo comprendido respectivamente iguales.

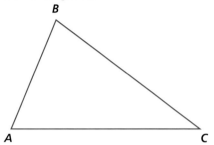

Problema: Dado $\hat{ABC}$, construir otro igual a él que tenga dos lados iguales y el ángulo comprendido igual.
Solución: Se traza una semirrecta de origen A', se transporta la longitud del lado $\overline{AC}$. Se transporta el ángulo $\hat{A}$ y, en el lado del ángulo A', se transporta el lado $\overline{AB}$, determinando el punto B'.

Se une B' con C' y queda determinado el triángulo.

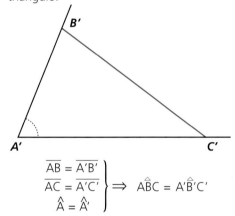

$$\left.\begin{array}{c} \overline{AB} = \overline{A'B'} \\ \overline{AC} = \overline{A'C'} \\ \hat{A} = \hat{A'} \end{array}\right\} \Rightarrow \hat{ABC} = A'\hat{B}'C'$$

Segundo criterio.
Dos triángulos son iguales cuando tienen un lado y los dos ángulos adyacentes a él respectivamente iguales.

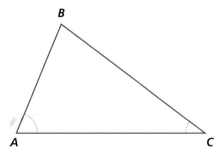

Problema: Dado $\hat{ABC}$, construir otro igual a él que tenga un lado y los dos ángulos adyacentes a él iguales.

Solución: Se traza una semirrecta de origen A' y se transporta el lado $\overline{AC}$ y sobre dicho lado los ángulos $\hat{A}$ y $\hat{C}$. Donde se cortan los lados del ángulo $\hat{A}$ y $\hat{C}$ determinan el B'.

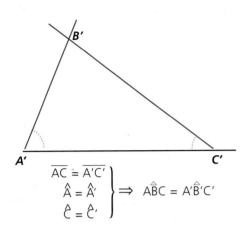

$$\left.\begin{array}{l}\overline{AC} = \overline{A'C'} \\ \hat{A} = \hat{A'} \\ \hat{C} = \hat{C'}\end{array}\right\} \Rightarrow \ A\hat{B}C = A'\hat{B'}C'$$

Tercer criterio.

Dos triángulos son iguales cuando tienen sus tres lados respectivamente iguales.

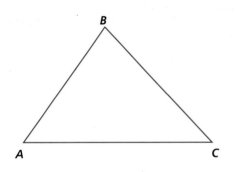

Problema: Dado $A\hat{B}C$, construir otro igual a él que tenga los tres lados iguales.

Solución: Se traza una semirrecta de origen A' y se transporta el lado $\overline{AC}$. Se toma con el compás la longitud del segmento $\overline{AB}$ y en el extremo A' se transporta dicha medida haciendo un arco y, de la misma forma, se transporta la longitud $\overline{BC}$ al extremo C', cortando el arco anterior que determina el punto B'.

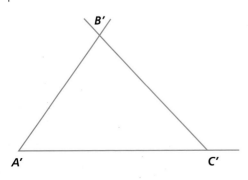

$$\left.\begin{array}{l}\overline{AB} = \overline{A'B'} \\ \overline{AC} = \overline{A'C'} \\ \overline{BC} = \overline{B'C'}\end{array}\right\} \Rightarrow \ A\hat{B}C = A'\hat{B'}C'$$

Cuarto criterio.

Dos triángulos son iguales cuando tienen dos lados y el ángulo opuesto al mayor de ellos, respectivamente iguales.

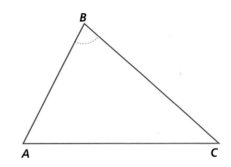

Problema: Dado $A\hat{B}C$, construir un triángulo igual al dado.

$$\overline{AC} > \overline{AB} \ ; \ \hat{B} \ \text{opuesto} \ \overline{AC}$$

Solución: Se traza una semirrecta de origen A' y se transporta $\overline{AB}$ y, sobre el extremo B', se construye el ángulo igual a $\hat{B}$. Con el compás se toma la longitud $\overline{AC}$ y se transporta al extremo A', haciendo un arco que corte el lado del ángulo $\hat{B}$, quedando determinado el punto C'.

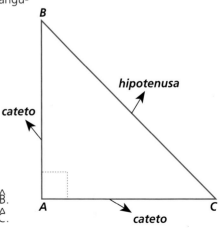

$$\left.\begin{array}{l}\overline{AB} = \overline{A'B'} \\ \overline{AC} = \overline{A'C'} \\ \hat{B} = \hat{B'}\end{array}\right\} \Rightarrow \ A\hat{B}C = A'\hat{B'}C'$$

◣ Triángulos rectángulos

Todo triángulo rectángulo tiene un ángulo recto y los otros dos son agudos.

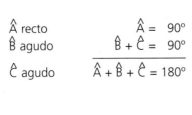

$\hat{A}$ recto $\hat{A} = 90°$

$\hat{B}$ agudo $\hat{B} + \hat{C} = 90°$

$\hat{C}$ agudo $\overline{\hat{A} + \hat{B} + \hat{C} = 180°}$

hipotenusa $\overline{BC}$, opuesta al $\hat{A}$ recto.
cateto $\overline{AC}$, opuesto al ángulo agudo $\hat{B}$.
cateto $\overline{AB}$, opuesto al ángulo agudo $\hat{C}$.

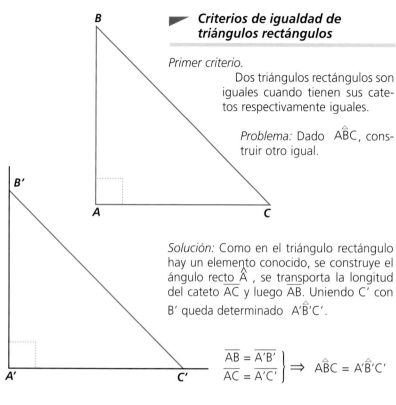

Criterios de igualdad de triángulos rectángulos

Primer criterio.

Dos triángulos rectángulos son iguales cuando tienen sus catetos respectivamente iguales.

Problema: Dado $A\hat{B}C$, construir otro igual.

Solución: Como en el triángulo rectángulo hay un elemento conocido, se construye el ángulo recto $\hat{A}$, se transporta la longitud del cateto $\overline{AC}$ y luego $\overline{AB}$. Uniendo C′ con B′ queda determinado $A'\hat{B}'C'$.

$$\left. \begin{array}{c} \overline{AB} = \overline{A'B'} \\ \overline{AC} = \overline{A'C'} \end{array} \right\} \Rightarrow A\hat{B}C = A'\hat{B}'C'$$

Segundo criterio.

Dos triángulos rectángulos son iguales cuando tienen un cateto y un ángulo agudo respectivamente iguales.

Problema: Dado $A\hat{B}C$, construir otro triángulo igual.

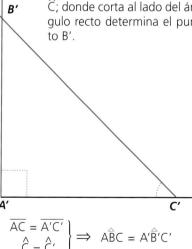

Solución: Se construye el ángulo recto, se transporta la longitud $\overline{AC}$ y luego el ángulo $\hat{C}$; donde corta al lado del ángulo recto determina el punto B′.

$$\left. \begin{array}{c} \overline{AC} = \overline{A'C'} \\ \hat{C} = \hat{C}' \end{array} \right\} \Rightarrow A\hat{B}C = A'\hat{B}'C'$$

Tercer criterio.

Dos triángulos rectángulos son iguales cuando tienen la hipotenusa y un ángulo agudo respectivamente iguales.

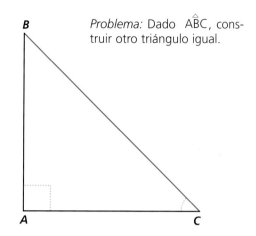

Problema: Dado $A\hat{B}C$, construir otro triángulo igual.

Solución: Se construye una semirrecta de origen B′ y se transporta la hipotenusa $\overline{BC}$. Al extremo C′, se transporta el ángulo $\hat{C}$. Por el extremo B′ se traza una perpendicular al lado opuesto y se construye el ángulo $\hat{A}$.

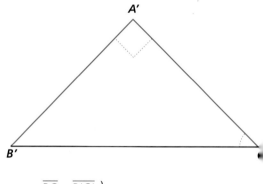

$$\left. \begin{array}{c} \overline{BC} = \overline{B'C'} \\ \hat{C} = \hat{C}' \end{array} \right\} \Rightarrow A\hat{B}C = A'\hat{B}'C'$$

Cuarto criterio.

Dos triángulos rectángulos son iguales, cuando tienen la hipotenusa y un cateto respectivamente iguales.

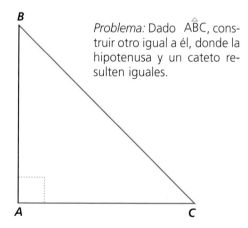

Problema: Dado $A\hat{B}C$, construir otro igual a él, donde la hipotenusa y un cateto resulten iguales.

Solución: Se construye una semirrecta de origen A′, se transporta la longitud del cateto $\overline{AC}$ y luego se construye el ángulo recto $\hat{A}$. Con el compás se transporta la hipotenusa $\overline{BC}$, apoyando en C' corta al lado del ángulo recto determinando el punto B'.

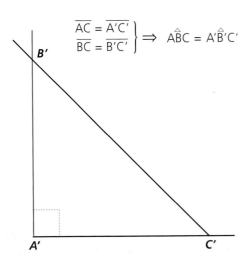

$$\left. \begin{array}{l} \overline{AC} = \overline{A'C'} \\ \overline{BC} = \overline{B'C'} \end{array} \right\} \Rightarrow \quad A\hat{B}C = A'\hat{B}'C'$$

Puntos notables del triángulo

Los puntos notables del triángulo son: circuncentro, incentro, ortocentro y baricentro.

• **Mediatriz** es una recta perpendicular al lado en su punto medio.

Las mediatrices de un triángulo concurren en un punto llamado *circuncentro,* que equidista de los vértices del mismo y es centro de una circunferencia circunscrita a él.

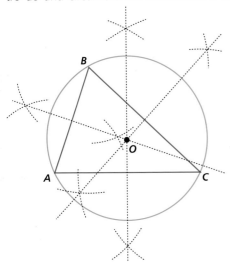

$$M_a \cap M_b \cap M_c \equiv O \text{ (circuncentro)}$$
C (O;$\overline{AO}$) circunferencia de centro O
y radio $\overline{AO}$

O equidista de A
O equidista de B
O equidista de C

• **Bisectriz** es la semirrecta interior del ángulo que lo divide en dos ángulos iguales.

Las bisectrices de los ángulos interiores de un triángulo concurren en un punto llamado *incentro,* que equidista de los lados del mismo y es centro de una circunferencia inscrita en él.

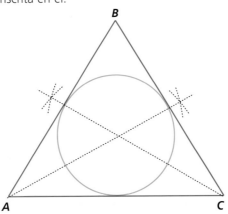

$$B_a \cap B_b \cap B_c \equiv I \text{ (incentro)}$$
I equidista de $\overline{AB}$
I equidista de $\overline{BC}$
I equidista de $\overline{AC}$

• **Altura** es el segmento perpendicular comprendido entre el vértice y el lado opuesto.

Las rectas a las que pertenecen las alturas de un triángulo concurren en un punto llamado ortocentro.

$$H_a \cap H_b \cap H_c \equiv H \text{ (ortocentro)}$$

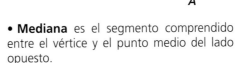

• **Mediana** es el segmento comprendido entre el vértice y el punto medio del lado opuesto.

Las medianas de un triángulo concurren en un punto llamado *baricentro,* que dista 2/3 del vértice de la mediana correspondiente.

$$M_a: \text{mediana} \quad \begin{array}{l} \overline{AT} = \overline{TB} \\ \overline{BS} = \overline{SC} \\ \overline{AR} = \overline{RC} \end{array}$$

$$M_{a_A} \cap M_{a_B} \cap M_{a_C} \equiv B' \text{ (baricentro)}$$

$$\overline{BB'} = \frac{2}{3} \text{ de } \overline{BR} \Rightarrow \overline{BR} = \underset{\frac{2}{3}}{\overline{BB'}} + \underset{\frac{1}{3}}{\overline{B'R}}$$

$$\overline{CB'} = \frac{2}{3} \text{ de } \overline{CT}$$

$$\overline{AB'} = \frac{2}{3} \text{ de } \overline{AS}$$

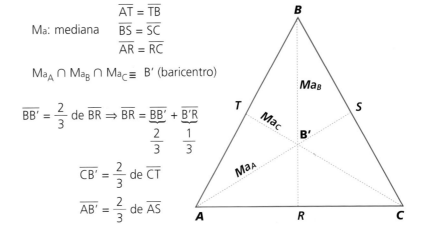

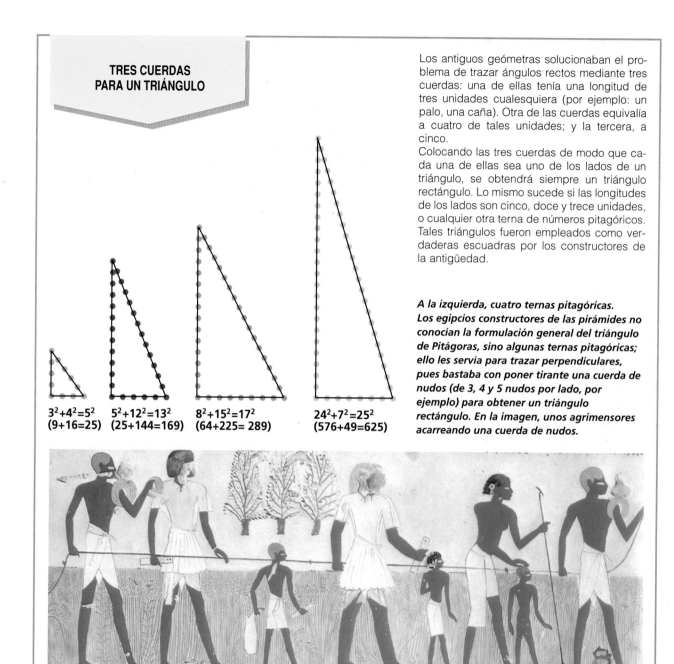

TRES CUERDAS PARA UN TRIÁNGULO

$3^2+4^2=5^2$
(9+16=25)

$5^2+12^2=13^2$
(25+144=169)

$8^2+15^2=17^2$
(64+225=289)

$24^2+7^2=25^2$
(576+49=625)

Los antiguos geómetras solucionaban el problema de trazar ángulos rectos mediante tres cuerdas: una de ellas tenía una longitud de tres unidades cualesquiera (por ejemplo: un palo, una caña). Otra de las cuerdas equivalía a cuatro de tales unidades; y la tercera, a cinco.

Colocando las tres cuerdas de modo que cada una de ellas sea uno de los lados de un triángulo, se obtendrá siempre un triángulo rectángulo. Lo mismo sucede si las longitudes de los lados son cinco, doce y trece unidades, o cualquier otra terna de números pitagóricos. Tales triángulos fueron empleados como verdaderas escuadras por los constructores de la antigüedad.

A la izquierda, cuatro ternas pitagóricas. Los egipcios constructores de las pirámides no conocían la formulación general del triángulo de Pitágoras, sino algunas ternas pitagóricas; ello les servía para trazar perpendiculares, pues bastaba con poner tirante una cuerda de nudos (de 3, 4 y 5 nudos por lado, por ejemplo) para obtener un triángulo rectángulo. En la imagen, unos agrimensores acarreando una cuerda de nudos.

Triángulos semejantes

• Dos triángulos son semejantes cuando sus ángulos son respectivamente iguales y sus lados homólogos proporcionales.

$$\hat{A} = \hat{A}' \qquad \hat{B} = \hat{B}' \qquad \hat{C} = \hat{C}'$$

$$\frac{\overline{AB}}{\overline{A'B'}} = \frac{\overline{BC}}{\overline{B'C'}} = \frac{\overline{CA}}{\overline{C'A'}}$$

$$A\hat{B}C \sim A'\hat{B}'C'$$

• Dos triángulos iguales son semejantes,

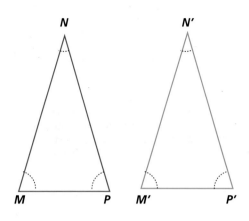

$$M\hat{N}P = M'\hat{N}'P' \Rightarrow M\hat{N}P \sim M'\hat{N}'P'$$

pues sus ángulos son iguales y sus lados homólogos proporcionales.

• Dos triángulos equiláteros cualesquiera son semejantes,

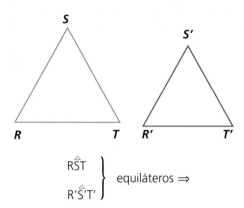

$$\left.\begin{array}{c} R\hat{S}T \\ R'\hat{S}'T' \end{array}\right\} \text{equiláteros} \Rightarrow$$

sus ángulos son iguales y sus lados proporcionales ⇒ $R\hat{S}T \sim R'\hat{S}'T'$

▸ Relación de equivalencia

Para que una relación sea de equivalencia debe cumplir con las propiedades reflexiva, simétrica y transitiva.

1) *Reflexiva:* Todo triángulo es semejante a sí mismo.

$$P\hat{A}N \sim P\hat{A}N$$

2) *Simétrica:* Si un triángulo es semejante a otro; éste es semejante al primero.

$$A\hat{B}C \sim M\hat{N}P \Rightarrow M\hat{N}P \sim A\hat{B}C$$

3) *Transitiva:* Si un triángulo es semejante a otro y éste semejante a un tercero, el primero es semejante al tercero.

$$\left.\begin{array}{c} \text{Si } A\hat{B}C \sim S\hat{O}L \\ S\hat{O}L \sim L\hat{I}O \end{array}\right\} \Rightarrow A\hat{B}C \sim L\hat{I}O$$

Por cumplir estas propiedades la semejanza de triángulos es una relación de equivalencia.

▸ Teorema fundamental de la semejanza de triángulos

Toda paralela a un lado de un triángulo determina, con las rectas a que pertenecen los otros dos lados, un triángulo semejante al dado.

1) Los puntos P' y N' pertenecen a $\overrightarrow{PA}$ y $\overrightarrow{AN}$.

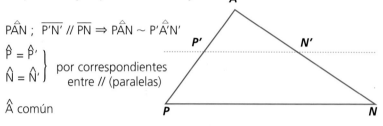

$$P\hat{A}N \; ; \; \overline{P'N'} \; // \; \overline{PN} \Rightarrow P\hat{A}N \sim P'\hat{A}N'$$

$$\left.\begin{array}{c} \hat{P} = \hat{P}' \\ \hat{N} = \hat{N}' \end{array}\right\} \begin{array}{l} \text{por correspondientes} \\ \text{entre } // \text{ (paralelas)} \end{array}$$

$\hat{A}$ común

$$\frac{\overline{PA}}{\overline{P'A}} = \frac{\overline{AN}}{\overline{AN'}} = \frac{\overline{PN}}{\overline{P'N'}} \quad \begin{array}{l}\text{por consecuencia} \\ \text{de Tales}\end{array}$$

2) Los puntos S' y L' son exteriores a los lados $\overline{OS}$ y $\overline{OL}$ y pertenecen a las $\overrightarrow{OS}$ y $\overrightarrow{OL}$

$$S\hat{O}L \; ; \; \overline{S'L'} \; // \; \overline{SL}$$

$\hat{O}$ común

$$S\hat{O}L \sim S'\hat{O}'L' \quad \left.\begin{array}{c} \hat{S} = \hat{S}' \\ \hat{L} = \hat{L}' \end{array}\right\} \begin{array}{l} \text{por} \\ \text{correspon-} \\ \text{dientes} \\ \text{entre } // \end{array}$$

$$\frac{\overline{SO}}{\overline{S'O}} = \frac{\overline{LO}}{\overline{L'O}} = \frac{\overline{SL}}{\overline{S'L'}} \left.\right\} \begin{array}{l} \text{por} \\ \text{consecuencia} \\ \text{de Tales} \end{array}$$

3) Los puntos C' y L' son exteriores a los lados $\overline{CA}$ y $\overline{AL}$ y pertenecen a las semirrectas $\overrightarrow{CA}$ y $\overrightarrow{LA}$.

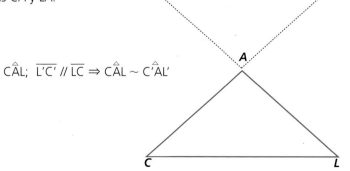

$$C\hat{A}L; \; \overline{L'C'} \; // \; \overline{LC} \Rightarrow C\hat{A}L \sim C'\hat{A}L'$$

> **Casos de semejanza de triángulos**

Cuatro son los casos de semejanza de triángulos y son los que nos permiten determinar dos triángulos semejantes en problemas posteriores.

1) Dos triángulos que tienen dos lados respectivamente proporcionales y el ángulo comprendido igual, son semejantes.

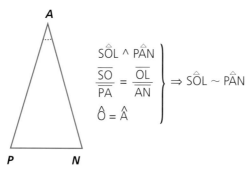

$$S\hat{O}L \wedge P\hat{A}N$$

$$\left.\begin{array}{c} \dfrac{\overline{SO}}{\overline{PA}} = \dfrac{\overline{OL}}{\overline{AN}} \\[2ex] \hat{O} = \hat{A} \end{array}\right\} \Rightarrow S\hat{O}L \sim P\hat{A}N$$

2) Dos triángulos que tienen dos ángulos respectivamente iguales, son semejantes.

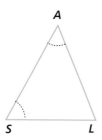
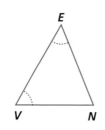

$$S\hat{A}L \wedge V\hat{E}N$$

$$\left.\begin{array}{c} \hat{S} = \hat{V} \\[1ex] \hat{A} = \hat{E} \end{array}\right\} \Rightarrow S\hat{A}L \sim V\hat{E}N$$

3) Dos triángulos que tienen tres lados respectivamente proporcionales, son semejantes.

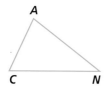

$$C\hat{A}N \wedge S\hat{E}R$$

$$\dfrac{\overline{CA}}{\overline{SE}} = \dfrac{\overline{AN}}{\overline{ER}} = \dfrac{\overline{CN}}{\overline{SR}} \Rightarrow C\hat{A}N \sim S\hat{E}R$$

4) Dos triángulos que tienen dos lados respectivamente proporcionales y el ángulo opuesto al mayor de ellos iguales son semejantes.

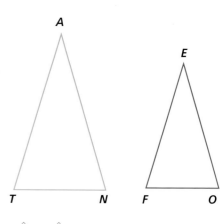

$$T\hat{A}N \wedge F\hat{E}O$$

$$\left.\begin{array}{c} \dfrac{\overline{TA}}{\overline{FE}} = \dfrac{\overline{AN}}{\overline{EO}} \\[2ex] \overline{TA} > \overline{AN}; \ \overline{FE} > \overline{EO} \end{array}\right\} \Rightarrow T\hat{A}N \sim F\hat{E}O$$

$$\hat{N} = \hat{O}$$

> **Casos de semejanza de triángulos rectángulos**

1) Dos triángulos rectángulos que tienen sus catetos proporcionales, son semejantes.

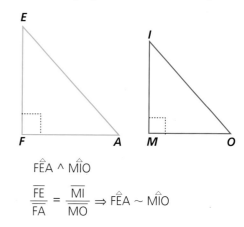

$$F\hat{E}A \wedge M\hat{I}O$$

$$\dfrac{\overline{FE}}{\overline{FA}} = \dfrac{\overline{MI}}{\overline{MO}} \Rightarrow F\hat{E}A \sim M\hat{I}O$$

2) Dos triángulos rectángulos que tienen un ángulo agudo igual son semejantes.

$$M\hat{A}R \wedge S\hat{O}N$$

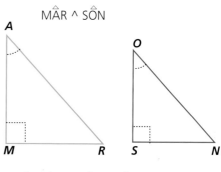

$$\hat{A} = \hat{O} \Rightarrow M\hat{A}R \sim S\hat{O}N$$

3) Dos triángulos rectángulos que tienen la hipotenusa y un par de catetos proporcionales son semejantes.

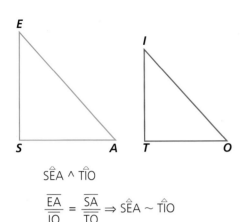

$$\widehat{SEA} \wedge \widehat{TIO}$$

$$\frac{\overline{EA}}{\overline{IO}} = \frac{\overline{SA}}{\overline{TO}} \Rightarrow \widehat{SEA} \sim \widehat{TIO}$$

▶ Propiedad de las alturas de dos triángulos semejantes

1) Las alturas homólogas de dos triángulos semejantes son proporcionales a los lados correspondientes.

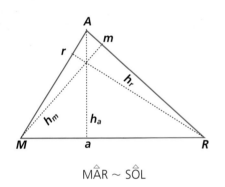

$$\widehat{MAR} \sim \widehat{SOL}$$

$$\frac{h_a}{h'_o} = \frac{a}{o}$$

$$\frac{h_m}{h'_s} = \frac{m}{s}$$

$$\frac{h_r}{h'_l} = \frac{r}{l}$$

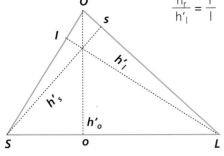

2) Las alturas homólogas de dos triángulos semejantes son proporcionales.

$$\widehat{MAR} \sim \widehat{SOL}$$

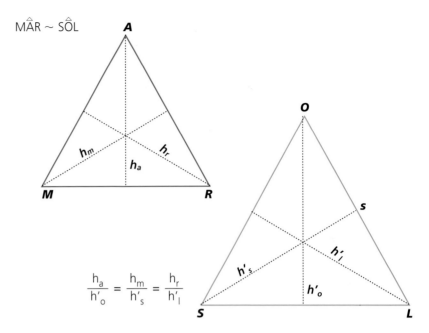

$$\frac{h_a}{h'_o} = \frac{h_m}{h'_s} = \frac{h_r}{h'_l}$$

▶ Propiedad de la bisectriz del ángulo interior de un triángulo

Toda bisectriz de un ángulo interior de un triángulo divide al lado opuesto en segmentos proporcionales a los otros dos lados.

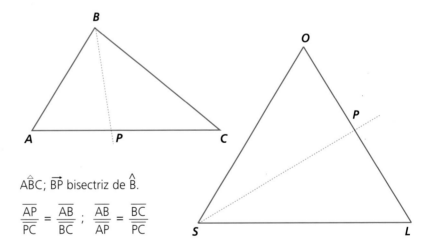

$A\widehat{B}C$; $\overrightarrow{BP}$ bisectriz de $\widehat{B}$.

$$\frac{\overline{AP}}{\overline{PC}} = \frac{\overline{AB}}{\overline{BC}} \; ; \; \frac{\overline{AB}}{\overline{AP}} = \frac{\overline{BC}}{\overline{PC}}$$

$S\widehat{O}L$; $\overrightarrow{SP}$ bisectriz de $\widehat{S}$.

$$\frac{\overline{SO}}{\overline{SL}} = \frac{\overline{OP}}{\overline{PL}} \; ; \; \frac{\overline{SO}}{\overline{OP}} = \frac{\overline{SL}}{\overline{PL}}$$

$S\widehat{A}L$; $\overrightarrow{LP}$ bisectriz de $\widehat{L}$.

$$\frac{\overline{PA}}{\overline{SP}} = \frac{\overline{AL}}{\overline{SL}} \; ; \; \frac{\overline{AL}}{\overline{PA}} = \frac{\overline{SL}}{\overline{SP}}$$

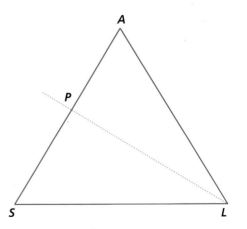

► Propiedad de la bisectriz del ángulo exterior de un triángulo

En toda bisectriz de un ángulo exterior de un triángulo que corta a la prolongación del lado opuesto, los segmentos determinados por cada uno de los extremos de ese lado con el punto de intersección son proporcionales a los otros dos lados.

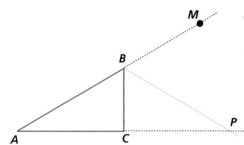

$A\hat{B}C$; $\overrightarrow{BP}$ bisectriz de $C\hat{B}M$

$$\frac{\overline{AB}}{\overline{BC}} = \frac{\overline{AP}}{\overline{CP}}$$

► Relaciones métricas entre los dos lados de un triángulo rectángulo

► Teorema del cateto

Sea el triángulo rectángulo ABC (rectángulo en $\hat{A}$); se cumple que cualquier cateto es medio proporcional entre la hipotenusa y su proyección sobre ella. Es decir,

$$\frac{a}{b} = \frac{b}{m} \quad y \quad \frac{a}{c} = \frac{c}{n}$$

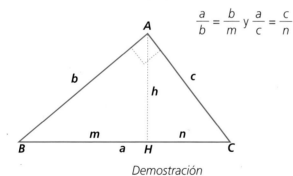

Demostración

Los triángulos $A\hat{B}H$, $A\hat{H}C$ y $A\hat{B}C$ son proporcionales, ya que tienen los tres ángulos iguales.

$A\hat{B}C$ y $A\hat{B}H$ tienen un ángulo recto

$A\hat{B}H = A\hat{B}C$ (por construcción)

$B\hat{A}H = A\hat{C}B$ (por ser complementarios de los anteriores)

Análogamente sucede en $A\hat{B}C$ y $A\hat{C}H$

Luego tienen los lados homólogos proporcionales.

► Teorema de la altura

La altura de un triángulo rectángulo es medio proporcional entre las dos partes en las que divide a la hipotenusa.

$$\frac{m}{h} = \frac{h}{n}$$

Demostración

Basta tener en cuenta la proporcionalidad de los triángulos $A\hat{B}H$ y $A\hat{C}H$ de la figura anterior.

► Teorema de Pitágoras

En todo triángulo rectángulo, el cuadrado de la hipotenusa es igual a la suma de los cuadrados de los catetos.

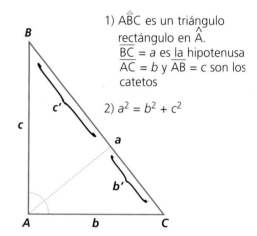

1) $A\hat{B}C$ es un triángulo rectángulo en $\hat{A}$.
$\overline{BC} = a$ es la hipotenusa
$\overline{AC} = b$ y $\overline{AB} = c$ son los catetos

2) $a^2 = b^2 + c^2$

3) Trazamos la altura correspondiente a la hipotenusa.

Por el teorema que dice que cada cateto es medio proporcional entre la hipotenusa y su proyección sobre ella.

$$\frac{a}{c} = \frac{c}{c'} \Rightarrow c^2 = a \cdot c' \quad [1]$$

$$\frac{a}{b} = \frac{b}{b'} \Rightarrow b^2 = a \cdot b' \quad [2]$$

(por la propiedad de las proporciones)

Sumamos [1] y [2] miembro a miembro

$$b^2 = a \cdot b'$$
$$c^2 = a \cdot c'$$
$$\overline{}$$
$$b^2 + c^2 = a \cdot b' + a \cdot c'$$

sacando a factor común

$$b^2 + c^2 = a \underline{(b' + c')}$$
$$b^2 + c^2 = a \cdot a$$
$$b^2 + c^2 = a^2 \text{ que es la tesis}$$

► *Corolarios*

1) En todo triángulo rectángulo la hipotenusa es igual a la raíz cuadrada de la suma de los cuadrados de los catetos.

$$a^2 = b^2 + c^2 \Rightarrow a = \sqrt{b^2 + c^2}$$

2) En todo triángulo rectángulo cada cateto es igual a la raíz cuadrada del cuadrado de la hipotenusa menos el cuadrado del otro cateto.

$$a^2 = b^2 + c^2 \Rightarrow$$
$$c^2 = a^2 - b^2 \Rightarrow c = \sqrt{a^2 - b^2}$$

$$a^2 = b^2 + c^2 \Rightarrow$$
$$b^2 = a^2 - c^2 \Rightarrow b = \sqrt{a^2 - c^2}$$

► **Ejercicios de recapitulación**

1) Dado el triángulo $A\hat{B}C$, siendo $\hat{A} = 35°$ 18′ 45″ y $\hat{B} = 78°$ 32′ 6″, calcular C.

Solución:
Como la suma de los ángulos interiores de un triángulo es igual a 2R,

$$(\hat{A} + \hat{B}) + \hat{C} = 180°$$
$$\hat{C} = 180° - (\hat{A} + \hat{B})$$

$$\begin{array}{r} + \quad \hat{A} = 35° \ 18′ \ 45″ \\ \hat{B} = 78° \ 32′ \ 6″ \\ \hline \hat{A} + \hat{B} = 113° \ 50′ \ 51″ \end{array}$$

$$\begin{array}{r} 179° \\ - \quad \hat{A} + \hat{B} + \hat{C} = 180° \ 59′ \ 60″ \\ \hat{A} + \hat{B} = 113° \ 50′ \ 51″ \\ \hline \hat{C} = 66° \ 9′ \ 9″ \end{array}$$

$$\hat{C} = 66° \ 9′ \ 9″$$

2) Dado $M\hat{N}P$, donde $\overline{MP} = \overline{NP}$ y $\hat{P} = 35°$ 48′ 16″, hallar $\hat{M}$ y $\hat{N}$.

Solución:
Como $M\hat{N}P$ es isósceles, pues $\overline{MP} = \overline{NP} \Rightarrow \hat{M} = \hat{N}$.

$$\begin{array}{r} 179° \\ - \quad \hat{M} + \hat{N} + \hat{P} = 180° \ 59′ \ 60″ \\ \hat{P} = \ 35° \ 48′ \ 16″ \\ \hline \hat{M} + \hat{N} = 144° \ 11′ \ 44″ \end{array}$$

Como $\hat{M} = \hat{N}$
$\hat{M} = 144° \ 11 ′44″ : 2$
$\hat{M} = 72° \ 5′ \ 52″$
$\hat{N} = 72° \ 5′ \ 52″$

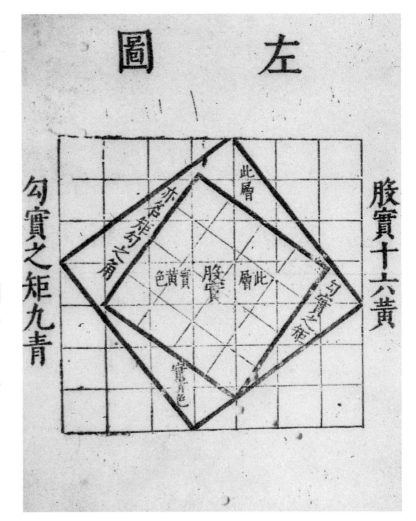

3) $\hat{A} = 28°$ 15′ 36″ $\hat{\alpha} = 128°$ 13′ 24″
Hallar $\hat{B}$ y $\hat{C}$.

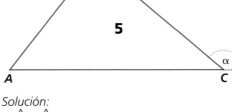

Solución:
$\hat{\alpha} + \hat{C} = 180°$ por ser suplementarios y adyacentes.

$$\hat{C} = 180° - \hat{\alpha}$$
$$\hat{C} = 180° - 128° \ 13′ \ 24″$$
$$\hat{C} = 51° \ 46′ \ 36″$$

$$\hat{A} + \hat{B} + \hat{C} = 180° \Rightarrow \hat{B} = 180° - (\hat{A} + \hat{C})$$
$$\hat{B} = 180° - 80° \ 2′ \ 12″ = 99° \ 57′ \ 48″$$

En China ya se conocía el teorema de Pitágoras en la época de este matemático griego. El dibujo de la ilustración reproduce una demostración de este teorema, atribuida por la tradición china al matemático Chou Pei, probablemente contemporáneo de Pitágoras.

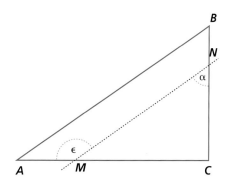

4) $\hat{\alpha} = 38° \ 17' \ 42''$

$\hat{\epsilon} = 137° \ 43' \ 16''$

$\overline{MN} \ // \ \overline{AB}$. Hallar $\hat{A}$, $\hat{B}$ y $\hat{C}$.

Solución:

$\hat{B} = \hat{\alpha}$ por ser correspondientes entre $\overline{AB} \ // \ \overline{MN}$.

$\therefore \hat{B} = 38° \ 17' \ 42''$

$\hat{A} + \hat{\epsilon} = 180°$ por ser conjugados interiores entre $\overline{AB} \ // \ \overline{MN}$.

$\hat{A} = 180° - \hat{\epsilon}$

$\hat{A} = 180° - 137° \ 43' \ 16''$

$\hat{A} = 42° \ 16' \ 44''$

Para hallar $\hat{C}$

Como $\hat{\epsilon}$ es un ángulo exterior al $M\hat{N}C \Rightarrow$

$\Rightarrow \hat{\epsilon} = \hat{A} + C$ por la propiedad del ángulo exterior al triángulo $\therefore \hat{C} = \hat{\epsilon} - \hat{\alpha}$

$\hat{C} = 99° \ 25' \ 34''$

5) Calcular la altura de un árbol que proyecta una sombra de 9 m en el instante en que una estaca de 1,20 m de longitud, colocada verticalmente, proyecta una sombra de 0,80 m.

H = altura del árbol
h = altura de la estaca
S = sombra del árbol
s = sombra de la estaca

Solución:
Aplicando proporciones:
$$\frac{H}{S} = \frac{h}{s}$$

Reemplazando por los datos

$$\frac{H}{9m} = \frac{1,20m}{0,80m} \Rightarrow$$

$$\Rightarrow H = \frac{9 \cdot 1,20}{0,80} = 13,5 \ m$$

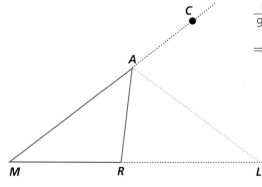

6) Resolver, aplicando la propiedad de la bisectriz del ángulo exterior de un triángulo:

$M\hat{A}R$; $\vec{AL}$ bisectriz de $C\hat{A}R$

$\overline{MA} = 18$ cm
$\overline{AR} = 11$ cm
$\overline{ML} = 27$ cm
Hallar $\overline{MR}$

Solución:
Primero debemos hallar $\overline{RL}$, para poder aplicar la propiedad; luego, al segmento ML se le resta $\overline{RL}$ y se obtiene el segmento pedido $\overline{MR}$.

$$\frac{\overline{MA}}{\overline{AR}} = \frac{\overline{ML}}{\overline{RL}}$$

Se reemplaza por los valores:

$$\frac{18}{11} = \frac{27}{\overline{RL}}$$

$$\overline{RL} = \frac{11 \cdot 27}{18} = \frac{33}{2} = 16,5 \ cm$$

$$\overline{RL} = 16,5 \ cm$$

$$\overline{ML} - \overline{RL} = \overline{MR}$$

$$27 - 16,5 = 10,5 \ cm \Rightarrow$$

$$\Rightarrow \overline{MR} = 10,5 \ cm$$

7) Dados los triángulos $M\hat{A}R \sim S\hat{O}L$, en el primero el lado $r = 3,5$ cm y el $m = 2,5$ cm; en el segundo el lado $l = 1,5$ cm, calcular el lado s.

Solución:
Como los triángulos son semejantes, de acuerdo con su definición sus lados homólogos son proporcionales.

$$\frac{r}{m} = \frac{s}{l} \Rightarrow \frac{3,5}{2,5} = \frac{s}{1,5} \Rightarrow$$

$$s = \frac{3,5 \cdot 1,5}{2,5} = 2,1 \ cm$$

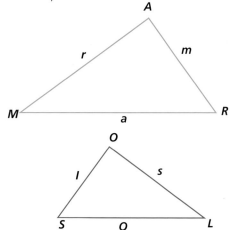

Capítulo
26

Cuadriláteros

Los cuadriláteros –polígonos de cuatro lados– componen, al igual que los triángulos,
un gran grupo de figuras geométricas de considerable importancia
en Matemáticas. Una simple mirada a nuestro alrededor nos permitirá ver que los cuadriláteros,
y en especial los paralelogramos, constituyen una forma geométrica
básica de nuestra civilización.

Cuadriláteros

Son los polígonos que tienen cuatro lados.

Elementos

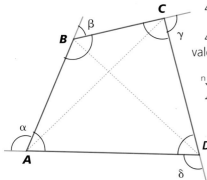

4 lados: $\overline{AB}$, $\overline{BC}$, $\overline{CD}$ y $\overline{DA}$.

4 ángulos interiores: $\hat{A}$, $\hat{B}$, $\hat{C}$, $\hat{D}$ (la suma vale 4 rectos, o sea, 360°).

$$\sum_{\hat{A}}^{n=4} = 2R\,(4-2) = 180° \cdot 2 = 360°$$

4 ángulos exteriores: $\hat{\alpha}$, $\hat{\beta}$, $\hat{\gamma}$, $\hat{\delta}$ (la suma vale 4 rectos, o sea, 360°).
4 vértices: A, B, C, D.
2 diagonales: BD, AC.

Clasificación

• Paralelogramos: cuadrado, rombo, rectángulo, romboide.
• No paralelogramos: trapecio, trapezoide.

Paralelogramo

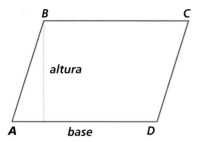

Es un cuadrilátero que tiene paralelos los pares de lados opuestos.

La base del paralelogramo es uno cualquiera de sus lados.
La altura es la perpendicular trazada a la base (o a su prolongación) desde el vértice al lado opuesto.

Propiedades

1) En todo paralelogramo los lados opuestos son iguales.
2) En todo paralelogramo los ángulos opuestos son iguales.
3) En todo paralelogramo los ángulos consecutivos son suplementarios.
4) En todo paralelogramo las diagonales se cortan, mutuamente, en partes iguales.
5) Si un cuadrilátero tiene un par de lados paralelos e iguales, el cuadrilátero es un paralelogramo.
6) El punto de intersección de las diagonales de un paralelogramo es centro de simetría del mismo.

7) Base media de un paralelogramo es el segmento comprendido entre los puntos medios de los lados opuestos.

M punto medio de $\overline{AB}$
N punto medio de $\overline{CD}$ $\Rightarrow$ MN $\wedge$ PQ bases medias del paralelogramo ABCD
P punto medio de $\overline{BC}$
Q punto medio de $\overline{AD}$

La base media de un paralelogramo es igual y paralela a las bases.

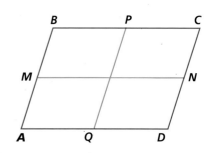

De acuerdo con las propiedades:

1) $\overline{AB} = \overline{CD}$; $\overline{BC} = \overline{AD}$
2) $\hat{A} = \hat{C}$; $\hat{B} = \hat{D}$
3) $\hat{A} + \hat{B} = 2R$ $\hat{C} + \hat{D} = 2R$
   $\hat{B} + \hat{C} = 2R$ $\hat{D} + \hat{A} = 2R$
4) $\overline{AO} = \overline{OC}$; $\overline{BO} = \overline{OD}$
5) Si $\overline{AB} \parallel\!\!= \overline{CD} \Rightarrow$ ABCD es paralelogramo.
6) AC $\cap$ BD $\equiv$ O; O centro de simetría del paralelogramo ABCD.

7) $\overline{MN} \parallel\!\!= \overline{AD}$
   $\overline{MN} \parallel\!\!= \overline{BC}$

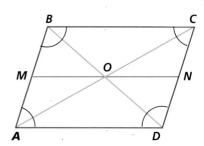

Rectángulo

Es el paralelogramo con los lados opuestos iguales y cuatro ángulos rectos.

Si un paralelogramo tiene un ángulo recto, los demás ángulos también son rectos.

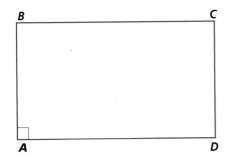

$$\hat{A} = 1R \Rightarrow \hat{A} = \hat{B} = \hat{C} = \hat{D} = 1R$$

Entonces, la condición necesaria y suficiente para que un paralelogramo sea rectángulo es que tenga un ángulo recto.

El rectángulo, por ser un paralelogramo, goza de las propiedades del mismo. Además, tiene propiedades especiales que son:
1) Las diagonales del rectángulo son iguales.
2) Las bases medias del rectángulo son ejes de simetría del mismo.

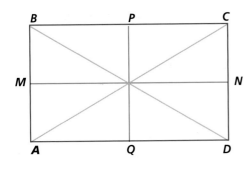

1) $\overline{BD} = \overline{AC}$
2) $\overline{MN} \wedge \overline{PQ}$ ejes de simetría.

Rombo

Es el paralelogramo que tiene los cuatro lados iguales y los ángulos opuestos iguales.

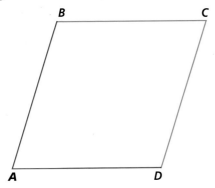

Si un paralelogramo tiene dos lados consecutivos iguales, los cuatro lados son iguales.

$$\overline{AB} = \overline{AD} \text{ consecutivos}$$
$$\overline{AB} = \overline{BC} = \overline{CD} = \overline{DA}$$

En consecuencia, la condición necesaria y suficiente para que un paralelogramo sea rombo, es que tenga dos lados consecutivos iguales.

El rombo, por ser un paralelogramo, goza de todas las propiedades de ellos. Sus propiedades especiales son:
1) Las diagonales del rombo son perpendiculares en su punto medio y bisectrices de los ángulos que unen.
2) Las diagonales del rombo son ejes de simetría del mismo.

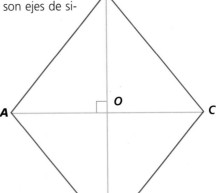

1) $\overline{AC} \perp \overline{BD}$
   $\overline{AO} = \overline{OC}$
   $\overline{BO} = \overline{OD}$
   $\overline{BD}$ bisectriz de $\hat{B}$ y $\hat{D}$
   $\overline{AC}$ bisectriz de $\hat{A}$ y $\hat{C}$

2) $\overline{AC}$ y $\overline{BD}$ son ejes de simetría del rombo ABCD.

Cuadrado

Es el paralelogramo que tiene los cuatro lados iguales y los cuatro ángulos rectos.

Por ser un paralelogramo, el cuadrado goza de todas las propiedades de los mismos.

El cuadrado, por tener:
4 lados iguales, es un rombo y goza de las propiedades del mismo.
4 ángulos rectos, es un rectángulo y goza de las propiedades del mismo.

En consecuencia, todo cuadrado es rombo y todo cuadrado es rectángulo.

Sus propiedades especiales son:
1) Las diagonales y las bases medias del cuadrado son ejes de simetría.
2) La diagonal del cuadrado es la bisectriz del ángulo recto.

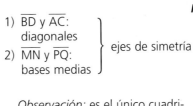

1) $\overline{BD}$ y $\overline{AC}$: diagonales
2) $\overline{MN}$ y $\overline{PQ}$: bases medias
$\Big\}$ ejes de simetría

Observación: es el único cuadrilátero que es polígono regular.

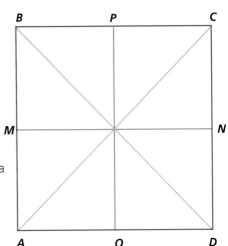

➤ *Construcción de paralelogramos*

a) Construir un paralelogramo, dados dos lados y el ángulo comprendido:

Datos:

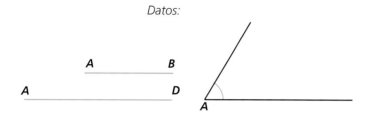

Figura a construir: paralelogramo.

Construcción:

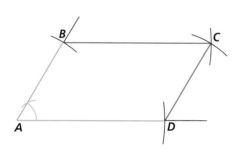

Se construye una semirrecta de origen A, se transporta la longitud del lado $\overline{AD}$; luego el ángulo $\hat{A}$; haciendo un arco en el ángulo se toma su abertura y en ese lado se toma la longitud del lado $\overline{AB}$. Por el punto B se traza una paralela al lado $\overline{AD}$ y por D una paralela la lado $\overline{AB}$; donde se intersectan determinan el punto C. Queda así construido el paralelogramo ABCD.

b) Construir un rectángulo, dados dos lados.

Datos:

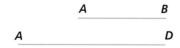

Figura a construir: rectángulo.

Construcción:

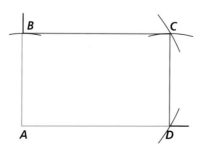

Se construye una semirrecta de origen A' y en ella se construye el ángulo recto. En los lados del ángulo se transporta la longitud de los lados $\overline{AD}$ y $\overline{AB}$, determinando los puntos D' y B', respectivamente. Por B' se traza una paralela a $\overline{A'D'}$ y por D' una paralela a $\overline{A'B'}$; la intersección de las dos semirrectas determinan el punto C'. Quedando así construido el rectángulo ABCD.

c) Construir un cuadrado, dado el lado.

Datos:

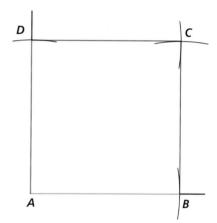

Figura a construir: cuadrado.

Construcción:

En la semirrecta de origen A' se construye el ángulo recto y a los lados del mismo se transporta la longitud del lado $\overline{AB}$, determinando los puntos D' y B'. Por D' se traza una paralela A'B' y por B' una paralela a A'D'; la intersección de las dos semirrectas determinan el punto C'. Queda así construido el cuadrado ABCD.

d) Construir un rombo, dado el lado y un ángulo.

Datos:

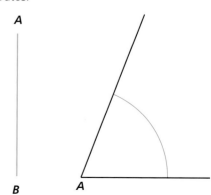

Figura a construir: rombo.

Construcción:

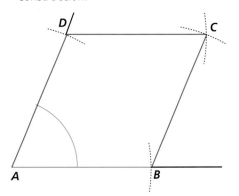

Se traza la semirrecta de origen A'; se transporta el lado AB y el ángulo A. Con el compás se transporta la longitud del lado, determinando el punto D'. Por B' se traza una paralela a A'D' y por D' se traza una paralela a A'B'; la intersección determina el punto C'. Queda así construido el rombo ABCD.

No paralelogramos

Trapecio, trapezoide y romboide.

Trapecio

Es el cuadrilátero que tiene sólo un par de lados paralelos.

Clasificación:

• Trapecio **rectángulo**

$\hat{A} = 1R$
$\overline{BC} \parallel \overline{AD}$

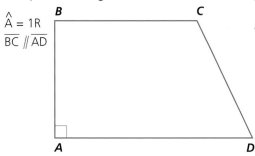

• Trapecio **isósceles**

$\overline{PA} = \overline{TO}$
(sus lados no paralelos son iguales)

$\hat{P} = \hat{O}$
$\hat{A} = \hat{T}$
$\overline{AT} \parallel \overline{PO}$

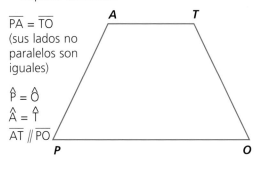

• Trapecio **escaleno**

$\overline{LU} \neq \overline{UN} \neq \overline{NA} \neq \overline{AL}$
(sus lados son de distinta longitud)
$\overline{UN} \parallel \overline{LA}$

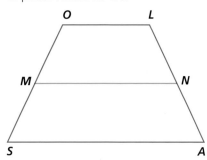

Base media del trapecio

Es el segmento comprendido entre los puntos medios de los lados no paralelos.

SOLA es un trapecio.

$\overline{MN}$ base media del trapecio SOLA.
M punto medio de $\overline{SO}$.
N punto medio de $\overline{LA}$.

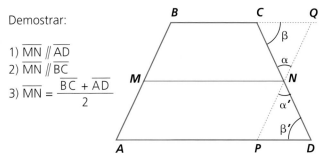

Propiedad de la base media del trapecio

La base media de un trapecio es paralela a las bases e igual a la semisuma de ellas.

Demostrar:

1) $\overline{MN} \parallel \overline{AD}$
2) $\overline{MN} \parallel \overline{BC}$
3) $\overline{MN} = \dfrac{\overline{BC} + \overline{AD}}{2}$

Por N se traza una paralela al lado $\overline{AB}$ que determina el punto P; prolongando el lado $\overline{BC}$ se determina el punto Q.

ABQP es un paralelogramo porque

$$\overline{BQ} \parallel \overline{AP}$$
$$\overline{AB} \parallel \overline{PQ}$$

por construcción.

Si demostramos que N es punto medio del lado $\overline{PQ}$ tendremos que $\overline{MN}$ es base media del paralelogramo ABQP.

Para ello comparamos los triángulos CQN y PND:

$\overline{CN} = \overline{ND}$ por ser N punto medio del lado $\overline{CD}$.

$\hat{\alpha} = \hat{\alpha}'$ por opuestos por el vértice.

$\hat{\beta} = \hat{\beta}'$ por alternos internos entre $\parallel$; $\overline{BQ} \parallel \overline{AD}$ y transversal $\overline{CD}$.

Por el segundo criterio de igualdad de triángulos que dice: dos triángulos son iguales cuando tienen un lado y dos ángulos adyacentes a él respectivamente iguales, resulta, pues, que $C\hat{Q}N = P\hat{N}D$.

Luego, sus elementos homólogos son iguales, y entre ellos:

$\overline{CQ} = \overline{PD}$ [1]
$\overline{PN} = \overline{NQ} \Rightarrow$ N punto medio de $\overline{PQ}$.

Y como M punto medio de $\overline{AB}$ por construcción, $\overline{MN}$ es base media del paralelogramo ABQP.

Y por la propiedad de la base media de los paralelogramos ($\parallel$ a las bases).

$\overline{MN} \parallel \overline{BQ} \Rightarrow \overline{MN} \parallel \overline{BC}$ por pertenecer a la misma recta.
$\overline{MN} \parallel \overline{AP} \Rightarrow \overline{MN} \parallel \overline{AD}$ por pertenecer a la misma recta; que es lo que queríamos demostrar.

A su vez:

$\overline{MN} = \overline{BQ} \rightarrow$ pero $\overline{BQ} = \overline{BC} + \overline{CQ}$
$\overline{MN} = \overline{AP} \rightarrow$ pero $\overline{AP} = \overline{AD} - \overline{PD}$

Se reemplaza

$\overline{MN} = \overline{BC} + \overline{CQ}$
$\overline{MN} = \overline{AD} - \overline{PD}$

$\underbrace{\overline{MN} + \overline{MN}} = \overline{BC} + \overline{CQ} + \overline{AD} - \overline{PD}$

por lo demostrado en[1] $\overline{CQ} = \overline{PD}$ y, como uno está sumando y el otro restando, se pueden eliminar.

$2\,\overline{MN} = \overline{BC} + \overline{AD}$ (el 2 está multiplicando y pasa dividiendo)

$\overline{MN} = \dfrac{\overline{BC} + \overline{AD}}{2}$ que es lo que se quería demostrar.

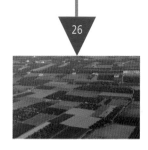

Trapezoide

Es el cuadrilátero que no tiene ningún par de lados paralelos.

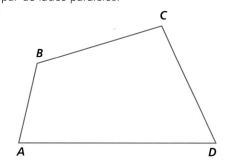

Ejercicios de recapitulación

1) PATO es un rombo.
$T\hat{P}O = 23°\ 18'\ 16''$
Hallar $\hat{P}$, $\hat{A}$, $\hat{T}$, $\hat{O}$

Solución:

Por propiedad del rombo: $\overline{PT}$ es bisectriz de $\hat{P}$ y $\hat{T}$.

$T\hat{P}O = 23°\ 18'\ 16''$

$\hat{P} = T\hat{P}O \cdot 2$

$\hat{P} = 46°\ 36'\ 32''$

$\hat{P} = \hat{T} = 46°\ 36'\ 32''$ por propiedad de ángulos opuestos.

$\hat{P} + \hat{A} = 180°$ por propiedad de ángulos consecutivos en un rombo, que son suplementarios.

$\hat{A} = 180° - \hat{P}$

$\hat{A} = 133°\ 23'\ 28''$

$\hat{A} = \hat{O} = 133°\ 23'\ 28''$ por propiedad de los ángulos opuestos del rombo.

2) RATO es un rectángulo
$\hat{\alpha} = 136°\ 13'\ 42''$

Hallar $\hat{\beta}$

Solución:

$\hat{\alpha} + R\hat{T}A = 180°$
por ser su suma un ángulo llano.

$R\hat{T}A = 180° - \hat{\alpha}$
$R\hat{T}A = 180° - 136° \ 13' \ 42''$
$R\hat{T}A = 43° \ 46' \ 18''$

$R\hat{T}A + \hat{\beta} = 1R$ por ser ángulo del rectángulo
$\hat{\beta} = 1R - RTA$
$\hat{\beta} = 46° \ 13' \ 42''$

3) LUNA es un paralelogramo.
$\overrightarrow{AT}$ bisectriz de $\hat{A}$.
$T\hat{A}N = 58° \ 13' \ 25''$

Hallar $\hat{L}$.

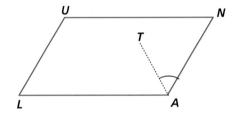

Solución:

$\hat{A} = T\hat{A}N \cdot 2$
$\hat{A} = 58° \ 13' \ 25'' \cdot 2$
$\hat{A} = 116° \ 26' \ 50''$
$\hat{A} + \hat{L} = 180°$ por ser conjugados entre $\parallel$.
$\hat{L} = 180° - \hat{A}$
$\hat{L} = 63° \ 33' \ 10''$

4) $\overline{NS}$ y $\overline{TV}$ se cortan mutuamente en partes iguales. Si $\overline{NS} = \overline{TV}$, ¿qué cuadrilátero es NTSV?

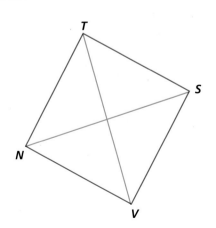

Las diagonales $\overline{NS} = \overline{TV}$, por cortarse mutuamente en partes iguales y ser iguales, determinan un cuadrilátero, NTSU, que es un rectángulo; (por propiedad).

5) Hallar la base media del trapecio ABCD, siendo $\overline{AD} = 12,8$ cm y $\overline{BC} = 9,6$ cm

Solución:

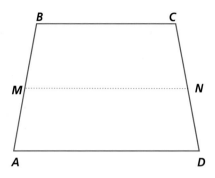

$\overline{MN} = \dfrac{\overline{BC} + \overline{AD}}{2}$

$\overline{MN} = \dfrac{9,6 \text{ cm} + 12,8 \text{ cm}}{2}$

$\overline{MN} = \dfrac{22,4 \text{ cm}}{2} = 11,2 \text{ cm}$

$\overline{MN} = 11,2 \text{ cm}$

6) Si la base media de un trapecio mide 18,9 cm y la base mayor 23,17 cm, calcular la base menor del trapecio.

Solución:

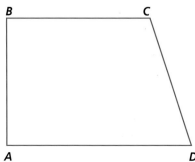

$B_M = \dfrac{B + b}{2}$
$2B_M = B + b$
$2B_M - B = b$
$2 \cdot 18,9 - 23,17 = b$
$37,8 - 23,17 = b$
$14,63 = b$
$b = 14,63 \text{ cm}$

7) Si en un trapecio rectángulo el ángulo obtuso mide 108° 17′ 42″, ¿cuánto mide el ángulo agudo?

Solución:

$\hat{A} = 1R$
$\hat{B} = 1R$
$\hat{C} = 108° \ 17' \ 42''$

$\hat{C} + \hat{D} = 180°$ por ser conjugados entre paralelas
$\overline{BC} \parallel \overline{AD}$
$\hat{D} = 180 - \hat{C}$
$\hat{D} = 71° \ 42' \ 18''$

$$\begin{array}{r} 179° \ 59' \ 60'' \\ - \ 108° \ 17' \ 42'' \\ \hline 71° \ 42' \ 18'' \end{array}$$

Circunferencia y círculo

3,
14159265358979323846
2
64338327502884197169399375105
82097494459230781640628620899862803 4
82534211706798214808651328230664709384 46
09550822317253594081284811174502841027019 38
52110555964462294895493038196442881097566593 344
61284756482337867831652712019091456485669234602 49
14127372458700660631558817488152092096282925409171 5
36436789259036001133053054882046652138414695194151 16
09433057270365759591953092186117381932611793105118 548
07446237996274956735188575272489122793818301194912 9833
67336244065664308602139494639522473719070217986094 3702
77053921717629317675238467481846766940513200056812 714
52635608277857713427577896091736371787214684409012 249
53430146549585371050792279689258923542019956112 129
02196086403441815981362977477130996051870721 13499
99998372978049951059731732816096318595024459 455
34690830264252230825334468503526193118817 1010
03137838752886587533208381420617177669 147
30359825349042875546873115956286388 235
37875937519577818577805321712 2680
66130019278766111959092 164
20198

El número π es la relación entre las medidas de una circunferencia
y su diámetro. En la ilustración, se reproducen algunas
de sus cifras —exactamente las primeras mil— y puede comprobarse
que éstas no siguen ninguna pauta periódica.

Circunferencia y círculo

Circunferencia

Se llama circunferencia de centro O y radio *r*, al conjunto de puntos del plano que están a una distancia igual a *r* del centro O.

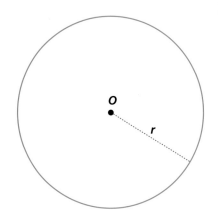

C(O;*r*) se lee: circunferencia de centro O y radio *r*.

Círculo

Se llama círculo al conjunto de una circunferencia, más los puntos interiores a la misma.

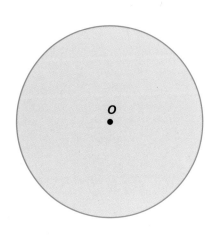

Aunque a veces se confunden ambos conceptos, observe que, geométricamente, la circunferencia es una línea; en cambio, el círculo es una superficie.

Posiciones relativas de un punto con respecto a una circunferencia

$A \in C(O;r)$
A pertenece a la circunferencia
B int. C(O;*r*)
B interior a la circunferencia
C ext. C(O;*r*)
C exterior a la circunferencia

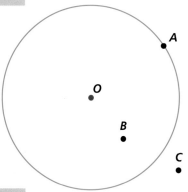

Posiciones relativas de una recta y una circunferencia

En relación con la circunferencia, una recta puede ser:

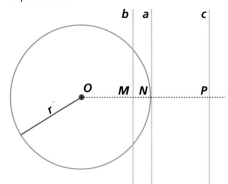

• **secante**: si tiene dos puntos de contacto con la circunferencia.

$\overline{b}$ secante. Su distancia $\overline{OM}$ al centro de la circunferencia es menor que el radio.

$$\overline{OM} < r$$

• **tangente**: si sólo tiene un punto de contacto con la circunferencia.

$\overline{a}$ tangente a C(O;*r*) en N.

La distancia $\overline{ON}$ al centro de la circunferencia es igual al radio.

$$\overline{ON} = r$$

• **exterior**: si no tiene ningún punto común con la circunferencia.

c es una recta exterior a C(O;r).

Su distancia $\overline{OP}$ al centro de la circunferencia es mayor que el radio.

$$\overline{OP} > r$$

Posiciones relativas de dos circunferencias

Dos circunferencias pueden ser:

• **concéntricas**: son circunferencias que tienen el mismo centro y distinto radio.

C(O;r) y C(O;r') concéntricas

• **interiores**: cuando estando una dentro de la otra, no tienen el mismo centro, ni ningún punto común.

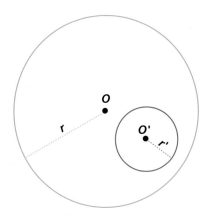

C(O;r) y C(O';r') excéntricas interiores.

(La distancia entre los centros de dos circunferencias interiores es menor que la diferencia de los radios.)

$$\overline{OO'} < r - r'$$

• **tangentes exteriores**: cuando, estando una fuera de la otra, tienen un punto en común o de contacto.

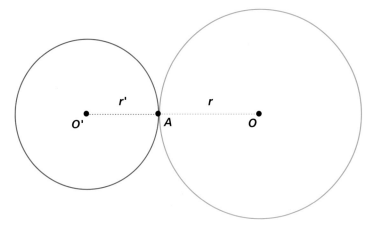

C(O;r) y C(O';r') tangentes exteriores en A

(La distancia entre los centros es igual a la suma de los radios).

$$\overline{OO'} = r + r'$$

• **tangentes interiores**: cuando, estando una dentro de la otra, tienen un punto único de contacto.

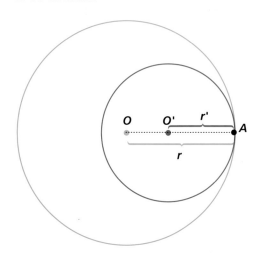

C(O;r) y C(O';r') tangentes interiores en Q.

(La distancia entre los centros de dos circunferencias tangentes interiores es igual a la diferencia entre los radios).

$$\overline{OO'} = r - r'$$

• **secantes**: tienen dos puntos de contacto.

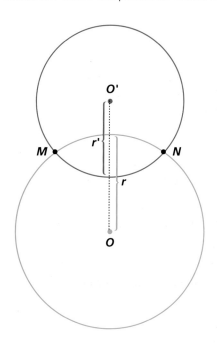

C(O;r) y C(O';r') secantes en M y N

(La distancia entre los centros de dos circunferencias secantes es menor que la suma de sus radios, pero mayor que su diferencia).

$$OO' < r + r' \text{ y } OO' > r - r'$$

• **exteriores**: cuando, estando una fuera de la otra, no tienen ningún punto de contacto.

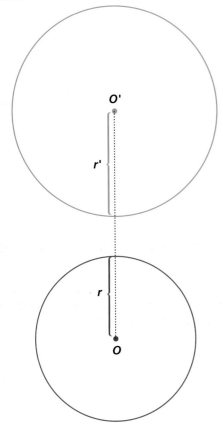

C(O;r) y C(O';r') exteriores

(La distancia entre los centros de dos circunferencias exteriores es mayor que la suma de los radios).

$$\overline{OO'} > r + r'$$

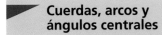
Cuerdas, arcos y ángulos centrales

• **Cuerda** es el segmento comprendido entre dos puntos de la circunferencia.

Ejemplo:

$\overline{AB}$ en la figura siguiente

El diámetro ($\overline{PQ}$ en la figura) es la mayor de las cuerdas.

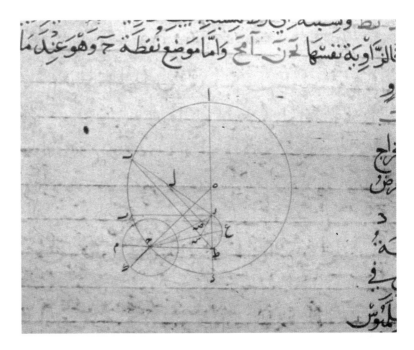

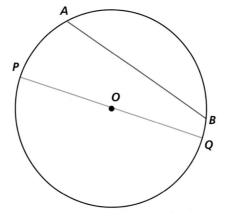

Manuscrito árabe que reproduce el modelo de Tolomeo —basado en la circunferencia— de la órbita y los movimientos de la Luna. El modelo tolemaico era de una gran complejidad al combinar las órbitas de los astros del Sistema Solar con un gran error: Tolomeo suponía que todas las órbitas eran circulares y que la Tierra era el centro de todas ellas.

Los extremos de una cuerda de la circunferencia, por ejemplo $\overline{AB}$, determinan sobre ella un arco, el $\overset{\frown}{AB}$, que se llama «arco subtendido por la cuerda».

• **Arco** es la parte de la circunferencia comprendida entre dos puntos.

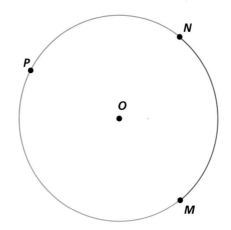

$\overset{\frown}{MN}$: arco MN que no contiene al punto P.
$\overset{\frown}{MPN}$: arco MN que contiene al punto P.

• **Ángulo central** es el ángulo que tiene su vértice en el centro de la circunferencia y sus lados son dos radios.

Ejemplo: $\hat{\alpha}$

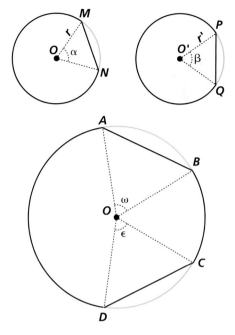

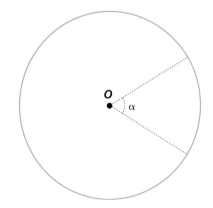

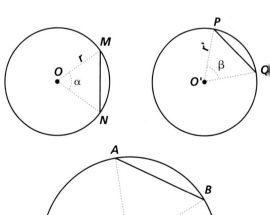

$C(O;r) = C(O';r')$

▶ *Relaciones entre arcos, cuerdas y ángulos centrales*

1) En dos circunferencias iguales o en una misma, a cuerdas iguales se les oponen arcos y ángulos centrales iguales.

Si $\overset{\frown}{MN} = \overset{\frown}{PQ} \Rightarrow \begin{cases} \overline{MN} = \overline{PQ} \\ \hat{\alpha} = \hat{\beta} \end{cases}$

Si $\overset{\frown}{AB} = \overset{\frown}{CD} \Rightarrow \begin{cases} \overline{AB} = \overline{CD} \\ \hat{\omega} = \hat{\epsilon} \end{cases}$

3) En una circunferencia, a ángulos centrales iguales se les oponen arcos y cuerdas iguales.

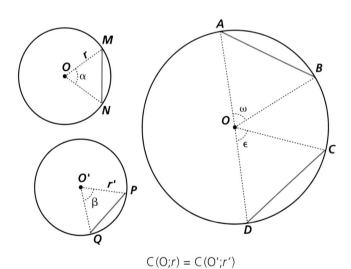

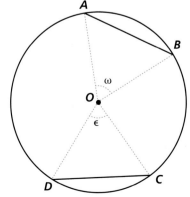

$C(O;r) = C(O';r')$

Si $\overline{MN} = \overline{PQ} \Rightarrow \begin{cases} \overset{\frown}{MN} = \overset{\frown}{PQ} \\ \hat{\alpha} = \hat{\beta} \end{cases}$

Si $\overline{AB} = \overline{CD} \Rightarrow \begin{cases} \overset{\frown}{AB} = \overset{\frown}{CD} \\ \hat{\omega} = \hat{\epsilon} \end{cases}$

2) En dos circunferencias o en una misma, a arcos iguales se les oponen cuerdas y ángulos centrales iguales.

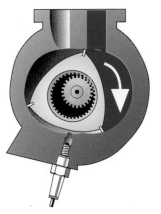 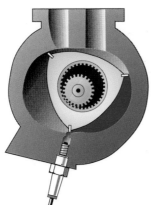  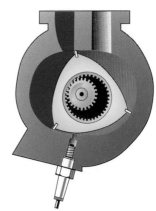

$C(O;r) = C(O';r')$

Si $\hat{\alpha} = \hat{\beta}$ $\Rightarrow$ $\begin{cases} \overline{MN} = \overline{PQ} \\ \overparen{MN} = \overparen{PQ} \end{cases}$

Si $\hat{\omega} = \hat{\epsilon}$ $\Rightarrow$ $\begin{cases} \overparen{AB} = \overparen{CD} \\ \overline{AB} = \overline{CD} \end{cases}$

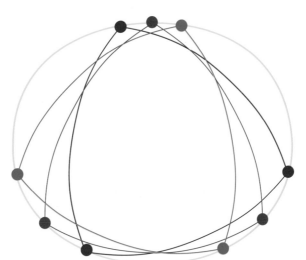

Propiedades del diámetro

1) El diámetro es la mayor de las cuerdas que pueden trazarse en una circunferencia.
2) La longitud del diámetro es doble de la del radio $\overline{PQ} = 2r$.
3) El diámetro divide a la circunferencia en dos arcos iguales llamados semicircunferencias.
4) El diámetro divide al círculo en dos partes iguales llamadas semicírculos.
5) Todo diámetro de una circunferencia perpendicular a una cuerda, divide a ésta en dos partes iguales.

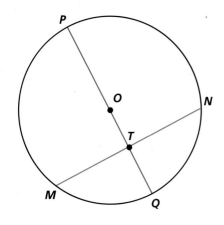

$\overline{PQ}$ diámetro
$\overline{MN}$ cuerda
$\overline{PQ} \perp \overline{MN} \Rightarrow \overline{MT} = \overline{TN}$

El número π

La relación (o cociente) entre la longitud de una circunferencia y la de su diámetro no es exacta, ni siquiera es un número racional, sino que es un número irracional llamado π (pi).

$$\pi = \frac{\text{longitud de la circunferencia}}{\text{longitud del diámetro}} =$$

$$= 3{,}141592\ldots$$

Longitud de la circunferencia

Por definición del número π, se tiene:

$$l = \pi \cdot d$$

y como el diámetro (d) es igual a 2 veces el radio (r), se puede escribir:

$$l = \pi \cdot 2 \cdot r = 2 \cdot \pi \cdot r$$

La circunferencia es una curva cerrada cuya anchura máxima en cualquier dirección es constante. Hay otras curvas que cumplen esta propiedad, como la de la ilustración, en cuyo interior gira un triángulo curvilíneo de Reuleaux; pero éstas, a diferencia de la circunferencia, no tienen centro. Arriba pueden verse los cuatro tiempos de un motor de explosión de pistón rotativo (tipo Wankel), una aplicación de las curvas de Reuleaux.

Para pensar...

π en la Biblia

El libro primero de los Reyes (7,23) dice: «Después hizo un depósito de bronce fundido. De forma redonda, medía diez codos de un extremo a otro y cinco codos de profundidad. Tenía treinta codos de perímetro».

Parece claro que los instrumentos de medida de los israelitas no eran muy precisos. ¿Cuál es el valor de π que se deduce de ese versículo de la Biblia?

Salomón observa la construcción de la casa de Yaveh (el Templo de Jerusalén). En este templo se construyó —según el relato bíblico de Reyes I 7;23— un mar de metal: un depósito cilíndrico «de diez codos de borde a borde y treinta codos de circunferencia».

π

El número π (pi) es la relación (cociente) entre las longitudes de la circunferencia y su diámetro. Es un número irracional, es decir, no existe ninguna fracción que nos dé exactamente su valor y, actualmente, se conocen varios millones de sus cifras; sin embargo, basta con una aproximación de diez cifras decimales para determinar la circunferencia terrestre con un error inferior a 2 cm. Para la mayoría de los cálculos es suficiente tomar como valor aproximado el de 3,14; si se necesita más precisión, por ejemplo para el diseño de motores, se toma con cuatro decimales (3,1416).

Algunos de los valores notables de π utilizados a lo largo de la historia han sido los siguientes:

- Papiro Rhind (hacia 1800 a.C.): 3,1604
- Arquímedes (287 - 212 a.C.): entre 3,14084 y 3,14285 (22/7)
- Herón de Alejandría (siglo I): 3,1408
- Tolomeo (90? - 168?): 3,1416
- Liu-Hu (hacia 250): 3,14159
- Tsu-Chung-Chi (430-501): 3,1415926 (355/113)
- Viète (1579): entre 3,1415926535 y 3,1415926537

Ángulo inscrito

Se llama ángulo inscrito en un arco de circunferencia al que tiene su vértice en un punto cualquiera de la circunferencia y sus lados pasan por los extremos del arco.

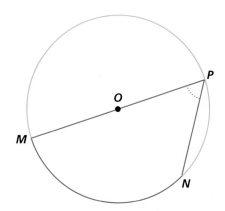

M$\hat{P}$N ángulo inscrito; O ∈ al lado del ángulo M$\hat{P}$N que está inscrito en $\widehat{MPN}$ y abarca $\widehat{MN}$.

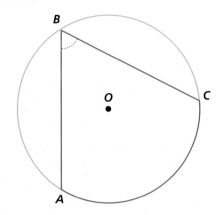

A$\hat{B}$C ángulo inscrito; O es interior al ángulo A$\hat{B}$C que está inscrito en el arco $\widehat{AC}$ que contiene al punto B, o sea $\widehat{ABC}$, y abarca $\widehat{AC}$.

A todo ángulo inscrito le corresponde un ángulo central, que tiene su vértice en el centro de la circunferencia y cuyos lados son radios que pasan por los extremos del arco.

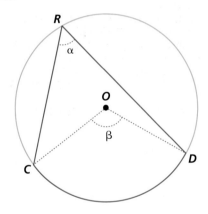

$\overset{\wedge}{\beta}$ ángulo central correspondiente al ángulo inscrito $\overset{\wedge}{\alpha}$.

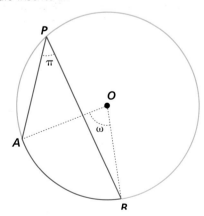

$\overset{\wedge}{\omega}$ ángulo central correspondiente al ángulo inscrito $\overset{\wedge}{\pi}$.

Propiedades del ángulo inscrito

1) Todo ángulo inscrito en un arco de circunferencia vale la mitad del ángulo central que le corresponde.

$\overset{\wedge}{\omega}$ ángulo inscrito

$\overset{\wedge}{\beta}$ ángulo central correspondiente

$$\Rightarrow \overset{\wedge}{\omega} = \frac{\overset{\wedge}{\beta}}{2}$$

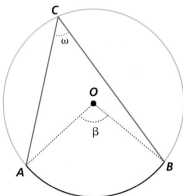

2) Todos los ángulos inscritos que abarcan un mismo arco son iguales.

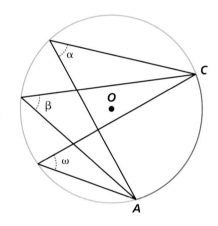

$\overset{\wedge}{\alpha}$ abarca el $\widehat{AC}$
$\overset{\wedge}{\beta}$ abarca el $\widehat{AC}$
$\overset{\wedge}{\omega}$ abarca el $\widehat{AC}$

$$\Rightarrow \overset{\wedge}{\alpha} = \overset{\wedge}{\beta} = \overset{\wedge}{\omega}$$

3) Los ángulos inscritos que abarcan una semicircunferencia son rectos.

$\overset{\wedge}{\beta} = 180°$ por ser llano
$\overset{\wedge}{\alpha} = \dfrac{\overset{\wedge}{\beta}}{2}$ por ser ángulo

inscrito que abarca
el mismo arco.
$\Rightarrow \alpha = 90°$

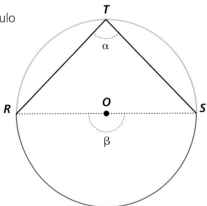

Ángulo semiinscrito

El ángulo semiinscrito en un arco de circunferencia tiene su vértice en uno de los extremos del arco; uno de sus lados pasa por el otro extremo y el otro lado es tangente a la circunferencia, por el vértice.

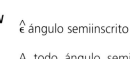

$\hat{\epsilon}$ ángulo semiinscrito

A todo ángulo semiinscrito le corresponde un ángulo central que tiene su vértice en el centro de la circunferencia y sus lados pasan por los extremos del arco.

$\hat{\omega}$ es el ángulo central que le corresponde a $\hat{\epsilon}$.

Propiedades del ángulo semiinscrito

1) Todo ángulo semiinscrito en un arco de circunferencia es igual a la mitad del ángulo central correspondiente.

$\hat{\epsilon}$ ángulo semiinscrito
$\hat{\omega}$ ángulo central correspondiente

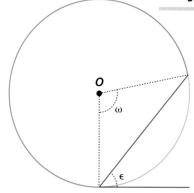

$$\Rightarrow \epsilon = \frac{\omega}{2}$$

2) El ángulo inscrito y el ángulo semiinscrito en un mismo arco de circunferencia son iguales.

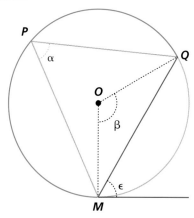

$\hat{\alpha}$ ángulo inscrito en $\overset{\frown}{MPQ} = \dfrac{\beta}{2}$

$\hat{\epsilon}$ ángulo semiinscrito $\overset{\frown}{MPQ} = \dfrac{\beta}{2}$
luego, $\hat{\alpha} = \hat{\epsilon}$

3) Los ángulos semiinscritos en un mismo arco de circunferencia son iguales entre sí.

$\hat{\epsilon}$ ángulo semiinscrito en $\overset{\frown}{PQR}$

$\hat{\alpha}$ ángulo semiinscrito en $\overset{\frown}{PQR}$

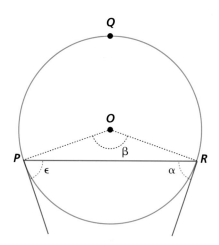

$$\left.\begin{array}{l} \hat{\epsilon} = \dfrac{\hat{\beta}}{2} \\[2mm] \hat{\alpha} = \dfrac{\hat{\beta}}{2} \end{array}\right\} \quad \begin{array}{l}\text{por propiedad del}\\ \text{ángulo semiinscrito}\end{array}$$

Como ambos tienen el mismo ángulo central son iguales, es decir:

$$\hat{\epsilon} = \hat{\alpha}$$

Trazado de tangentes a una circunferencia desde un punto exterior

Trazar desde el punto T las tangentes a la $C(O;r)$.

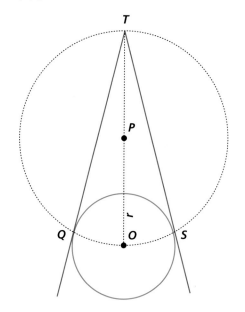

Se une T con O y $\overline{TO}$ es el diámetro de una circunferencia de centro P y radio $\overline{PO}$.

Para hallar el centro P se traza la mediatriz del segmento TO. Al trazar la C(P;$\overline{PO}$) intersecta a la C(O;r) en dos puntos S y Q. Uniendo T con S y con Q, quedan construidas las tangentes $\overline{TS}$ y $\overline{TQ}$.

◢ Ejercicios de recapitulación

1) Dado $A\hat{O}D = 107° \, 53' \, 16''$

Hallar:

a) $\hat{\alpha}$; $\hat{\beta}$; $\hat{\epsilon}$

b) ¿Qué arcos abarcan $A\hat{C}D$; $A\hat{D}E$?

c) ¿En qué arco está inscrito $A\hat{B}D$?

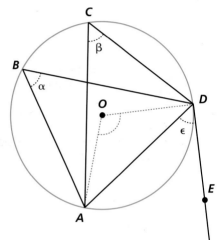

Solución:

a) $\hat{\alpha} = \dfrac{A\hat{O}D}{2}$ por propiedad del ángulo central que abarca el mismo arco que el inscrito.

$\hat{\alpha} = \hat{\beta}$ por estar inscritos en el mismo arco de circunferencia.

```
107°  53' 16'' |2
 07°  60' 60''  53° 56' 38''
  1° 113' 76''
      13' 16''
       1'  0''
```

$\hat{\alpha} = \hat{\beta} = 53° \, 56' \, 38''$

$\alpha = \epsilon$ por ser ángulos inscritos y semiinscritos en el mismo arco.

$\hat{\epsilon} = 53° \, 56' \, 38''$

b) $A\hat{C}D$ abarca $\overset{\frown}{AD}$
   $A\hat{D}E$ abarca $\overset{\frown}{AD}$

c) $A\hat{B}D$ está inscrito en $\overset{\frown}{ABD}$

2) En la siguiente figura, dados los ángulos ABC = 43° 18' 36'' y EOA = 128° 24' 36'', hallar:

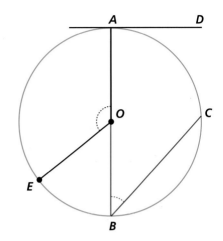

a) $A\hat{C}B$; $E\hat{B}A$
   $D\hat{A}C$; $A\hat{E}C$

b) ¿En qué arco están inscritos $A\hat{E}C$ y $E\hat{A}B$?

c) ¿Qué arco abarca $D\hat{A}C$, y $A\hat{E}B$?

Solución:

a) $A\hat{C}B = 1$ R por estar inscrito en una semicircunferencia

$A\hat{C}B = 90°$

$D\hat{A}C = A\hat{B}C = 43° \, 18' \, 36''$

por abarcar el mismo arco AC.

$A\hat{E}C = A\hat{B}C = 43° \, 18' \, 36''$

por abarcar el mismo arco $\overset{\frown}{AC}$.

$E\hat{B}A = \dfrac{E\hat{O}A}{2}$ propiedad del ángulo inscrito

$\Rightarrow E\hat{B}A = 64° \, 12'' \, 18''$

$\Rightarrow E\hat{B}A = \dfrac{128° \, 24' \, 36''}{2}$

b) $A\hat{E}C$ está inscrito en $\overset{\frown}{AEC}$
   $E\hat{A}B$ está inscrito en $\overset{\frown}{EAB}$

c) $D\hat{A}C$ abarca $\overset{\frown}{AC}$
   $A\hat{E}B$ abarca $\overset{\frown}{AB}$

Área y superficie

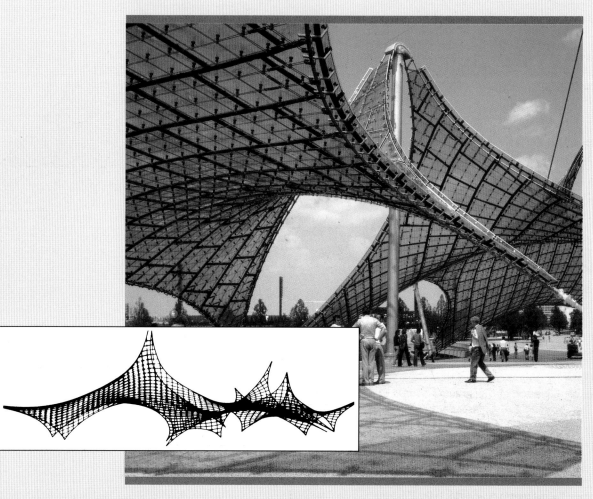

Estas estructuras en forma de carpa que recubren la zona olímpica de Munich (donde tuvieron lugar los Juegos Olímpicos de 1972) fueron diseñadas por el arquitecto Frei Otto. Se basó en las formas de las películas jabonosas para conseguir estructuras muy ligeras, a la vez que muy resistentes. Su elección de las pompas de jabón como modelo no fue casual, ya que éstas representan una solución natural al problema de encerrar volúmenes con una superficie mínima. Las experiencias de Otto permiten resolver experimentalmente problemas relativos a superficies y contornos, en algunos casos demasiado complicados para ni tan siquiera poderlos plantear de un modo matemático formal.

Área y superficie

Superficie: se refiere a la forma. (Puede ser una superficie triangular, cuadrada, circular.)

Área: es la medida de la superficie. Se refiere al tamaño.

Para medir una superficie se toma como unidad un cuadrado cuyo lado sea igual a la unidad de longitud.

Ejemplo:

Si un terreno tiene 7 m de largo y 3 m de ancho, su superficie es 21 m^2. Y el área es 21, o sea, la cantidad de veces que la unidad, que sería 1 m^2, está contenida en el terreno. En resumen, la superficie es un número concreto, 21 m^2.

El área es un número abstracto, 21.

7 m						
1	2	3	4	5	6	7
8	9	10	11	12	13	14
15	16	17	18	19	20	21

3 m

Unidades de superficie

La unidad básica para medir superficies es un cuadrado cuyo lado tiene un metro de longitud; o sea, el metro cuadrado.

Sus múltiplos son:

- (dam^2) = decámetro cuadrado: 100 m^2
- (hm^2) = hectómetro cuadrado: 10 000 m^2
- (km^2) = kilómetro cuadrado: 1 000 000 m^2

Los submúltiplos son:

- (dm^2) = decímetro cuadrado: 0,01 m^2
- (cm^2) = centímetro cuadrado: 0,0001 m^2
- (mm^2) = milímetro cuadrado: 0,000001 m^2

Figuras equivalentes

Son aquellas iguales o que se obtienen sumando figuras iguales.

Las figuras equivalentes tienen igual área (su tamaño es el mismo aunque varíe su forma).

Ejemplos:

1)

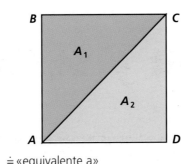

$\doteq$ «equivalente a»

Si el área de $A_1 = A'_1$
y el área de $A_2 = A'_2$ y

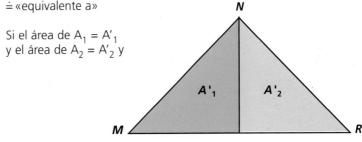

$$\left.\begin{array}{l} A\overset{\square}{B}CD = A_1 + A_2 \\ M\overset{\triangle}{N}R = A'_1 + A'_2 \end{array}\right\} \Rightarrow A\overset{\square}{B}CD \doteq M\overset{\triangle}{N}R$$

2)

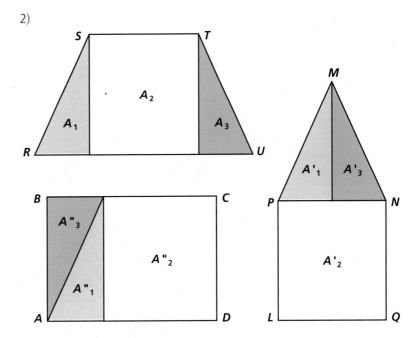

Si el área de A_1 es igual al de A'_1 y a A''_1
y el área de A_2 es igual al de A'_2 y a A''_2
y el área de A_3 es igual al de A'_3 y a A''_3

y además:

$$\left. \begin{array}{l} \text{Trap. RSTU} = A_1 + A_2 + A_3 \\ \text{Polig. LPMNQ} = A'_1 + A'_2 + A'_3 \\ \text{Rectg. ABCD} = A''_1 + A''_2 + A''_3 \end{array} \right\} \Rightarrow$$

$$\Rightarrow \text{Trap. RSTU} \doteq \text{Polig. LPMNQ} \doteq$$
$$\doteq \text{Rectg. ABCD}$$

► Caracteres de la equivalencia de figuras

• Carácter **idéntico:** toda figura es equivalente a sí misma.

$$\overset{\square}{\text{ABCD}} \doteq \overset{\square}{\text{ABCD}}$$

• Carácter **recíproco:** si una figura es equivalente a otra, ésta es equivalente a la primera.

$$\text{Si Trap. RSTU} \doteq \overset{\square}{\text{ABCD}} \Rightarrow$$
$$\Rightarrow \overset{\square}{\text{ABCD}} \doteq \text{Trap. RSTU}$$

• Carácter **transitivo:** si una figura es equivalente a otra y ésta es equivalente a una tercera, entonces la primera es equivalente a la tercera.

$$\text{Trap. RSTU} \doteq \text{Políg. LPMNQ y}$$
$$\text{Políg. LPMNQ} \doteq \overset{\square}{\text{ABCD}} \Rightarrow$$
$$\Rightarrow \text{Trap. RSTU} \doteq \overset{\square}{\text{ABCD}}$$

Consecuencia: Si dos polígonos son equivalentes a un tercero, también son equivalentes entre sí.

$$\left. \begin{array}{l} \text{Trap. RSTU} \doteq \overset{\square}{\text{ABCD}} \\ \text{Políg. LPMNQ} \doteq \overset{\square}{\text{ABCD}} \end{array} \right\}$$

$$\Rightarrow \text{Trap. RSTU} \doteq \text{Políg. LPMNQ}$$

Además podemos expresar que dos polígonos iguales, son equivalentes.

$$\text{Si } \overset{\diamond}{\text{ABCD}} = \text{A'B'}\overset{\diamond}{\text{C'}}\text{D'} \Rightarrow$$
$$\Rightarrow \overset{\diamond}{\text{ABCD}} \doteq \text{A'B'}\overset{\diamond}{\text{C'}}\text{D'}$$

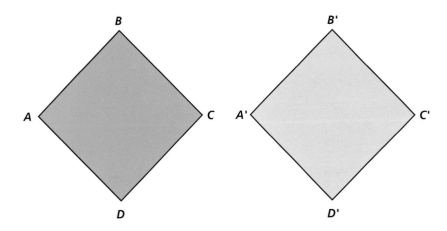

Dos polígonos que son suma de polígonos respectivamente equivalentes, son equivalentes.

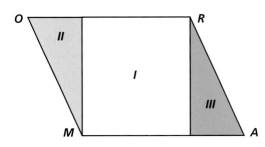

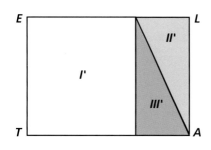

$$\begin{array}{l} \text{Si} \quad \text{I} = \text{I}' \Rightarrow \text{I} \doteq \text{I}' \\ \phantom{\text{Si} \quad} \text{II} = \text{II}' \Rightarrow \text{II} \doteq \text{II}' \\ \phantom{\text{Si} \quad} \text{III} = \text{III}' \Rightarrow \text{III} \doteq \text{III}' \end{array}$$

y además

$$\left. \begin{array}{l} \overset{\diamond}{\text{MORA}} = \text{I} + \text{II III} \\ \overset{\diamond}{\text{TELA}} = \text{I}' + \text{II}' + \text{III}' \end{array} \right\}$$
$$\Rightarrow \overset{\diamond}{\text{MORA}} \doteq \overset{\diamond}{\text{TELA}}$$

► Equivalencia de figuras

1) Si dos paralelogramos tienen igual base e igual altura, son equivalentes.

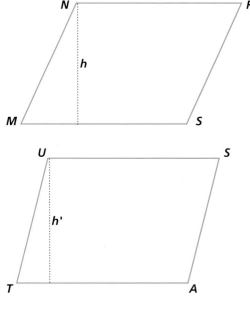

$$\overline{MS} = \overline{TA} \text{ (bases)}$$

$$h = h' \Rightarrow M\overset{\square}{N}RS \doteq T\overset{\square}{U}SA$$

2) Si dos rectángulos tienen igual base e igual altura son equivalentes.

$$\text{Si } \overline{PO} = \overline{TS} \text{ (bases)}$$

$$MP = QT \text{ (alturas)} \Rightarrow M\overset{\square}{N}PO \doteq Q\overset{\square}{R}ST$$

3) Si dos triángulos tienen igual base e igual altura, son equivalentes.

$$\text{Si } \overline{SL} = \overline{TA} \text{ (bases)}$$

$$h = h' \text{ (alturas)} \Rightarrow S\hat{O}L \doteq T\hat{I}A$$

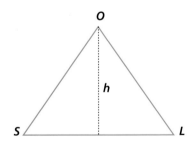

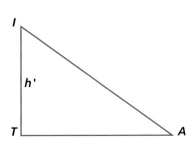

4) Un triángulo y un paralelogramo que tienen igual altura y la base del triángulo es el doble de la base del paralelogramo, son equivalentes.

$$\text{Si } 2 \cdot \overline{SE} = \overline{RO}$$

$$h = h' \Rightarrow S\overset{\square}{A}BE \doteq R\hat{I}O$$

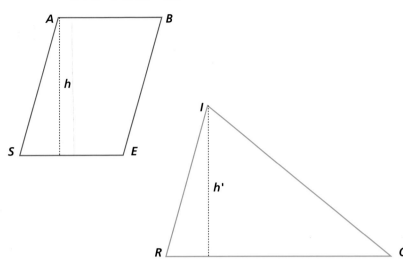

Esta propiedad incluye por extensión la equivalencia entre un triángulo y un rectángulo, y entre un triángulo y un cuadrado, con sólo cumplir la condición enunciada.

5) Un triángulo y un trapecio que tienen igual altura y la base del triángulo es igual a la suma de las bases del trapecio, son equivalentes.

$$\text{Si } \overline{SA} = \overline{PO} + \overline{IN}$$

$$h = h' \Rightarrow S\hat{E}A \doteq \text{trap. PINO}$$

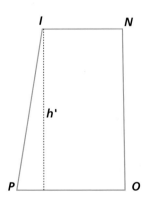

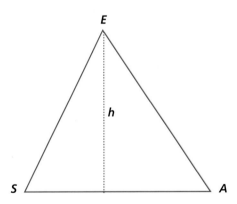

Transformaciones de figuras geométricas

1) Dado un triángulo $M\hat{N}P$, construir otro de base dada que resulte equivalente al anterior.

Puede ocurrir que la base dada sea igual, menor o mayor que la del primero.

a) Si ocurre que la base dada es igual a la

del anterior, se construye M'N̂'P' que tiene también altura igual al anterior.

$$\text{Si } MP = M'P' \Rightarrow h = h'$$
$$\text{para que } M\hat{N}P \doteq M'\hat{N}'P'$$

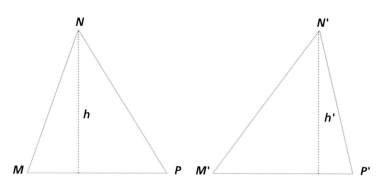

b) Si la base dada es menor que $\overline{MP}$, se procede así:

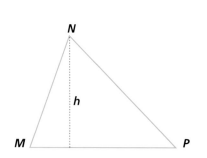

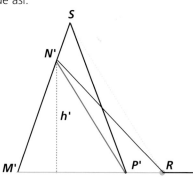

Sobre una semirrecta transportamos $\overline{M'P'}$ a partir del origen M, y sobre dicho segmento y a partir de M' transportamos $\overline{M'R} = \overline{MP}$, considerando $h = h'$ construimos $M\hat{N}P \doteq M'\hat{N}'R$ [1]

Unimos N' con P' y trazamos por R, $\overline{RS} \parallel \overline{P'N'}$ que corte a la prolongación de $\overline{M'N'}$ en un punto S. Uniendo S con P', se obtiene M'ŜP' que es el triángulo pedido; porque:

$$\left.\begin{array}{c} N\hat{S}P' \\ y \\ P'\hat{N}R \end{array}\right\{ \begin{array}{l} \overline{N'P'} \text{ común} \\ \text{Las alturas son iguales por ser} \\ \text{ambas iguales a la distancia} \\ \text{entre } \overline{SR} \parallel \overline{N'P'}. \end{array}$$

$\Rightarrow N\hat{S}P' \doteq P'\hat{N}R$ por el teorema dado

$\Rightarrow M'\hat{N}'R \doteq M'\hat{S}P'$ [2] por ser suma de polígonos equivalentes

$\Rightarrow M\hat{N}P \doteq M'\hat{S}P'$ por carácter transitivo entre [1] y [2]

c) Si la base dada es mayor que $\overline{MP}$, se procede así:

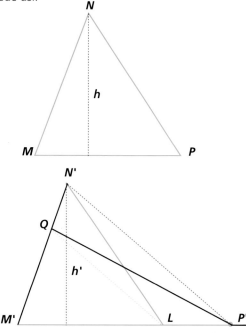

Sobre una semirrecta se transporta $\overline{M'P'}$ a partir del origen M', y a partir de dicho origen transportamos $\overline{M'L} = \overline{MP}$.

Considerando $h = h'$, unimos N' con L y se obtiene $M'\hat{N}'L \doteq M\hat{N}P$ [1] (por tener igual base e igual altura).

Unimos N' con P' y trazamos por L, $\overline{QL} \parallel \overline{N'P'}$, determinando en la intersección con $\overline{M'N'}$ el punto Q. Uniendo Q con P' se obtiene M'Q̂P' que es el triángulo pedido, porque:

$$\left.\begin{array}{c} Q\hat{L}N' \\ y \\ L\hat{Q}P' \end{array}\right\{ \begin{array}{l} \overline{QL} \text{ común por ser base.} \\ \text{Las alturas son iguales por ser} \\ \text{ambas iguales a la distancia} \\ \text{entre } \overline{QL} \parallel \overline{N'P'}. \end{array}$$

$\Rightarrow Q\hat{L}N' \doteq L\hat{Q}P'$ por el teorema dado

$\Rightarrow M'\hat{N}'L \doteq M'\hat{Q}P'$ [2] por ser suma de polígonos equivalentes

$\Rightarrow M\hat{N}P' \doteq M'\hat{Q}P'$ por consecuencia del carácter transitivo entre [1] y [2]

2) Dado un triángulo $A\hat{B}C$, construir otro equivalente al dado, de altura dada.

También aquí se pueden presentar tres casos:

a) Que la altura sea igual a la del $A\hat{B}C$.

En tal caso bastará con construir un triángulo que tenga $\overline{AC} = \overline{A'C'}$ para que se cumpla la condición y resulten: $A\hat{B}C \doteq A'\hat{B}'C'$.

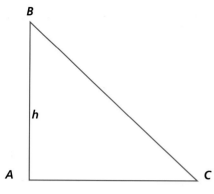

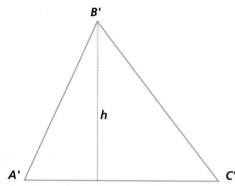

b) Si la altura h' es menor que la del $\hat{ABC}$, se procede así:

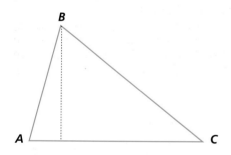

Construimos $A'\hat{B}'C' \doteq A\hat{B}C$.

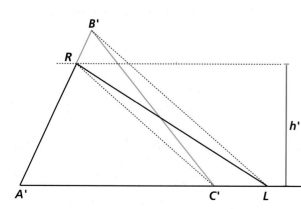

Trazamos por el extremo superior de h' una paralela a s, que corta $\overline{A'B'}$ en un punto R; unimos R con C' y trazamos por B' una

paralela a $\overline{RC'}$ que determina sobre $\overrightarrow{A'C'}$ un punto L. Uniendo R con L se obtiene el $\hat{A'RL}$ que es el triángulo pedido, porque:

$$
\left.
\begin{array}{l}
R\hat{C}'B' \\
y \\
R\hat{C}'L
\end{array}
\right\}
\left\{
\begin{array}{l}
\overline{RC'} \text{ común (base)} \\
\text{Las alturas son iguales} \\
\text{por ser la distancia entre} \\
\overline{RC'} \,/\!/\, B'L.
\end{array}
\right.
$$

$\Rightarrow R\hat{C}'B' \doteq R\hat{C}'L$ por el teorema dado.

$\Rightarrow A'\hat{R}L \doteq A'\hat{B}'C'$ por ser suma de figuras equivalentes [1]. Y como $A\hat{B}C \doteq A'\hat{B}'C'$ por tener igual base e igual altura [2].

$\Rightarrow A'\hat{R}L \doteq A\hat{B}C$ por consecuencia del carácter transitivo entre [1] y [2].

c) Si la altura h' es mayor que la del $A\hat{B}C$, se procede en forma análoga a la anterior y se llega a demostrar que

$$A'\hat{L}S \doteq A\hat{B}C$$

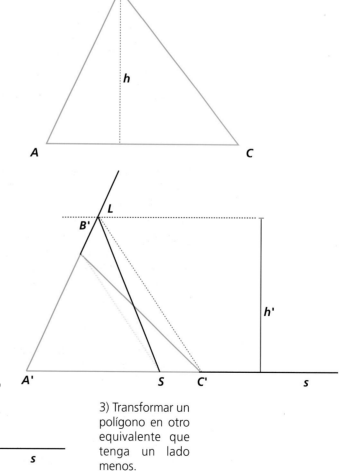

3) Transformar un polígono en otro equivalente que tenga un lado menos.

Dado el polígono MNRST, se unen dos vértices no consecutivos dejando un solo vértice en otro semiplano. Por ejemplo: $\overline{MR}$.

Por el vértice N, se traza $n \parallel \overline{MR}$ y prolongando $\overline{RS}$ corta a n en un punto Q. Uniendo M con Q se obtiene el polígono MQST que tiene un lado menos que el anterior y resulta equivalente a aquél, porque:

$$M\hat{Q}R \ \begin{cases} \overline{MR} \text{ común (base)} \\ \\ \text{Las alturas son iguales} \\ \text{por ser la distancia} \\ NQ \parallel \overline{MR}. \end{cases}$$
$$M\hat{N}R$$

$\Rightarrow M\hat{Q}R \doteq M\hat{N}R$ por el teorema dado.

$\Rightarrow$ Políg. MNRST $\doteq$ Políg. MQST por ser suma de polígonos equivalentes.

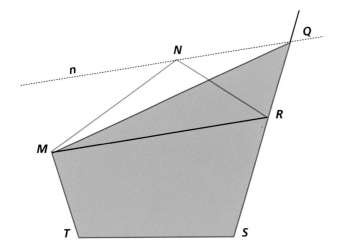

Si se desea transformar un polígono en otro equivalente a él, pero que tenga dos lados menos, bastará con usar el procedimiento en forma continua tantas veces como fuera necesario.

Por ejemplo: transformar un polígono de seis lados en uno de cuatro lados.

Políg. ABCDEF $\doteq$ Políg. AJEF

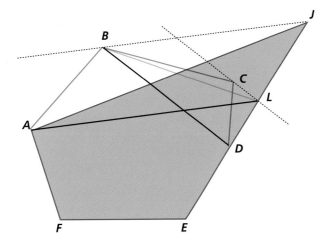

Teoremas sobre áreas

1) El área de un rectángulo es igual al producto de su base por su altura.

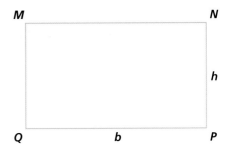

$$\overline{MN} = \overline{QP} = b \text{ y } \overline{MQ} = \overline{NP} = h$$

$$\text{Área } M\overset{\square}{N}PQ = b \cdot h$$

2) El área de un cuadrado es igual al cuadrado del lado.

Por ser el cuadrado un caso especial de rectángulo, donde la base es igual a la altura y, a su vez, son iguales al lado de la figura.

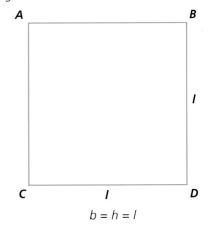

$$b = h = l$$

En la fórmula del área del rectángulo, reemplazamos b y h por su igual l, y por tanto nos queda:

$$\text{Área } AB\overset{\square}{C}D = l \cdot l$$

$$\text{Área } AB\overset{\square}{C}D = l^2$$

3) El área de un paralelogramo es igual al producto de su base por su altura:

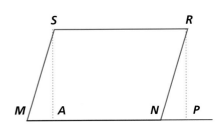

Área $M\overset{\square}{N}RS = b \cdot h$

Si prolongamos $\overrightarrow{MN}$ y trazamos por R una perpendicular a $\overline{MN}$ en P y $SA \perp \overrightarrow{MN}$ en A, quedan formados los triángulos rectángulos $M\hat{S}A$ y $N\hat{R}P$ y el cuadrilátero APRS, que es paralelogramo y rectángulo a la vez, ya que $\overline{SA}$ y $\overline{RP}$ son perpendiculares a $\overrightarrow{MN}$ y entre sí resultan paralelas.

Área $M\overset{\square}{N}RS =$ Área $M\hat{S}A +$
$+$ Área $A\overset{\square}{P}RS -$ Área $N\hat{R}P$ (a)

Recordando que:

Área $A\overset{\square}{P}RS = b \cdot h$ por el teorema 1 ①

Comparando:

$\begin{matrix} M\hat{S}A \\ \text{y} \\ N\hat{R}P \end{matrix} \begin{cases} \hat{A} = \hat{P} = 1R \text{ por construcción.} \\ \overline{MS} = \overline{NR} \text{ por ser lados opuestos} \\ \qquad\qquad \text{del paralelogramo.} \\ \overline{SA} = \overline{RP} \text{ por ser paralelas entre} \\ \qquad\qquad \text{paralelas.} \end{cases}$

$\Rightarrow M\hat{S}A = N\hat{R}P$ por el cuarto criterio de igualdad del triángulo rectángulo.

$\Rightarrow$ Área $M\hat{S}A =$ Área $N\hat{R}P$ ②

Reemplazando ① y ② en (a)

Área $M\overset{\square}{N}RS =$ Área $M\hat{S}A + b \cdot h -$
$-$ Área $M\hat{S}A$

Simplificando:

Área $M\overset{\square}{N}RS = b \cdot h$

4) El área de un triángulo es igual a la mitad del producto de su base por su altura.

Área $A\hat{B}C = \dfrac{b \cdot h}{2}$

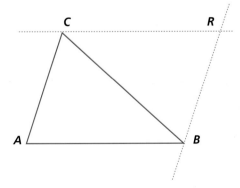

Por el vértice C trazamos una paralela a $\overline{AB}$ y por B una paralela a $\overline{AC}$; ambas se cortan en el punto R.

Queda así formado el paralelogramo ABRC por construcción.

Podemos expresar:

Área $A\hat{B}C =$ Área ABRC $-$ Área $B\hat{R}C$ (a)

Recordando que:

Área ABRC $= b \cdot h$ ①

Comparando:

$\begin{matrix} A\hat{B}C \\ \text{y} \\ C\hat{B}R \end{matrix} \begin{cases} \overline{BC} \text{ común} \\ \overline{AB} = \overline{CR} \text{ por lados opuestos} \\ \qquad\qquad \text{del paralelogramo.} \\ \overline{AC} = \overline{BR} \text{ por lados opuestos} \\ \qquad\qquad \text{del paralelogramo.} \end{cases}$

$\Rightarrow A\hat{B}C = C\hat{B}R$ por el tercer criterio de la igualdad de triángulos.

$\Rightarrow$ Área $A\hat{B}C =$ Área $C\hat{B}R$ ②

Sustituimos ① y ② en (a)

Área $A\hat{B}C = b \cdot h -$ Área $A\hat{B}C$

haciendo transposición de términos

Área $A\hat{B}C +$ Área $A\hat{B}C = b \cdot h =$
$= 2 \cdot$ Área $A\hat{B}C = b \cdot h$

Nos queda:

Área $A\hat{B}C = \dfrac{b \cdot h}{2}$

5) El área del rombo es igual a la mitad del producto de sus diagonales.

Área $R\overset{\diamond}{S}TU = \dfrac{d \cdot d'}{2}$

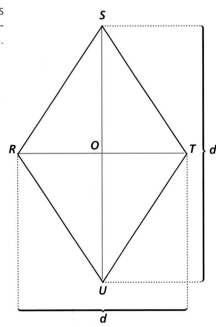

Podemos considerar el rombo como formado por dos triángulos y decir:

$$\text{Área } R\overset{\Diamond}{S}TU = \text{Área } R\hat{S}T + \text{Área } R\hat{U}T \quad (a)$$

Recordando:

$$\text{Área } R\hat{S}T = \frac{b \cdot h}{2} = \frac{\overline{RT} \cdot \overline{SO}}{2} \quad ①$$

$$\text{Área } R\overset{\Diamond}{U}T = \frac{\overline{RT} \cdot \overline{OU}}{2} \quad ②$$

Reemplazando ① y ② en (a)

$$\text{Área } R\overset{\Diamond}{S}TU = \frac{\overline{RT} \cdot \overline{SO}}{2} + \frac{\overline{RT} \cdot \overline{OU}}{2}$$

Sacando $\dfrac{\overline{RT}}{2}$ factor común, nos queda:

$$\text{Área } R\overset{\Diamond}{S}TU = \frac{\overline{RT}}{2}(\overline{SO} + \overline{OU})$$

y como: $\overline{SO} + \overline{OU} = \overline{SU}$

$$\text{Área } R\overset{\Diamond}{S}TU = \frac{\overline{RT} \cdot \overline{SU}}{2}$$

Sustituyendo $\overline{RT}$ y $\overline{SU}$ por d y d':

$$\text{Área } R\overset{\Diamond}{S}TU = \frac{d \cdot d'}{2}$$

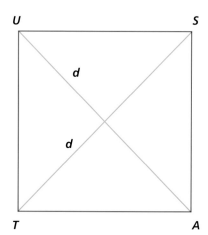

De este teorema se puede extraer la siguiente conclusión:

El área de un cuadrado es igual a la mitad del cuadrado de la diagonal.

$$\text{Área } T\overset{\Box}{U}SA = \frac{d^2}{2}$$

Por área del rombo (considerando que el cuadrado es rombo):

$$\text{Área } T\overset{\Box}{U}SA = \frac{\overline{TS} \cdot \overline{UA}}{2}$$

y reemplazando TS y UA por sus iguales: d, se tiene

$$\text{Área } T\overset{\Box}{U}SA = \frac{d \cdot d}{2}$$

$$\text{Área } T\overset{\Box}{U}SA = \frac{d^2}{2}$$

6) El área de un trapecio es igual a la semisuma de sus bases multiplicada por su altura.

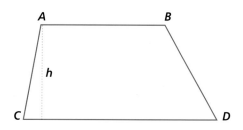

ABDC trapecio, h = altura
$\overline{AB}$ y $\overline{CD}$ bases
$\overline{AB} = b'$
$\overline{CD} = b$

$$\text{Área trap. ABDC} = \frac{(b + b') \cdot h}{2}$$

7) El área de un polígono regular es igual al producto de su semiperímetro por su apotema.

$$\text{Área polígono regular} = \frac{p \cdot a}{2}$$

siendo p = perímetro $(n \cdot l)$
a = apotema
n = n° de lados del polígono
l = longitud de un lado

8) El área de un círculo es igual al producto de π por el cuadrado del radio.

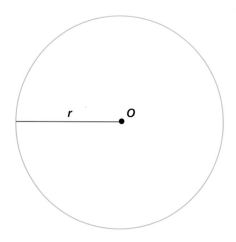

$$\text{Área } C(O,r) = \pi \cdot r^2$$

9) El área de una corona circular de radios r y r' es igual al producto de π por la diferencia de los cuadrados de dichos radios.

$$\text{Área corona circular} = \pi \cdot (r^2 - r'^2)$$

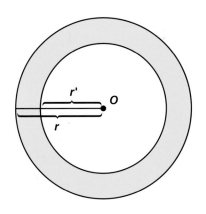

Considerando:

Área corona circular = Área C(O;r) −
− Área C(O;r) [a]

Recordando:

Área C(O;r) = $\pi \cdot r^2$ [1]

Área C(O;r) = $\pi \cdot r'^2$ [2]

Reemplazando [1] y [2] en [a]

Área corona circular = $\pi \cdot r^2 - \pi \cdot r'^2$

Sacando π factor común:

Área corona circular = $\pi \cdot (r^2 - r'^2)$

10) El área de un sector circular es igual a la mitad del producto de la longitud de su arco por el radio.

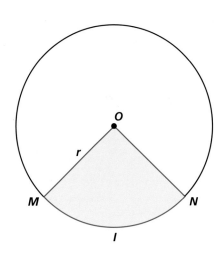

C(O;r) circunferencia
MON sector circular
l = longitud

$$\text{Área sector circular MON} = \frac{l \cdot r}{2}$$

Si consideramos que $l = \dfrac{\pi \cdot r \cdot n°}{180°}$,
el área de un sector de amplitud $n°$ es:

$$\text{Área sector circular MON} = \frac{\pi \cdot r^2 \cdot n°}{360°}$$

Corolario: el área de un sector circular es equivalente a la de un triángulo que tiene por base la longitud del arco que limita al sector y por altura el radio de la circunferencia.

$$\text{Área sector de arco } l \text{ y radio } r = \frac{l \cdot r}{2}$$

$$\text{Área de triángulo de base } l \text{ y altura } r = \frac{l \cdot r}{2}$$

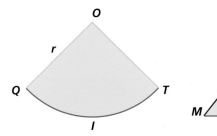

Área sector circular QOT $\doteq$ Área MÔN

11) El área de un trapecio circular limitado por dos arcos de radio r y r' e intersectados por un ángulo central de amplitud n está dado por la fórmula:

$$\frac{\pi \cdot n° (r^2 - r'^2)}{360°}$$

RSTU trapecio circular
de radios r y r' y amplitud $n°$

l = longitud $\overline{ST}$ L = longitud $\overline{RU}$

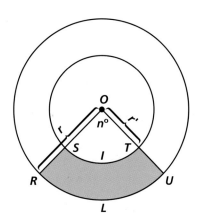

Área del trap. circ. RSTU =
= Área sector circ. ROU −
− Área sector circ. SOT [a]

Recordando:

Área sector circular ROU $= \dfrac{L \cdot r}{2}$

y como $L = \dfrac{\pi \cdot r \cdot n°}{180°}$

Reemplazando:

Área sector circular ROU $= \dfrac{\pi \cdot r \cdot r \cdot n°}{2 \cdot 180°} =$

$= \dfrac{\pi \cdot r^2 \cdot n°}{360°}$ [1]

Área sector circular SOT $= \dfrac{\pi \cdot r'^2 \cdot n°}{360°}$ [2]

Reemplazando [1] y [2] en [a]

Área trap. circ. RSTU $= \dfrac{\pi \cdot r^2 \cdot n°}{360°} -$

$- \dfrac{\pi \cdot r'^2 \cdot n°}{360°}$

Sacando $\dfrac{\pi \cdot n°}{360°}$ factor común

Área trapecio circular RSTU $= \dfrac{\pi \cdot n°}{360°} (r^2 - r'^2)$

Corolario: El área de un trapecio circular es equivalente a la de un trapecio rectilíneo que tenga por bases los arcos rectificados que limitan al trapecio circular y por altura la diferencia de dichos radios.

Área trap. circ. ABCD $\doteq$
$\doteq$ Área trap. MNQP

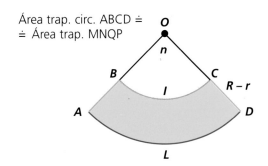

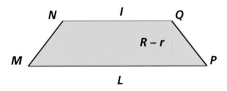

12) El área de un segmento circular se obtiene restándole al área del sector circular AOB el área del triángulo $A\hat{O}B$.

Área segm. circular =
= Área sector circ.
AOB – Área $A\hat{O}B$

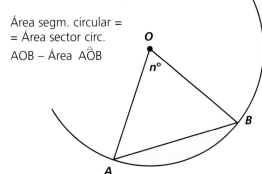

Manuscrito árabe de Abu Sahl al-Kuhi, que vivió a finales del siglo IX o principios del siglo X, relativo al cálculo del área de una parábola. La medición de superficies limitadas por curvas se basa en la descomposición en rectángulos muy pequeños (infinitesimales) cuya área se puede calcular con notable aproximación; la suma de las áreas de estos rectángulos dará el área total buscada. Este método –ya utilizado por Arquímedes para cálculos de superficies y volúmenes– condujo al cálculo integral desarrollado por Newton y Leibniz.

▶ *Razón de los perímetros de dos polígonos semejantes*

La razón de los perímetros de dos polígonos semejantes es igual a la razón de dos cualesquiera de sus lados homólogos.

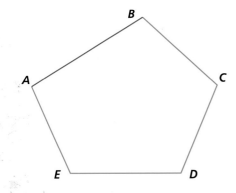

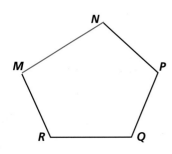

$$\overset{\Large\frown}{ABCDE} \sim \overset{\Large\frown}{MNPQR}$$

$$\frac{\text{Perím. } ABCDE}{\text{Perím. } MNPQR} = \frac{\overline{AB}}{\overline{MN}}$$

▶ *Razón de las superficies de dos triángulos semejantes*

La razón de las superficies de dos triángulos semejantes es igual al cuadrado de la razón de un par de lados homólogos.

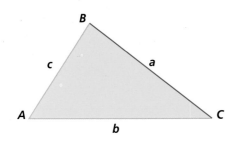

$$\frac{\text{Sup } \overset{\frown}{ABC}}{\text{Sup } \overset{\frown}{MNP}} = \left(\frac{b}{n}\right)^2$$

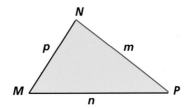

$$\frac{\text{Sup. } \overset{\frown}{ABC}}{\text{Sup. } \overset{\frown}{MNP}} = \left(\frac{a}{m}\right)^2$$

$$\frac{\text{Sup. } \overset{\frown}{ABC}}{\text{Sup. } \overset{\frown}{MNP}} = \left(\frac{c}{p}\right)^2$$

▶ *Razón de las superficies de dos polígonos semejantes*

La razón de las superficies de dos polígonos semejantes es igual al cuadrado de la razón de un par de lados homólogos.

$$\frac{\text{Sup. } ABCDE}{\text{Sup. } MNPQR} = \left(\frac{\overline{AB}}{\overline{MN}}\right)^2$$

$$\frac{\text{Sup. } ABCDE}{\text{Sup. } MNPQR} = \left(\frac{\overline{DE}}{\overline{QR}}\right)^2$$

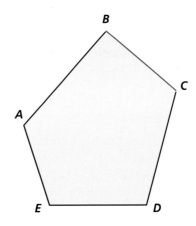

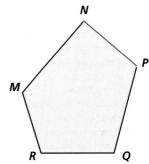

$$\frac{\text{Sup. } ABCDE}{\text{Sup. } MNPQR} = \left(\frac{\overline{BC}}{\overline{NP}}\right)^2$$

$$\frac{\text{Sup. } ABCDE}{\text{Sup. } MNPQR} = \left(\frac{\overline{CD}}{\overline{PQ}}\right)^2$$

$$\frac{\text{Sup. } ABCDE}{\text{Sup. } MNPQR} = \left(\frac{\overline{EA}}{\overline{RM}}\right)^2$$

◢ Ejercicios de recapitulación

1) Hallar el largo de un terreno rectangular, siendo su superficie 240 m² y el ancho del terreno 15 m.

Solución:

Consideramos que el largo es la base. Y el ancho es la altura. Aplicando la fórmula:

$$\text{Sup. del rectáng.} = b \cdot h$$
$$\text{Sup. del rectáng.} = l \cdot a$$

Como lo que se desea averiguar es el largo, bastará con despejar haciendo la transposición de términos.

$$\frac{\text{Sup. rectáng.}}{a} = l$$

Aplicando los datos:

$$l = \frac{240 \text{ m}^2}{15 \text{ m}} = 16 \text{ m}$$

El largo es 16 metros.

2) Hallar la superficie de un vidrio rectangular cuyo largo es 20 cm y el ancho es el duplo del largo.

Solución:

$$l = 20 \text{ cm}$$
$$a = 2 \cdot 20 \text{ cm} = 40 \text{ cm}$$

$$\text{Sup. vidrio rectáng.} =$$
$$= l \cdot a = 20 \text{ cm} \cdot 40 \text{ cm} = 800 \text{ cm}^2$$

Reduciendo a m² los 800 cm² = 0,08 m²

3) Hallar la superficie de una mesa cuadrada cuyo lado es 1,5 m.

Solución:

$$\text{Sup. cuadrado} = l^2$$
$$\text{Sup. mesa cuadrada} = (1,5 \text{ m})^2 = 2,25 \text{ m}^2$$

4) Hallar el lado de una habitación cuadrangular cuya superficie es de 272,25 m².

Solución:

$$\text{Sup. cuadrado} = l^2$$

Cómo debemos averiguar el lado, despejando nos queda:

$$\sqrt{\text{Sup. cuadrado}} = l \qquad \sqrt{272,25 \text{ m}^2} = l$$

$$16,5 \text{ m} = l$$

$\sqrt{272,25}$	16,5
1	$1^2 = 1$
172	$1 \cdot 2 = 2$
156	$26 \cdot 6 = 156$
1625	$16 \cdot 2 = 32$
1625	$325 \cdot 5 = 1625$
0	

5) La altura de un paralelogramo es 3/4 de la base y ésta es de 20 m. Calcular la superficie.

Solución:

$$\text{Altura} = \frac{3}{4} \cdot 20 \text{ m} = 15 \text{ m}$$

$$\text{Superficie paralelogramo} = b \cdot h$$
$$\text{Superficie paralelogramo} =$$
$$= 20 \text{ m} \cdot 15 \text{ m} = 300 \text{ m}^2$$

6) El lado de un cuadrado cuya superficie es de 529 cm² es igual a la base de un paralelogramo cuya altura es la mitad de la base. Hallar la superficie del paralelogramo.

Solución:

$$l = \sqrt{529 \text{ m}^2} = 23 \text{ m}$$
$$h = \frac{1}{2} \cdot 23 \text{ m} = 11,50 \text{ m}$$
$$\text{Sup. paralelogramo} = b \cdot h =$$
$$= 23 \text{ m} \cdot 11,50 = 264,50 \text{ m}^2$$

7) La superficie de un pañuelo triangular es de 918 cm², siendo la base de 51 cm. ¿Cuál es la altura?

Solución:

$$\text{Sup. triáng.} = \frac{b \cdot h}{2}$$

Despejamos *h* por medio del paso de factores y divisores de un miembro a otro de la igualdad.

$$h = \frac{2 \cdot \text{Sup. triáng.}}{b}$$

$$h = \frac{2 \cdot 918 \text{ cm}^2}{51 \text{ cm}} = 36 \text{ cm}$$

8) Calcular la superficie de un terreno en forma de trapecio que tiene las siguientes medidas: frente, 21 m; contrafrente, 17 m; distancia entre ambos, 30 m.

Solución:

frente = Base mayor = b

contrafrente = Base menor = b'

distancia entre ambos = h

$$\text{Sup. terreno} = \frac{(b + b') \cdot h}{2} =$$

$$= \frac{(21 \text{ m} + 17 \text{ m}) \cdot 30 \text{ m}}{2} =$$

$$= 38 \cdot 15 = 570 \text{ m}^2$$

9) Calcular la base mayor de un trapecio, siendo 0,31 m la base menor, 0,44 m la altura y 19,58 dm² la superficie.

Solución:

Despejamos la incógnita *b* en la fórmula:

$$\text{Sup. trap.} = \frac{(b + b') \cdot h}{2} \Rightarrow$$

$$\Rightarrow \frac{\text{Sup. trap.} \cdot 2}{h} - b' = b$$

Reducimos 19,58 dm² a m² = 0,1958 m²

$$b = \frac{\text{Sup. trap.} \cdot 2}{h} - b' =$$

$$= \frac{0,1958 \text{ m}^2 \cdot 2}{0,44 \text{ m}} - 0,31 \text{ m} =$$

$$= 0,89 - 0,31 = 0,58$$

10) Calcular la diagonal menor de un rombo cuya superficie es 1,84 dm² si la diagonal mayor es 2,3 dm.

Solución:

Despejamos *d* que es nuestra incógnita de la fórmula del área del rombo:

$$d' = \frac{\text{Sup. rombo} \cdot 2}{d}$$

$$d' = \frac{1,84 \text{ dm}^2 \cdot 2}{2,3 \text{ dm}} = 1,6 \text{ dm}$$

11) Hallar la superficie sombreada en las siguientes figuras.

a)

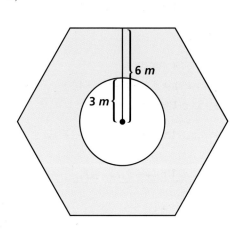

b)

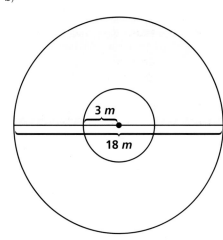

Solución:

a) En un hexágono regular, el radio mide lo mismo que el lado y la apotema es igual a $ap = \dfrac{r\sqrt{3}}{2}$, luego $l = r = \dfrac{2ap}{\sqrt{3}}$.

Por tanto, el perímetro es

$$p = 6l = \frac{12ap}{\sqrt{3}} = \frac{12 \cdot 6 \text{ m}}{\sqrt{3}} = 41,52 \text{ m}$$

$$Sp = \frac{p \cdot ap}{2} = \frac{41,52 \text{ m} \cdot 6 \text{ m}}{2} = 124,56 \text{ m}^2$$

$$\text{Sup. círculo} = \pi \cdot r^2 = 3,14 \cdot (3 \text{ m})^2 =$$
$$= 3,14 \cdot 9 \text{ m}^2 = 28,26 \text{ m}^2$$

$$\begin{array}{r} \text{Superficie polígono} = 124,56 \text{ m}^2 \\ - \quad \text{Superficie círculo} = \underline{28,26 \text{ m}^2} \\ \text{Parte sombreada} \quad 96,30 \text{ m}^2 \end{array}$$

b) Si el diámetro es de 18 m, el radio mayor es de 9 m.

$$\Rightarrow r = 9 \text{ m}$$
$$r' = 3 \text{ m}$$

Hallamos la superficie de la corona circular, cuya fórmula es la siguiente:

Sup. corona circular = $\pi (r^2 - r'^2)$

Sup. corona circular = $3,14 [(9 \text{ m})^2 - (3 \text{ m})^2]$

Sup. corona circular = $3,14 [81 \text{ m}^2 - 9 \text{ m}^2]$

Sup cor. circ. = $3,14 \cdot 72 \text{ m}^2 = 226,08 \text{ m}^2$

La parte sombreada corresponde a la mitad de la corona circular ⇒

$$226,08 \text{ m}^2 : 2 = 113,04 \text{ m}^2$$

La superficie sombreada es de 113,04 m².

28

Cuerpos geométricos

Los cuerpos geométricos son objetos tridimensionales, es decir, tienen anchura, longitud y altura. Según que las superficies que los limitan sean todas planas o alguna sea curva, se clasifican en poliedros (prismas, pirámides) y cuerpos redondos, respectivamente. Los principales cuerpos redondos son el cilindro, el cono y la esfera.

Sólo existen cinco poliedros regulares, es decir, que todas sus caras sean polígonos regulares iguales, hecho que ya era conocido por Platón en el siglo IV antes de Cristo. En la ilustración se muestran los desarrollos planos de los cinco poliedros regulares.

Cuerpos geométricos

Ángulo poliedro convexo

Es la figura formada por tres o más semi-rectas $\overrightarrow{NA}$, $\overrightarrow{NB}$, $\overrightarrow{NC}$, $\overrightarrow{ND}$ de igual origen y ta-les que el plano determinado por cada dos de ellas consecutivas deja a las demás del mismo lado del plano (o semiespacio).

El origen N de las semirrectas se llama vértice, cada una de las semirrectas se lla-man aristas.

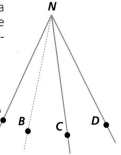

Los ángulos $A\hat{N}B$, $B\hat{N}C$ y $C\hat{N}D$ son las ca-ras del ángulo poliedro.

Poliedro convexo

Es el cuerpo limitado por polígonos lla-mados caras.

Se llama **regular**, cuando las caras son polígonos regulares iguales y los ángulos poliedros tienen el mismo número de caras.

De acuerdo al número de caras, los po-liedros regulares son los siguientes:

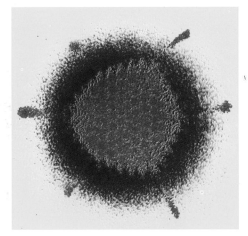

Gracias al microscopio electrónico ha sido posible visualizar la estructura de los virus. El cuerpo geométrico inferior es la imagen realizada por un ordenador de un adenovirus a partir de la micrografía obtenida gracias al microscopio electrónico (izquierda): se trata de un icosaedro, uno de los cinco cuerpos platónicos.

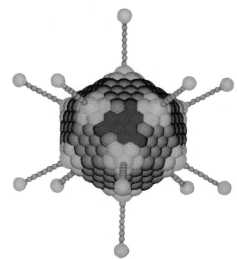

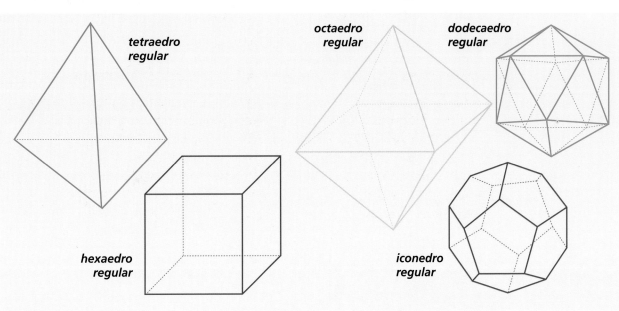

tetraedro regular

hexaedro regular

octaedro regular

dodecaedro regular

iconedro regular

• **tetraedro regular** formado por 4 caras triangulares (6 aristas, 4 vértices).
• **hexaedro regular** o **cubo** formado por 6 cuadrados (12 aristas, 8 vértices).
• **octaedro regular** formado por 8 triángulos equiláteros (12 aristas, 6 vértices).
• **dodecaedro regular** formado por 12 caras pentagonales (30 aristas, 20 vértices).
• **icosaedro regular** formado por 20 triángulos equiláteros (30 aristas, 12 vértices).

▶ Prisma

Se llama prisma al poliedro limitado por varios paralelogramos y dos polígonos iguales cuyos planos son paralelos.

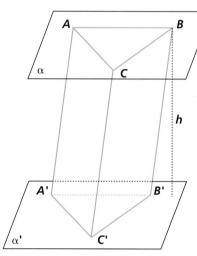

Los cuadriláteros AA'B'B y CC'B'B y CC'A'A, son paralelogramos y se llaman caras laterales del prisma.
Las aristas laterales del prisma son $\overline{AA'}$; $\overline{CC'}$ y $\overline{BB'}$.
Las aristas laterales son entre sí segmentos iguales por estar comprendidos entre dos planos paralelos: $\overline{AA'} = \overline{CC'} = \overline{BB'}$
Altura (*h*) del prisma es la distancia desde la base al plano que contiene la otra base.
Los lados de la base se llaman aristas de las bases.
El prisma cuyas aristas laterales no son perpendiculares a los planos de la base se llama prisma oblicuo.

▶ Prisma recto

Es aquel en el cual las aristas laterales son perpendiculares a los planos de las bases.
En el prisma recto, la altura es igual a las aristas laterales: $h = \overline{AA'} = \overline{BB'} = \overline{CC'} = \overline{DD'}$.
Las caras laterales de un prisma recto son rectángulos.
Si el prisma es recto regular, sus caras laterales son rectángulares iguales y sus bases son polígonos regulares.

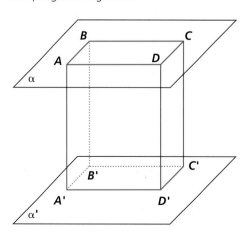

Si las bases de un prisma son triángulos, el prisma es triangular.
Si las bases de un prisma son cuadriláteros, el prisma es cuadrangular.
Si las bases de un prisma son pentágonos, el prisma es pentagonal.

▶ Paralelepípedo

Se llama paralelepípedo al prisma cuyas bases son paralelogramos.

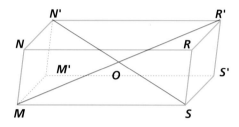

Si el paralelepípedo tiene sus aristas laterales perpendiculares a la base, se llama paralelepípedo recto.

• Las caras de un paralelepípedo que no tienen puntos comunes se llaman caras opuestas.

Ejemplo:

MNRS y M'N'R'S'; MNN'M' y RSS'R'

• Dos aristas se llaman opuestas cuando son paralelas y no pertenecen a la misma cara.

Ejemplo:

$\overline{MN}$ y $\overline{R'S'}$; $\overline{RS}$ y $\overline{M'N'}$

• Los vértices que no están situados en una misma cara, se llaman opuestos.

Ejemplo:

M y R'; S y N'

• Se llama diagonal de un paralelepípedo al segmento determinado al unir dos vértices opuestos.

Ejemplo:

MR'; N'S

• El plano determinado por dos aristas opuestas se llama plano diagonal.

Ejemplo:

plano MSR'N'.

• Las diagonales de un paralelepípedo se cortan mutuamente en partes iguales.

Ejemplo:

$$\overline{MO} = \overline{OR'}; \overline{N'O} = \overline{OS}$$

Ortoedro

Es el paralelepípedo cuyas bases son rectángulos.

Se llama también paralelepípedo recto rectángulo.

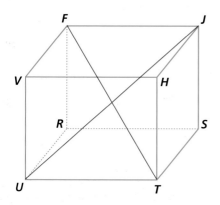

Propiedades:
1) Sus diagonales son iguales. $\overline{TF} = \overline{UJ}$
2) El cuadrado de una cualquiera de las diagonales de un ortoedro es igual a la suma de los cuadrados de las tres aristas que concurren en uno de sus vértices.

Cubo

Es el ortoedro que tiene todas sus aristas iguales y sus seis caras son cuadrados.

Se llama también hexaedro regular.

Pirámide

Es el poliedro que tiene una cara que es un polígono cualquiera al que se le llama base y las caras laterales son triángulos que tienen un punto en común llamado vértice.

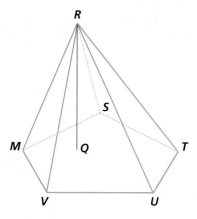

R es el vértice de la pirámide.

El polígono MSTUV se llama base.

Las caras laterales son triángulos $M\hat{R}V$, $V\hat{R}U$, $U\hat{R}T$, $T\hat{R}S$, $S\hat{R}M$.

$\overline{MR}$, $\overline{RU}$, $\overline{RV}$, $\overline{RT}$, $\overline{RS}$ son las aristas laterales.

$\overline{RQ}$; (altura), es la distancia desde el vértice al plano de la base.

Pirámide regular

Se llama así la pirámide cuya base es un polígono regular, y el pie de la altura es el centro de dicho polígono.

Propiedades:
1) Si una pirámide es regular, sus caras laterales son triángulos isósceles iguales.
2) La altura de cada uno de dichos triángulos se llama apotema de la pirámide.
3) Sus aristas laterales son iguales.

Tronco de pirámide

Cuando una pirámide regular se secciona con un plano paralelo a su base, se llama tronco de pirámide regular a la parte de la pirámide que queda sin el vértice.

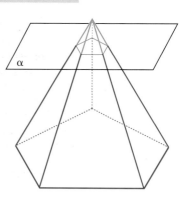

Áreas de los poliedros

Área lateral: (A_L). Es la suma de las áreas de las caras laterales.

Área total: (A_T). Es la suma del área lateral más las áreas de sus bases.

Para calcular el área de cada uno de los poliedros regulares bastará con multiplicar el área de dicha figura por el número de caras del poliedro.

$$\text{Área tetraedro} = 4 \cdot \frac{b \cdot h}{2} = 2 \cdot b \cdot h$$

$$\text{Área hexaedro} = 6 \cdot l^2$$
$$\text{Área octaedro} = 4 \cdot b \cdot h$$

$$\text{Área dodecaedro} = 12 \cdot \frac{p \cdot ap}{2} = 6p \cdot ap$$

$$\text{Área icosaedro} = \frac{b \cdot h}{2} \cdot 20 = 10 \cdot b \cdot h$$

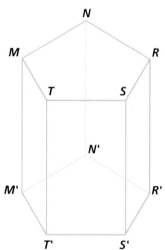

▶ Prisma recto

Área lateral:

$$A_L = P \cdot h$$

donde:
P = perímetro de la base
h = altura o arista lateral

Área total:
Área total = Área lateral + 2 · Área base
A_B = Área base

$$A_T = P \cdot h + 2 \cdot A_B$$

A_B puede ser la de cualquier polígono, por eso en la fórmula general se deja expresado así, sin especificar.

▶ Pirámide regular

Bastará determinar la superficie de uno de los triángulos isósceles, que son caras laterales, y multiplicar por el número de caras de la pirámide (en general lo expresamos con *n*).

Recordando que:
l = base del triángulo
ap = altura del triángulo

$$\text{Área del triángulo} = \frac{l \cdot ap}{2}$$

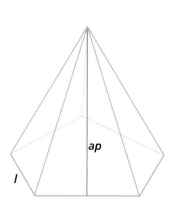

Y considerando que en general la pirámide tiene *n* caras laterales. El área lateral será:

$$A_L = \frac{n \cdot l \cdot ap}{2}$$

donde: $n \cdot l$ = perímetro

reemplazando:

$$A_L = \frac{P \cdot ap}{2}$$

donde: P = perímetro de la base
de la pirámide
ap = apotema de la pirámide

Área total:
Bastará sumarle al área lateral el área de la base que puede ser la de cualquier polígono.

Área total = Área lateral + Área base

Y como:

$$\text{Área base} = \frac{P \cdot ap_B}{2}$$

donde: P = perímetro de la base
ap_B = apotema de la base

$$A_T = \frac{P \cdot ap}{2} + \frac{P \cdot ap_B}{2}$$

sacando factor común:

$$A_T = \frac{P}{2}(ap + ap_B)$$

▶ Tronco de pirámide

Sólo daremos la fórmula del tronco de bases paralelas de una pirámide regular.

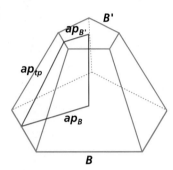

Sus caras laterales son trapecios isósceles.

$$\text{Área trapecio} = \frac{(l + l') \cdot h}{2}$$

En este caso la altura h del trapecio es la apotema del tronco de pirámide:

$$l = ap_{tp}$$

Bastará multiplicar el área de una cara por el número de caras de la pirámide para hallar su superficie lateral (n caras).

Área lateral:

$$A_L = \frac{n \cdot (l + l') \cdot ap_{tp}}{2}$$

Aplicando la propiedad distributiva:

$$A_L = \frac{(n \cdot l + n \cdot l') \cdot ap_{tp}}{2}$$

donde:
   $n \cdot l$ = perímetro de la base mayor (P)
   $n \cdot l'$ = perímetro de la base menor (P')

Reemplazando:

$$A_L = \left(\frac{P + P'}{2}\right) ap_{tp}$$

Área total:

Debemos sumar al área lateral el área de las bases del tronco de pirámide, que son polígonos regulares.

Área total = Área lateral + Área B + Área B'

Recordando:

$$A_B = \frac{P \cdot ap_B}{2}$$

P = perímetro base mayor
ap_B = apotema base mayor

$$A_{B'} = \frac{P' \cdot ap_{B'}}{2}$$

P' = perímetro base menor
$ap_{B'}$ = apotema base menor

Reemplazando:

$$A_T = \left(\frac{P + P'}{2}\right) \cdot ap_{tp} + \frac{P \cdot ap_B}{2} + \frac{P' \cdot ap_{B'}}{2}$$

aplicando la propiedad distributiva:

$$A_T = \frac{P \cdot ap_{tp}}{2} + \frac{P' \cdot ap_{tp}}{2} +$$
$$+ \frac{P \cdot ap_B}{2} + \frac{P' \cdot ap_{B'}}{2} =$$
$$= \left(\frac{P \cdot ap_{tp}}{2} + \frac{P \cdot ap_B}{2}\right) +$$
$$+ \left(\frac{P \cdot ap_{tp}}{2} + \frac{P' \cdot ap_{B'}}{2}\right) =$$
$$= \frac{P}{2}(ap_{tp} + ap_B) + \frac{P'}{2}(ap_{tp} + ap_{B'})$$

▶ Volumen de los cuerpos geométricos

El volumen de un cuerpo es la medida de la porción de espacio que ocupa.

▶ Unidades de volumen

La unidad de volumen es el volumen que ocupa un cubo de arista igual a la unidad de longitud.

En el sistema métrico decimal, la unidad es el metro cúbico (m^3).
• Sus **múltiplos** son:
– decámetro cúbico (dcm^3) = 1 000 m^3
– hectómetro cúbico (hm^3) = 1 000 000 m^3
– kilómetro cúbico (km^3) = 1 000 000 000 m^3
• Sus **submúltiplos** son:
– decímetro cúbico (dm^3) = 0,001 m^3
– centímetro cúbico (cm^3) = 0,000 001 m^3
– milímetro cúbico (mm^3) = 0,000 000 001 m^3

▶ Volumen de los poliedros

• **ortoedro:** V = área base × altura =
= largo × ancho × altura = $l \cdot a \cdot h$

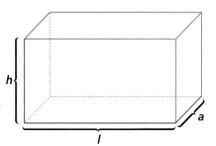

• **cubo:** $V_{cubo} = l^3$

(ya que largo = ancho = altura =
= arista del cubo)

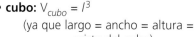

• **prisma:** V = área base × altura

• **pirámide:** $V = \dfrac{1}{3}$ área base × altura

• **tronco de pirámide** (bases paralelas):

$$V = \dfrac{h}{3}(B + B' + \sqrt{B \cdot B'})$$

(h = altura, B y B' = bases)

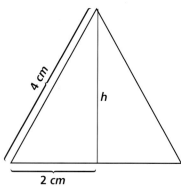

▶ Ejercicios de recapitulación

1) Hallar la superficie total de un octaedro cuya arista mide 4 cm.

Solución:

Debemos hallar la apotema que es la altura de los triángulos equiláteros que son caras del octaedro.
Aplicamos el teorema de Pitágoras:

$$h = ap = \sqrt{(4 \text{ cm})^2 - (2 \text{ cm})^2} =$$
$$= \sqrt{16 \text{ cm}^2 - 4 \text{ cm}^2} = \sqrt{12 \text{ cm}^2}$$
$$= 2\sqrt{3} \text{ cm}$$

$$\text{Sup. octaedro} = 4 \cdot b \cdot h =$$
$$= 4 \cdot 4 \text{ cm} \cdot 2\sqrt{3} \text{ cm} = 32\sqrt{3} \text{ cm}^2$$

2) Hallar el área lateral y total de una pirámide regular de base hexagonal sabiendo que el lado mide 3 cm y la arista lateral de la pirámide es de 6 cm.

Solución:

Debemos calcular la apotema de la pirámide, que es la altura del triángulo isósceles que es cara lateral.

$$ap_p = \sqrt{(6 \text{ cm})^2 - (1,5 \text{ cm})^2} =$$
$$= \sqrt{36 \text{ cm}^2 - 2,25 \text{ cm}^2} =$$
$$ap_p = \sqrt{33,75 \text{ cm}^2} = 5,8 \text{ cm}$$

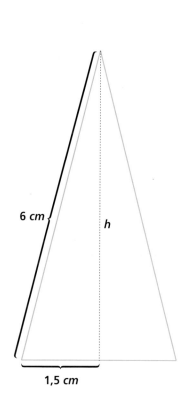

También se debe calcular la apotema de la base.

$$ap_B = \sqrt{(3 \text{ cm})^2 - (1,5 \text{ cm})^2} =$$
$$= \sqrt{9 \text{ cm}^2 - 2,25 \text{ cm}^2} =$$
$$ap_B = \sqrt{6,75 \text{ cm}^2} = 2,5 \text{ cm}$$

$$\text{Sup. lateral} = \dfrac{P \cdot ap_p}{2} =$$

$$= \dfrac{18 \text{ cm} \cdot 5,8 \text{ cm}}{2} = 52,2 \text{ cm}^2$$

$$\text{Sup. total} = \dfrac{P}{2}(ap_p + ap_B) =$$

$$= \dfrac{18}{2} \text{ cm} (5,8 \text{ cm} + 2,5 \text{ cm}) =$$
$$= 9 \text{ cm} (8,3 \text{ cm}) = 74,7 \text{ cm}^2$$

3) Hallar el volumen de un ortoedro cuyas dimensiones son 4 cm, 30 mm y 6 cm.

Solución:

$$\text{Vol. ortoedro} = l \cdot a \cdot h =$$
$$= 4 \text{ cm} \cdot 3 \text{ cm} \cdot 6 \text{ cm} = 72 \text{ cm}^3$$

4) ¿Cuál es la arista de un cubo cuyo volumen es de 64 dm³?

Solución:

$$\text{Vol. cubo} = l^3 \Rightarrow l = \sqrt[3]{\text{Vol. cubo}} =$$
$$= \sqrt[3]{64 \text{ dm}^3} = 4 \text{ dm}$$

5) Hallar el volumen de una pirámide cuadrangular cuya diagonal es de 4 cm y la altura es el doble del lado de la base.

Solución:

$$\text{Superficie cuadrado} = \dfrac{d^2}{2} =$$

$$= \dfrac{16 \text{ cm}^2}{2} = 8 \text{ cm}^2$$

$$l = \sqrt{8 \text{ cm}^2} = 2,82 \text{ cm}$$

$$h = 2 \cdot l = 2 \cdot 2,82 \text{ cm} = 5,64 \text{ cm}$$

$$V = \dfrac{1}{3} A_B \cdot h$$

$$V = \dfrac{1}{3} 8 \text{ cm}^2 \cdot 5,64 \text{ cm} = 15,04 \text{ cm}^3$$

6) Calcular la superficie lateral y total de un tronco de pirámide de bases paralelas que son dos cuadrados cuyos lados miden 6 cm y 4 cm respectivamente y la apotema del tronco 8 cm.

Solución:

$$ap_B = 3 \text{ cm}$$
$$ap_{B'} = 2 \text{ cm}$$

$$\text{Sup. lateral} = \frac{(P + P') \cdot ap_{tp}}{2} =$$

$$= \frac{(24 \text{ cm} + 16 \text{ cm}) \cdot 8 \text{ cm}}{2} =$$

$$= 40 \text{ cm} \cdot 4 \text{ cm} = 160 \text{ cm}^2$$

$$\text{Sup. total} = \frac{P}{2}\,(ap_{tp} + ap_B) +$$

$$+ \frac{P'}{2}\,(ap_{tp} + ap_{B'})$$

$$= \frac{24}{2} \text{ cm } (8 \text{ cm} + 3 \text{ cm}) +$$

$$+ \frac{16}{2}\,(8 \text{ cm} + 2 \text{ cm}) =$$

$$= 12 \text{ cm} \cdot 11 \text{ cm} + 8 \text{ cm} \cdot 10 \text{ cm} =$$
$$= 132 \text{ cm}^2 + 80 \text{ cm}^2 = 212 \text{ cm}^2$$

7) Calcular la superficie lateral de un tronco de pirámide triangular si los lados de las bases son de 10 mm y 8 mm, respectivamente, y la altura 4 cm.

Solución:

$$\text{Sup. lateral} = \frac{(P + P') \cdot h}{2} =$$

$$= \frac{(3 \text{ cm} + 2,4 \text{ cm}) \cdot 4 \text{ cm}}{2} =$$

$$= 5,4 \text{ cm} \cdot 2 \text{ cm} = 10,8 \text{ cm}^2$$

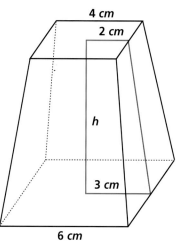

8) Si la superficie total de un cubo es de 216 cm², hallar su arista.

Solución:

Como la incógnita es la arista, o sea el lado, debemos despejar en la fórmula:

$$\text{Sup. cubo} = 6 \cdot l^2$$

$$\frac{\text{Sup. cubo}}{6} = l^2 \Rightarrow l = \sqrt{\frac{\text{Sup. cubo}}{6}}$$

$$l = \sqrt{\frac{216 \text{ cm}^2}{6}} = \sqrt{36 \text{ cm}^2} = 6 \text{ cm}$$

9) Hallar el área lateral de un prisma recto regular pentagonal si el lado de la base mide 4 cm y la arista lateral 15 cm.

Solución:

Sup. lateral = $P \cdot h$
Perímetro = 5 · 4 cm = 20 cm
Sup. lateral = 20 cm · 15 cm = 300 cm²

10) Hallar la superficie total de un prisma regular cuya base es un hexágono de 5 cm de lado; siendo la altura de 10 cm.

Solución:

La fórmula es la siguiente:

$$\text{Sup. total} = P \cdot h + \frac{P \cdot ap}{2} \cdot 2$$

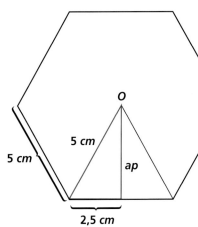

5 cm
5 cm
O
ap
2,5 cm

Debemos hallar la apotema del hexágono que es la base.

Como $l = r$ = 5 cm

$$ap = \sqrt{(5 \text{ cm})^2 - (2,5 \text{ cm})^2} =$$
$$= \sqrt{25 \text{ cm}^2 - 6,25 \text{ cm}^2} =$$
$$= \sqrt{18,75 \text{ cm}^2} = 4,3 \text{ cm}$$

Sup. total = $P \cdot h + P \cdot ap =$
= 30 cm · 10 cm + 30 cm · 4,3 cm =
= 300 cm² + 129 cm² = 429 cm²

11) Hallar la altura de un prisma recto cuyas bases son triangulares y la superficie total es de 156,62 cm², y el lado mide 5 cm.

Solución:

Hallamos el área de la base, para lo cual calculamos previamente *h* por Pitágoras.

$$A_B = \frac{b \cdot h}{2} = \frac{5 \cdot 4,33}{2} = \frac{21,65}{2} \text{ cm}^2$$

Despejamos la *h* en la fórmula de la sup. total:

Sup. total = $P \cdot h + 2 \cdot A_B$

$$\frac{\text{Sup. total} - 2 A_B}{P} = h$$

$$h = \frac{156,62 \text{ cm}^2 - 2 \cdot \dfrac{21,65 \text{ cm}^2}{2}}{15 \text{ cm}} =$$

$$= \frac{134,97 \text{ cm}^2}{15 \text{ cm}} = 8,99 \text{ cm}$$

12) Hallar la superficie del tetraedro si su arista es 2 dm.

Solución:

Como las caras son triángulos:
Hallamos la *h* que es el dato que nos falta, a partir de la aplicación del teorema de Pitágoras.

$$h = \sqrt{4 \text{ dm}^2 - 1 \text{ dm}^2} = \sqrt{3 \text{ dm}^2} = \sqrt{3} \text{ dm}$$

Sup. tetraedro = $2 \cdot b \cdot h =$
$= 2 \cdot 2 \text{ dm} \cdot \sqrt{3} \text{ dm} = 4 \text{ dm} \cdot \sqrt{3} \text{ dm}^2 =$
$= 4 \cdot 1,73 \text{ dm}^2 = 6,92 \text{ dm}^2$

13) Hallar el área lateral de un pirámide de base cuadrada si el lado de la base mide 8 cm y la altura 3 cm.

Solución:

$$\text{Sup. lateral} = \frac{P \cdot ap_p}{2}$$

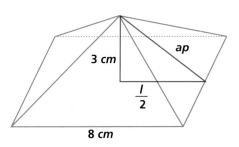

3 cm
ap
$\dfrac{l}{2}$
8 cm

$$ap_p = \sqrt{(4 \text{ cm})^2 + (3 \text{ cm})^2} =$$
$$= \sqrt{16 \text{ cm}^2 + 9 \text{ cm}^2} = \sqrt{25 \text{ cm}^2} = 5 \text{ cm}$$

$$\text{Sup. lateral} = \frac{32 \text{ cm} \cdot 5 \text{ cm}}{2} = 80 \text{ cm}^2$$

Cuerpos redondos

Se llaman cuerpos redondos a los cuerpos geométricos limitados, parcial o totalmente, por superficies curvas.

Los más importantes son el cilindro, el cono y la esfera.

Cilindro

• *Superficie cilíndrica de revolución* es la superficie engendrada por una recta llamada generatriz que gira paralela a otra llamada eje, cumpliendo la condición de que durante la rotación mantienen entre sí la misma distancia.

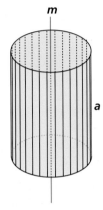

a es la generatriz
m es el eje

Cualquiera de las rectas paralelas a *m* se puede llamar generatriz.

Cilindro circular recto

Es la parte del espacio limitada por una superficie cilíndrica de revolución comprendida entre dos planos perpendiculares a su eje.

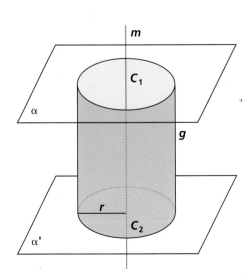

Dichos planos o secciones C_1 y C_2 son círculos llamados bases del cilindro.

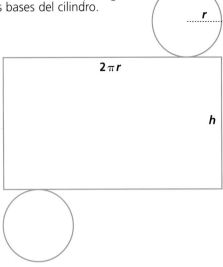

• **Altura** del cilindro circular recto, es la distancia entre las bases o, lo que es equivalente, la longitud de su generatriz.

Observaciones: Podemos considerar al cilindro circular recto como el cuerpo geométrico engendrado por la revolución completa de un rectángulo alrededor de un eje que puede ser cualquiera de sus lados.

Área lateral:

$A_L = P_B \cdot h$
perímetro de la base = $2\pi \cdot r$;
h = generatriz

$A_L = 2\pi \cdot r \cdot g$

El área lateral de un cilindro circular recto es igual a la circunferencia de la base por la generatriz del cilindro.

Área total:

$$A_T = A_L + 2 \cdot A_B$$

recordando que: $A_B = \pi \cdot r^2$

reemplazando:

$$A_T = 2\pi \cdot r \cdot g + 2 \cdot \pi r^2$$

sacando $2\pi r$ factor común:

$$A_T = 2\pi r \, (g + r)$$

Cono

• *Superficie cónica de revolución* es la superficie engendrada por una semirrecta que gira alrededor de un eje perpendicular al

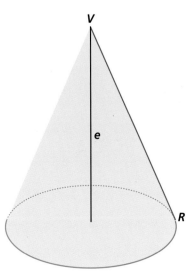

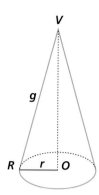

plano de una circunferencia en su centro, cumpliendo la condición de que su origen pertenece al eje y no es perpendicular a él.

El punto V se llama vértice.
e es el eje de la superficie cónica.
$\overrightarrow{VR}$ es la generatriz.

▶ Cono circular recto

Se llama así a la parte del espacio limitada por una superficie cónica de revolución comprendida entre el vértice y un plano perpendicular a él.

La sección que produce dicho plano es un círculo con centro en el eje, llamado base.

• **Altura** es la distancia desde el vértice al plano de la base.

El radio de la base es el radio del cono.

Observación: Al cono circular recto se le puede considerar como el cuerpo geométrico engendrado por la revolución completa de un triángulo rectángulo alrededor de uno de sus catetos.

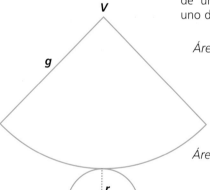

Área lateral:

$$A_L = \frac{1}{2}\, g \cdot 2\pi \cdot r$$

$$A_L = g \cdot \pi \cdot r$$

Área total:

$$A_T = A_L + A_B$$

y como la base es un círculo:

$$A_B = \pi r^2$$

reemplazando:

$$A_T = \pi \cdot g \cdot r + \pi \cdot r^2$$

sacando πr factor común:

$$A_T = \pi \cdot r\,(g + r)$$

▶ Tronco de cono de bases paralelas

Es el conjunto de puntos del cono circular recto comprendido entre la base y un plano paralelo a ella.

Los círculos que lo limitan se llaman bases.

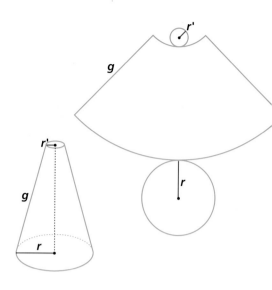

• **Altura** es la distancia entre las bases.

Observaciones: El tronco de cono de bases paralelas es el cuerpo geométrico engendrado por la revolución completa de un trapecio rectángulo alrededor de un eje que contiene el lado que forman los ángulos rectos.

Área lateral:

$$A_L = \frac{P + P'}{2} \cdot g$$

P = perímetro base mayor (B)
$P = 2\pi \cdot r\ (2\pi r)$
P' = perímetro base menor (B')
$P = 2\pi r'\ (2\pi r')$

Reemplazando:

$$A_L = \frac{(2\pi \cdot r + 2\pi \cdot r')}{2} \cdot g$$

sacando 2π factor común:

$$A_L = \frac{2\pi\,(r + r')}{2} \cdot g$$

$$A_L = \pi\,(r + r') \cdot g$$

Área total:

$$A_T = A_L + A_B + A_{B'}$$

Recordando:

$$A_B = \pi \cdot r^2$$
$$A_{B'} = \pi \cdot r'^2$$

Reemplazando:

$$A_T = \pi \cdot (r + r') \cdot g + \pi r^2 + \pi \cdot r'^2$$

sacando π factor común:

$$A_T = \pi\,[(r + r') \cdot g + r^2 + r'^2]$$

Esfera

• **Superficie esférica de revolución** es la superficie engendrada por una semicircunferencia que gira alrededor de su diámetro.

Todos los puntos de la superficie esférica equidistan de un punto llamado centro.

La distancia desde dicho punto a cualquiera de la superficie esférica se llama radio.

• **Esfera** es el conjunto de todos los puntos de la superficie esférica de revolución y todos los interiores a la misma.

Observación: Se puede considerar la esfera como el cuerpo geométrico engendrado por la revolución completa de un semicírculo alrededor de un eje que contiene a su diámetro.

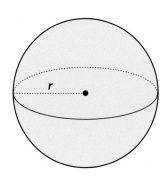

Área de la superficie esférica = $4\pi r^2$

• **Casquete esférico** es la parte de la superficie esférica contenida en uno de los semiespacios determinado por un plano secante.

La sección plana determinada por dicho plano y la superficie esférica es una circunferencia que se llama base del casquete.

Cada plano secante determina con la superficie esférica dos casquetes esféricos de igual base.

Si el plano divide a la circunferencia en dos partes iguales, cada una de ellas se llama hemisferio.

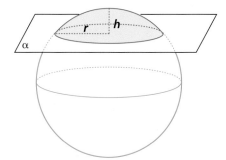

Área de un casquete esférico = $2\pi \cdot r \cdot h$

• **Segmento esférico** es la parte de la esfera comprendida entre dos planos paralelos.

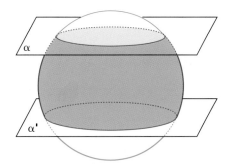

• **Huso esférico** es la intersección de una superficie esférica con un ángulo diedro cuya arista contiene al centro de la esfera.

Área del huso esférico = $\dfrac{\pi \cdot r^2 \cdot n^\circ}{90^\circ}$

Depende de la amplitud (n°) del ángulo diedro.

• **Cuña esférica** es la intersección de una esfera con un ángulo diedro que contiene al centro de la esfera.

Las cifras de la Tierra suponiendo que fuera completamente esférica: sabemos, por la definición del metro, que un círculo máximo terrestre mide 40 000 km; luego su radio es de 6 369,43 km; su superficie es de 509 554 465,6 km², y su volumen, 1 081 943 714 104,64 km³.

Volumen de los cuerpos redondos

- **Cilindro:** V = área de la base × altura = $\pi r^2 h$ (r = radio de la base, h = altura).

- **Cono:** V = $\frac{1}{3}$ área de la base × altura = $\frac{1}{3} \pi r^2 h$ (r = radio de la base, h = altura).

- **Esfera:** V = $\frac{4}{3} \pi r^3$.

Ejercicios de recapitulación

1) Calcular la superficie lateral y total de un cilindro circular, sabiendo que el radio de las bases es de 6 cm y la altura de 11 cm.

Solución:

Sup. lateral = $2 \cdot \pi \cdot r \cdot g$ =
= $2 \cdot 3,14 \cdot 6$ cm $\cdot 11$ cm = 414,48 cm²

Sup. total = $2\pi r (g + r)$ =
= $2 \cdot 3,14 \cdot 6$ cm (11 cm + 6 cm) =
= 37,68 cm · 17 cm = 640,56 cm²

2) Hallar la generatriz de un cilindro cuya superficie total es de 6 280 cm² y el radio de la base es 20 cm.

Solución:

Despejamos en la fórmula:

Sup. total = $2\pi \cdot r (g + r)$

$\dfrac{\text{Sup. total}}{2\pi \cdot r} = g + r$

$\dfrac{\text{Sup. total}}{2\pi \cdot r} - r = g$

$\dfrac{6280 \text{ cm}^2}{2 \cdot 3,14 \cdot 20 \text{ cm}} - 20 \text{ cm} = g$

$\dfrac{6.280 \text{ cm}^2}{125,6 \text{ cm}} - 20 \text{ cm} = g$

50 cm – 20 cm = g ⟹ g = 30 cm

3) Hallar la superficie lateral y total de un cono cuya generatriz es de 6 cm y el radio de la base es 4 cm.

Solución:

Sup. lateral = $\pi \cdot g \cdot r = 3,14 \cdot 6 \cdot 4$ cm = 75,36 cm²

Sup. total = $\pi \cdot r (g + r)$ =
= $3,14 \cdot 4$ cm (6 cm + 4 cm) =
= 12,56 cm · 10 cm = 125,6 cm²

4) Calcular la superficie total de un cono, si la superficie lateral es de 188,4 cm² y la generatriz mide 6 cm.

Solución:

Despejamos el radio, pues falta calcular su valor, en la fórmula de la superficie lateral.

Sup. lateral = $g \cdot \pi \cdot r$

$r = \dfrac{\text{Sup. lateral}}{g \cdot \pi} = \dfrac{188,4 \text{ cm}^2}{6 \text{ cm} \cdot 3,14} = 10 \text{ cm}$

Sup. total = $\pi \cdot r (g + r)$
= $3,14 \cdot 10$ (6 cm + 10 cm) =
= 31,4 cm · 16 cm = 502,4 cm²

5) Calcular la superficie de una esfera cuyo radio es de 3 cm.

Solución:

Área esfera = $4 \pi \cdot r^2 = 4 \cdot 3,14 (3 \text{ cm})^2$
= $4 \cdot 3,14 \cdot 9$ cm² = 113,04 cm²

6) Hallar la superficie de un casquete esférico cuyo radio es 3/4 de la altura y ésta es de 12 cm.

Solución:

Hallamos primero el radio

$r = \dfrac{3}{4} \cdot h = \dfrac{3}{4} \cdot 12 \text{ cm} = 9 \text{ cm}$

Sup. casquete esférico = $2\pi \cdot r \cdot h$ =
= $2 \cdot 3,14 \cdot 9$ cm $\cdot 12$ cm =
= 6,28 · 108 cm² = 678,24 cm²

7) Hallar la amplitud del ángulo diedro de un huso esférico cuya superficie es de 25,12 cm², siendo el radio de la superficie esférica de 4 cm.

Solución:

Despejamos nº en la fórmula de la superficie del huso esférico.

$n^{\circ} = \dfrac{\text{Sup. huso esf.} \cdot 90^{\circ}}{\pi \cdot r^2}$ =

$= \dfrac{25,12 \text{ cm}^2 \cdot 90^{\circ}}{3,14 \cdot 16 \text{ cm}^2} = 45^{\circ}$

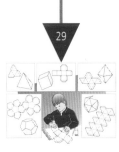

29

EL MÁS PRECIADO DESCUBRIMIENTO DE ARQUÍMEDES

Los que conocen poco de Arquímedes lo imaginan corriendo por las calles de Siracusa gritando ¡*Eureka, Eureka!* (lo he encontrado) entusiasmado por el descubrimiento que se le atribuye.

No es así, sin embargo. En aquella oportunidad, Arquímedes descubrió que un sólido que flota en un líquido, no sólo desaloja su propio volumen, sino también su propio peso. Por consiguiente, pierde tanto peso como el líquido que desplaza.

Pero la realización de la que estuvo más orgulloso no fue la antedicha sino el descubrimiento del cálculo del volumen de una esfera.

Arquímedes averiguó que éste «es igual a las dos terceras partes del volumen del cilindro circunscrito más pequeño», y tanta fue su emoción que dejó expresa petición de que en su tumba fuera esculpido el diagrama del cilindro y de la esfera que él mismo dibujara.

Arquímedes murió a manos de un soldado ro-

mano en el año 212 a.C. y su desaparición marcó el comienzo de un oscurecimiento intelectual que se abatió sobre el mundo durante siglos.

En medio de la corrupción mental, espiritual y física del Imperio Romano, el orador Cicerón, no se olvidó del sabio siracusano y, un siglo y medio después de la muerte de éste, realizó una peregrinación a su tumba.

En esa oportunidad hizo limpiar la yedra que cubría la lápida y así volvió a lucir el diagrama esculpido en ella.

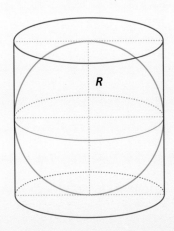

$$V_E = \frac{2}{3} V_C$$

$$V_C = \pi R^2 \, 2R = 2\pi R^3$$

$$V_E = \frac{2}{3} 2\pi R^3 = \frac{4}{3}\pi R^3$$

Arquímedes halló la fórmula del volumen de la esfera a partir de la del cilindro circunscrito en ella. La ilustración de la izquierda reproduce un mosaico de Herculano que representa a un soldado romano exigiendo a Arquímedes que le acompañe tras la toma de la ciudad griega de Siracusa por los asaltantes romanos. ¡No toquéis mis círculos! es la respuesta atribuida a Arquímedes. Ignorante de la trascendencia de sus actos, el soldado mató a Arquímedes.

Trigonometría

Una de las principales aplicaciones de la trigonometría la constituyen los cálculos astronómicos, ya que las coordenadas esféricas se basan en medidas angulares. La ilustración reproduce una pintura persa del siglo XVI que muestra un grupo de astrónomos árabes trabajando en su observatorio con un amplio muestrario de instrumentos, que incluye brújulas, compases, un globo terráqueo, astrolabios y un reloj mecánico.

Trigonometría

Ángulo desde el punto de vista trigonométrico

Si consideramos $\vec{OA}$ (semirrecta de origen O que contiene al punto A) y la hacemos girar alrededor de O, en el sentido que indica la flecha, hasta una posición cualquiera (Ejemplo $\vec{OB}$), diremos que dicha semirrecta ha engendrado el $A\hat{O}B$.

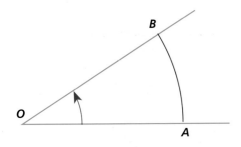

Ángulos positivos y negativos

La $\vec{OA}$, al girar alrededor de O, puede engendrar ángulos positivos y negativos. En forma arbitraria se convino que los ángulos positivos son aquellos engendrados al girar en sentido contrario a las agujas del reloj; y negativos los que se engendran cuando $\vec{OA}$ gira en el mismo sentido que las agujas del reloj.

$A\hat{O}C$ es positivo

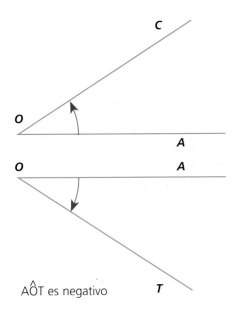

$A\hat{O}T$ es negativo

Ángulos congruentes

$\vec{OA}$ puede llegar a ocupar la posición $\vec{OB}$ después de haber dado un giro completo de 360° (o varios giros completos de 360°), más el giro con centro en O correspondiente al $A\hat{O}B$.

Se llaman ángulos congruentes a aquellos cuyos vértices y lados son coincidentes, pero difieren en un número exacto de giros completos de 360°.

$$1 \text{ giro de } 360° + \hat{\gamma}$$
$$2 \text{ giros de } 360° + \hat{\gamma}$$
$$\cdots\cdots\cdots\cdots\cdots\cdots\cdots\cdots$$
$$n \text{ giros de } 360° + \hat{\gamma}$$

(n representa un número cualquiera de giros).

$$1 \text{ giro de } 360° + T\hat{O}R$$

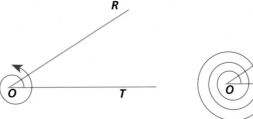 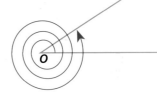

$$3 \text{ giros de } 360° + A\hat{O}C$$

Sistemas de medición

Es conveniente recordar que medir un ángulo es compararlo con otro ángulo que se considera unidad de medida, hallando la razón del primero al segundo.

De igual forma podemos decir que medir un arco de circunferencia es compararlo con otro arco que se considera unidad de medida, hallando la razón del primero al segundo.

• Sistema sexagesimal

La unidad de medida angular en este sistema es el grado sexagesimal, que corresponde a un ángulo igual a la noventava parte del ángulo recto.

$$\frac{1 \text{ ángulo recto}}{90} = 1° \text{ (un grado sexagesimal)}$$

Sus submúltiplos son:

$$\frac{1°}{60} = 1' \text{ (un minuto sexagesimal)}$$

$$\frac{1'}{60} = 1'' \text{ (un segundo sexagesimal)}$$

Para ángulos más pequeños se utilizan las décimas y centésimas de segundo. A la unidad de medida angular elegida en el sistema sexagesimal le corresponde como unidad de medida de arco el grado sexagesimal, que es el arco que equivale a las 360 avas partes de la circunferencia. El arco de un grado sexagesimal abarca el ángulo central de 1°.

• Sistema centesimal

La unidad de medida angular es igual al grado centesimal, que equivale a la centésima parte del ángulo recto.

$$\frac{1 \text{ ángulo recto}}{100} = 1^G \text{ (1 grado centesimal)}$$

Los submúltiplos son:

$$\frac{1^G}{100} = 1^M \text{ (1 minuto centesimal)}$$

$$\frac{1^M}{100} = 1^S \text{ (1 segundo centesimal)}$$

La unidad de arco en este sistema es el grado centesimal, que es el arco que equivale a las 400 avas partes de la circunferencia.

$$1^G = 100^M$$
$$1^M = 100^S$$

Este sistema quiso desplazar con su uso el sistema sexagesimal, pero no resultó práctico porque para su empleo era necesario modificar las tablas y cartas geográficas náuticas y astronómicas y cambiar la graduación de muchísimos aparatos.

Fue ideado por J. C. Borda, un geodesta francés, y en la actualidad dicho sistema se usa en el ejército de su país de nacimiento.

• Sistema circular

La unidad de arco es el radián, esto es, el arco cuya longitud es igual al radio de la circunferencia a que pertenece. El ángulo central correspondiente se llama *ángulo de un radián.*

La longitud de una circunferencia en radianes es 2π radianes. El ángulo central de 360° es igual a 2π ángulos de un radián.

A continuación figuran las medidas de arco más comunes (adoptando como unidad el radián).

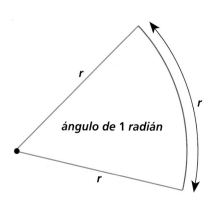

ángulo de 1 *radián*

Circunferencia $= 2\pi$

Semicircunferencia $= \dfrac{2\pi}{2} = \pi$

Cuadrante $= \dfrac{2\pi}{4} = \dfrac{\pi}{2}$

• Fórmulas para pasar de un sistema al otro

a) *Relación entre el grado sexagesimal y el grado centesimal:*

La circunferencia tiene 360 grados sexagesimales que equivalen a 400 centesimales

$$360° = 400^G$$

$$1° = \frac{400^G}{360}$$

$$1° = \left(\frac{10}{9}\right)^G$$

De igual modo,

$$1^G = \left(\frac{9}{10}\right)°$$

b) *Relaciones entre el grado sexagesimal y radial:*

$$360° = 2\pi \text{ radianes}$$

$$1° = \frac{2\pi}{360} \text{ radianes}$$

$$1° = \frac{\pi}{180} \text{ radianes}$$

Inversamente:

$$360° = 2\pi \text{ ángulos de 1 radián}$$

$$\frac{360°}{2\pi} = 1 \text{ ángulo de 1 radián}$$

$$\frac{180°}{\pi} = 1 \text{ ángulo de 1 radián}$$

Usaremos los valores aproximados de $\pi = 3,1416$ o $3,14$. Según el valor adoptado, se obtendrán diferencias en las últimas cifras decimales de los ejercicios.

Funciones trigonométricas

Funciones goniométricas: Se llaman así porque la variable independiente es un ángulo.

Las funciones trigonométricas son un caso particular de funciones goniométricas.

Para referirnos a ellas, vamos a recordar el concepto de razón trigonométrica:

La razón es la comparación por cociente de dos magnitudes de la misma especie; por lo tanto, es un número abstracto.

Vamos a considerar un ángulo, $\hat{\alpha}$ y determinamos un punto cualquiera sobre uno de sus lados, por ejemplo, M.

Si por M trazamos una perpendicular, que cortará al otro lado del ángulo, obtenemos así el punto S, y quedan determinados tres segmentos que reciben nombres especiales.

- $\overline{OS}$ = Radio vector = ρ
- $\overline{OM}$ = Abscisa = x
- $\overline{MS}$ = Ordenada = y

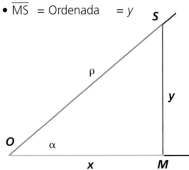

Con los tres segmentos definidos, se pueden obtener seis razones distintas que son:

- **Seno:** es la razón entre la ordenada y el radio vector.

Seno $\hat{\alpha}$ se abrevia: sen $\hat{\alpha}$

$$\text{sen } \hat{\alpha} = \frac{y}{\rho}$$

- **Coseno:** es la razón entre la abscisa y el radio vector.

Coseno $\hat{\alpha}$ se abrevia: cos $\hat{\alpha}$

$$\cos \hat{\alpha} = \frac{x}{\rho}$$

- **Tangente:** es la razón entre la ordenada y la abscisa.

Tangente $\hat{\alpha}$ se abrevia: tg $\hat{\alpha}$

$$\text{tg } \hat{\alpha} = \frac{y}{x}$$

- **Cotangente:** Es la razón entre la abscisa y la ordenada.

Cotangente $\hat{\alpha}$ se abrevia: cotg $\hat{\alpha}$

$$\text{cotg } \hat{\alpha} = \frac{x}{y}$$

- **Secante:** es la razón entre el radio vector y la abscisa.

Secante $\hat{\alpha}$ se abrevia: sec $\hat{\alpha}$

$$\text{sec } \hat{\alpha} = \frac{\rho}{x}$$

- **Cosecante:** es la razón entre el radio vector y la ordenada.

Cosecante $\hat{\alpha}$ se abrevia: cosec $\hat{\alpha}$

$$\text{cosec } \hat{\alpha} = \frac{\rho}{y}$$

Si consideramos $O\hat{M}S$ como un triángulo rectángulo, podemos designar los segmentos usando los siguientes nombres:

$\overline{OS}$ = hipotenusa
$\overline{OM}$ = cateto adyacente a $\hat{\alpha}$
$\overline{MS}$ = cateto opuesto a $\hat{\alpha}$

Y podemos definir las seis funciones trigonométricas para el $O\hat{M}S$ rectángulo.

$\text{sen } \hat{\alpha} = \dfrac{\text{cateto opuesto}}{\text{hipotenusa}}$	$\text{cotag } \hat{\alpha} = \dfrac{\text{cateto adyacente}}{\text{cateto opuesto}}$
$\cos \hat{\alpha} = \dfrac{\text{cateto adyacente}}{\text{hipotenusa}}$	$\text{sec } \hat{\alpha} = \dfrac{\text{hipotenusa}}{\text{cateto adyacente}}$
$\text{tag } \hat{\alpha} = \dfrac{\text{cateto opuesto}}{\text{cateto adyacente}}$	$\text{cosec } \hat{\alpha} = \dfrac{\text{hipotenusa}}{\text{cateto opuesto}}$

Signo de las funciones trigonométricas en los cuatro cuadrantes

En el siguiente dibujo se destacan los cuadrantes con sus respectivos nombres:

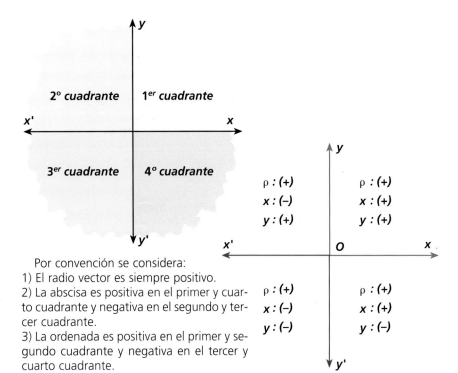

Por convención se considera:
1) El radio vector es siempre positivo.
2) La abscisa es positiva en el primer y cuarto cuadrante y negativa en el segundo y tercer cuadrante.
3) La ordenada es positiva en el primer y segundo cuadrante y negativa en el tercer y cuarto cuadrante.

De acuerdo a lo establecido anteriormente, los signos de las funciones en los distintos cuadrantes son las unidades en la tabla de la derecha. De ello se deduce:

1) El valor absoluto del seno o del coseno de un ángulo no puede ser mayor que la unidad.

2) Los valores absolutos de la secante y de la cosecante de un ángulo no pueden ser nunca menores que la unidad.

3) Los valores absolutos de la tangente y de la cotangente de un ángulo pueden variar desde 0 a ∞ (infinito).

	sen	cos	tg	cotg	sec	cosec
I	+	+	+	+	+	+
II	+	−	−	−	−	+
III	−	−	+	+	−	−
IV	−	+	−	−	+	−

Representación gráfica de las funciones seno, coseno y tangente

En la representación gráfica de la función seno y coseno se observa que, después de un período de 360°, los valores (del seno y coseno) se repiten nuevamente; en el caso de la tangente, la repetición de valores se presenta a intervalos de 180°.

Gráfica de la función seno

Se traza una circunferencia y por su centro se trazan dos perpendiculares.

Se dividen los cuadrantes en ángulos de 30° cada uno. Se traza una semirrecta horizontal a lo largo de la hoja (representa el desarrollo de la circunferencia) y se divide en partes iguales. Cada punto representa los ángulos de 0°, 30°, 60°,... hasta 360°.

Por el origen de dicha semirrecta se traza una perpendicular y se consideran hacia arriba y hacia abajo unidades respectivamente iguales al radio de la circunferencia trazada.

Desde el punto de intersección de la circunferencia con los radiovectores de los ángulos de 30°, 60°, 90°,... 360°, se trazan paralelas al eje horizontal y luego se intersectan con perpendiculares levantadas desde los puntos que sobre el eje horizontal representan cada ángulo.

Ejemplo:

Ver gráfica 1.

Uniendo los puntos obtenidos por intersección, se llega a determinar una curva llamada *sinusoide*, que representa gráficamente la función seno.

Gráfica 1.

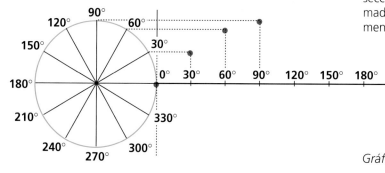

Gráfica completa: Ver gráfica 2.

Observaciones:

a) Los valores de la curva están comprendidos entre 1 y −1.

b) Para 0° el seno vale 0 y, a medida que el ángulo crece, el valor del seno aumenta

Gráfica 2.

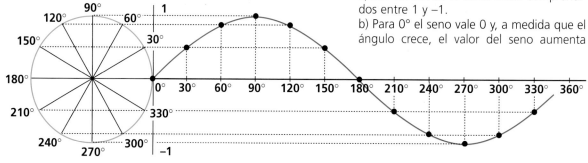

hasta llegar a 90° donde alcanza el valor máximo que es 1.

c) En el segundo cuadrante el seno decrece desde 1 a 0. O sea: para el ángulo de 180° el valor del seno es 0.

d) En el tercer cuadrante el seno crece en valor absoluto desde 0 a 1, pero, como es negativo, en realidad decrece desde 0 a –1.

e) En el cuarto cuadrante decrece en valor absoluto desde 1 hasta 0, pero, como es negativo, en realidad crece desde –1 a 0.

▶ Gráfica de la función coseno

La curva que representa gráficamente el coseno se denomina *cosinusoide.*

dida que el ángulo crece, el valor del coseno decrece hasta llegar a 90° donde alcanza el valor 0.

c) En el segundo cuadrante, el coseno crece en valor absoluto desde 0 a 1; pero como es negativo, en realidad decrece de 0 a –1.

d) En el tercer cuadrante, decrece en valor absoluto desde 1 a 0; pero como es negativo, en realidad crece de –1 a 0.

e) En el cuarto cuadrante, crece de 0 a 1.

Las gráficas del seno y coseno son curvas onduladas continuas, cada onda es igual a la precedente (se llama ciclo).

Si la gráfica del seno se traslada hacia la izquierda (hasta el valor 90°) se obtiene la gráfica coseno.

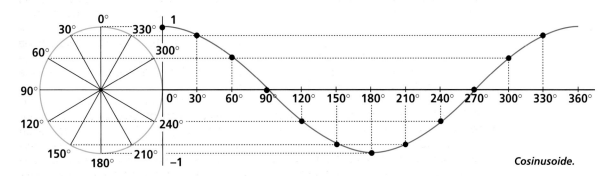

Cosinusoide.

Observaciones:

a) Los valores de la curva están comprendidos entre 1 y –1.

b) Para 0° el valor del coseno es 1 y, a me-

▶ Gráfica de la función tangente

No es una curva continua, sino discontinua, y consiste en numerosas ramas similares.

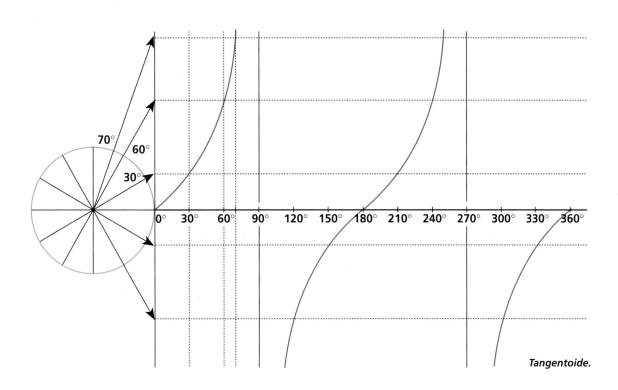

Tangentoide.

Observaciones:
a) Para el valor 0 la tangente toma el valor 0 y, a medida que aumenta el ángulo, la tangente alcanza valores tendentes a infinito (para ángulos próximos a 90°), no siendo posible dar el valor de la tangente para dicho ángulo.
b) Para ángulos superiores a 90° la tangente es negativa y en valor absoluto muy grande y decrece (en valor absoluto) hasta hacerse 0 para 180°, pero como es negativa, crece.
c) Para ángulos superiores a 180° la tangente es positiva y se repiten los mismos valores que en el primer cuadrante, no siendo posible dar el valor para 270°.
d) En el cuarto cuadrante se repiten los mismos valores que en el segundo cuadrante y la tangente decrece en valor absoluto hasta hacerse 0 para 360°, pero como es negativa, crece.

Valores de las funciones trigonométricas

• Para el ángulo de **0°**

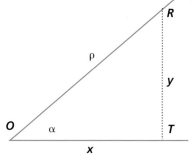

$\overline{OR}$ coincide con OT $\Rightarrow \rho = x$
$\overline{RT}$ se anula $\qquad \Rightarrow y = 0$

$$\text{sen } 0° = \frac{y}{\rho} = \frac{0}{\rho} = 0$$

$$\cos 0° = \frac{x}{\rho} = \frac{x}{x} = 1$$

$$\text{tg } 0° = \frac{y}{x} = \frac{0}{x} = 0$$

$$\text{cotg } 0° = \frac{x}{y} = \frac{x}{0} \rightarrow \infty$$

(No está definida porque tiende a infinito)

$$\text{cosec } 0° = \frac{\rho}{y} = \frac{\rho}{0} \rightarrow \infty$$

(∞ no es un número sino un signo).

$$\sec 0° = \frac{\rho}{x} = \frac{\rho}{\rho} = 1$$

• Para el ángulo de **30°**
Si $\hat{\alpha} = 30°$

$$\overline{OR} = \text{radio} = 1 \Rightarrow \rho = r$$

$$\overline{RT} = \frac{1}{2}r \;\Rightarrow\; y = \frac{1}{2}r$$

$\overline{OT}$ es apotema $\Rightarrow$

$$\overline{OT} = \frac{r\sqrt{3}}{2} \;\therefore\; x = \frac{r\sqrt{3}}{2}$$

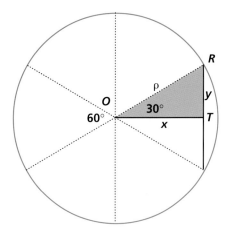

$$\text{sen } 30° = \frac{y}{\rho} = \frac{\frac{1}{2}r}{r} = \frac{1r}{2r} = \frac{1}{2}$$

$$\cos 30° = \frac{x}{\rho} = \frac{\frac{r\sqrt{3}}{2}}{r} = \frac{r\sqrt{3}}{2r} = $$
$$= \frac{\sqrt{3}}{2}$$

$$\text{tg } 30° = \frac{y}{x} = \frac{\frac{1}{2}r}{\frac{r\sqrt{3}}{2}} = \frac{r \cdot 2}{2r\sqrt{3}} = $$
$$= \frac{1}{\sqrt{3}} = \frac{1}{\sqrt{3}} \cdot \frac{\sqrt{3}}{\sqrt{3}} = \frac{\sqrt{3}}{3}$$

$$\text{cotg } 30° = \frac{x}{y} = \frac{\frac{r\sqrt{3}}{2}}{\frac{r}{2}} = \frac{r\sqrt{3} \cdot 2}{2r} = $$
$$= \sqrt{3}$$

$$\text{cosec } 30° = \frac{\rho}{y} = \frac{r}{\frac{r}{2}} = \frac{r \cdot 2}{r} = 2$$

$$\sec 30° = \frac{\rho}{x} = \frac{r}{\frac{r\sqrt{3}}{2}} = \frac{r \cdot 2}{r\sqrt{3}} = $$
$$= \frac{2}{\sqrt{3}} = \frac{2}{\sqrt{3}} \cdot \frac{\sqrt{3}}{\sqrt{3}} = \frac{2\sqrt{3}}{3}$$

• Para el ángulo de **45°**

Si $\hat{\alpha} = 45°$

$\overline{OR} = r = 1 \Rightarrow \rho = 1$

$\overline{OT} = \overline{RT}$ por ser $\overset{\triangle}{ORT}$ rectángulo isósceles

$$\Rightarrow x = y$$

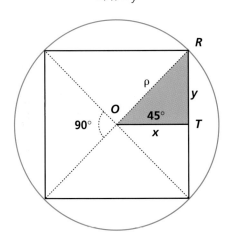

Aplicando el teorema de Pitágoras:

$$\overline{OR}^2 = \overline{OT}^2 + \overline{RT}^2$$

$$\overline{OR}^2 = 2\,\overline{RT}^2 \Rightarrow$$

$$\overline{RT} = \sqrt{\frac{\overline{OR}^2}{2}} = \sqrt{\frac{1}{2}} = \frac{1}{\sqrt{2}} =$$

$$= \frac{1}{\sqrt{2}} \cdot \frac{\sqrt{2}}{\sqrt{2}} = \frac{\sqrt{2}}{2} \Rightarrow$$

$$\Rightarrow x = \frac{\sqrt{2}}{2} \Rightarrow y = \frac{\sqrt{2}}{2}$$

$$\text{sen } 45° = \frac{y}{\rho} = \frac{\dfrac{\sqrt{2}}{2}}{1} = \frac{\sqrt{2}}{2}$$

$$\cos 45° = \frac{x}{\rho} = \frac{\dfrac{\sqrt{2}}{2}}{1} = \frac{\sqrt{2}}{2}$$

$$\text{tg } 45° = \frac{y}{x} = \frac{\dfrac{\sqrt{2}}{2}}{\dfrac{\sqrt{2}}{2}} = \frac{\sqrt{2}}{2} \cdot \frac{2}{\sqrt{2}} = 1$$

$$\text{cotg } 45° = \frac{x}{y} = \frac{\sqrt{2}}{2} : \frac{2}{\sqrt{2}} = 1$$

$$\text{sec } 45° = \frac{\rho}{x} = \frac{1}{\dfrac{\sqrt{2}}{2}} = \frac{2}{\sqrt{2}} \cdot \frac{\sqrt{2}}{\sqrt{2}} =$$

$$= 2 \cdot \frac{\sqrt{2}}{2} = \sqrt{2}$$

$$\text{cosec } 45° = \frac{\rho}{y} = \frac{1}{\dfrac{\sqrt{2}}{2}} =$$

$$= \frac{2}{\sqrt{2}} \cdot \frac{\sqrt{2}}{\sqrt{2}} = \frac{2\sqrt{2}}{2} = \sqrt{2}$$

LA TRIGONOMETRÍA

La trigonometría, es decir, el estudio de las relaciones métricas entre los lados y los ángulos de un triángulo, había servido desde antiguo como auxiliar práctico de agrimensores, astrónomos y navegantes.

Los griegos relacionaban las medidas angulares con las de longitud, midiendo la cuerda del arco. Siglos más tarde, los astrónomos indios empezaron a usar no la cuerda del arco, sino la mitad de la cuerda del arco doble, que es la función que nosotros llamamos seno. Esto, que simplificó las fórmulas trigonométricas, fue adaptado y perfeccionado por los árabes, que lo transmitieron a Europa, junto con el álgebra, durante la Edad Media.

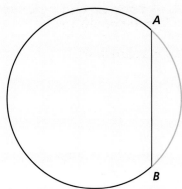

En la trigonometría griega se relacionaba el arco de circunferencia AB con la cuerda AB.

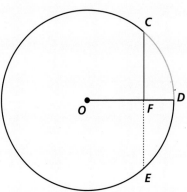

La sustitución de la cuerda CD para medir el arco CD por la semicuerda CF del arco doble CE representó una gran simplificación de los cálculos. Esta semicuerda del arco doble es la función que actualmente llamamos seno del arco CD.

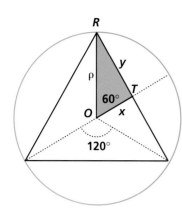

• Para el ángulo de **60°**

$$\overline{OR} = r \Rightarrow \rho = r$$

$$\overline{RT} = \frac{l_3}{2} \Rightarrow y = \frac{r\sqrt{3}}{2}$$

Para calcular $\overline{OT}$ aplicamos el teorema de Pitágoras:

$$\overline{OR}^2 = \overline{OT}^2 + \overline{RT}^2 \Rightarrow \overline{OT}^2 = \overline{OR}^2 - \overline{RT}^2$$

Sustituimos por sus valores:

$$OT^2 = r^2 - \left(\frac{r\sqrt{3}}{2}\right)^2 =$$

$$= r^2 - \frac{r^2 \cdot 3}{4} = \frac{4r^2 - 3r^2}{4} = \frac{r^2}{4}$$

$$\overline{OT} = \sqrt{\frac{r^2}{4}} = \frac{r}{2} \Rightarrow x = \frac{r}{2}$$

$$\text{sen } 60° = \frac{y}{\rho} = \frac{\frac{r\sqrt{3}}{2}}{r} =$$

$$= \frac{r\sqrt{3}}{2r} = \frac{\sqrt{3}}{2}$$

$$\cos 60° = \frac{x}{\rho} = \frac{\frac{r}{2}}{r} = \frac{r}{2r} = \frac{1}{2}$$

$$\text{tg } 60° = \frac{y}{x} = \frac{\frac{r\sqrt{3}}{2}}{\frac{r}{2}} =$$

$$= \frac{r\sqrt{3} \cdot 2}{2r} = \sqrt{3}$$

$$\text{sec } 60° = \frac{\rho}{x} = \frac{r}{\frac{r}{}} = \frac{2 \cdot r}{r} = 2$$

$$\text{cotg } 60° = \frac{x}{y} = \frac{\frac{r}{2}}{\frac{r\sqrt{3}}{2}} =$$

$$= \frac{r \cdot 2}{2r\sqrt{3}} = \frac{1}{\sqrt{3}} =$$

$$= \frac{1}{\sqrt{3}} \cdot \frac{\sqrt{3}}{\sqrt{3}} = \frac{\sqrt{3}}{3}$$

$$\text{cosec } 60° = \frac{\rho}{y} = \frac{r}{\frac{r \cdot \sqrt{3}}{2}} =$$

$$= \frac{r \cdot 2}{r\sqrt{3}} = \frac{2}{\sqrt{3}} =$$

$$= \frac{2}{\sqrt{3}} \cdot \frac{\sqrt{3}}{\sqrt{3}} = \frac{2\sqrt{3}}{3}$$

DEDUCCIÓN DE l_3

$M\hat{R}L$ equilátero, inscrito en una circunferencia
RS diámetro $\Rightarrow$ RS $\perp$ ML

$R\hat{M}S$; $\hat{M}$ recto por ser ángulo inscrito en una semicircunferencia

$$\overline{RS}^2 = \overline{RM}^2 + \overline{MS}^2 \quad ①$$
por el teorema de Pitágoras

$$\overline{RS} = 2 \cdot r$$
$$\overline{MR} = l_3 \text{ (lado del triángulo)}$$
$$\overline{MS} = l_6 \text{ (lado del hexágono)}$$

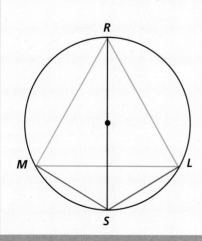

En ① sustituimos:

$$(2r)^2 = l_3^2 + l_6^2$$

$$4r^2 = l_3^2 + l_6^2; \text{ pero } l_6 = r$$

$$4r^2 = l_3^2 + r^2 \Rightarrow 4r^2 - r^2 = l_3^2$$

$$3r^2 = l_3^2$$

$$\sqrt{3r^2} = l_3$$

$$r\sqrt{3} = l_3$$

• Para el ángulo de **90°**

Si $\hat{\alpha} = 90°$

$$\overline{OR} = \overline{RT} \quad \Rightarrow \quad \rho = y$$

$$OT = 0 \quad \Rightarrow \quad x = 0$$

$$\text{sen } 90° = \frac{y}{\rho} = \frac{y}{y} = 1$$

$$\cos 90° = \frac{x}{\rho} = \frac{0}{\rho} = 0$$

$$\text{tg } 90° = \frac{y}{x} = \frac{y}{0} \rightarrow \infty$$

$$\cot 90° = \frac{x}{y} = \frac{0}{y} = 0$$

$$\sec 90° = \frac{\rho}{x} = \frac{\rho}{\_\_} \to \infty$$

$$\csc 90° = \frac{\rho}{y} = \frac{\rho}{\rho} = 1$$

Función	0°	30°	45°	60°	90°	180°
Seno	0	$\frac{1}{2}$	$\frac{\sqrt{2}}{2}$	$\frac{\sqrt{3}}{2}$	1	0
coseno	1	$\frac{\sqrt{3}}{2}$	$\frac{\sqrt{2}}{2}$	$\frac{1}{2}$	0	–1
tangente	0	$\frac{\sqrt{3}}{3}$	1	$\sqrt{3}$	no existe	0
cotangente	no existe	$\sqrt{3}$	1	$\frac{\sqrt{3}}{3}$	0	no existe
secante	1	$\frac{2\sqrt{3}}{3}$	$\sqrt{2}$	2	no existe	–1
cosecante	no existe	2	$\sqrt{2}$	$\frac{2\sqrt{3}}{3}$	1	no existe

• Para el ángulo de **180°**

Si $\hat{\alpha} = 180°$

$\overline{OR}$ es negativo; $\overline{OT} = -\overline{OR} \Rightarrow \rho = -x$

$RT = 0 \Rightarrow y = 0$

$$\sin 180° = \frac{y}{\rho} = \frac{0}{\rho} = 0$$

$$\cos 180° = \frac{x}{\rho} = \frac{x}{-x} = -1$$

$$\tan 180° = \frac{y}{x} = \frac{0}{x} = 0$$

$$\cot 180° = \frac{x}{y} = \frac{y}{0} \to \infty$$

$$\sec 180° = \frac{\rho}{x} = \frac{-x}{x} = -1$$

$$\csc 180° = \frac{\rho}{y} = \frac{\rho}{\_\_} \to \infty$$

• Para **otros ángulos**

Hasta hace unos pocos años, para hallar los valores de las funciones trigonométricas de un ángulo era necesario manipular farragosas *tablas trigonométricas*. Éstas, gracias a las calculadoras electrónicas, han quedado completamente obsoletas.

Círculo trigonométrico

Se llama así al círculo cuyo radio vale la unidad.

Reducción al primer cuadrante

• De funciones trigonométricas de **ángulos complementarios**

Como $\hat{\alpha}$ y $\hat{\beta}$ son complementarios:

$$\hat{\alpha} + \hat{\beta} = 90°$$
$$\hat{\beta} = 90° - \hat{\alpha}$$

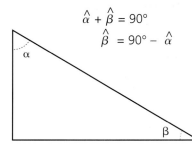

Definiendo las funciones trigonométricas para ambos ángulos, y comparándolas, se deduce que:

$$\sin(90° - \hat{\alpha}) = \cos\hat{\alpha}$$
$$\cos(90° - \hat{\alpha}) = \sin\hat{\alpha}$$
$$\tan(90° - \hat{\alpha}) = \cot\hat{\alpha}$$
$$\cot(90° - \hat{\alpha}) = \tan\hat{\alpha}$$
$$\sec(90° - \hat{\alpha}) = \csc\hat{\alpha}$$
$$\csc(90° - \hat{\alpha}) = \sec\hat{\alpha}$$

El coseno de un ángulo es igual al seno de su complemento.

La cosecante de un ángulo es igual a la secante de su complemento.

La cotangente de un ángulo es igual a la tangente de su complemento.

Al coseno, cosecante y cotangente se les llama *cofunciones*.

• De funciones trigonométricas de **ángulos suplementarios**

Si $\hat{\alpha}$ y $\hat{\beta}$ son suplementarios:

$$\hat{\alpha} + \hat{\beta} = 180° \Rightarrow \hat{\beta} = 180° - \hat{\alpha}$$

Procediendo como en el caso anterior se deduce que:

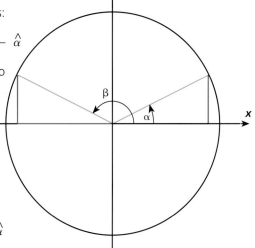

$$\sin(180° - \hat{\alpha}) = \sin\hat{\alpha}$$
$$\cos(180° - \hat{\alpha}) = \cos\hat{\alpha}$$
$$\tan(180° - \hat{\alpha}) = -\tan\hat{\alpha}$$
$$\cot(180° - \hat{\alpha}) = -\cot\hat{\alpha}$$
$$\sec(180° - \hat{\alpha}) = -\sec\hat{\alpha}$$
$$\csc(180° - \hat{\alpha}) = \csc\hat{\alpha}$$

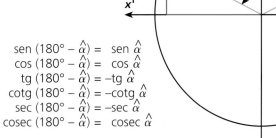

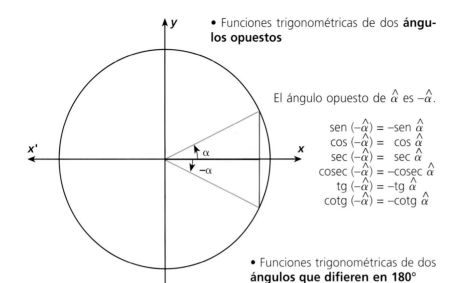

• Funciones trigonométricas de dos **ángulos opuestos**

El ángulo opuesto de $\hat{\alpha}$ es $-\hat{\alpha}$.

$$\text{sen}\,(-\hat{\alpha}) = -\text{sen}\,\hat{\alpha}$$
$$\cos\,(-\hat{\alpha}) = \cos\,\hat{\alpha}$$
$$\sec\,(-\hat{\alpha}) = \sec\,\hat{\alpha}$$
$$\text{cosec}\,(-\hat{\alpha}) = -\text{cosec}\,\hat{\alpha}$$
$$\text{tg}\,(-\hat{\alpha}) = -\text{tg}\,\hat{\alpha}$$
$$\text{cotg}\,(-\hat{\alpha}) = -\text{cotg}\,\hat{\alpha}$$

• Funciones trigonométricas de dos **ángulos que difieren en 180°**

Si uno de los ángulos es $\hat{\alpha}$, el otro es $(180° + \hat{\alpha})$ para que su diferencia sea 180°:

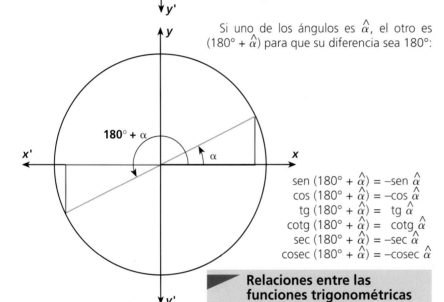

$$\text{sen}\,(180° + \hat{\alpha}) = -\text{sen}\,\hat{\alpha}$$
$$\cos\,(180° + \hat{\alpha}) = -\cos\,\hat{\alpha}$$
$$\text{tg}\,(180° + \hat{\alpha}) = \text{tg}\,\hat{\alpha}$$
$$\text{cotg}\,(180° + \hat{\alpha}) = \text{cotg}\,\hat{\alpha}$$
$$\sec\,(180° + \hat{\alpha}) = -\sec\,\hat{\alpha}$$
$$\text{cosec}\,(180° + \hat{\alpha}) = -\text{cosec}\,\hat{\alpha}$$

Relaciones entre las funciones trigonométricas de un mismo ángulo

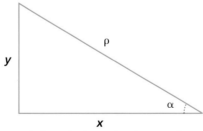

Una de las relaciones fundamentales que se verifican entre las funciones trigonométricas es la *relación pitagórica*.

Aplicando el teorema de Pitágoras:

$$x^2 + y^2 = \rho^2$$

dividiendo por ρ^2

$$\frac{x^2}{\rho^2} + \frac{y^2}{\rho^2} = \frac{\rho^2}{\rho^2}$$

y como: $\dfrac{y^2}{\rho^2} = \text{sen}^2\,\hat{\alpha}$

y $\dfrac{x^2}{\rho^2} = \cos^2\,\hat{\alpha}$

reemplazando, nos queda:

$$\cos^2\,\hat{\alpha} + \text{sen}^2\,\hat{\alpha} = 1 \qquad ①$$

que se expresa: la suma de los cuadrados del seno y del coseno del mismo ángulo siempre es igual a 1.

Despejando nos queda:

$$\text{sen}\,\hat{\alpha} = \sqrt{1 - \cos^2\,\alpha} \qquad ②$$

$$\cos\,\hat{\alpha} = \sqrt{1 - \text{sen}^2\,\alpha} \qquad ③$$

$$\left.\begin{array}{l} \text{sen}\,\hat{\alpha} = \dfrac{y}{\rho} \\[2mm] \cos\,\hat{\alpha} = \dfrac{x}{\rho} \end{array}\right\} \begin{array}{l}\text{dividiendo}\\\text{miembro a}\\\text{miembro}\end{array}$$

$$\frac{\text{sen}\,\hat{\alpha}}{\cos\,\hat{\alpha}} = \frac{\frac{y}{\rho}}{\frac{x}{\rho}} \;\Rightarrow\; \frac{\text{sen}\,\hat{\alpha}}{\cos\,\hat{\alpha}} = \frac{y}{x}$$

$$\frac{\text{sen}\,\hat{\alpha}}{\cos\,\hat{\alpha}} = \text{tg}\,\hat{\alpha} \qquad ④$$

(para $\cos\,\hat{\alpha} \neq 0$)

La tangente de un ángulo es igual al cociente entre el seno y el coseno de dicho ángulo.

Conocidas estas cuatro relaciones fundamentales es posible calcular las funciones trigonométricas de un ángulo, conociendo una de dichas funciones.

Ejemplo:

Dado sen α, calcular las demás funciones trigonométricas.

Para calcular el coseno se utiliza la relación ③

$$\cos\,\alpha = \sqrt{1 - \text{sen}^2\,\alpha}$$

Para el cálculo de la tangente, se parte de la relación ④

$$\frac{\text{sen}\,\alpha}{\cos\,\alpha} = \text{tg}\,\alpha$$

Reemplazamos cos α por su igual según la relación ③

$$\frac{\text{sen}\,\alpha}{\sqrt{1 - \text{sen}^2\,\alpha}} = \text{tg}\,\alpha$$

Para calcular la cotagente, por ser la recíproca de la tangente nos queda:

$$\operatorname{cotg} \alpha = \frac{\sqrt{1 - \operatorname{sen}^2 \alpha}}{\operatorname{sen} \alpha}$$

Para hallar la secante, como sabemos que es la recíproca del coseno:

$$\sec \alpha = \frac{1}{\cos \alpha} = \frac{1}{\sqrt{1 - \operatorname{sen}^2 \alpha}}$$

Y la cosecante por ser la recíproca del seno, que es el dato, nos queda:

$$\operatorname{cosec} \alpha = \frac{1}{\operatorname{sen} \alpha}$$

Procediendo en forma análoga podríamos obtener las funciones trigonométricas conociendo cualquiera de las restantes funciones.

A continuación las resumimos en un cuadro:

Funciones inversas

Las funciones inversas de las funciones trigonométricas seno, coseno, tangente, cotangente, secante y cosecante se denominan respectivamente arco seno (arc sen), arco coseno (arc cos), arco tangente (arc tg), arco cotangente (arc cotg), arco secante (arc sec) y arco cosecante (arc cosec).

Estas funciones inversas nos dan la medida del arco (o del ángulo) que corresponde a una medida trigonométrica dada.

Ejemplo:

$$a = \operatorname{sen} \alpha$$
$$\alpha = \operatorname{arc \, sen} a$$

Es decir, si *a* es el valor numérico del seno de α, α es el arco (o el ángulo) que corresponde a un valor de seno *a*.

Observaciones
• **arco seno.** Como $-1 \le \operatorname{sen} \alpha \le 1$, la función arc sen sólo está definida para valores

Calcular ↓	Si el dato es ↓					
	sen α	**cos α**	**tg α**	**cotg α**	**sec α**	**cosec α**
sen α	—	$\sqrt{1 - \cos^2 \alpha}$	$\dfrac{\operatorname{tg} \alpha}{}$	$\dfrac{1}{\sqrt{1 + \operatorname{cotg}^2 \alpha}}$	$\dfrac{\sqrt{\sec^2 \alpha - 1}}{\sec \alpha}$	$\dfrac{1}{\operatorname{cosec} \alpha}$
cos α	$\sqrt{1 - \operatorname{sen}^2 \alpha}$	—	$\dfrac{1}{\sqrt{1 + \operatorname{tg}^2 \alpha}}$	$\dfrac{\operatorname{cotg} \alpha}{\sqrt{1 + \operatorname{cotg}^2 \alpha}}$	$\dfrac{1}{\sec \alpha}$	$\dfrac{\sqrt{\operatorname{cosec}^2 \alpha - 1}}{\operatorname{cosec} \alpha}$
tg α	$\dfrac{\operatorname{sen} \alpha}{}$	$\dfrac{\sqrt{1 - \cos^2 \alpha}}{\cos \alpha}$	—	$\dfrac{1}{\operatorname{cotg} \alpha}$	$\sqrt{\sec^2 \alpha - 1}$	$\dfrac{1}{\sqrt{\operatorname{cosec}^2 \alpha - 1}}$
cotg α	$\dfrac{\sqrt{1 - \operatorname{sen}^2 \alpha}}{\operatorname{sen} \alpha}$	$\dfrac{\cos \alpha}{}$	$\dfrac{1}{\operatorname{tg} \alpha}$	—	$\dfrac{1}{\sqrt{\sec^2 \alpha - 1}}$	$\sqrt{\operatorname{cosec}^2 \alpha - 1}$
sec α	$\dfrac{1}{\sqrt{1 - \operatorname{sen}^2 \alpha}}$	$\dfrac{1}{\cos \alpha}$	$\sqrt{1 + \operatorname{tg}^2 \alpha}$	$\dfrac{\sqrt{1 + \operatorname{cotg}^2 \alpha}}{\operatorname{cotg}^2 \alpha}$	—	$\dfrac{\operatorname{cosec} \alpha}{}$
cosec α	$\dfrac{1}{\operatorname{sen} \alpha}$	$\dfrac{1}{\sqrt{1 - \cos^2 \alpha}}$	$\dfrac{\sqrt{1 + \operatorname{tg}^2 \alpha}}{\operatorname{tg} \alpha}$	$\sqrt{1 + \operatorname{cotg}^2 \alpha}$	$\dfrac{\sec \alpha}{\sqrt{\sec^2 \alpha - 1}}$	—

comprendidos entre –1 y 1. Como sen α = sen (180° – α), si a = sen α, α = arc sen a, pero también 180° – α = arc sen a.

• **arco coseno.** La función arco coseno sólo está definida para valores comprendidos entre –1 y 1. Como cos α = cos (–α) si a = cos α, se tiene α = arc cos a y –α = arc cos a.

• **arco tangente.** Como tg α = tg (180° + α), si a = tg α, α = arc tg a y 180° + α = arc tg a.

Fórmulas trigonométricas

Existen muchas fórmulas que relacionan las funciones trigonométricas. La mayoría se deducen de la relación pitagórica:

$$\text{sen}^2\,\alpha + \cos^2\alpha = 1$$

y del seno del ángulo suma:

$$\text{sen}\,(\alpha + \beta) = \text{sen}\,\alpha\cos\beta + \cos\alpha\,\text{sen}\,\beta$$

Las principales son las siguientes:
• funciones del **ángulo suma**:

$$\text{sen}\,(\alpha + \beta) = \text{sen}\,\alpha\cos\beta + \cos\alpha\,\text{sen}\,\beta$$
$$\cos\,(\alpha + \beta) = \cos\alpha\cos\beta - \text{sen}\,\alpha\,\text{sen}\,\beta$$
$$\text{tg}\,(\alpha + \beta) = \frac{\text{tg}\,\alpha + \text{tg}\,\beta}{1 - \text{tg}\,\alpha\,\text{tg}\,\beta}$$

• funciones del **ángulo diferencia:**

$$\text{sen}\,(\alpha - \beta) = \text{sen}\,\alpha\cos\beta - \cos\alpha\,\text{sen}\,\beta$$
$$\cos\,(\alpha - \beta) = \cos\alpha\cos\beta + \text{sen}\,\alpha\,\text{sen}\,\beta$$
$$\text{tg}\,(\alpha - \beta) = \frac{\text{tg}\,\alpha - \text{tg}\,\beta}{1 + \text{tg}\,\alpha\,\text{tg}\,\beta}$$

• funciones del **ángulo doble**:

$$\text{sen}\,(2\alpha) = 2\,\text{sen}\,\alpha\cos\alpha$$
$$\cos\,(2\alpha) = \cos^2\alpha - \text{sen}^2\alpha =$$
$$= 2\cos^2\alpha - 1 = 1 - 2\,\text{sen}^2\alpha$$
$$\text{tg}\,(2\alpha) = \frac{2\,\text{tg}\,\alpha}{1 - \text{tg}^2\alpha}$$

• funciones del **ángulo mitad**:

$$\text{sen}\,\frac{\alpha}{2} = \sqrt{\frac{1 - \cos\alpha}{2}}$$
$$\cos\,\frac{\alpha}{2} = \sqrt{\frac{1 + \cos\alpha}{2}}$$
$$\text{tg}\,\frac{\alpha}{2} = \sqrt{\frac{1 - \cos\alpha}{1 + \cos\alpha}}$$

Resolución de triángulos

Resolver un triángulo es hallar la medida de los tres lados y los tres ángulos conocidos tres de ellos.

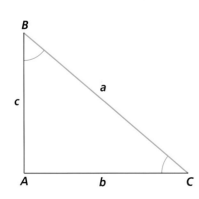

Resolución de triángulos rectángulos

Sabemos que todo triángulo consta de 6 elementos que son: tres lados (2 catetos y la hipotenusa) y tres ángulos.

Con sólo dar como dato tres de esos seis elementos queda bien determinado el triángulo. En nuestro caso, como es rectángulo, hay un elemento que conocemos de antemano: el ángulo recto. Entonces sólo es necesario conocer dos elementos (uno de los cuales tiene que ser un lado) para poder determinar los restantes.

Los casos que se pueden presentar son los siguientes:

• Primer caso: dados los dos catetos.
• Segundo caso: dados un cateto y la hipotenusa.
• Tercer caso: dados un cateto y un ángulo agudo.
• Cuarto caso: dados la hipotenusa y un ángulo agudo.

Primer caso

$$\text{Datos: } \begin{cases} c = 42 \text{ m} \\ b = 50 \text{ m} \end{cases}$$

$$\text{Calcular: } a,\, \hat{B} \text{ y } \hat{C}$$

Cálculo de a:
Para ello aplicamos el teorema de Pitágoras:

$$a = \sqrt{b^2 + c^2} = \sqrt{50^2 + 42^2} =$$
$$= \sqrt{2\,500 + 1\,764} = \sqrt{4\,264}$$

Como 4 264 no tiene raíz cuadrada exacta, realizamos el cálculo aproximado:

$$a = \sqrt{4\,264} = 65,2$$

Cálculo de $\hat{B}$:
Como se conocen los dos catetos, podemos definir la función tangente para uno de los ángulos que debemos calcular. Por ejemplo $\hat{B}$

$$\text{tg}\,\hat{B} = \frac{b}{c} = \frac{50}{42} = 1,19047$$

Por tanto, = 49° 58'

Cálculo de $\hat{C}$:
Como el triángulo es rectángulo $\Rightarrow \hat{B} + \hat{C} =$ = 90° (son complementarios).

$$\hat{C} = 90° - \hat{B}$$
$$\hat{C} = 90° - 49° \, 58'$$
$$\hat{C} = 40° \, 2'$$

► Segundo caso

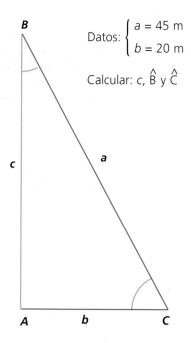

Datos: $\begin{cases} a = 45 \text{ m} \\ b = 20 \text{ m} \end{cases}$

Calcular: c, $\hat{B}$ y $\hat{C}$

Cálculo de c:
Aplicando el corolario del teorema de Pitágoras:

$$c = \sqrt{a^2 - b^2} = \sqrt{45^2 - 20^2} =$$
$$= \sqrt{2025 - 400} = \sqrt{1625} = 40,3$$
$$c = 40,3$$

Cálculo de $\hat{B}$:
Como los datos son un cateto y la hipotenusa, según el ángulo que calculemos, vamos a usar la función seno o coseno. Si calculamos $\hat{B}$ usamos sen $\hat{B}$ que relaciona los datos:

$$\text{sen } \hat{B} = \frac{b}{a} = \frac{20}{45} = 0,44444$$

Luego, $\hat{B} = 26° \, 23'$

Cálculo de $\hat{C}$:

$$\hat{C} = 90° - \hat{B}$$
$$\hat{C} = 90° - 26° \, 23' = 63° \, 37'$$

► Tercer caso

Datos: $\begin{cases} c = 12 \text{ m} \\ \hat{C} = 35° \end{cases}$

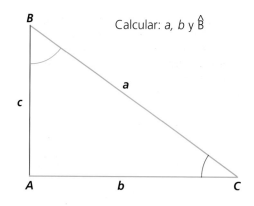

Calcular: a, b y $\hat{B}$

Cálculo de a:
Tomamos una función trigonométrica del ángulo $\hat{C}$ que relacione el dato dado c y la hipotenusa a, que es la incógnita.

$$\text{sen } \hat{C} = \frac{c}{a} \Rightarrow$$
$$a = \frac{c}{\text{sen } \hat{C}} = \frac{12}{\text{sen } 35°} =$$
$$= \frac{12}{0,57358} = 20,9 \text{ cm}$$

Cálculo de b:
Para calcular b podemos considerar la función tangente o cotangente que son las que relacionan los catetos (el dato y el cateto que queremos calcular).

$$\text{cotg } \hat{C} = \frac{b}{c} \Rightarrow b = \text{cotg } \hat{C} \cdot c$$
$$b = \text{cotg } 35° \cdot 12$$
$$b = 1,42815 \cdot 12 =$$
$$= 17,13 \text{ cm}$$

Cálculo de $\hat{B}$:

$$\hat{B} = 90° - \hat{C} =$$
$$= 90° - 35° = 55°$$

► Cuarto caso

Datos: $\begin{cases} a = 30 \text{ m} \\ \hat{B} = 52° \, 20' \end{cases}$ Calcular: b, c y $\hat{C}$

Cálculo de b:
Como nuestros datos son a y $\hat{B}$, debemos tomar una función del $\hat{B}$ que relacione la hipotenusa (que es dato) y el cateto b (que es incógnita). Podemos usar:

$$\text{sen } \hat{B} = \frac{b}{a} \Rightarrow$$
$$b = \text{sen } \hat{B} \cdot a = \text{sen } 52° \, 20' \cdot 30 =$$
$$= 0,61107 \cdot 30 = 18,33 \text{ m}$$

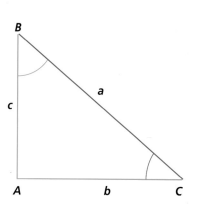

Cálculo de $\hat{C}$:

$$\hat{C} = 90° - \hat{B} = 90° - 52° \, 20' = 37° \, 40'$$

Resolución de triángulos no rectángulos

Para la resolución de triángulos no rectángulos se utilizan los teoremas del *seno* (si se conocen dos ángulos y un lado, o un ángulo y dos lados) y del *coseno* (si los datos son los tres lados o dos lados y el ángulo comprendido entre ellos).

Teorema del seno

Sea un triángulo ABC cualquiera, con a, b y c los lados respectivamente opuestos a los vértices A, B y C, y h_A, h_B y h_C las respectivas alturas de esos vértices.

Se tiene

$$\text{sen B} = \frac{h_A}{c} \Rightarrow h_A = c \cdot \text{sen B}$$

$$\text{sen C} = \frac{h_A}{b} \Rightarrow h_A = b \cdot \text{sen C}$$

luego

$$b \cdot \text{sen C} = c \cdot \text{sen B} \Rightarrow \frac{b}{\text{sen B}} = \frac{c}{\text{sen C}}$$

Asimismo,

$$\text{sen A} = \frac{h_B}{c} \Rightarrow h_B = c \cdot \text{sen A}$$

$$\text{sen C} = \frac{h_B}{a} \Rightarrow h_B = a \cdot \text{sen C}$$

por tanto,

$$a \cdot \text{sen C} = c \cdot \text{sen A} \Rightarrow \frac{a}{\text{sen A}} = \frac{c}{\text{sen C}}$$

Y, de las dos igualdades obtenidas, podemos escribir

$$\frac{a}{\text{sen A}} = \frac{b}{\text{sen B}} = \frac{c}{\text{sen C}}$$

que es la expresión usual del *teorema de los senos*.

Obsérvese que si el triángulo ABC es rectángulo en A, se tiene

$$\text{sen A} = 1 \text{ y } a = \frac{b}{\text{sen B}} = \frac{c}{\text{sen C}},$$

que equivale a

$$\text{sen B} = \frac{b}{a} \text{ y sen C} = \frac{c}{a}$$

que son las definiciones de los senos de B y C en un triángulo rectángulo.

Teorema del coseno

Sea el triángulo ABC de la figura, en el que cada altura divide al lado sobre el que se apoya en dos partes.

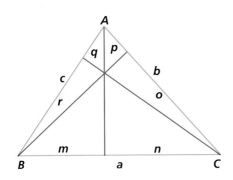

Se tiene

$$\left.\begin{array}{l} a = m + n = c \cdot \cos B + b \cdot \cos C \\ b = o + p = a \cdot \cos C + c \cdot \cos A \\ c = q + r = b \cdot \cos A + a \cdot \cos B \end{array}\right\} \, [1]$$

Multiplicando miembro a miembro estas tres igualdades por a, $-b$ y $-c$, se tiene:

$$a^2 = ac \cdot \cos B + ab \cdot \cos C$$
$$-b^2 = -ab \cdot \cos C - bc \cdot \cos A$$
$$-c^2 = -bc \cdot \cos A - ac \cdot \cos B$$

sumando miembro a miembro, obtenemos:

$$a^2 - b^2 - c^2 = ac \cdot \cos B + ab \cdot \cos C - ab \cdot \cos C - bc \cdot \cos A - bc \cdot \cos A - ac \cdot \cos B = -2bc \cdot \cos A$$

que equivale a las expresiones

$$a^2 = b^2 + c^2 - 2bc \cdot \cos A$$

que da el valor de un lado del triángulo en función de los otros dos y del ángulo comprendido entre ellos, o

$$\cos A = \frac{b^2 + c^2 - a^2}{2bc}$$

que da el valor de un ángulo en función de los tres lados del triángulo.

Análogamente podrían obtenerse las expresiones:

$$\cos B = \frac{a^2 + c^2 - b^2}{2ac}$$

$$\cos C = \frac{a^2 + b^2 - c^2}{2ab}$$

$$b^2 = a^2 + c^2 - 2ac \cdot \cos B$$
$$c^2 = a^2 + b^2 - 2ab \cdot \cos C$$

LOS DOCUMENTOS MATEMÁTICOS MÁS ANTIGUOS

Existen dos rollos de papiro egipcios, que datan aproximadamente de la dinastía XII (2000–1788 a.C.). El más antiguo de los dos se conserva en Moscú; el otro se halla en el British Museum y se le llama papiro Rhind. En ellos quedan al descubierto los conocimientos que sobre aritmética y geometría poseían los egipcios.

El papiro que se halla en Moscú, con una longitud de 544 cm (igual que el Rhind), de un ancho de 8 cm (la cuarta parte del otro), contiene una colección de 28 problemas, cuya solución se basa en reglas que aparecen en el otro papiro. Contiene un famoso problema sobre el cálculo del volumen de un tronco de pirámide de base cuadrada, que es toda una hazaña desde el punto de vista intelectual.

El papiro Rhind fue hallado en 1858 por un joven anticuario escocés, Henry Rhind, en las ruinas de un pequeño edificio de Tebas. A su muerte lo compró el British Museum. El documento estaba roto y le faltaban algunos fragmentos que luego aparecieron en los archivos de la Historic Society, de Nueva York. El papiro Rhind es un manual práctico de matemática egipcia, compuesto por el escriba Ahmés, en 1788 a.C., aproximadamente. Lo comienza indicando que copió el texto de un escrito antiguo realizado en tiempos del rey del Alto y Bajo Egipto.

El manuscrito está escrito en hierático, forma cursiva del jeroglífico, y contiene errores que es difícil establecer si los comete él o únicamente los copió del documento anterior.

En este papiro hay una tabla de dividir por 2 para numerosos impares desde 3 hasta 101. Contiene 85 problemas, la resolución de ecuaciones simples y de progresiones, la medición de áreas y de volúmenes.

El papiro Rhind, aunque demuestra la poca habilidad que poseían los egipcios para la generalización, prueba que tenían notable tenacidad para resolver problemas de aritmética, y mediciones; que no carecían de imaginación y que eran hábiles para manejar con soltura sus incómodos métodos.

Reproducción facsímil de un fragmento del papiro Rhind (hacia 1650 antes de Cristo). Este antiguo documento egipcio es una recopilación de los resultados matemáticos conocidos en su época.

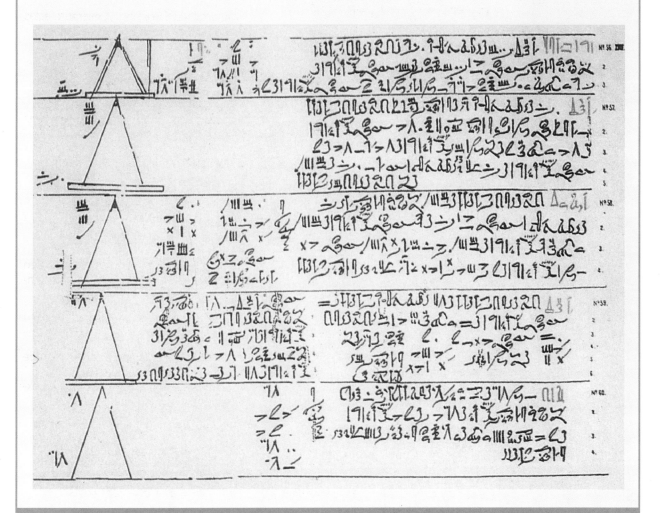

▰▰▰ **Ejercicios de recapitulación**

1) Reducir 1 radián a grados sexagesimales:

Solución:

$$1 \text{ radián} = \frac{180°}{\pi} = \frac{180°}{3,1416} = 57° \ 17' \ 44''$$

2) Reducir 30° 15' a grados centesimales.

Solución:

$$30° \ 15' = 30,25°$$

$$30,25° = \left(\frac{10 \cdot 30,25}{9}\right)^G = \frac{302,5^G}{9} = 33,61^G$$

3) Reducir 100° a radianes.

Solución:

$$1° = \frac{\pi}{180} \text{ radianes}$$

$$100° = \frac{\pi \cdot 100}{180} = \frac{314,16}{180} = 1,745 \text{ radianes}$$

4) Haciendo uso de los valores de las funciones trigonométricas para ángulos especiales, encontrar el valor numérico de:

a) $2 \cdot \cotg^2 30° + \dfrac{1}{3} \cos 60° - \tg 45°$

b) $\sen^2 60° + \sec^2 45° - \sen^2 45°$

Solución:

a) $2 \, (\sqrt{3})^2 + \dfrac{1}{3} \cdot \dfrac{1}{2} - 1 =$

$$= 2 \cdot 3 + \frac{1}{6} - 1 = 6 + \frac{1}{6} - 1 =$$

$$= \frac{36 + 1 - 6}{6} = \frac{31}{6}$$

b) $\left(\dfrac{\sqrt{3}}{2}\right)^2 + (\sqrt{2})^2 - \left(\dfrac{\sqrt{2}}{2}\right)^2 =$

$$= \frac{3}{4} + 2 - \frac{2}{4} = \frac{3 + 8 - 2}{4} = \frac{9}{4}$$

5) Reducir al primer cuadrante:

a) sen 150°
b) cos 240°
c) sec (–45°)

Solución:

a) $\sen 150° = \sen (180° - 150°) =$

$$= \sen 30° = \frac{1}{2}$$

b) $\cos 240° = \cos (180° + 60°) =$

$$= - \cos 60° = - \frac{1}{2}$$

c) $\sec (-45°) = \sec 45° = \sqrt{2}$

6) Calcular las demás funciones trigonométricas, sabiendo que:

a) $\tg \hat{\alpha} = \dfrac{3}{4}$ y b) $\cos \hat{\alpha} = \dfrac{1}{5}$

Solución:

$$\sen \hat{\alpha} = \frac{\tg \alpha}{\sqrt{1 + \tg^2 \alpha}} =$$

$$= \frac{\dfrac{3}{4}}{\sqrt{1 + \left(\dfrac{3}{4}\right)^2}} = \frac{\dfrac{3}{4}}{\sqrt{1 + \dfrac{9}{16}}} =$$

$$= \frac{\dfrac{3}{4}}{\sqrt{\dfrac{25}{16}}} = \frac{\dfrac{3}{4}}{\dfrac{5}{4}} = \frac{3}{4} \cdot \frac{4}{5} = \frac{3}{5}$$

$$\cos \hat{\alpha} = \frac{1}{\sqrt{1 + \tg^2 \alpha}} =$$

$$= \frac{1}{\sqrt{1 + \left(\dfrac{3}{4}\right)^2}} = \frac{1}{\sqrt{\dfrac{25}{16}}} = \frac{1}{\dfrac{5}{4}} = \frac{4}{5}$$

$$\cotg \hat{\alpha} = \frac{1}{\tg \alpha} = \frac{1}{\dfrac{3}{4}} = \frac{4}{3}$$

$$\sec \hat{\alpha} = \sqrt{1 + \tg^2 \alpha} = \sqrt{1 + \left(\dfrac{3}{4}\right)^2} =$$

$$= \sqrt{\frac{25}{16}} = \frac{5}{4}$$

$$\cosec \hat{\alpha} = \frac{\sqrt{1 + \tg^2 \alpha}}{\tg \alpha} = \frac{\sqrt{\dfrac{25}{16}}}{\dfrac{3}{4}} =$$

$$= \frac{\dfrac{5}{4}}{\dfrac{3}{4}} = \frac{5}{3}$$

b) $\sen \hat{\alpha} = \sqrt{1 - \cos^2 \alpha} =$

$$= \sqrt{1 - \left(\frac{1}{5}\right)^2} = \sqrt{1 - \frac{1}{25}} = \sqrt{\frac{24}{25}} =$$

$$= \frac{\sqrt{4 \cdot 6}}{5} = \frac{2\sqrt{6}}{5}$$

30

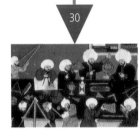

$$tg \, \hat{\alpha} = \frac{\sqrt{1 - \cos^2 \alpha}}{\cos \alpha} =$$

$$= \frac{\dfrac{2\sqrt{6}}{5}}{\dfrac{1}{5}} = 2\sqrt{6}$$

$$cotg \, \hat{\alpha} = \frac{\cos \alpha}{\sqrt{1 - \cos^2 \alpha}} = \frac{\dfrac{1}{5}}{\dfrac{2\sqrt{6}}{5}} =$$

$$= \frac{1}{2\sqrt{6}} \cdot \frac{\sqrt{6}}{\sqrt{6}} = \frac{\sqrt{6}}{2(\sqrt{6})^2} = \frac{\sqrt{6}}{12}$$

$$sec \, \hat{\alpha} = \frac{1}{\cos \alpha} = \frac{1}{\dfrac{1}{5}} = 5$$

$$cosec \, \hat{\alpha} = \frac{1}{\sqrt{1 - \cos^2 \alpha}} =$$

$$= \frac{1}{\dfrac{2\sqrt{6}}{5}} = \frac{5}{2\sqrt{6}} \cdot \frac{\sqrt{6}}{\sqrt{6}} = \frac{5\sqrt{6}}{12}$$

7) Probar si se verifican las siguientes identidades trigonométricas:

a) $\dfrac{\cos \alpha}{cotg \, \alpha} = sen \, \alpha$

b) $\dfrac{sen \, \alpha + \cos \alpha}{sen \, \alpha - \cos \alpha} =$

$= \dfrac{sec \, \alpha + cosec \, \alpha}{sec \, \alpha - cosec \, \alpha}$

c) $\dfrac{\cos \alpha \cdot sec \, \alpha}{tg \, \alpha} = cotg \, \alpha$

Solución:

a) Reemplazamos $cotg \, \alpha = \dfrac{\cos \alpha}{sen \, \alpha}$

$$\frac{\cos \alpha}{\dfrac{\cos \alpha}{sen \, \alpha}} = sen \, \alpha$$

b) $\dfrac{sen \, \alpha + \cos \alpha}{sen \, \alpha - \cos \alpha} = \dfrac{\dfrac{1}{cosec \, \alpha} + \dfrac{1}{sec \, \alpha}}{\dfrac{1}{cosec \, \alpha} - \dfrac{1}{sec \, \alpha}} =$

$$= \frac{\dfrac{sec \, \alpha + cosec \, \alpha}{cosec \, \alpha \cdot sec \, \alpha}}{\dfrac{sec \, \alpha - cosec \, \alpha}{cosec \, \alpha \cdot sec \, \alpha}} = \frac{sec \, \alpha + cosec \, \alpha}{sec \, \alpha - cosec \, \alpha}$$

c) $\dfrac{\cos \alpha \cdot sec \, \alpha}{tg \, \alpha} = \dfrac{\cos \alpha \cdot \dfrac{1}{\cos \alpha}}{\dfrac{sen \, \alpha}{\cos \alpha}} =$

$$\frac{1}{\dfrac{sen \, \alpha}{\cos \alpha}} = \frac{\cos \alpha}{sen \, \alpha} = cotg \, \alpha$$

8) Resolver el triángulo rectángulo de la figura:

a) $b = 15$ m, $c = 10$ m
b) $b = 7$ m, $a = 12$ m

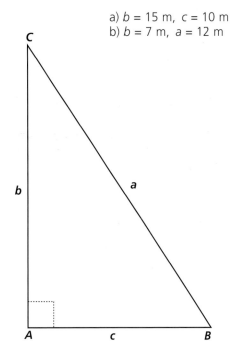

Solución:

a)
$$a = \sqrt{b^2 + c^2} = \sqrt{15^2 + 10^2} =$$
$$= \sqrt{225 + 100} = \sqrt{325} = 18,02 \text{ m}$$
$$tg \, \hat{B} = \frac{b}{a} = \frac{15}{10} = 1,5; \text{ luego, } \hat{B} = 56° \, 19'$$
$$\hat{C} = 90° - \hat{B} = 90° - 56° \, 19' = 33° \, 41'$$

b)
$$c = \sqrt{a^2 - b^2} = \sqrt{12^2 - 7^2} =$$
$$= \sqrt{144 - 49} = \sqrt{95} = 9,7 \text{ m}$$
$$sen \, \hat{B} = \frac{b}{a} = \frac{7}{12} = 0,58333;$$
$$\text{luego, } \hat{B} = 35° \, 41'$$

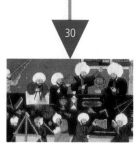
30

Geometría analítica

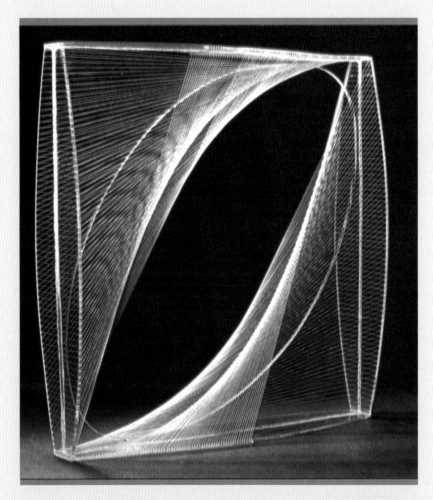

La geometría analítica representa la aplicación del álgebra y el análisis matemático a la geometría. Asociando a cada punto del plano o del espacio unas coordenadas, sus propiedades y relaciones geométricas pueden expresarse por medio de ecuaciones. Asimismo, es posible generalizar el proceso a espacios n-dimensionales y estudiar así estos espacios cuya imagen está más allá de nuestra imaginación.

Geometría analítica

El punto y el plano: su relación algebraica

Sabemos que el plano es un conjunto de puntos que forman un espacio de dos dimensiones. Las dos dimensiones pueden representarse mediante dos ejes ortogonales cartesianos.

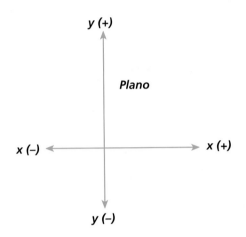

El eje horizontal *x* recibe el nombre de eje de abscisas. El eje vertical *y* recibe el nombre de ordenadas. Un punto en un plano queda determinado mediante el par ordenado *(x, y)*. Las coordenadas de un punto son los valores de *x, y* que lo determinan.

La representación gráfica debe hacerse a escala, para lo cual se toma una unidad de medida. Resulta conveniente adoptar un segmento como medida unitaria.

Ejemplo:

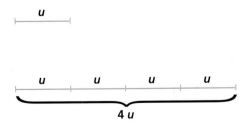

Para representar un punto P de coordenadas (3; −1) se procede de la siguiente manera:
1) Se adopta una unidad de medida.
2) Sobre el eje de abscisas se llevan 3 unidades en sentido positivo.

3) Sobre el eje de las ordenadas se lleva una unidad en sentido negativo.

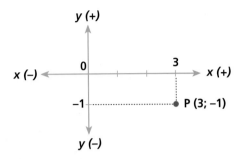

Función

Cuando para cada valor de la variable *x* obtenemos valores de *y*, decimos que *y* es función de *x*.

Simbólicamente:

$y = f(x)$ (Notación de Euler)

que se lee: *y* es igual a una función de *x*; donde *x* es igual variable independiente e *y* es igual a la variable dependiente. La variable independiente puede tomar valores dentro del intervalo $(-\infty, +\infty)$. Se obtendrán así distintos valores de *y*.

Ejemplo:

Dada la siguiente función: $y = 3x$ para los valores de $x = -3; 2; 1$, los correspondientes valores de *y* serán:

$y = 3 \cdot (-3) = -9; y = 3 \cdot 2 = 6;$
$y = 3 \cdot 1 = 3$

Para representar gráficamente la anterior función, volcamos los datos en un cuadro.

Punto	x	y
A	−3	−9
B	2	6
C	1	3

Recordemos que dos puntos determinan una recta, lo que nos permite, con sólo dos valores de *x*, representar dicha recta.

Grado de una función

Se llama grado de una función algebraica al mayor exponente al que está elevada su variable independientemente.

Ejemplo:

$y = 3x$ 1er grado (x^1)
$y = 4x^2$ $2°$ grado (x^2)
$y = 3x + 6x^9$ $9°$ grado (x^9)

En particular la de primer grado recibe el nombre de función lineal. La de segundo grado recibe el nombre de función cuadrática. La de tercer grado, cúbica.

Función lineal

La relación algebraica más simple es de la forma:
$y = mx + b$ forma explícita

Otras formas de expresión son:

$Ax + By + C = 0$ forma implícita

$\dfrac{x}{a} + \dfrac{y}{b} = 1$ forma segmentaria

$a = \dfrac{-C}{A}$ $b = \dfrac{-C}{B}$

Analizaremos en especial la forma explícita.

$$y = mx + b$$

m: constante numérica. Es la pendiente de la recta, es decir, la tangente de α, siendo α el ángulo que forma la recta con el eje de abscisas.
b: ordenada al origen.

$$\operatorname{tg} \alpha = \dfrac{y}{x}$$

• Si $\operatorname{tg} \alpha = m > 0$

• Si $\operatorname{tg} \alpha = m < 0$

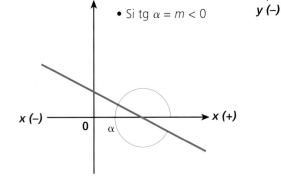

Veamos un ejemplo gráfico-numérico.

$$y = 2x + 3$$

Aquí, $b = 3$ y $m = 2$; en cuanto

$$m = \operatorname{tg} \alpha = \dfrac{\operatorname{sen} \alpha}{\cos \alpha} = \dfrac{2u}{1u}$$

Para representarla gráficamente, se lleva el valor del $\cos \alpha$ sobre un eje paralelo al de abscisas. El valor del $\operatorname{sen} \alpha$, con su signo sobre un eje paralelo, al de ordenadas.
Importante: el valor del $\cos \alpha$ se llevará a partir de b.

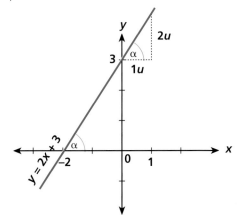

Otra forma de representar la recta es dando valores a x.
Recordemos que sólo son necesarios dos valores de x para tener determinada una recta.

	x	y
A	0	3
B	-2	-1

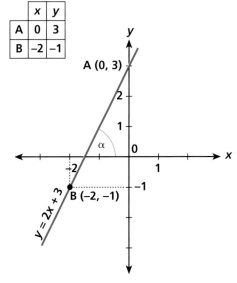

• *Ejemplo de recta con pendiente negativa*

Sea: $y = \dfrac{-1}{2} x - 5$

Aquí $b = -5$ y $m = \text{tg } \alpha = \dfrac{\text{sen } \alpha}{\cos \alpha} = \dfrac{1u}{2u}$

Resolviendo con tabla de valores

	x	y
A	0	–5
B	–2	–4

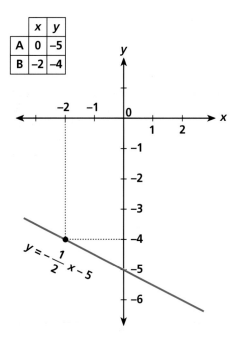

Importante: Podemos comprobar que empleando cualquiera de los métodos la solución es la misma.

▶ Recta que pasa por el origen de coordenadas

Sea la ecuación: $y = -x$

vemos que la ecuación anterior carece de ordenada al origen, es decir: $b = 0$. La recta pasa por el origen 0.

Aquí $b = 0$ y $m = \text{tg } \alpha = \dfrac{\text{sen } \alpha}{\cos \alpha} = \dfrac{1u}{2u}$

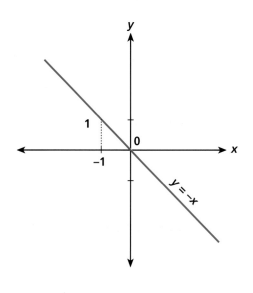

▶ Rectas paralelas

Dadas dos rectas que responden a las siguientes ecuaciones:

$$y_1 = m_1 x + b_1$$
$$y_2 = m_2 x + b_2$$

dichas rectas serán paralelas si:

$$m_1 = m_2$$

Ejemplo gráfico-numérico:

$$y_1 = 2x + 7$$
$$y_2 = 2x + 3$$

$$m_1 = m_2 = 2$$

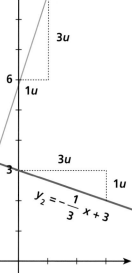

▶ Rectas perpendiculares

Dadas dos rectas y_1, y_2 que responden a las siguientes ecuaciones:

$$y_1 = m_1 x + b_1$$
$$y_2 = m_2 x + b_2$$

$$\text{Si } m_1 = \dfrac{-1}{m_2}$$

las rectas serán perpendiculares.

Ejemplo:

$$y_1 = 3x + 6$$
$$y_2 = -\dfrac{1}{3}x + 3$$

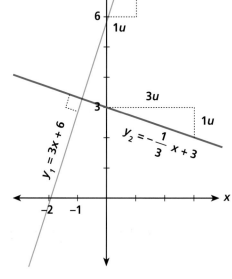

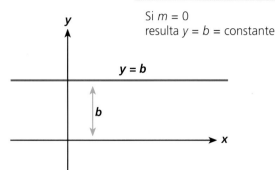

▶ *Casos particulares*

Si $m = 0$
resulta $y = b$ = constante

$y = b$

La recta será paralela al eje x.

Ejemplo:

$y = 4$.
Un caso similar se presenta si

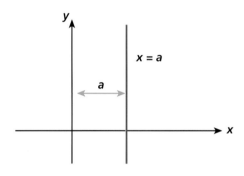

$x = a$ = constante

Su representación será una recta paralela al eje y.

Ecuación de la recta que pasa por dos puntos

Dadas las coordenadas de dos puntos de una recta es posible encontrar la ecuación de la recta que determinan.

Dados $P_o (x_o, y_o)$ y $P_1 (x_1, y_1)$, dos puntos cualesquiera, representamos ambos en el plano:

$$\text{sen }\beta = \frac{\text{cat. op.}}{\text{hip.}} = \frac{y_1 - y_o}{P_o P_1}$$

$$\cos \beta = \frac{\text{cat. ady.}}{\text{hip.}} = \frac{x_1 - x_o}{P_o P_1}$$

$$\text{tg }\beta = \frac{\text{sen }\alpha}{\cos \alpha} = \frac{\dfrac{y_1 - y_o}{P_o P_1}}{\dfrac{x_1 - x_o}{P_o P_1}} =$$

$$= \frac{y_1 - y_o}{x_1 - x_o} = m$$

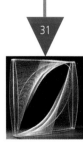

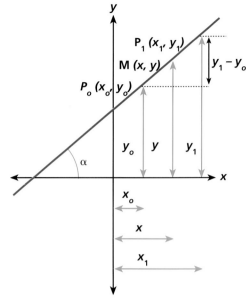

Tomando un punto cualquiera entre P_o y P_1, en nuestro caso $M(x, y)$, la tangente de la recta en ese punto es:

$$m = \text{tg }\beta.$$

o sea, $$m = \frac{y - y_o}{x - x_o}$$

pero como $\alpha = \beta$ resulta tg α = tg β (por correspondientes);

de donde

$$y - y_o = \frac{y_1 - y_o}{x_1 - x_o} (x - x_o)$$

que es la ecuación de la recta que pasa por dos puntos.

Ejemplo:

Dados $P_o (4, 3)$ y $P_1 (2, -1)$, reemplazando en la fórmula se tendrá:

$$y - y_o = \frac{y_1 - y_o}{x_1 - x_o} (x - x_o)$$

$$y - 3 = \frac{(-1) - 3}{2 - 4} (x - 4)$$

$$y - 3 = \frac{-4}{-2} (x - 4)$$

$$y = 2x - 8 + 3 = 2x - 5$$

$$y = 2x - 5$$

DISTANCIA

Se suele decir que la distancia más corta entre dos puntos es la línea recta. Esta afirmación es sólo cierta si los dos puntos se encuentran sobre una superficie plana y siempre dependerá de la definición de la distancia que consideremos.

Dados dos puntos del plano A y B (fig. *a*), su distancia euclídea (que es la distancia corriente) se calcula mediante la fórmula de

$$(A, B) = \sqrt{(a_1 - b_1)^2 + (a_2 - b_2)^2}$$

También puede definirse la distancia «en coche», por ejemplo, si se supone que para «ir» de A a B sólo pueden seguirse caminos perpendiculares (figura *c*), como en los trazados de calles modernos. Entonces la distancia de A a B es igual a la suma de los valores absolutos de las diferencias de sus coordenadas: $d_c (A, B) = |a_1 - b_1| + |a_2 - b_2|$

Otra definición de distancia, que llamamos distancia-supremo, es la siguiente: distancia de A a B es el mayor (o supremo) de los valores absolutos de las diferencias de sus coordenadas:

$$d_s (A, B) = \sup (|a_1 - b_1|, \\ |a_2 - b_2|)$$

De acuerdo con estas definiciones de distancia se obtienen las tres «circunferencias» de las figuras *e*, *f* y *g*. En los tres casos, el centro es el punto de coordenadas (0, 0) y el radio es 1. Los puntos (*x*, *y*) de cada una de ellas verifican las ecuaciones siguientes:

figura *e*: $x^2 + y^2 = 1$

(ecuación usual de la circunferencia de radio 1 centrada en el origen; véase *Cónicas*.)

figura *f*: $|x| + |y| = 1$

(ecuación que define al conjunto de puntos tales que la suma de los valores absolutos de sus coordenadas es constante, *e* igual a 1, en este caso).

figura *g*: Sup (*x*, *y*) = 1

(es decir, conjunto de los puntos tales que la mayor de sus coordenadas, en valor absoluto, es igual a 1.)

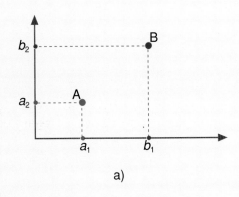

a)

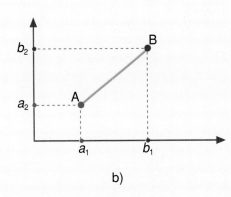

b)

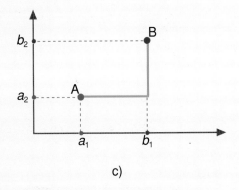

c)

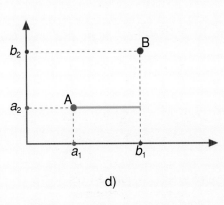

d)

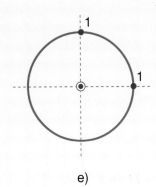

e)

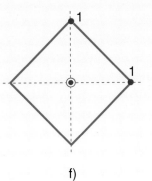

f)

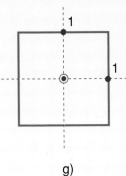

g)

Distancia entre dos puntos

Se llama distancia al menor camino entre dos puntos.

Sean $P_0 (x_0, y_0)$ y $P_1 (x_1, y_1)$

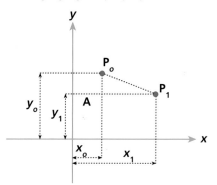

de acuerdo con el teorema de Pitágoras:

$$\overline{P_1P_0}^2 = \overline{P_0A}^2 + \overline{P^1A}^2$$

$$\overline{P_1P_0}^2 = (y_0 - y_1)^2 + (x_1 - x_0)^2$$

pero, $\overline{P_1P_0}^2 = d^2$

$$d^2 = (y_0 - y_1)^2 + (x_1 - x_0)^2$$

$$d = \sqrt{(y_0 - y_1)^2 + (x_1 - x_0)^2}$$

Punto medio de un segmento

Dados dos puntos $P_0(x_0, y_0)$ y $P_1(x_1, y_1)$, que determinan un segmento $\overline{P_0P_1}$, para calcular las coordenadas del punto medio

---

GEOMETRÍA ANALÍTICA

Portada de una edición de la **Geometría** *de Descartes* **(1664) en la que se establecen las bases de la moderna** *geometría analítica.*

La geometría analítica, que se basa en el empleo de métodos algebraicos para la resolución de problemas geométricos –en oposición a la geometría sintética–, va unida al nombre de Descartes, a quien muchos consideran asimismo como el creador de la filosofía moderna.

Los antiguos griegos, representando los números por segmentos rectilíneos y el producto por un rectángulo, consiguieron resolver ecuaciones cuadráticas, y Apolonio en particular estudió las secciones cónicas con métodos que dejaban adivinar lo que habían de ser las coordenadas, pero como no tenía un aparato simbólico que diera flexibilidad a sus argumentos, necesitaban estudiar muchos casos particulares y por eso su álgebra geométrica sólo fue una rudimentaria geometría analítica local.

Más tarde, Oresme enseña a representar gráficamente la marcha de un fenómeno. No halló la idea de función, pero representó geométricamente las variaciones de una magnitud cualquiera haciendo intervenir el concepto de tiempo que no consideraba la geometría estática griega, diciendo que «las extensiones de las formas varían de una manera múltiple, y la multiplicidad es muy difícil de percibir si no se refiere su examen a las figuras geométricas». Para Oresme, la forma es lo opuesto a la materia; por lo tanto, un fenómeno depende de una variable cuyos grados representa por alturas (nuestra ordenada), mientras que los tiempos son las longitudes (nuestro eje de abscisas), obteniendo así los puntos que determinan la curva, que definen las variaciones de intensidad del fenómeno en función del tiempo.

Posteriormente, Viéte perfecciona los métodos griegos para resolver las ecuaciones cuadráticas y aplica el álgebra a la resolución de los problemas geométricos, mas tampoco endel segmento $M(x_M, y_M)$, deben emplearse las siguientes expresiones:

$$x_M = \frac{x_1 - x_o}{2} \qquad y_M = \frac{y_o - y_1}{2}$$

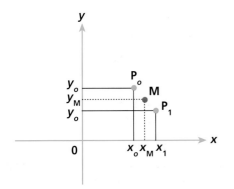

Ejercicios de recapitulación

1) Representar la recta

$$y = \frac{2}{3}x + 3$$

Solución:

Recordemos que la forma explícita de la ecuación de la recta es:

$$y = mx + b;$$

para nuestro caso será:

$$b = 3$$
$$m = \frac{2}{3}$$

René Descartes viajó mucho por Europa a lo largo de su vida. En septiembre de 1649 fue requerido por la reina Cristina de Suecia para que viajara a este país y le diera clases. Descartes murió en Estocolmo en febrero de 1650 víctima de una pulmonía. La ilustración muestra a Descartes con la reina Cristina (sentada) y otros cortesanos.

cuenta la noción de función, que no aparece sino con Descartes (1596-1650), cuyo nombre va unido en la historia de la matemática a la creación de la geometría analítica.

Pero ya antes que el filósofo de la duda metódica, su contemporáneo Fermat (1601-1665), estaba en posesión de los métodos que caracterizan a la geometría analítica.

Para representar la recta construiremos una tabla de valores, donde dando valores a x se obtienen los de y.

	x	y
A	0	3
B	1	11/3
C	3	5
D	-3	+1

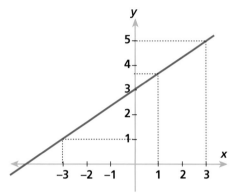

2) Hallar la ecuación de la recta que pasa por: A (4/0) y tiene pendiente (–2). Representarla.

Solución:

De acuerdo con los datos será:

$$m = -2$$

Aplicaremos la ecuación:

$$y - y_0 = m (x - x_0)$$

siendo:

$$y_0 = 0 \quad x_0 = 4.$$

Reemplazando en la expresión anterior resulta:

$$y - 0 = -2 (x - 4)$$

(aplicando la propiedad distributiva de la multiplicación)

$$y = -2x + 4$$

Para representar gráficamente lo haremos por dos métodos:

a) Con tabla de valores:

	x	y
A	0	4
B	1	2
C	2	0
D	-1	6
E	-2	8

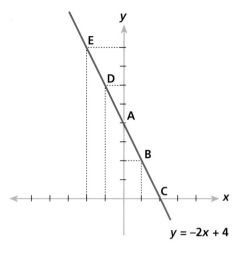

$$y = -2x + 4$$

b) Considerando la relación:

$$m = \frac{y}{x} \quad \therefore \quad m = -2 = \frac{y}{x} = \frac{-2}{1}$$
$$b = 4$$
$$m = -2$$

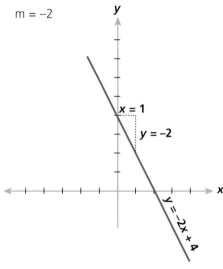

$x = 1$

$y = -2$

$y = -2x + 4$

3) Dados los puntos P_0 (4, 2) y P_1 (3, 1), hallar el valor de la distancia entre ellos.

Solución:

Aplicamos la ecuación:

$$d = \sqrt{(y_1 - y_0)^2 + (x_1 - x_0)^2}$$

$$\text{resulta:} \begin{cases} P_0 \overset{x_0\,y_0}{(4,\,2)} \\ \\ P_1 \overset{x_1\,y_1}{(3,\,1)} \end{cases}$$

$$d = \sqrt{(1 - 2)^2 + (3 - 4)^2} =$$
$$= \sqrt{(-1)^2 + (-1)^2} =$$
$$= \sqrt{1 + 1} = \sqrt{2} = 1,41$$

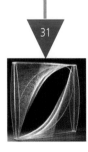

Capítulo
32

Cónicas

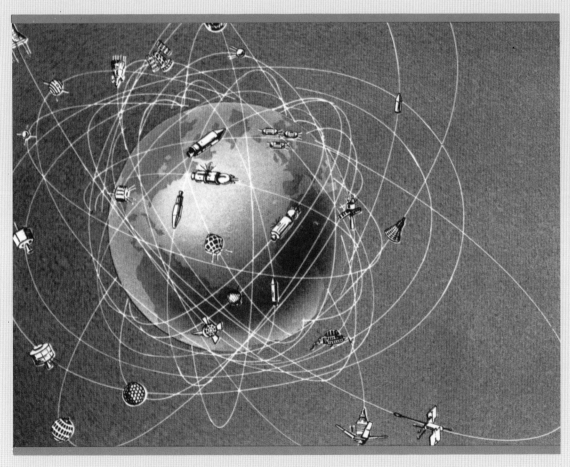

A partir de las observaciones astronómicas de Tycho Brahe,
Kepler dedujo sus famosas leyes sobre el movimiento de los planetas,
la primera de las cuales dice que los planetas se mueven siguiendo órbitas elípticas
que tienen al Sol en uno de sus focos. Para formular esta ley,
Kepler se basó en los estudios de las secciones de una superficie cónica realizados
por Apolonio de Pérgamo (siglo II a.C.).

Cónicas

Las *cónicas* son líneas que se determinan al cortar un cono con planos de distinta inclinación. Es importante tener en cuenta que son *líneas,* y *no* superficies.

Las cónicas son:

• **Circunferencia**. Es la *línea* que se obtiene al cortar un cono recto con un plano *paralelo* a la base.

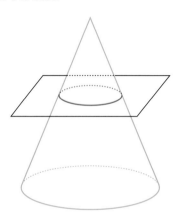

• **Elipse**. Es la *línea* que se obtiene al cortar un cono *recto* con un plano *oblicuo*.

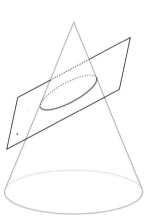

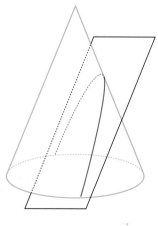

• **Parábola**. Es la *línea* que se obtiene al cortar un cono *recto* con un plano *paralelo* a una generatriz.

• **Hipérbola**. Es la *línea* que se observa al cortar un cono *recto* con un plano *perpendicular* a la base del mismo.

Si el plano que intersecta al cono perpendicularmente a la base contiene al vértice, se obtienen dos semirrectas que se cortan, también llamadas *hipérbola degenerada*.

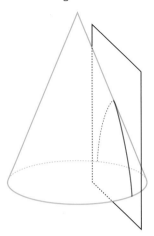

Circunferencia

Se define como el lugar geométrico de los puntos del plano que *equidistan* de otro llamado *centro*.

La distancia de los puntos al centro se llama R. Haciendo coincidir el origen de coordenadas con el centro de la circunferencia:

$$\frac{x^2}{R^2} + \frac{y^2}{R^2} = 1$$

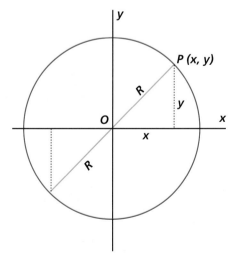

La ecuación anterior, escrita en forma segmentaria, puede transformarse, haciendo el paso de términos, en:

$$x^2 + y^2 = R^2$$

Vemos que la expresión anterior (forma explícita) responde al teorema de Pitágoras.

Cuando el origen de coordenadas no coincide con el centro de la circunferencia, se tiene:

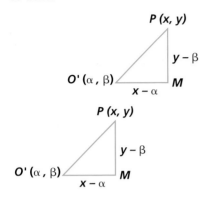

$$(x - \alpha)^2 + (y - \beta)^2 = R^2$$
$$x^2 + y^2 - 2\alpha x - 2\beta y + \alpha^2 + \beta^2 - R^2 = 0$$

Haciendo: $\alpha^2 + \beta^2 - R^2 = C$
$$- 2\alpha = A \text{ y } -2\beta = B$$

se obtiene la expresión:

$$x^2 + y^2 + Ax + By + C = 0$$

Elipse

Dados en el plano dos puntos fijos, llamados *focos,* se llama elipse al lugar geométrico de los puntos del plano tal que la suma de sus distancias a los focos es constante.

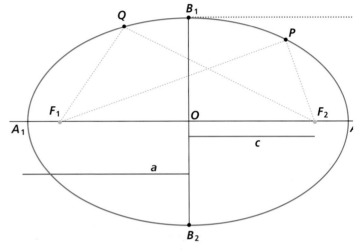

Al girar una parábola alrededor de un eje que pasa por su vértice y es perpendicular a su directriz se obtiene un paraboloide de revolución, como el espejo del radiotelescopio de la foto.

Retrato del astrónomo danés Tycho Brahe (1546-1601) en su laboratorio astronómico, según una ilustración del Atlas de Blaeus (siglo XVI). Las cuidadosas mediciones de las posiciones de los planetas que realizó a lo largo de su vida de trabajo en el observatorio real permitieron a Kepler deducir sus famosas leyes sobre el movimiento de los planetas.

32

Si F_1 y F_2 son los focos se tiene, para dos puntos (P, Q) cualesquiera de la elipse:

$$\overline{PF_1} + \overline{PF_2} = \overline{QF_1} + \overline{QF_2}$$

$\overline{A_1\,A_2}$ = diámetro mayor

$\overline{F_1\,F_2}$ = distancia focal

O: centro de la elipse

$\overline{B_1\,B_2}$ = diámetro menor

Se denomina a al segmento $\overline{A_1O} = \overline{A_2O}$; entonces, $\overline{A_1A_2} = 2a$

También $b = \overline{OB_1} = \overline{OB_2}$, luego: $\overline{B_1B_2} = 2b$

La mitad de la distancia focal se designa con c.

La ecuación de una elipse centrada en los ejes es:

$$\frac{x^2}{a^2} + \frac{y^2}{b^2} = 1$$

Excentricidad

Es el cociente entre la distancia focal y el diámetro mayor:

$$e = \frac{2c}{2a}$$

$$e = \frac{c}{a}$$

Métodos de construcción de la elipse

• **Método del jardinero.** Se toma un hilo de longitud igual al diámetro mayor de la elipse, o sea $2a$. Elegidos los F_1 y F_2 (focos), arbitrariamente, se fija en cada uno de ellos con una chincheta el extremo del hilo. Con una punta de un lápiz se extiende el hilo y, al deslizar el lápiz, manteniendo siempre el hilo tenso, la punta del lápiz describe una elipse. Cualquier punto de la curva cumple la siguiente condición: «La suma de sus distancias a los focos es igual a la longitud del hilo, que es igual a $2a$».

Se toma un punto cualquiera de $\overline{F_1F_2}$, el Q, por ejemplo. Con el centro en cada uno de los focos, se trazan arcos de circunferencia de radio $\overline{A_1Q}$; con centro en los mismos puntos F_1 y F_2, pero con radio $\overline{A_2Q}$, se cortan dichos arcos. Se obtienen así cuatro puntos: P_1, P_2, P_3, P_4. Variando la posición de punto Q, se determinan cada vez cuatro puntos distintos de la elipse.

Parábola

Dados en un plano una recta y un punto exterior, se llama parábola al lugar geométrico de los puntos del plano que equidistan de la recta (directriz) y del punto (foco).

• **Directriz.** Se designa con la letra d.
• **Foco** de la parábola. Se designa con la letra F.
• **Eje.** Es la perpendicular a la directriz que pasa por el foco.

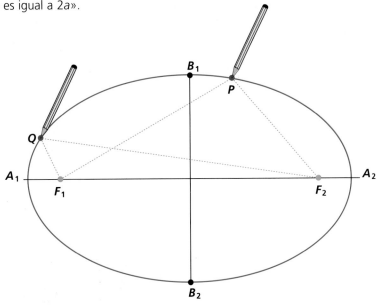

• **Método de puntos.** Se determina el diámetro mayor $\overline{A_1A_2}$, el centro O y equidistantes de él los focos F_1 y F_2.

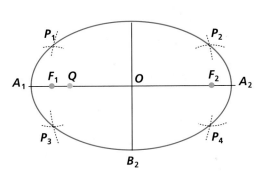

• **Parámetro** (p). Es la distancia entre el foco y la directriz.
• **Vértice.** Es el punto donde la curva corta el eje; dicho punto se encuentra a igual distancia de la directriz y del foco. Se indica con la letra V. La distancia del vértice a la directriz es $p/2$.

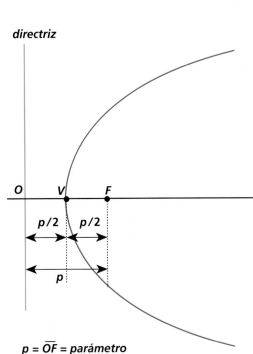

$p = \overline{OF}$ = parámetro

➤ Ecuación de la parábola en función del parámetro

Puede obtenerse, mediante el siguiente razonamiento, la ecuación canónica de la parábola.

$\overline{PF} = \overline{PQ}$ (por definición de parábola)

Aplicando el teorema de Pitágoras en $F\hat{N}P$

$$\overline{PF}^2 = \overline{FN}^2 + \overline{NP}^2$$

pero:

$$\overline{PN}^2 = y^2 \qquad \overline{FN}^2 = (x - p/2)^2$$

reemplazando:

$$\overline{PF} = \sqrt{y^2 + (x - p/2)^2}$$

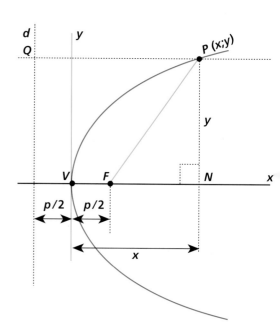

La superficie de los espejos parabólicos, como la del horno solar de Font Romeu de la ilustración, es un paraboloide de revolución. Estos espejos tienen la propiedad de concentrar los rayos reflejados en el foco.

como

$$\overline{PQ} = (x + p/2)$$

reemplazando

$$\overline{PF} = \overline{PQ} = (x + p/2)$$
$$(x + p/2) = \sqrt{y^2 + (x - p/2)^2}$$

Operando y despejando resulta:

$$y^2 = px + px$$
$$y^2 = 2px$$

que es la ecuación de la parábola cuando la directriz es paralela al eje de ordenadas.

Orientación de la parábola

• El coeficiente *a* es positivo.

Las ramas de la parábola están dirigidas hacia arriba. La función alcanza un *mínimo*.

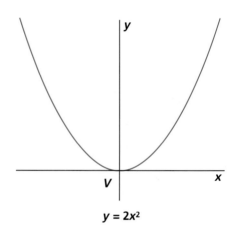

$$y = 2x^2$$

• El coeficiente *a* es negativo.

Las ramas de la parábola se dirigen hacia abajo. La función alcanza un *máximo*.

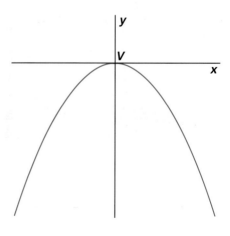

$$y = -2x^2$$

Hipérbola

Se define la hipérbola como el lugar geométrico de los puntos del plano tales que la diferencia de sus distancias a dos puntos fijos (*focos*) es constante (se representa 2*a*).

La hipérbola es una línea geométrica con dos ramas (o partes) disjuntas, es decir, sin ningún punto común.

• La recta que une los focos de una hipérbola es el **eje real o principal** de la hipérbola.

• La recta perpendicular al eje real equidistante de los focos es el **eje imaginario o secundario** de la hipérbola.

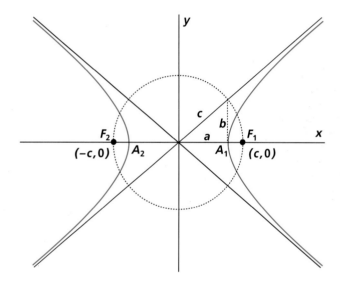

• El punto en el que se cortan los dos ejes es el **centro** de la hipérbola.

• Los puntos (A_1, A_2) en los que la hipérbola corta al eje real son los **vértices** de la hipérbola.

• La distancia entre los focos se llama **distancia focal** y se representa con la letra *c* la mitad de esta distancia.

• La **excentricidad** de la hipérbola es el valor

$$e = \frac{c}{a} > 1$$

• La **ecuación** de la hipérbola centrada en los ejes, es decir, que los ejes de la hipérbola sean los ejes de coordenadas, es:

$$\frac{x^2}{a^2} - \frac{y^2}{b^2} = 1$$

siendo $b^2 = c^2 - a^2$.

Si el eje real es el eje de ordenadas, la ecuación de la hipérbola es

$$\frac{y^2}{a^2} - \frac{x^2}{b^2} = 1$$

• Las **asíntotas** de la hipérbola son las rectas de ecuación

$$y = \pm \frac{b}{a} x$$

a las que tienden a aproximarse las ramas de la hipérbola al aumentar o disminuir x indefinidamente.

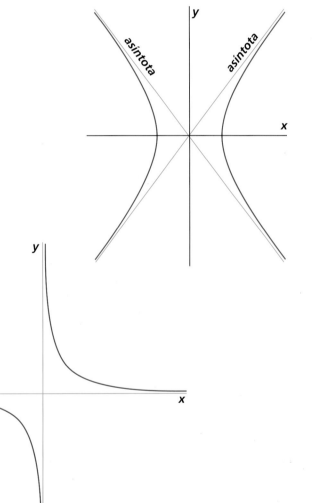

Hipérbolas equiláteras

Las hipérbolas equiláteras tienen las asíntotas perpendiculares. Si se toman éstas como ejes de coordenadas, la hipérbola tiene como ecuación: xy = cte.

Estas hipérbolas son de gran importancia en física, por ejemplo, a temperatura constante, la relación entre la presión (P) y el volumen (V) de un gas es: $P \cdot V$ = cte.

Ejercicios de recapitulación

1) Hallar la ecuación de la circunferencia de radio 4 y centro O (–2, 1).

Solución:

Se aplica la ecuación:

$$(x - \alpha)^2 + (y - \beta)^2 = R^2 \quad \text{①}$$

Para nuestro caso:
$$\alpha = -2$$
$$\beta = 1$$
$$R = 4$$

Reemplazando en ①

$$[x - (-2)]^2 + (y - 1)^2 = (4)^2$$

operando resulta:

$$(x + 2)^2 + (y - 1)^2 = 16$$

ecuación de la circunferencia con centro desplazado del origen de coordenadas.

2) Hallar el centro y el radio de la circunferencia determinada por la ecuación:

$$x^2 + y^2 - 16 = 0$$

Solución:

a) Determinación del centro:
    La ecuación anterior puede escribirse como:

$$x^2 + y^2 = 16'$$

y recordando la forma explícita de la ecuación de la circunferencia cuyo centro coincide con el centro de coordenadas:

$$x^2 + y^2 = R^2$$

podemos afirmar que la circunferencia dada tiene el centro en O (0,0): origen de coordenadas.

b) Determinación del radio:

De: $x^2 + y^2 = R^2$ y $x^2 + y^2 = 16$

podemos deducir que

$$R^2 = 16$$

$$R = \sqrt{16} = 4$$
$$R = 4$$

3) Hallar la ecuación de la elipse de F_1 (-3,0), F_2 (–3,0) y el eje mayor 10.

Solución:

Recordemos que:

$$F_1F_2 = 2c$$

$$OF_2 = c = 3$$

$$A_1A_2 = 10 = 2a;\ a = \frac{10}{2} = 5$$

Además se verifica que:

$$b^2 = a^2 - c^2$$
$$b^2 = 5^2 - 3^2$$
$$b^2 = 25 - 9 = 16$$
$$b^2 = 16$$
$$a^2 = 25$$

La ecuación buscada es:

$$\frac{x^2}{25} + \frac{y^2}{16} = 1$$

APOLONIO DE PÉRGAMO (360-300 a.C.)

48 Apollonij Pergæi

Igitur C a est linea quinta proportionalis aliarum quatuor, &c. *Quia posita fuerunt quatuor rectæ lineæ F C, N C, O C, C A continuè proportionales, estque C A ad C a, vt O C ad C A; ergò prima F C ad tertiam O C eamdem proportionem habet, quàm O C ad quintam C a continuè proportionalium, quare comparando homologorũ differentias F O ad O a est, vt F C ad C O; sed facta fuit vt F O, ad O C, ita f O ad O B; ergo componendo in hyperbola, & comparando differentias terminorũ ad consequentes in ellipsi, est F C ad C O, seu F O ad O a, vt f B ad B O; nempe vt f h ad eandem O a, propter similitudinẽ triangulorum B f h, & B O a; & ideo F O, & f h æquales sunt.*

37. lib. 1.

Lem. 4. præmiss.

Lem. 2. præm.

Et propterea *f i* ad *i h* maiorem proportionem habet, quàm ad *f g*, &c. p
Quia F O, seu g f ostensa fuit æqualis f h erit g h secta bifariam in f, & non bifariam in i propterea (ex lemmate sexto huius lib.) habebit f h ad i h, scilicet B f ad d i (propter similitudinem triangulorum B f h, d i h) maiorem proportionem, quàm i g ad g f, sed B f ad V i portionem ipsius d i habet maiorem proportionem, quàm ad d i; ergo B f ad V i habet maiorem proportionem, quàm i g ad g f, ergo rectangulum B f g, nempe rectangulum g C (quod est ostensum ei æquale) maius est rectangulo V i g.

Lem. 5. In nota literæ n præm.

Et ponamus rectangulum *g e* commune, &c. *Et addamus in hyperbola, & auferamus in ellipsi rectangulum g e communiter.* q

Et propterea E K ad *e* V, nempe K ad Y *e*, &c. *Sunt enim triangula E K Y, & V e Y similia, ergo E K ad e V est, vt K Y ad Y e, quare K Y ad Y e maiorem proportionem habet, quàm e M ad M K, & componendo, eadem K e maiorem proportionem habet ad e Y, quàm ad M K, seu ad F D; vnde patet, quod e Y minor sit, quam F D.* r

Et constat quemadmodum antea demonstrauimus, &c. *Quoniam e Y minor ostensa est, quam K M ergo eadem E I ad Y e, seu I X ad V e (propter similitudinem triangulorum E I X, Y e V) maiorem proportionem habebit, quàm E I ad M K, seu I C ad C S, vel ad ei æqualem c c; igitur comparando homologorum summas* s

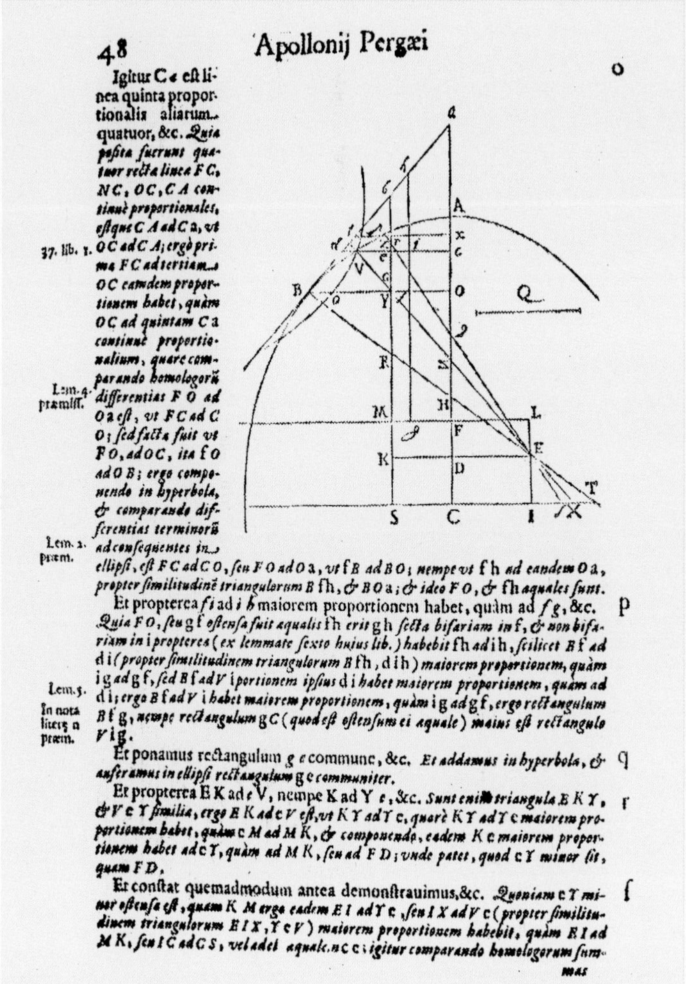

Fue un geómetra que llegó a Alejandría muy joven aún y permaneció allí durante mucho tiempo, recorriendo otros lugares donde tuvo oportunidad de vincularse con personalidades como Eudemo (uno de los primeros historiadores de la ciencia matemática). Apolonio escribió con intensidad; en sus prefacios muestra su estilo, que es el de los importantes matemáticos de la época que habían logrado liberarse del uso de la terminología técnica. En el campo matemático, sabemos que se dedicó a las secciones cónicas y las definió como un cono construido sobre una base circular, observando que no siempre las secciones son paralelas a las bases.

Estudió el círculo, y de cada propiedad de éste dedujo propiedades aplicables a la elipse. (Decía que si miramos oblicuamente un círculo y su tangente, lo que vemos es una elipse y su tangente.)

Así, introduce conceptos de geometría proyectiva.

Al estudiar las cónicas, dedujo propiedades que hoy se expresan por ecuaciones como:

$$\frac{x^2}{a^2} \pm \frac{y^2}{b^2} = 1$$

Reproducción de una página de una edición italiana (Florencia, 1656) del tratado sobre las cónicas de Apolonio de Pérgamo. Este tratado constituye un temprano estudio de propiedades geométricas abstractas. Hasta Kepler, más de 16 siglos después, no se consideró ninguna aplicación real de esas curvas.

Movimientos en el plano

La simetría es una propiedad que se encuentra con frecuencia
en los fenómenos naturales: acción y reacción, materia y antimateria, izquierda
y derecha, objeto e imagen, etc. Las simetrías son sólo unos
de los tipos de aplicaciones del plano en sí mismo. Otros tipos son los giros, las
traslaciones, las homotecias, las proyecciones, etc. Las aplicaciones
del plano en sí mismo que conservan la distancia
se llaman movimientos en el plano.

Movimientos en el plano

Se llama *transformación geométrica* a toda aplicación geométrica del plano en sí mismo. Se define un *movimiento en el plano* como toda transformación geométrica que conserva la distancia.

Es decir, dada una transformación geométrica (T) que a cada punto P del plano le hace corresponder el punto P' = T(P), se dice que T es un movimiento si y sólo si, dados dos puntos P y Q del plano, se cumple

$$d(P,Q) = d[T(P), T(Q)]$$

O sea, la distancia de los puntos origen de la transformación es igual a la distancia de los puntos imagen.

Como dos triángulos que tienen los tres lados iguales son iguales, es fácil observar que los movimientos no deforman las figuras.

Los principales movimientos en un plano son las *traslaciones,* los *giros* y las *simetrías.*

Traslaciones

Sea dos puntos P y Q cualesquiera del plano, y sean P' y Q' sus respectivas imágenes por el movimiento *t,* entonces *t* es una traslación si los segmentos PP' y QQ':
a) son de la misma longitud,
b) tienen direcciones paralelas,
c) tienen el mismo sentido.

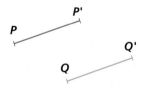

El segmento PP' (o el QQ') se llama *vector traslación* y se representa con una punta de flecha en su extremo para señalar el sentido de la traslación.

En una traslación las figuras se desplazan paralelamente a ellas mismas a una distan-

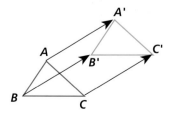

cia igual a la longitud del vector traslación, en dirección paralela a la del vector traslación, y en el sentido de éste.

Composición de traslaciones

Dadas dos traslaciones definidas por los vectores AA' y BB', el resultado de componerlas es igual al vector AB' que se obtiene del siguiente modo:

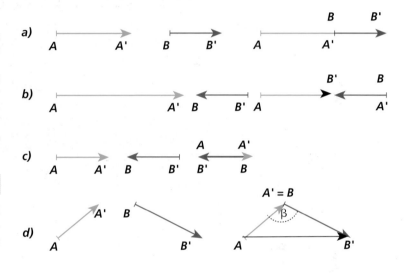

1) se dibuja el segmento AA' y a partir del extremo A' se dibuja el segmento BB'
2) se une A con B' para obtener el vector resultante de la composición de traslaciones.
• Si AA' y BB' tienen la misma dirección y sentido, el vector AB' también tiene la misma dirección y sentido, y su longitud es igual a la suma de longitudes.
• Si AA' y BB' tienen la misma dirección, pero sentidos opuestos, el vector AB' tiene la misma dirección y el sentido del vector de más longitud, ya que su longitud es igual a la diferencia de longitudes de los dos vectores. En este caso, AB' sería nulo, si las longitudes de AA' y BB' fueran iguales; entonces se diría que BB' es el opuesto de AA': AA' = –BB'.
• Si AA' y BB' no tienen la misma dirección, el vector AB' es el lado que cierra el triángulo AA'B' y su longitud es menor que la suma de las longitudes de AA' y BB'. Además, por el teorema del coseno, se tiene que:

El cubo de Rubik es un puzzle cúbico ideado originalmente por el matemático húngaro Erno Rubik, para mostrar propiedades geométricas basadas en giros y simetrías espaciales, que se convirtió rápidamente en un juego popularísimo.

$$AB'^2 = AA'^2 + BB'^2 - 2 \cdot AA' \cdot BB' \cdot \cos\beta$$

siendo β el ángulo que forman dos vectores traslación que se componen.

Giros

Para definir un giro es necesario un centro de giro (O) y un ángulo de giro (β), entonces la imagen A' de un punto A se encuentra en el extremo de un arco de circunferencia de amplitud β y radio OA.

Se tiene que las rectas OA y OA' forman un ángulo igual a β y que los segmentos OA y OA' tienen la misma longitud.

La imagen del centro de simetría O es el mismo punto O; se dice que O es un punto fijo para este movimiento.

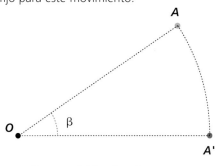

Composición de giros

Estudiaremos la composición de giros del mismo centro.

Dados dos giros de centro O y ángulos β y α el movimiento resultante de componerlos es otro giro del mismo centro y ángulo igual a la suma de ángulos β + α.

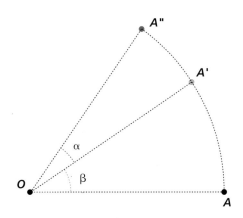

Simetrías

Las simetrías pueden ser:
- **simetría central:** simetría respecto a un punto llamado *centro* de simetría.
- **simetría axial:** simetría respecto a una recta, llamada *eje* de simetría.

Simetría central

En una simetría central de centro O, el punto imagen A' de un punto A cumple que:

33

1) A' está en la recta OA;
2) la longitud del segmento OA es igual a la longitud del segmento OA'.

De esta definición se deduce que si A' es la imagen de A, entonces A es la imagen de A'. A un movimiento de este tipo se le llama *involutivo.*

La imagen del centro de simetría O es el mismo punto O; se dice que O es un *punto fijo* para este movimiento.

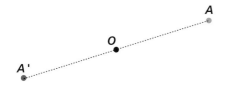

Dadas dos simetrías centrales de centros O y O', la resultante de componer las dos simetrías es una traslación cuyo vector tiene:
1) la dirección de la recta OO';

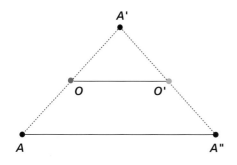

2) el sentido que va de O a O' (del primer centro al segundo);
3) longitud igual al doble de la del segmento OO' (teorema de Tales).

De la condición 2) se deduce que la composición de simetrías centrales no es conmutativa.

▶ *Simetría axial*

La simetría axial se define respecto de un eje de simetría e. La imagen A' de un punto A es un punto del plano tal que:
1) La recta AA' es perpendicular al eje de simetría e.
2) La distancia del punto A al eje e es igual a la distancia del punto A' al eje e (el eje e es mediatriz del segmento AA').

La simetría axial también es un movimiento involutivo, es decir, si A' es la imagen de A, entonces A es la imagen de A'.

Los puntos del eje son puntos fijos (imágenes de sí mismos) para una simetría axial.

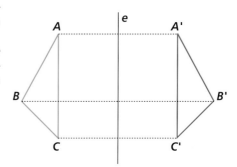

LA MAGIA DE
M. C. ESCHER

Diversos estudios de mosaicos o recubrimientos –ad infinitum– de una superficie mediante la combinación de figuras irregulares, sus imágenes (por simetría, traslación o giro) clónicas y sus opuestos. Como en matemáticas (positivo-negativo, un conjunto y su complementario, una proposición y su negación, etc.), la dualidad es uno de los temas más importantes en la obra de Escher.

En su obra, el dibujante holandés M. C. (Maurits Cornelis) Escher (1898-1972) supo expresar brillantemente conceptos abstractos matemáticos y científicos, como el de infinito, la relatividad o los espacios multidimensionales. Los fascinantes dibujos de Escher se basan en la relación de una figura con sus imágenes por traslaciones, giros, simetrías, homotecias y combinaciones de estas aplicaciones geométricas.

Sus primeros dibujos son simples estudios de mosaicos, como los reproducidos abajo, que muestran la interacción de elementos opuestos (positivo-negativo) utilizando el color y el blanco, fruto de su obsesión por el concepto de la división regular del plano. Realizó más de 150 dibujos que muestran divisiones del plano por una figura y sus imágenes clónicas. Estos dibujos son claras ilustraciones de los diversos tipos de movimientos del plano.

Una parte del interés por este tema procedía del deseo de captar la noción de infinito. En cierto modo lo consiguió tanto en su aspecto espacial, con las figuras que recubren un plano al tiempo que disminuyen de tamaño indefinidamente hacia los extremos –sin desaparecer nunca, como una representación gráfica de la paradoja de Zenón–, como en el temporal (con sus escaleras de perspectiva imposible en nuestro espacio tridimensional, recorridas por personajes que siempre suben –o bajan– sin desplazarse del mismo lugar).

Asimismo, le divertía confundir las dimensiones y le encantaban las yuxtaposiciones contradictorias que se obtenían al combinar repeticiones de imágenes.

Es curioso notar que Escher no estudió ingeniería como sus hermanos por su flojedad en matemáticas y, sin embargo, su obra recibió la influencia de matemáticos que a su vez estuvieron influidos por él. Como escribió al final de su vida: «Sobre todo, me siento feliz por la relación y la amistad que he tenido con matemáticos. A menudo me han proporcionado ideas, e incluso ha habido una interacción entre nosotros. ¡Qué divertidos pueden ser estos instruidos señores y señoras!»

Izquierda: combinando la yuxtaposición de figuras clónicas con una sucesiva disminución de su escala (homotecia), Escher consigue una representación gráfica del infinito inalcanzable («allí donde la figura desaparece»).
Abajo izquierda: autorretrato de M. C. Escher.
Abajo derecha: la simetría es un concepto que conforma muchos modelos físicos y matemáticos. En este dibujo, en el que Escher combina traslaciones y giros, a pesar de parecer que las mariposas están distribuidas al azar, cada una está colocada en un lugar y de un modo preciso.

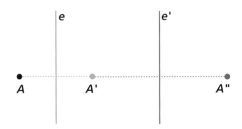

• si e y e' son concurrentes en un punto O y forman un ángulo β, la composición de las simetrías axiales es un giro de:
1) centro O igual al punto de concurrencia de los ejes e y e';
2) ángulo 2β igual al doble del ángulo que forman las rectas e y e'.

Para la composición de dos simetrías de ejes e y e' hay que distinguir los casos de que los ejes sean paralelos o concurrentes.

• si e y e' son paralelos, la composición de las simetrías axiales es una traslación de:
1) dirección perpendicular a los ejes e y e';
2) sentido de e a e', es decir, del primer eje de simetría al segundo (la composición de simetrías axiales no es conmutativa);
3) longitud igual al doble de la distancia entre los dos ejes.

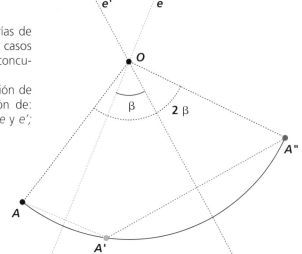

Mosaico formado por diatomeas unicelulares de múltiples formas, la mayoría de ellas con varios ejes de simetría.

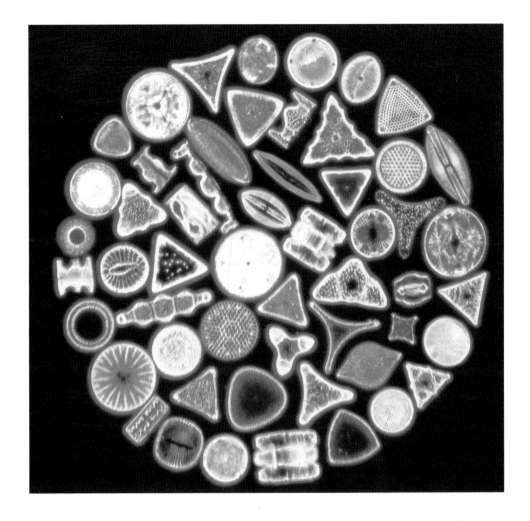

Ejercicios de recapitulación

Dado un hexágono regular ABCDEF y centro O se considera el conjunto de giros de centro O que hacen corresponder a cada uno de los vértices otro vértice del hexágono. Se pide:
1) ¿Cuántos giros hay en este conjunto?
2) Construir la tabla de la composición de estos giros.
3) ¿Qué estructura algebraica tiene este conjunto?

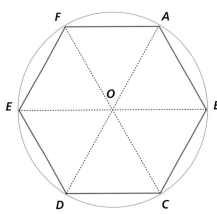

Solución

a) Tomando uno de los vértices, A por ejemplo, podemos observar que B es la imagen de A por un giro de 60°; C lo es por uno de 120°; D, por uno de 180°; E, por uno de 240°; F, por uno de 300° y, finalmente, A es imagen de sí mismo por un giro de 360° = O°.

Hay, por tanto, seis giros; ya que podemos comprobar que desde los otros vértices sucede lo mismo y que son idénticos giros.

Así el giro que aplica E en F es el mismo que aplica A en B.

b) Representando cada giro por su ángulo, podemos construir la siguiente tabla de composición (que es una tabla de suma de ángulos):

c) Con esta tabla, podemos comprobar que el conjunto de los giros centrales del hexágono tiene estructura de grupo conmutativo.

	0°	60°	120°	180°	240°	300°
0°	0°	60°	120°	180°	240°	300°
60°	60°	120°	180°	240°	300°	0°
120°	120°	180°	240°	300°	0°	60°
180°	180°	240°	300°	0°	60°	120°
240°	240°	300°	0°	60°	120°	180°
300°	300°	0°	60°	120°	180°	240°

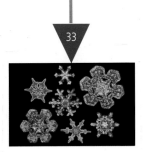

33

Capítulo

34

Estadística

La estadística es un potente auxiliar de muchas ciencias y actividades humanas:
sociología, psicología, geografía humana, economía, etc. Es una herramienta
indispensable para la toma de decisiones. También es ampliamente empleada
para mostrar los aspectos cuantitativos de una situación.

Estadística

La estadística está relacionada con el estudio de procesos cuyo resultado es más o menos imprevisible y con la forma de obtener conclusiones para tomar decisiones razonables de acuerdo con tales observaciones.

El resultado del estudio de dichos procesos, denominados procesos aleatorios, puede ser de naturaleza cualitativa o cuantitativa y, en este último caso, discreta o continua.

• Procesos aleatorios cualitativos.

Ejemplos:

1) El resultado de la tirada de un dado.
2) El resultado del lanzamiento de una moneda.
3) El número de niños de sexo masculino que nacieron en una determinada clínica.

Estos ejemplos son de naturaleza cualitativa. Es decir, permiten hacer *clasificación por atributos.*

• Procesos aleatorios cuantitativos.

Ejemplos:

1) Demanda diaria de un determinado medicamento en una farmacia.
2) El número de concurrentes a las clases de una determinada materia.
3) El porcentaje de sobresalientes en el examen final de una determinada asignatura.

Estos ejemplos son de naturaleza cuantitativa. Es decir, nos permiten realizar una *clasificación por variable.*
• **Variable.** Es un símbolo tal como X, Y, *x, y,* que puede tomar un valor cualquiera de un conjunto de valores denominado dominio. Una variable puede ser:
a) *continua:* puede tomar cualquier valor entre dos valores dados;
b) *discreta:* sólo puede tomar determinados valores.

El resultado de todo proceso aleatorio es una variable aleatoria.
• **Población.** Es el conjunto de todos los individuos u objetos en estudio.

En un conjunto de datos referentes a determinadas características de un grupo de individuos u objetos, tales como la edad y sexo de los estudiantes de una universidad o el número de bolígrafos defectuosos y no defectuosos producidos por una fábrica en un día determinado, a veces resulta imposible o nada práctico observar al total de los individuos, especialmente si son muy numerosos. Este inconveniente se soluciona tomando una *muestra* representativa de la población.
• **Muestra.** Es una pequeña parte del grupo en estudio.
• **Toma de datos.** Es la obtención de una colección de ellos que no han sido ordenados numéricamente.

Ejemplo:

Las ventas semanales de un determinado producto, que se indican en la siguiente tabla. Podemos observar que la variable es discreta.

75	82	68	90	62	88
88	73	60	93	71	59
75	87	74	62	95	78
82	75	94	77	69	74
89	83	75	95	60	79
97	97	78	85	76	65
73	67	88	78	62	76
73	81	72	63	76	75

La finalidad de seleccionar esta muestra pudo haber sido conocer los valores de la demanda y decidir cuándo y en qué cantidades debemos abastecernos de dicho producto. Para facilitar el análisis ordenaremos los datos en orden creciente. Este trabajo resulta laborioso. Será entonces necesario condensar los datos. El modo más sencillo de hacerlo es agruparlos mediante una tabla que indique, para cada demanda posible, la *frecuencia.*
• **Frecuencia absoluta.** Es el número de veces que ocurrió un valor.

Para agrupar los datos por su frecuencia:
1) Se ordenan los datos en orden creciente.
2) Se cuenta la frecuencia absoluta de cada valor.

En la tabla I correspondiente a nuestro ejemplo observamos que el menor de los valores obtenidos es 59 y el mayor 97. De esta observación surge el concepto de rango.
• **Rango.** Es la diferencia entre el mayor y el menor de los valores obtenidos. Para nuestro ejemplo, el rango es:

$$97 - 59 = 38$$

Los valores pueden llevarse en un gráfico de bastones que se denomina histograma de frecuencias de la variable.

frecuencias absolutas

Gráfico 1: Histograma de frecuencias

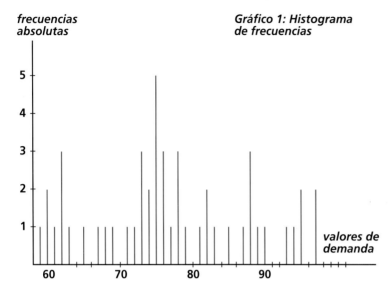

Observemos en el gráfico que se ha llevado en abscisas los valores de demanda y en ordenadas los valores de frecuencia.

• **La frecuencia relativa** de un valor observado es el cociente entre la frecuencia con que se presenta dicho valor y el total de observaciones.

$$f_r = \frac{f_i}{n}$$

f_r: frecuencia relativa

f_i: frecuencia abosluta correspondiente a cada valor i

n: número de observaciones total

$$n = \sum f_i$$

frecuencia relativa

Gráfico 2: Histograma de frecuencias relativas

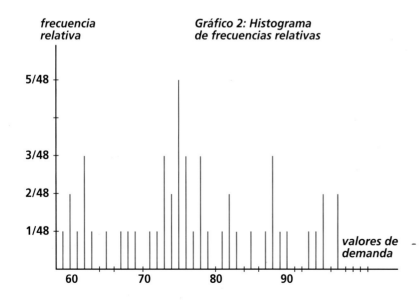

Tabla 1	
Demanda	**Frecuencia absoluta**
59	1
60	2
61	0
62	3
63	1
64	0
65	1
66	0
67	1
68	1
69	1
70	0
71	1
72	1
73	3
74	2
75	5
76	3
77	1
78	3
79	1
80	0
81	1
82	2
83	1
84	0
85	1
86	0
87	1
88	3
89	1
90	1
91	0
92	0
93	1
94	1
95	2
96	0
97	2
Frecuencia total	48

Este histograma de frecuencias relativas nos da, para cada valor de demanda, el porcentaje total de observaciones que tomaron ese valor.

La construcción de este gráfico cuando se trabaja con un gran número de datos puede resultar muy laboriosa. Por eso se recurre a agruparlos en *clases* o categorías y determinar el número de valores correspondientes a cada clase, que es la *frecuencia de clase*.

• **Intervalos de clase.** Analizando nuestro ejemplo, observamos que las 48 frecuencias obtenidas mediante el ordenamiento anterior pueden ser excesivas para visualizar el problema; por ello se agrupan los datos en clases; cada clase contiene entonces un número, en general fijo, de valores posibles. Eligiendo para nuestro ejemplo un tamaño de clase igual a 5, obtenemos la siguiente agrupación de datos:

Tabla 2	
Intervalo de clase	Frecuencia absoluta
59-63	7
64-68	3
69-73	6
74-78	14
79-83	5
84-88	5
89-93	3
94-98	5

Los valores comprendidos entre: (59-63), (64-68), etc., se conocen con el nombre de *intervalo de clase*, siendo cada par de valores los límites de clase.

El número menor es el límite inferior y el número mayor es el límite superior. La tabla 2 se conoce con el nombre de *distribución de frecuencias*.

Método general para la distribución de frecuencias

1) Determinar el mayor y el menor entre los datos registrados y así encontrar el rango.
2) Dividir el rango en un número conveniente de intervalos de clase del mismo tamaño.
3) Determinar el número de observaciones que caen dentro de cada intervalo de clase, es decir, encontrar las frecuencias de clase.

Histograma y polígonos de frecuencia

Son dos representaciones gráficas de las distribuciones de frecuencia.
• **Histograma.** Un histograma, o histograma de frecuencias, está formado por una serie de rectángulos que tienen sus bases sobre un eje horizontal (eje *x*), e iguales al ancho de clase. Su altura es igual a la frecuencia de clase.

El polígono de frecuencias es un gráfico de líneas trazado sobre los puntos medios de cada clase. Se obtiene uniendo los puntos medios de los extremos superiores de cada rectángulo del histograma correspondiente.

Se acostumbra a prolongar el polígono hasta los puntos medios inferior y superior de las clases inmediatas.

El histograma y el polígono de frecuencias correspondiente a nuestro ejemplo se muestran en el gráfico 3.

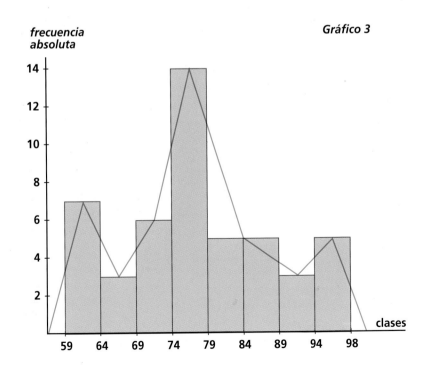

Gráfico 3

◤ Distribución de frecuencias relativas

La frecuencia relativa de clase es la frecuencia de la clase dividida por el total de frecuencias. Se expresa como porcentaje. *Ejemplo:* con los datos de nuestro ejemplo, la frecuencia relativa de la clase (64-68) es: (3/48) · 100, o sea: 6,25%.

Si en la tabla 2 se sustituyen las frecuencias absolutas por las frecuencias relativas, se obtiene una tabla de frecuencias relativas o distribución de frecuencias relativas.

La representación gráfica puede obtenerse con el cambio de la escala vertical de frecuencias absolutas a frecuencias relativas, manteniéndose el mismo diagrama.

◤ Frecuencias acumuladas

La frecuencia total acumulada en un determinado punto es igual a la suma de las frecuencias anteriores al punto.

Ejemplo: observando la tabla 2, la frecuencia acumulada hasta la clase 4 es igual a 30.

La distribución de frecuencias acumuladas se conoce también como tabla de frecuencias acumuladas y representa las frecuencias acumuladas para cada intervalo de clase.

El *polígono de frecuencias acumuladas* se construye con los datos de la tabla 3. Se llevan los valores de frecuencia en correspondencia con los límites inferiores de cada clase.

Tabla 3	
Intervalo de clase	**Frecuencia acumulada**
59-63	7
64-68	10
69-73	16
74-78	30
79-83	35
84-88	40
89-93	43
94-98	48

Importante: Obsérvese que la frecuencia de la última clase coincide con la frecuencia total.

La frecuencia relativa acumulada o frecuencia porcentual acumulada es:

$$f_{r.a} = \frac{\text{frecuencia acumulada en cada clase}}{\text{frecuencia total}}$$

Ejemplo:

En nuestro caso, la frecuencia relativa acumulada en la clase (69-73) es (16/48) · 100; o sea, 33,33. Reemplazando en la tabla 3 las frecuencias acumuladas por las frecuencias relativas acumuladas, se obtienen las distribuciones de frecuencias relativas acumuladas. Gráficamente puede obtenerse cambiando la escala de ordenadas del gráfico 4.

Las gráficas estadísticas muestran rápidamente los datos y sus relaciones. Hay que escoger para cada ocasión la gráfica más adecuada: histogramas de barras, polígonos, sectores circulares, etc.

Gráfico 4: Polígono de frecuencias relativas acumuladas

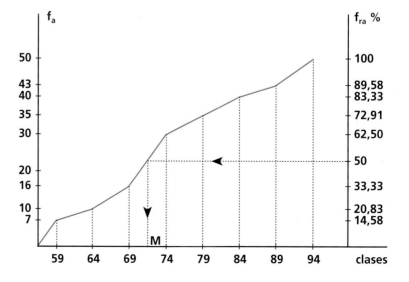

CUADRADOS GRECOLATINOS

En ocasiones, los pasatiempos matemáticos encuentran aplicaciones inesperadas en el mundo de la ciencia; ese es el caso de los cuadrados grecolatinos. Éstos están constituidos por un conjunto de símbolos dispuestos en un cuadrado, de modo que en cada fila y en cada columna aparezcan sólo una vez, es un cuadrado latino. La superposición de dos o varios cuadrados latinos forman un cuadrado grecolatino.

La utilización de los cuadrados grecolatinos en la investigación estadística fue desarrollada por R. A. Fischer a comienzos del siglo XX.

De acuerdo con su método, para estudiar los efectos de tres clases de abono (a, b, c) en el cultivo de tres variedades de tomates (A, B, C) en función de tres grados de humedad (h_1, h_2, h_3) y de tres tipos de suelo (S_1, S_2, S_3), bastan nueve combinaciones de esos factores y no 81 (3^4) como parece a primera vista.

Para conocer la influencia de cada uno de los factores en la producción, basta calcular la producción media de las tres parcelas en las que aparece ese factor.

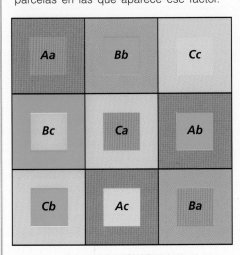

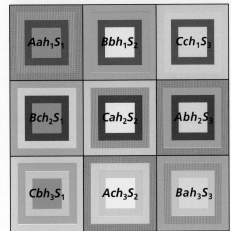

Distribución de frecuencias relativas acumuladas

Tabla 4	
Intervalo de clase	Frecuencia relativa acumulada (%)
59-63	14,58
64-68	20,83
69-73	33,33
74-78	62,50
79-83	72,91
84-88	83,33
89-93	89,58
94-98	100,00

Observación: La suma de las frecuencias relativas acumuladas debe corresponder al 100%, es decir, es igual a 1.

Medidas de centralización

Dado un conjunto de datos, el *promedio* es un valor que tiende a situarse en el centro del conjunto de los valores dados. Por ello los promedios son medidas de centralización. Las estadísticas más utilizadas son las de posición, que dan una idea de la ubicación de las observaciones.

Las estadísticas de dispersión dan una idea de la dispersión o esparcimiento de las observaciones.

Estadísticas de posición

• **Media aritmética.** Dado un conjunto de N números $x_1, x_2, x_3..., x_n$, la media aritmética o media, se representa por:

$$\bar{x} = \frac{x_1 + x_2 + x_3 + ... + x_n}{N}$$

siendo:

$$x_1 + x_2 + x_3 + ... + x_n = \sum_{i=1}^{n} x_i$$

Ejemplo:

Dados los siguientes valores: 8, 10, 12, 5, 4, 9, hallar la media.

$$\bar{x} = \frac{8 + 10 + 12 + 5 + 4 + 9}{6} = 8$$

$$N = 6$$

Dado un conjunto de valores $x_1, x_2, x_3..., x_n$ que se presentan con una frecuencia $f_1, f_2, f_3, f_4,...,f_n$ la media aritmética se calcula de la siguiente forma:

$$\bar{x} = \frac{f_1x_1 + f_2x_2 + ... + f_nx_n}{f_1 + f_2 + f_3 + ... + f_n} = \frac{\sum_{i=1}^{n} f_i x_i}{N}$$

Una fórmula similar se puede utilizar cuando los valores se agrupan en clases.

$$\bar{x} = \frac{\sum_{i=1}^{m} f_i x_i}{N}$$

x_i: es el valor medio de la clase.
i: primer valor
m: número total de clases
f_i: frecuencia de cada clase.

La diferencia $x_i - \bar{x}$ entre un valor y la media aritmética es la desviación del valor. Se verifica que la suma de las desviaciones de los valores con respecto a la media aritmética vale 0.

$$\sum_{i=1}^{n} (x_i - \bar{x}) = 0$$

• **Mediana.** Es el valor para el cual el número de observaciones mayores que él es igual al número de observaciones menores que él.

Cuando el número de observaciones es impar, la mediana queda definida. Si el número de observaciones es par, el valor de la mediana se determina como promedio de las dos observaciones centrales.

Ejemplo:

La mediana de los valores 4, 8, 7, 3, 1, 5, 9 es 5.

Si el número de observaciones es par, como en el siguiente ejemplo, para 10, 15, 25, 42 la mediana será:

$$\frac{15 + 25}{2} = 20$$

• La **moda** de una serie de números es aquel valor que se presenta con la mayor frecuencia. Puede decirse que es el valor más común. La moda puede no existir e incluso, si existe, puede no ser única.

Ejemplo:

La moda de los siguientes números 7, 4, 8, 6, 2, 3, 9, 7, 8, 7, 1, 7 es 7.

Como en El escarabajo de oro *de Edgar Allan Poe, en* La aventura de los bailarines, *Sherlock Holmes descifra los sucesivos mensajes de la ilustración (cada línea es un mensaje) comparando la frecuencia de sus símbolos con*

la frecuencia de uso de cada letra en el idioma inglés (13,05% la e; 9,02% la t; 6,81% la a; etc). Una vez conocido el código de cifrado, Holmes tiende una trampa al criminal enviándole un mensaje en su propio código.

Estadísticas de dispersión

• **Rango.** Es la diferencia entre el mayor y el menor valor de un conjunto de números.

Ejemplo:

El rango de los números 2, 6, 9, 8, 10 es $10 - 2 = 8$.

• **Desviación media.** Se conoce también como promedio de desviación. Es igual a la media aritmética de las desviaciones de una serie de valores respecto de su media aritmética. Para una serie de N valores: x_1, x_2, x_3,..., x_n, puede calcularse a través de la siguiente expresión:

$$\text{Desviación media} = \frac{\sum_{j=1}^{n} |x_j - \bar{x}|}{N}$$

$\bar{x}$: media aritmética.
$|x_j - \bar{x}|$: valor absoluto de las desviaciones de los x_j valores, respecto de la media.

Ejemplo:

Hallar la desviación media de:
4, 6, 12, 16, 22

$$\bar{x} = \frac{4 + 6 + 12 + 16 + 22}{5} = 12$$

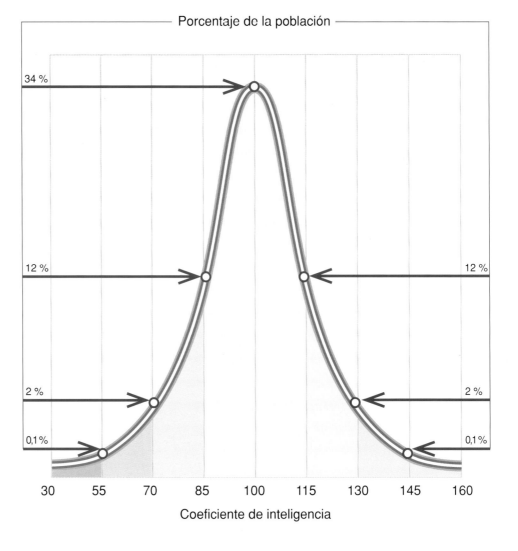

Distribución de la población de acuerdo con su coeficiente de inteligencia. Como puede observarse por esta gráfica, la mayoría tiene un coeficiente de inteligencia situado alrededor de la media. La cantidad de población a la que corresponde valores distintos de la media disminuye rápidamente hacia los extremos.
Una gráfica de este tipo en forma de campana se denomina curva de Gauss, y corresponde a una distribución normal.

$$\text{Desviación media} = \frac{|4-12| + |6-12| + |12-12| + |16-12| + |22-12|}{5} =$$

$$= \frac{|-8| + |-6| + |0| + |4| + |10|}{5} = \frac{28}{5} = 5,6$$

• **Desviación típica.** Dada una serie de N valores $x_1, x_2 \dots, x_n$, la desviación típica s se define por:

$$s = \sqrt{\frac{\sum\limits_{j=1}^{N} (x_j - \overline{x})^2}{N}}$$

• **Varianza.** Dado un conjunto de números, se define como varianza al cuadrado de la desviación típica y viene dada por:

$$s^2 = \frac{\sum\limits_{j=1}^{N} (x_j - \overline{x})}{N}$$

• **Dispersión absoluta.** Es la dispersión o variación real determinada por la desviación típica.

• **Desviación relativa.** Es el cociente entre la dispersión absoluta y el promedio:

$$\text{Dispersión relativa} = \frac{\text{Dispersión absoluta}}{\text{Promedio}}$$

• El **coeficiente de variación** es igual al cociente entre la desviación típica, s, y la media aritmética, $\overline{x}$:

$$V = \frac{s}{\overline{x}}$$

HACIENDO HISTORIA

Desde el momento en que el hombre vive en sociedad necesita de la estadística, ya que en los censos, recopilaciones de datos, etc., realizados primeramente con fin práctico, se indagó más tarde su relación numérica, teniendo en cuenta los efectos que producían las variaciones de esos números.

Los hebreos, egipcios, sirios, persas, griegos y romanos utilizaron la estadística para distintos fines (nacimientos, repartición de tierras y cantidad de pobladores).

Hacia la Edad Media, la Iglesia se ocupó de la confección de listados (nacimientos, matrimonios, fallecimientos).

Ya en el siglo XVIII, la estadística matemática se considera ciencia en virtud del teorema de Bernouilli.

El nombre deriva del latín *status* en sus dos sentidos: el de estado de situación geográfica y el de estado en cuanto entidad política. Acherwall fija definitivamente la definición de la palabra *estadística* como ciencia de las cosas que pertenecen al Estado.

El Imperio Romano fue el primer estado que utilizó el censo general de sus habitantes como método de recogida de datos. Es famoso el promulgado por César Augusto que motivó el traslado de José de Nazaret y su esposa María a Belén, lugar donde nació su hijo Jesús en un pesebre. En la ilustración, Adoración de los pastores *por Taddeo Gaddi (s. XIV).*

Capítulo
35

Probabilidad

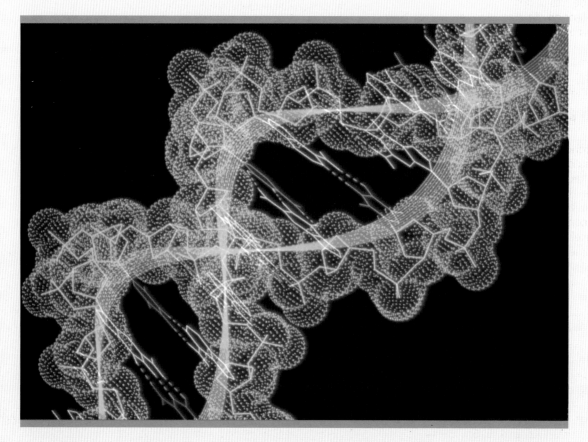

Todas las probabilidades caracteriológicas de un individuo (pelo, color de los ojos, sexo, etc.) se hallan contenidas en el ADN de los cromosomas. El ADN es una molécula, más o menos larga según las especies, que tiene la propiedad de autoduplicarse. Como en el momento de la fecundación los pares de cromosomas se forman a partir de una mitad paterna y otra mitad materna, la probabilidad de que un individuo tenga unas u otras características dependerá de las características cromosómicas de sus progenitores y de cómo se combinen éstas.

Probabilidad

Acontecimiento aleatorio

Es aquel acontecimiento cuya posibilidad de aparición no es totalmente conocida. Nos referiremos entonces a la posibilidad de ocurrencia del mismo, es decir, a su probabilidad.

Ejemplos:

a) Que exista vida en Marte.
b) Obtener tres ases en el lanzamiento conjunto de tres dados.
c) Obtención de tres oros, al extraer tres cartas de un mazo de barajas españolas en una sola extración.
d) Demanda de bebidas gaseosas en época invernal.
e) Demanda de ropa de cuero en verano.

Probabilidad clásica

El concepto de «probabilidad» nació del estudio de los juegos de azar. De aquí surgió la teoría clásica.

Cuando se realiza una prueba, ésta puede dar N resultados distintos, pero todos igualmente probables. Si del conjunto N ocurre el acontecimiento N_x, la probabilidad se define como:

$$p(x) = \frac{N_x}{N} = \frac{\text{casos favorables}}{\text{casos posibles}}$$

Ejemplo:

Se desea conocer la probabilidad de obtener un as en el lanzamiento de un dado.

Primero debemos hallar el valor de N, o sea, los casos posibles.

Los casos posibles son 6; pues los números que pueden presentarse en un lanzamiento son: 1, 2, 3, 4, 5, 6.

En este caso N, o sea casos favorables, es 1, pues en el lanzamiento de un dado se puede tener sólo un as.

La probabilidad buscada será:

$$p(1) = \frac{1}{6} = 0,166...$$

Probabilidad de no ocurrencia de un suceso

La probabilidad de *no* aparición de un suceso se señala con la letra *q*. Puede hallarse con la expresión:

$$q = 1 - p$$

siendo *p* la probabilidad de ocurrencia de un suceso.

$$q = \frac{N - N_x}{N} = \frac{N}{N} - \frac{N_x}{N} = 1 - p$$

La probabilidad de un acontecimiento es un número comprendido entre 0 y 1. La probabilidad nunca puede ser mayor que 1 ni menor que cero.

Probabilidad empírica

Cuando el número de acontecimientos es muy grande, la probabilidad de ocurrencia del suceso puede hallarse como:

$$p = \frac{f_x}{f}$$

Siendo f_x el número de veces que se produce el acontecimiento *x* (frecuencia de ocurrencia), y *f* el número total de acontecimientos (frecuencia total).

Modelo matemático de la probabilidad

Para desarrollar la teoría de probabilidades, es conveniente introducir un modelo matemático que permita simplificar el estudio.

• **Universo** es el conjunto que nos interesa estudiar.
• **Estado** es una situación posible del mismo, perfectamente definida.
• **Acontecimientos** es un conjunto de estados del universo.
• **Acontecimiento universal** es aquel que comprende a todos los estados del universo. Se representa con S.
• **Acontecimiento nulo** es aquel que no contiene ningún estado; se representa con *cero*.

Ejemplo:

Si se tienen 20 libros que forman parte de una biblioteca y que están numerados de 1 a 20, si se extraen dos de ellos sin re-

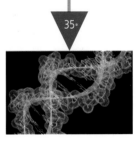

posición, el *universo* será: todos los conjuntos que es posible formar con los libros (y no el total de libros).

Un *estado* de ese universo sería: *libros 5 y 9*.

El *acontecimiento dos libros con numeración par* estará formado por los estados para los cuales la numeración de los libros sea 2, 4, 6... 20.

▰ Relaciones entre acontecimientos

• **Unión de dos acontecimientos.** M o N es el acontecimiento que comprende a todos los estados de M y N.
• **Intersección de dos acontecimientos.** M y N es el acontecimiento que comprende sólo a los estados comunes de M y N.

Las relaciones entre acontecimientos pueden visualizarse por medio de los diagramas de Venn.

$$M \text{ o } N = M \cup N$$

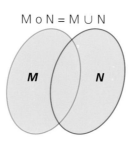

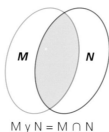

$$M \text{ y } N = M \cap N$$

▰ *Propiedades de la probabilidad*

• La probabilidad para todo acontecimiento M será:

$$p(M) \geq 0$$

• Si existe la certeza de un suceso (*suceso seguro*), su probabilidad será

$$p(M) = 1$$

• Cuando es imposible que ocurra un suceso (*suceso nulo*), la probabilidad del mismo será:

$$p(0) = 0$$

• Si $\overline{M}$ es el suceso complementario de M, es decir:

$$M \cup \overline{M} = S \text{ y } M \cap \overline{M} = \varnothing$$

entonces

$$p(\overline{M}) = 1 - p(M)$$

• $p(A \cup B) = p(A) + p(B) - p(A \cap B)$
como entre conjuntos se verifica que
$$N_{A \cup B} = N_A + N_B - N_{A \cap B}$$
por la definición de probabilidad

$$p(A \cup B) = \frac{N_{A \cup B}}{N} = \frac{N_A}{N} + \frac{N_B}{N} - \frac{N_{A \cap B}}{N}$$

$$p(A) + p(B) - p(A \cap B)$$

Ejemplos:

1) ¿Cuál es la probabilidad de obtener un número impar al tirar un dado equilibrado (no cargado)?

Solución:

Aplicando la definición de probabilidad:

$$p(I) = \frac{\text{casos favorables}}{\text{casos posibles}}$$

I: número impar
Casos *posibles:* 6, pues en la tirada se pueden obtener 1, 2, 3, 4, 5, 6.
Casos *favorables:* 3, pues se pueden obtener 1, 3 o 5.

$$p(I) = \frac{3}{6} = \frac{1}{2} = 0,5$$

2) De 50 familias entrevistadas 30 poseen automóvil. ¿Cuál es la probabilidad de que una familia elegida al azar tenga automóvil?

Solución:

$$p(A) = \frac{\text{casos favorables}}{\text{casos posibles}}$$

Casos *favorables:* son las 30 familias que poseen automóvil.
Casos *posibles:* las 50 familias entrevistadas.

$$p(A) = \frac{30}{50} = \frac{3}{5} = 0,6$$

3) En un colegio de 400 alumnos, 350 de los mismos son mujeres y el resto varones. ¿Qué probabilidad hay de que un alumno, tomado al azar, resulte: a) mujer; b) varón?

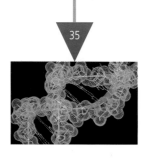

Para que la probabilidad de un suceso sea igual a su frecuencia relativa es necesario que el experimento se realice un número elevado de veces. Así, puede suceder que, si tiramos un dado de seis caras seis veces, obtengamos alguna de las caras repetidas y, por tanto, no salga alguno de los números. Pero, si realizamos el experimento 1 000 000 de veces, el número de veces que habrá salido cada cara será aproximadamente 166 667.

Solución:

a) $p(m) = \dfrac{\text{casos favorables}}{\text{casos posibles}} =$

$= \dfrac{350}{400} = \dfrac{7}{8} = 0,875$

b) $p(v) = \dfrac{50}{400} = \dfrac{1}{8} = 0,125$

4) De una población de 2 000 personas, 800 padecen de afecciones cardíacas.

¿Cuál es la probabilidad de que al elegir una persona al azar no padezca de esas afecciones?

Solución:

La cantidad de personas que no sufren de afecciones cardíacas es:

$2\,000 - 800 = 1\,200.$

La probabilidad de elegir una persona que no sufra esas enfermedades será la probabilidad de personas sanas (*s*), es decir,

$$p(s) = \frac{1200}{2000} = \frac{3}{5} = 0,6$$

Sucesos excluyentes

Dados dos sucesos M y N, cuando la ocurrencia de uno de ellos, por ejemplo el M, imposibilita la ocurrencia del otro, es decir el N, y viceversa, dichos sucesos son mutuamente excluyentes.

Si M y N son mutuamente excluyentes, la probabilidad

$$p(M \cap N) = 0$$

Ejemplo:

Si M es el suceso extracción de un as de un mazo de cartas, y N es el suceso extracción de una reina (en una sola extracción), podrá sacarse o el as o la reina, pero nunca ambos. Es decir, ambos sucesos son mutuamente excluyentes.

Probabilidad total

Si dos sucesos M y N se excluyen mutuamente, la probabilidad de ocurrencia de alguno de ellos deberá ser igual a la suma de las probabilidades individuales.

$$p(M \text{ o } N) = p(M \cup N) =$$
$$= p(M) + p(N)$$

Si se tienen más de dos sucesos mutuamente excluyentes, la probabilidad total será la suma de las probabilidades de cada uno de los sucesos.

Ejemplos:

1) Si M es el suceso extracción de un as y N es suceso extracción de una reina, ¿cuál es la probabilidad de extracción de un as o de una reina en una sola extracción?

Solución:

$$p(a): \text{probabilidad de un as}$$
$$p(r): \text{probabilidad de reina}$$
$$p(a \cup r) = p(a) + p(r)$$

$$p(a) = \frac{\text{casos favorables}}{\text{casos posibles}}$$

Casos favorables son 4, pues hay 4 ases en un mazo de cartas.
Casos posibles son 52, que es el total de cartas del mazo.

$$p(a) = \frac{4}{52}$$

haciendo el mismo análisis para *p* (*r*):

$$p(r) = \frac{4}{52}$$

o sea, la probabilidad total será:

$$p(a \cup r) = \frac{4}{52} + \frac{4}{52} = \frac{8}{52} = 0,15$$

2) Se tiene una caja con 6 bolitas *negras*, 4 bolitas *blancas* y 2 bolitas *verdes*. ¿Cuál es la probabilidad de sacar una bolita blanca o una bolita negra?

Solución:

n: negra   *p* (*n*) = 6/12 = 0,5
b: blanca   *p* (*b*) = 4/12 = 0,333
v: verde   *p* (*v*) = 2/12 = 0,166

Hallaremos la probabilidad de sacar una bolita blanca o una negra.

$$p(b \cup n) = p(b) + p(n) =$$
$$= 0,333 + 0,5 = 0,833$$

Obsérvese que esta probabilidad es la misma que la de «no sacar una bolita verde»:

$$p(\text{no } v) = 1 - p(v) = 1 - 0,166 = 0,833$$

Sucesos independientes

Dados dos sucesos M y N, cuando la ocurrencia de uno de ellos, por ejemplo el N, no posibilita la ocurrencia del otro M, los sucesos son independientes. Un ejemplo de ello sería: si M es el suceso extracción de un as en la primera extracción de un mazo de cartas, y N es el suceso extracción de un as en una segunda extracción, ambos sucesos son independientes, pues el hecho de sacar un as en la primera extracción no afecta la posibilidad de ocurrencia del segundo suceso.

Probabilidad conjunta

Si dos sucesos M y N son independientes, la probabilidad de ocurrencia de ambos sucesos simultáneamente será igual al *producto* de las probabilidades individuales.

$$p(M \text{ y } N) = p(M \wedge N) = p(M) \cdot p(N)$$

Si se tienen más de dos sucesos independientes, la probabilidad conjunta será igual

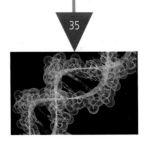

35

al producto de las probabilidades de cada uno de los sucesos.

Ejemplos:

1) De un mazo de 52 cartas se hacen dos extracciones *con reposición* ¿cuál es la probabilidad de que las dos cartas obtenidas sean ases?

Solución:

M: suceso as en la primera extracción.
N: suceso as en la segunda extracción.

Si la primera carta *se repone,* es decir, se coloca nuevamente en el mazo antes de hacer la segunda extracción, las probabilidades de los dos sucesos son iguales:

$$p\,(M) = \frac{4}{52}\;;\;p\,(N) = \frac{4}{52}$$

$$p\,(M \wedge N) = p\,(M) \cdot p\,(N) =$$
$$= \frac{4}{52} \cdot \frac{4}{52} = \frac{16}{52} = 0,307$$

2) En una caja hay 30 bolitas blancas y 45 bolitas rojas. Si se realizan tres extracciones sucesivas *con reposición* ¿cuál será la probabilidad de sacar una bolita roja en cada una de las tres extracciones?

Solución:

M: suceso bolita roja en la primera extracción.
N: suceso bolita roja en la segunda extracción.
Q: suceso bolita roja en la tercera extracción.
Como la extracción es con reposición las probabilidades son iguales

$$p\,(M) = 45/75 = 0,6$$
$$p\,(N) = 45/75 = 0,6$$
$$p\,(Q) = 45/75 = 0,6$$

$$p\,(M \wedge N \wedge Q) = p\,(M) \cdot p\,(N) \cdot p\,(Q) =$$
$$= \frac{45}{75} \cdot \frac{45}{75} \cdot \frac{45}{75} =$$
$$= 0,6 \cdot 0,6 \cdot 0,6 = 0,216$$

Probabilidad condicional

Si M y N son dos sucesos, la probabilidad de que ocurra N, dado que ha ocurrido M, puede expresarse como:

$$p\,(N/M) = \frac{p\,(M \wedge N)}{p\,(M)}$$

Esta probabilidad se denomina probabilidad condicional de N, dado que M se ha presentado.

p (N/M) se lee como: «probabilidad de la ocurrencia del suceso N, dado que ocurrió el suceso M».

En particular para los sucesos independientes será:

$$p\,(M \wedge N) = p\,(M) \cdot p\,(N)$$

Sucesos dependientes

Dados dos sucesos M y N, si la ocurrencia o la no ocurrencia de uno de ellos, por ejemplo el M, afecta la probabilidad de ocurrencia de N, los sucesos se denominan dependientes.

Ejemplos:

1) De un mazo de 52 cartas se hacen dos extracciones *sin reposición* ¿cuál será la probabilidad de que las dos cartas obtenidas sean ases?

Solución:

M: suceso as en la primera extracción.
N: suceso as en la segunda extracción.
Como N depende de M:

$$p\,(M \wedge N) = p\,(M) \cdot p\,(N/M)$$
$$p\,(M) = \frac{4}{52} = 0,076$$

Habiéndose obtenido en la primera extracción un as, la cantidad de ases restantes en el mazo será 3. Es decir, los casos favorables en la segunda extracción serán 3 y el total de casos posibles, o sea, el número de cartas que hay en el mazo se ha reducido a 51. O sea:

$$p\,(N/M) = \frac{3}{51} = 0,058$$

$$p\,(M \wedge N) = \frac{4}{52} \cdot \frac{3}{51} = \frac{12}{2\,652} = 0,0045$$

$$p\,(M \wedge N) = 0,0045$$

2) En una caja hay 30 bolitas blancas y 45 bolitas rojas. Si se realizan tres extracciones sucesivas *sin reposición* ¿cuál será la probabilidad de sacar una bolita roja en cada una de las tres extracciones?

Solución:

M: suceso bolita roja en la primera extracción.
N: suceso bolita roja en la segunda extracción.

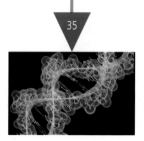

Q: suceso bolita roja en la tercera extracción. Como los sucesos son dependientes:

$$p \, (M \text{ y } N \text{ y } Q) = p \, (M \wedge N \wedge Q) =$$
$$= p \, (M) \cdot p \, (N/M) \cdot p \, (Q/MN)$$

$$p \, (M) = \frac{45}{75} = 0,6$$

Habiéndose extraído una bolita roja, la cantidad de bolitas rojas en la caja es de 44, y la cantidad total de bolitas, o sea, los casos posibles serán ahora 74. Es decir:

$$p \, (N/M) = \frac{44}{74} = 0,594$$

La probabilidad buscada será:

$$p \, (M \wedge N \wedge Q) = \frac{45}{75} \cdot \frac{44}{74} \cdot \frac{43}{73} =$$
$$= 0,6 \cdot 0,594 \cdot 0,589 = 0,209$$

Esperanza matemática o valor medio

Consideremos un juego de azar. Llamaremos p a la probabilidad de que una persona obtenga un determinado número x. Se define la esperanza matemática como:

$$E \, (x) = p \cdot x$$

x: variable aleatoria discreta

La variable aleatoria puede tomar distintos valores, desde $x_1 ... x_n$, con probabilidades asociadas $p_1 ... p_n$, debiendo cumplirse:

$$p_1 + p_2 + ... + p_n = 1.$$

Se define en general la esperanza de x, como:

$$E \, (x) = p_1 \cdot x_1 + p_2 \cdot x_2 + ... + p_n \cdot x_n$$

Ejemplos:

1) La demanda diaria de un producto a lo largo de una semana es estimable en:

	L	M	M	J	V	S
Demanda	525	398	623	739	713	775
$p \, (d)$	0,3	0,05	0,09	0,32	0,15	0,09

¿Cuál será la esperanza de la demanda a lo largo de la semana?

Solución:

$$E \, (d) = 525 \cdot 0,3 + 398 \cdot 0,05 +$$
$$+ 623 \cdot 0,09 + 739 \cdot 0,32 + 713 \cdot 0,15 +$$
$$+ 775 \cdot 0,09$$

$$E \, (d) = 157,5 + 19,9 + 56,07 + 236,48 +$$
$$+ 106,95 + 69,75 = 2\,064,15$$

$$E \, (d) = 646,65$$

2) En días calurosos un vendedor de helados puede ganar 300 dólares por día. Si los días no son calurosos, puede perder 150 dólares por día. ¿Cuál será la esperanza matemática si la probabilidad de tener días fríos es de 0,25?

Solución:

G: ganancia

$$E \, (G) = 300 \cdot 0,75 - 150 \cdot 0,25 =$$
$$= 225 - 37,5 = 187,5$$

Observemos que la probabilidad de días calurosos más la probabilidad de días fríos debe ser igual a 1. Por lo tanto, si la probabilidad de días fríos es de 0,25, la probabilidad de días calurosos será: $1 - 0,25 = 0,75$.

$$p \, (c) = 1 - p \, (f) = 1 - 0,25 = 0,75$$

Ejercicios de recapitulación

1) Determinar la probabilidad de cada uno de los siguientes casos:

a) Aparición de una cara en el lanzamiento de una moneda.
b) Aparición de una cara en dos lanzamientos.
c) Obtención de un 9 en el lanzamiento de un par de dados simultáneamente.

Solución:

a)
$$p = \frac{\text{casos favorables}}{\text{casos posibles}} = \frac{1}{2}$$

$$p = 0,5$$

b) En dos lanzamientos simultáneos se puede presentar:

Moneda A   Moneda B

$$\text{casos posibles} \left\{ \begin{array}{l} C \text{——} C \\ C \text{——} X \\ X \text{——} C \\ X \text{——} X \end{array} \right. \quad \left. \begin{array}{l} \\ \end{array} \right\} \text{casos favorables}$$

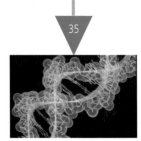

35

Los casos posibles son 4, y los favorables 3.
Casos favorables: CC – CX – XC

$$p = \frac{3}{4} \quad ; \quad p = 0,75$$

c) En el lanzamiento de dos dados simultáneamente los casos que se pueden presentar en total son:

$$6 \cdot 6 = 36$$

Las formas posibles de obtener 9 puntos son:

Dado A   Dado B

$$\left.\begin{array}{ccc} 6 & \text{———} & 3 \\ 5 & \text{———} & 4 \\ 3 & \text{———} & 6 \\ 4 & \text{———} & 5 \end{array}\right\} \begin{array}{c} \text{casos} \\ \text{favorables} \end{array}$$

Los casos favorables serán 4:

$$p = \frac{4}{36} \quad ; \quad p = 0,11$$

2) Se hacen dos extracciones de una caja que contiene 8 bolitas rojas y 6 bolitas negras. Hallar la probabilidad de sacar:

a) 2 rojas (con reposición)
b) 2 rojas (sin reposición)
c) Haciendo dos extracciones sucesivas, hallar la probabilidad de que primero salga roja y luego negra (con reposición).
d) Ídem que en c sin reposición

Solución:

a) Son sucesos independientes.
   R_1: bolita roja en la primera extracción.
   R_2: bolita roja en la segunda extracción.

$$p (R_1 \cdot R_2) = p (R_1) \cdot p (R_2) =$$

$$= \frac{8}{14} \cdot \frac{8}{14} = 0,326$$

$$p (R_1 \cdot R_2) = 0,326$$

b) Los casos favorables en la primera extracción son 14, los casos favorables en la segunda extracción serán 13.

$$p (R_1 \cdot R_2) = \frac{8}{14} \cdot \frac{7}{13} =$$

$$= \frac{56}{182} = 0,307$$

$$p (R_1 \cdot R_2) = 0,307$$

c) con reposición:

$$p (R \cdot N) = p (R) \cdot p (N)$$

$$= \frac{8}{14} \cdot \frac{6}{14} = \frac{48}{196}$$

$$p (R \cdot N) = 0,244$$

d) sin reposición:

$$p (R \cdot N) = p (R) \cdot p \frac{N}{R} =$$

$$= \frac{8}{14} \cdot \frac{6}{13} = \frac{48}{182}$$

$$p (R \cdot N) = 0,263$$

3) Hallar la probabilidad de obtener un as en dos tiradas sucesivas con un dado de póquer:

Solución:

$$p (A_1 + A_2)$$

$$= p (A_1) + p (A_2) - p (A_1 A_2)$$

A_1: as en la primera extracción.
A_2: as en la segunda extracción.

$$p (A_1 + A_2) =$$

$$= \frac{1}{6} + \frac{1}{6} - \frac{1}{6} \cdot \frac{1}{6} = \frac{2}{6} - \frac{1}{36} = 0,306$$

$$p (A_1 + A_2) = 0,306$$

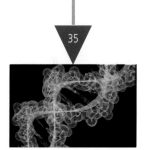

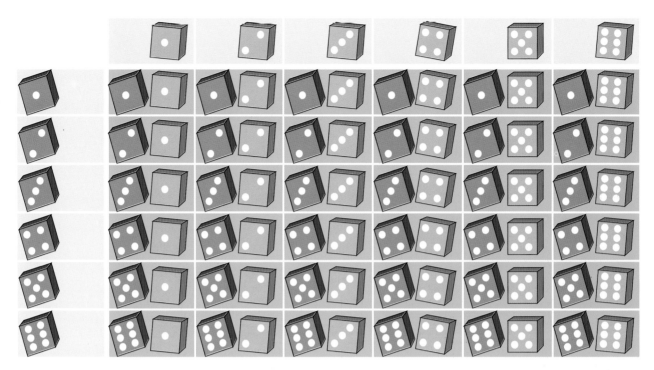

En la ilustración se muestran los 36 resultados que pueden obtenerse al tirar dos dados. Si se suman sus caras, puede observarse que la tirada más probable es el 7 (1/6), seguida del 6 y el 8 (5/36 cada uno), el 5 y el 9 (1/9 cada uno), el 4 y el 10 (1/12 cada uno), el 3 y el 11 (1/18 cada uno), y el 2 y el 12 (1/36 cada uno). Sin embargo, no hay que olvidar que la teoría de la probabilidad trata de lo general, no de lo específico. Por ello, aunque sea más probable no sacar un siete al tirar dos dados (1 – 1\6 = 5/6), es posible obtener una larga serie de sietes al lanzar dos dados.

4) Si se lanzan dos dados simultáneamente, hallar la probabilidad de obtener un as y un seis.

Solución:

El suceso «un as» y «un seis» es lo mismo que: «(primero as y segundo seis)»; «(primero seis y segundo as)».

$$A_1 \text{ as} \qquad A_2\text{: seis}$$
$$\overline{A}_1\text{: no as} \qquad \overline{A}_2\text{: no seis}$$
$$p(A_1 \cdot \overline{A}_2 + \overline{A}_1 \cdot A_2) =$$
$$= \frac{1}{6} \cdot \frac{5}{6} + \frac{5}{6} \cdot \frac{1}{6} = \frac{5}{36} + \frac{5}{36} = \frac{10}{36}$$
$$p(A_1 \cdot \overline{A}_2 + \overline{A}_1 \cdot A_2) = 0,277$$

5) En un recipiente con dos bolitas, par e impar, hallar la probabilidad de obtener una bolita par o impar en tres saques sucesivos con reposición.

Solución:

M: suceso par. I: suceso impar.
Siendo iguales las probabilidades

$$p(M) = p(I) = \frac{1}{2}$$

Por ser sucesos mutuamente excluyentes, se pueden presentar los siguientes casos:

a) $\quad M \cdot M \cdot M ; p(M \cdot M \cdot M) =$
$$= p(M) \cdot p(M) \cdot p(M) =$$
$$= \frac{1}{2} \cdot \frac{1}{2} \cdot \frac{1}{2} = \frac{1}{8}$$

$$p(M \cdot M \cdot M) = \frac{1}{8}$$

b) $\quad I \cdot I \cdot I ; p(I \cdot I \cdot I) =$
$$= p(I) \cdot p(I) \cdot p(I) = \frac{1}{2} \cdot \frac{1}{2} \cdot \frac{1}{2} = \frac{1}{8}$$
$$p(I \cdot I \cdot I) = \frac{1}{8}$$

c) $p(M \cdot M \cdot I + M \cdot I \cdot M + I \cdot M \cdot M) =$
$$= p(M) \cdot p(M) \cdot p(I) +$$
$$+ p(M) \cdot p(I) \cdot p(M) +$$
$$+ p(I) \cdot p(M) \cdot p(M) =$$
$$= \frac{1}{8} + \frac{1}{8} + \frac{1}{8} = \frac{3}{8}$$
$$p(M \cdot M \cdot I + M \cdot I \cdot M + I \cdot M \cdot M) = \frac{3}{8}$$

(*p* de 2 par y 1 impar)

d) $p(I \cdot I \cdot M) p(I \cdot M \cdot I) + p(M \cdot M \cdot I) =$
$$= p(I) \cdot p(I) \cdot p(M) +$$
$$+ p(I) \cdot p(M) \cdot p(I) + p(M) \cdot p(I) \cdot p(I) =$$
$$= \frac{1}{8} + \frac{1}{8} + \frac{1}{8} = \frac{3}{8}$$
$$p(I \cdot I \cdot M) + p(I \cdot M \cdot I) +$$
$$+ p(M \cdot I \cdot I) = \frac{3}{8}$$

(*p* de 2 impar y 1 par)

SURGIÓ POR LOS JUEGOS DE AZAR

El nacimiento de las probabilidades lo encontramos en el interés demostrado por los matemáticos en las posibilidades que tenían de ganar en sus juegos de azar, dados y naipes. Los primeros que se ocuparon de esta cuestión, analizando el juego de dados, fueron Tartaglia (1500-1557) y su contemporáneo Cardano (italiano, 1501-1576).

Pero la forma que tiene actualmente el cálculo de probabilidades nació a mediados del siglo XVII, cuando el francés De Méré consultó sobre el problema de cómo debían repartirse las apuestas de una partida de dados, que debió suspenderse, a Blaise Pascal (francés, 1623-1662).

Pascal, juntamente con Pierre de Fermat, llegaron a conclusiones que dieron nacimiento al cálculo de probabilidades.

Pascal y Fermat mantuvieron correspondencia sobre algunas cuestiones relativas a las probabilidades en los juegos de azar, convirtiéndose así en pioneros del cálculo de probabilidades. A la derecha, página de una edición francesa de las obras de Fermat que reproduce algunas tablas que éste remitió a Pascal.

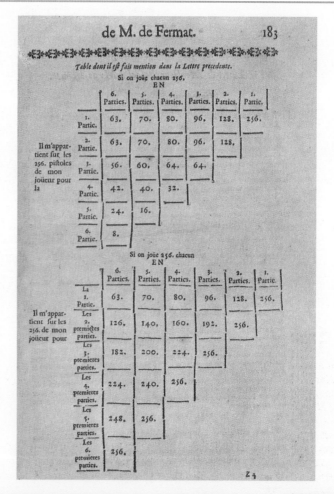

Combinatoria

Esta figura conocida como triángulo de Pascal, y también como triángulo de Tartaglia, relaciona las combinaciones de m elementos tomados de n en n con el álgebra a través del binomio de Newton; en cada fila se encuentran los coeficientes numéricos del desarrollo polinómico de la expresión $(x + y)^n$.

Combinatoria

La combinatoria es una parte de las matemáticas que se ocupa de problemas como el siguiente: «Dadas las letras *a, b, c, d, e, f,* hallar el número de grupos de tres letras que pueden formarse con ellas» o bien «¿Cuántos capicúas de seis cifras existen?» o, ya desde un punto de vista más práctico, «Si una ciudad de planta rectangular está formada por 100 calles horizontales y 300 verticales, averiguar el número de posibles trayectos que permiten trasladarse en automóvil desde un vértice de la ciudad hasta el opuesto».

Evidentemente, cabe encontrar los resultados de estos problemas por medios rudimentarios que exigen pocos conocimientos, pero mucho tiempo y paciencia, basados en «ir haciendo pruebas». No obstante, los matemáticos han sabido descubrir propiedades que requieren utilizar algo más de cerebro y mucho menos tiempo y paciencia. En el texto que sigue veremos cómo lo han hecho.

Variaciones

▶ *Variaciones sin repetición (Vm, n)*

Se denominan *variaciones sin repetición* de *m* elementos tomados de *n* en *n* al número de conjuntos distintos, formados por *n* elementos, de modo que dos conjuntos difieran ya sea en algún elemento o, si tienen los mismos, en el orden de su colocación.

Esta definición es larga y difícil de entender en una primera lectura, pero resultará diáfana tras algunos comentarios sobre ejemplos: con las cifras 1, 2, 3, 4, 5, formar las variaciones de los *m* = 5 elementos tomados de 2 en 2 (o sea, *n* = 2), *sin repetir ninguna cifra dentro de un mismo conjunto.*

No contaremos, pues, de momento, a conjuntos (o variaciones) como el 55 o el 11. Se tratará, entonces, de formar todas las parejas posibles entre cifras distintas:

12	13	14	15
21	23	24	25
31	32	34	35
41	42	43	45
51	52	53	54

El número de variaciones *binarias* (o sea, con dos elementos), *sin repetición,* es

$$V_{5,2} = 5 \cdot 4 = 20$$

(Cinco elementos y cada uno de ellos puede emparejarse con los cuatro restantes.)

En general, por tanto, las variaciones binarias sin repetición con *m* elementos son

$$V_{m,2} = m(m-1)$$

Donde V = variaciones; m = total de elementos de que se dispone; y 2 = número de elementos que se toman *cada vez.*

La representación geométrica nos ayudará a eliminar cualquier posible duda que aún tengamos:

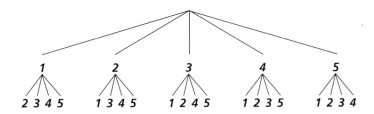

Si en lugar de haber 5 elementos, donde cada uno se puede emparejar con los 5 – 1 = 4 restantes, tuviéramos *m* elementos, puesto que cada uno de ellos se uniría con los (*m* – 1) restantes, el total de conjuntos o variaciones binarias será el producto *m* (*m* – 1).

Disponiendo de la fórmula, ya no será preciso acudir a ninguna representación aritmética o geométrica para calcular el número de variaciones.

Ejemplo:

Hallar cuántas variaciones binarias[1] (o sea, cuántos conjuntos de dos elementos) se pueden formar con 100 objetos.

Se tendrá:

$$V_{100,\ 2} = 100 \cdot (100 - 1) = 100 \cdot 99 = 9\ 900$$

Pasemos ahora al cálculo del número de *variaciones ternarias* (es decir, $n = 3$). De nuevo nos auxiliaremos con un gráfico geométrico (en azul, las variaciones binarias; en magenta, las ternarias).

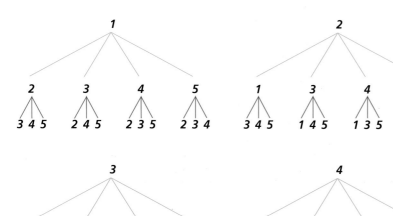

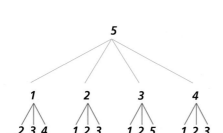

Está claro que cada variación binaria puede unirse con $5 - 2 = 3$ elementos no utilizados. Así, la 12 dará lugar a las variaciones ternarias

123, 124, 125

(1) De ahora hasta el final de la combinatoria, si no se menciona la expresión con repetición, se sobreentenderá que sólo se pueden tomar conjuntos con elementos distintos. Es decir, variaciones es sinónimo de variaciones sin repetición (Idem para permutaciones y para combinaciones).

Por consiguiente, el número total de variaciones ternarias será igual a 20 (variaciones binarias) multiplicado por 3 (puesto que de una variación binaria nacen 3 variaciones ternarias). Podemos escribir, pues,

$$V_{5,\ 3} = 20 \cdot 3 = 60$$

En general, las variaciones ternarias de m elementos serán

$$V_{m,\ 3} = V_{m,\ 2}\ (m - 2) \Rightarrow$$
$$V_{m,\ 3} = m\ (m - 1)\ (m - 2)$$

Ejemplo:

Calcular el número de variaciones ternarias que se pueden formar a partir de 100 elementos.

$$V_{100,\ 3} =$$
$$= 100 \cdot (100 - 1) \cdot (100 - 2) =$$
$$= 100 \cdot 99 \cdot 98 = 9900 \cdot 98 =$$
$$= 970\,200$$

En general tendríamos, para un valor cualquiera de n y tras un razonamiento análogo, que

$$V_{m \cdot n} = m\ (m - 1)\ (m - 2) \dots$$
$$(m - n + 1)$$

Ejemplo:

Hallar a) $V_{10,\ 4}$ y b) $V_{15,\ 8}$

a) $V_{10,\ 4} = 10 \cdot 9 \cdot 8 \cdot 7$

b) $V_{15,\ 8} = 15 \cdot 14 \cdot 13 \cdot 12 \cdot 11 \cdot 10 \cdot 9 \cdot 8$

▶ *Variaciones con repetición* $VR_{m,\ n}$

En el caso de que un elemento pueda ser escogido más de una vez para formar una variación, sirven exactamente igual todos los razonamientos anteriores, aunque con una sola diferencia: cada variación originará m variaciones de orden superior.

Es decir, con los elementos 1, 2, 3, 4, 5, una variación de orden dos o binaria, como la 23, dará lugar a cinco variaciones de orden tres, ya que podremos tomar además del 4, 5, 1 –como antes– el 2 y 3 puesto que podemos repetir. El cuadro completo de variaciones binarias y ternarias será, pues, el siguiente:

ISAAC NEWTON

Newton es uno de los hombres que tienen significación universal; su obra cambió el curso del pensamiento matemático y de la experiencia humana; no fue un niño precoz, ni un buen granjero, por eso fue enviado a Cambridge en 1661, quizá para que ingresara en la Iglesia. Ingresó en la Universidad y tuvo por maestro al excelente matemático Isaac Barrow. Se graduó a principios de 1665 y, por distintos motivos, regresó parar vivir en la solitaria casita de Woolsthorpe, donde había nacido.

Tiempo después volvió a Cambridge y pronto dejó marcadas sus profundas huellas en los campos del saber, del que su nombre es ya figura indisoluble. A él le corresponde el descubrimiento de la naturaleza de la luz blanca, de la que se podrán obtener todos los colores por refracción (1672), el cálculo diferencial e integral y la ley de gravitación universal (1687) en cuya deducción tuvo como causa, según la leyenda, la caída de una manzana en el jardín de su casa.

El teorema del binomio fue su primer trabajo matemático.

Habitación de Isaac Newton en Woolsthorpe Manor, donde nació el día de Navidad de 1642 y donde pasó su niñez con su abuela. En la mesa se encuentra un ejemplar de los Principia, su obra matemática más famosa.

• **Elementos** (o variaciones monarias, es decir, de orden 1):

1   2   3   4   5

• **Variaciones binarias con repetición:**

11	12	13	14	15
21	22	23	24	25
31	32	33	34	35
41	42	43	44	45
51	52	53	54	55

Por tanto,

$$VR_{5,\,2} = 5 \cdot 5 = 5^2 = 25$$

y así sucesivamente. Por tanto, el número de las variaciones ternarias será igual a 25 variaciones binarias multiplicadas por 5 = = 125; es decir,

$$VR_{5,\,3} = 5 \cdot VR_{5,\,2} =$$
$$= 5 \cdot 5^2 = 5^3 = 125$$

En general, tendremos

$$VR_{m,\,n} = m^n$$

• **Variaciones ternarias con repetición:**

formadas
a   partir

111	112	113	114	115	de 11
121	122	123	124	125	de 12
131	132	133	134	135	de 13
141	142	143	144	145	de 14
151	152	153	154	155	de 15

Y así sucesivamente, hasta formar las 125 variaciones ternarias de 5 elementos con repetición, o las 625 (5^4) cuaternarias.

Ejemplo:

En las apuestas españolas se consideran 14 partidos de fútbol y existen para cada uno tres posibles resultados: victoria del equipo casero (1), empate (X) o derrota del equipo casero (2). ¿Cuántas apuestas distintas pueden rellenarse?

Aquí *m* (elementos de que se dispone) = 3 (que son 1, X, 2).

n (elementos que se toman cada vez, es decir, número de partidos) = 14.

O sea, han de formarse conjuntos de 14 elementos con sólo 3 distintos:

$$VR_{m,\,n} = VR_{3,\,14} = 3^{14} = 4\,782\,969$$

Ejemplo:

Calcular $CR_{8,\,5}$

$$CR_{8,\,5} = C_{8+5-1,\,5} =$$
$$= C_{12,\,5} = \frac{V_{12,\,5}}{P_5} =$$
$$= \frac{12 \cdot 11 \cdot 10 \cdot 9 \cdot 8}{5 \cdot 4 \cdot 3 \cdot 2 \cdot 1} = 792$$

Permutaciones

Permutaciones sin repetición (P_m)

Las permutaciones sin repetición constituyen un caso particular de variaciones sin repetición: el que se presenta cuando *m* = *n*, es decir, cuando en cada conjunto se escogen todos los elementos que existen.

Para pensar...

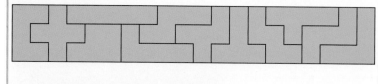

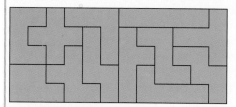

Un poliminó es una figura geométrica compuesta por cierto número de cuadrados unidos por sus lados. En la página de la derecha se han representado todos los poliminós formados por 1 cuadrado (monominó), 2 cuadrados (dominós), 3 cuadrados (trominós), 4 cuadrados (tetrominós), 5 cuadrados (pentominós) y 6 cuadrados (hexominós). Uniendo entre sí todos los pentominós pueden formarse rectángulos de varias dimensiones, como los dos de este recuadro. ¿Sabría formar otros rectángulos de pentominós? No se desanime, hay más de 3 800 soluciones.

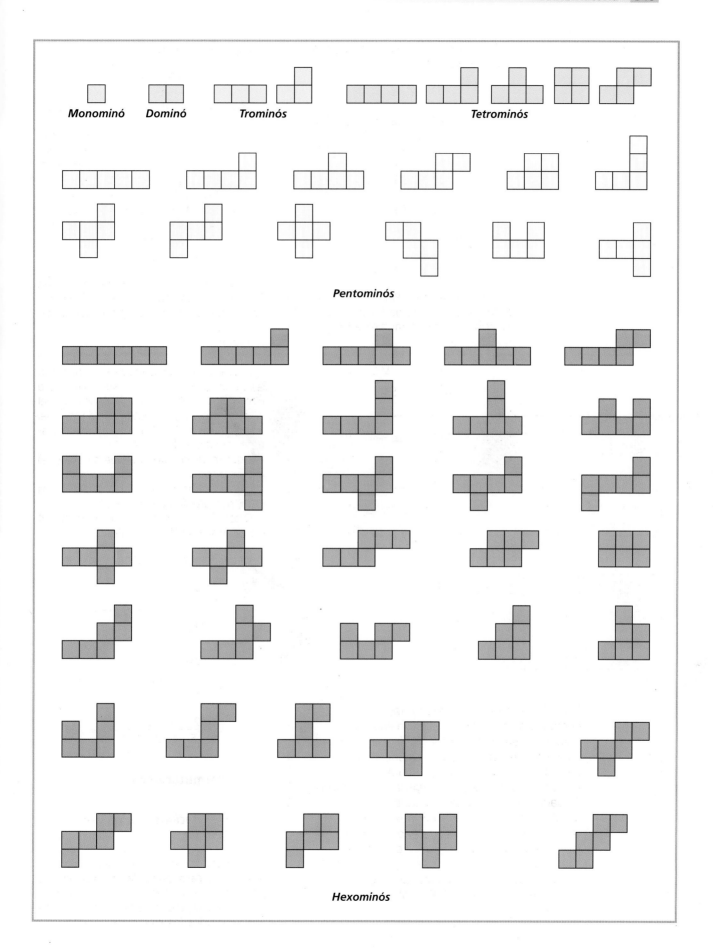

Monominó   Dominó   Trominós   Tetrominós

Pentominós

Hexominós

Por tanto, las permutaciones sólo pueden diferir entre sí por el orden de colocación de sus elementos.

Por ejemplo, con los elementos 1, 2, 3, 4, las permutaciones serán las $V_{4,\,4}$:

$$
\begin{array}{cccccc}
1234 & 1243 & 1324 & 1342 & 1423 & 1432 \\
2134 & 2143 & 2314 & 2341 & 2413 & 2431 \\
3124 & 3142 & 3214 & 3241 & 3412 & 3421 \\
4123 & 4132 & 4213 & 4231 & 4312 & 4321
\end{array}
$$

O sea,

$$P_4 = V_{4,\,4} = 4 \cdot 3 \cdot 2 \cdot 1 = 24$$

Del mismo modo, se tendría

$$P_3 = V_{3,\,3} = 3 \cdot 2 \cdot 1 = 6$$
$$P_5 = V_{5,\,5} = 5 \cdot 4 \cdot 3 \cdot 2 \cdot 1 = 120$$
$$P_6 = V_{6,\,6} = 6 \cdot 5 \cdot 4 \cdot 3 \cdot 2 \cdot 1 = 720$$

etcétera.

Obsérvese que para calcular las permutaciones basta multiplicar m por todos los números naturales en orden descendente hasta el 1 (así $P_3 = 3 \cdot 2 \cdot 1$; $P_4 = 4 \cdot 3 \cdot 2 \cdot 1$, etcétera).

En general, tendremos:

$$P_m = V_{m,\,m} = m\,(m-1)\,(m-2)\ldots 2 \cdot 1$$

Ejemplo:

Hallar $P_{10} = 10 \cdot 9 \cdot 8 \cdot 7 \cdot 6 \cdot 5 \cdot 4 \cdot 3 \cdot 2 \cdot 1 = 3\,628\,800$

Para abreviar, se escribe

$$m\,(m-1)\,(m-2)\ldots 2 \cdot 1 = m!$$

y el símbolo $m!$ se lee factorial de m.
Es decir,

$$P_2 = 2!, \quad P_3 = 3!, \quad P_4 = 4! \ldots \text{ y}$$

$$P_m = m!$$

Ejemplo:

Calcular $\dfrac{P_{10} \cdot P_{14}}{P_6 \cdot P_{12}}$

$$\frac{P_{10} \cdot P_{14}}{P_6 \cdot P_{12}} = \frac{10! \cdot 14!}{6! \cdot 12!} =$$

$$= \frac{(1 \cdot 2 \cdot \ldots \cdot 10)}{(1 \cdot 2 \cdot \ldots \cdot 6)} \cdot \frac{(1 \cdot 2 \cdot \ldots \cdot 14)}{(1 \cdot 2 \cdot \ldots \cdot 12)} =$$

$$= (7 \cdot 8 \cdot 9 \cdot 10) \cdot (13 \cdot 14) = 917\,280$$

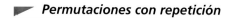

Permutaciones con repetición

Supongamos que nos piden formar las permutaciones posibles con 10 elementos, pero que en lugar de ser todos diferentes, como sucedía antes, resulta que, por ejemplo, esos elementos son los siguientes:

$$(a, a, a),\ (b, b),\ (c, c, c, c, c)$$

Como es lógico, no habrá $P_{10} = 10!$ permutaciones posibles, ya que muchas de ellas serán iguales entre sí. En efecto, si consideramos únicamente las (a, a, a) y las suponemos distintas,

$$(\mathbf{a}, a, a)$$

las permutaciones efectuadas con ellas serían las seis ($P_3 = 3 \cdot 2 \cdot 1 = 6$) que escribimos a continuación:

$$(\mathbf{a}, a, a)\ ;\ (\mathbf{a}, a, a);\ (a, \mathbf{a}, a);$$
$$(a, \mathbf{a}, a)\ ;\ (a, a, \mathbf{a});\ (a, a, \mathbf{a});$$

Sin embargo, como las tres a son iguales entre sí, en realidad no existen 6 permutaciones sino una sola. Lo mismo sucederá para (b, b) y para (c, c, c, c, c). Por lo tanto, el número de permutaciones con repetición de 10 elementos, de los cuales hay 3 iguales entre sí pero distintos de los anteriores, 5 iguales entre sí pero también distintos de todos los anteriores [2] es:

$$PR_{10}^{3,\,2,\,5} = \frac{10!}{3!\,2!\,5!} =$$

$$= \frac{1 \cdot 2 \cdot 3 \cdot 4 \cdot 5 \cdot 6 \cdot 7 \cdot 8 \cdot 9 \cdot 10}{(1 \cdot 2 \cdot 3)\,(1 \cdot 2)\,(1 \cdot 2 \cdot 3 \cdot 4 \cdot 5)} =$$

$$= \frac{7 \cdot 8 \cdot 9 \cdot 10}{1 \cdot 2} = 2\,520$$

La fórmula general es

$$PR_m^{\alpha,\,\beta,\,\ldots,\,\gamma} = \frac{m!}{\alpha! \cdot \beta! \ldots \gamma!}$$

donde m = total de elementos (10 en el ejemplo anterior),

α = grupo de elementos iguales entre sí (en el ejemplo anterior, el grupo de las tres aes, o sea, $\alpha = 3$),

β = otro grupo de elementos iguales entre sí.

γ = último grupo de elementos iguales entre sí.

---

(2) Obsérvese que 3 + 2 + 5 = 10 (total de elementos)

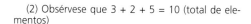

Ejemplo:

Calcular $PR_6^{3,\,2,\,1}$. Se puede hacer porque

$$3 + 2 + 1 = 6$$

$$PR_6^{3,\,2,\,1} = \frac{6!}{3!2!1!} =$$

$$= \frac{1 \cdot 2 \cdot 3 \cdot 4 \cdot 5 \cdot 6}{(1 \cdot 2 \cdot 3) \cdot (1 \cdot 2) \cdot 1} =$$

$$= \frac{4 \cdot 5 \cdot 6}{1 \cdot 2 \cdot 1} = 60$$

Combinaciones con repetición

Aquí indicaremos únicamente que el número de combinaciones con repetición de m elementos tomados de n en n es igual al de combinaciones sin repetición de $(m + n - 1)$ elementos tomados de n en n.

Formulado matemáticamente, escribiremos:

$$CR_{m,\,n} = C_{m+n-1,\,n}$$

Combinaciones

Combinaciones sin repetición

Combinaciones sin repetición de m elementos tomados de n en n son los conjuntos que puedan formarse teniendo presente que dos de estos conjuntos difieren entre sí únicamente en caso de que tengan al menos un elemento diferente.

Es decir, contrariamente a lo que sucedía en las variaciones y permutaciones, en las combinaciones el orden de colocación no influye.

Si, por ejemplo, nos piden cuántos productos de tres factores podemos formar con las cifras 1, 2, 3, 4 y 5, es obvio que igual será multiplicar $1 \cdot 2 \cdot 3$ que $1 \cdot 3 \cdot 2$ o que $3 \cdot 2 \cdot 1$, etc.; es decir, de cada $P_3 = 6$ productos sólo se considerará uno, pues todos son iguales.

Como no interviene el orden de colocación, se trata de un problema de combinaciones de 5 elementos ($m = 5$) tomados de 3 en 3 ($n = 3$), lo que se indica $C_{5,\,3}$.

La fórmula general que resuelve el problema (es decir, que permite calcular expresiones como la $C_{5,\,3}$) es la siguiente:

$$C_{m,\,n} = \frac{V_{m,\,n}}{P_n}$$

Ejemplo:

Calcular a) $C_{10,\,6}$;   b) $C_{7,\,7}$

a) $C_{10,\,6} = \dfrac{V_{10,\,6}}{P_6} =$

$$= \frac{10 \cdot 9 \cdot 8 \cdot 7 \cdot 6 \cdot 5}{6 \cdot 5 \cdot 4 \cdot 3 \cdot 2 \cdot 1} = 210$$

b) $C_{7,\,7} = \dfrac{V_{7,\,7}}{P_7} = 1$

(porque $P_7 = V_{7,\,7}$).

A la derecha puede verse la portada de una obra de Tartaglia que incluye un retrato de su autor. Abajo: un curioso triángulo de Tartaglia en versión china.

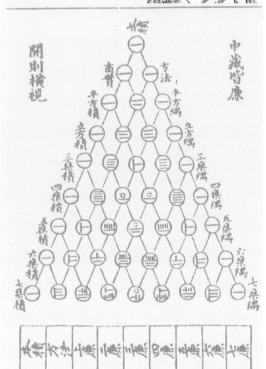

Números combinatorios

La expresión

$$C_{m,\,n} = \frac{m \cdot (m-1) \cdot (m-2) \cdot \ldots \cdot (m-n+1)}{n!}$$

también puede escribirse $\begin{pmatrix} m \\ n \end{pmatrix}$, que se lee "$m$ sobre n".

Se tiene

$$\begin{pmatrix} m \\ n \end{pmatrix} = \frac{m \cdot (m-1) \cdot (m-2) \cdot \ldots \cdot (m-n+1)}{n!} =$$

$$= \frac{m \cdot (m-1) \cdot (m-2) \cdot \ldots \cdot (m-n+1)\,(m-n)!}{n!\,(m-n)!} =$$

$$= \frac{m!}{n!\,(m-n)!} = \begin{pmatrix} m \\ m-n \end{pmatrix}$$

La expresión $\begin{pmatrix} m \\ n \end{pmatrix}$ se llama número combinatorio.

Propiedades

Se cumplen las propiedades siguientes:

$$\begin{pmatrix} m \\ n \end{pmatrix} = \begin{pmatrix} m \\ 0 \end{pmatrix} = 1$$

(por convenio $0! = 1$)

$$\begin{pmatrix} m \\ n \end{pmatrix} = \begin{pmatrix} m \\ m-n \end{pmatrix}$$

$$\begin{pmatrix} m \\ n \end{pmatrix} = \begin{pmatrix} m-1 \\ n-1 \end{pmatrix} + \begin{pmatrix} m-1 \\ n \end{pmatrix}$$

que también puede escribirse

$$\begin{pmatrix} m \\ n \end{pmatrix} + \begin{pmatrix} m \\ n+1 \end{pmatrix} = \begin{pmatrix} m+1 \\ n+1 \end{pmatrix}$$

Esta última propiedad es el fundamento del triángulo de Tartaglia o Pascal.

Binomio de Newton

Se llama binomio de Newton a la expresión polinómica de una potencia cualquiera de un binomio:

$$(a+b)^n = \begin{pmatrix} n \\ 0 \end{pmatrix} a^n + \begin{pmatrix} n \\ 1 \end{pmatrix} a^{n-1}b + \begin{pmatrix} n \\ 2 \end{pmatrix} a^{n-2}b^2 +$$

$$+ \ldots +$$

$$+ \begin{pmatrix} n \\ n-2 \end{pmatrix} a^2 b^{n-2} + \begin{pmatrix} n \\ n-1 \end{pmatrix} ab^{n-1} + \begin{pmatrix} n \\ n \end{pmatrix} b^n$$

Si $m \le n$, se tiene que un término cualquiera m del desarrollo de $(a+b)^n$ es igual a

$$\begin{pmatrix} n \\ m \end{pmatrix} a^m b^{n-m}$$

obsérvese que en cada término el grado del monomio es $m + n - m$.

Los coeficientes $\begin{pmatrix} n \\ 0 \end{pmatrix}$, $\begin{pmatrix} n \\ 1 \end{pmatrix}$, $\begin{pmatrix} n \\ 2 \end{pmatrix}$, ...

$\begin{pmatrix} n \\ m \end{pmatrix}$, ... $\begin{pmatrix} n \\ n-1 \end{pmatrix}$, $\begin{pmatrix} n \\ n \end{pmatrix}$ de la potencia del

binomio son iguales a los términos de la fila de orden n del triángulo de Pascal.

$$(a+b)^1 = a + b$$
$$(a+b)^2 = a^2 + 2ab + b^2$$
$$(a+b)^3 = a^3 + 3a^2b + 3ab^2 + b^3$$
$$(a+b)^4 = a^4 + 4a^3b + 6a^2b^2 + 4ab^3 + b^4$$
$$(a+b)^5 = a^5 + 5a^4b + 10a^3b^2 + 10a^2b^3 +$$
$$+ 5ab^4 + b^5$$

Ejercicios de recapitulación

1) Calcular el número de subconjuntos de un conjunto finito.

Solución:

En un conjunto de n elementos hay:

– un conjunto de 0 elementos (conjunto vacío): $C_{n,0} = 1$
– n conjuntos de 1 elemento (conjuntos unitarios): $C_{n,1} = n$
– un conjunto de n elementos (conjunto total): $C_{n,n} = 1$
– el número de subconjutos de m elementos ($m \ne n$) es igual al de combinaciones de orden m de n elementos.

Por tanto, el número de subconjuntos de un conjunto de n elementos es igual a:

$$C_{n,0} + C_{n,1} + C_{n,2} + \ldots + C_{n,m} + \ldots +$$

$$+ C_{n,n-1} + C_{n,n} = \begin{pmatrix} n \\ 0 \end{pmatrix} + \begin{pmatrix} n \\ 1 \end{pmatrix} + \begin{pmatrix} n \\ 2 \end{pmatrix} +$$

$$+ \ldots + \begin{pmatrix} n \\ m \end{pmatrix} + \ldots + \begin{pmatrix} n \\ n-1 \end{pmatrix} + \begin{pmatrix} n \\ n \end{pmatrix} =$$

$$= (1+1)^n = 2^n$$

Para pensar...

Capítulo 3, página 17

A este cuadrado se le atribuían propiedades contra la peste, y por ello se llevaba colgado del cuello grabado en una plaquita de plata.

1	15	14	4
12	6	7	9
8	10	11	5
13	3	2	16

Capítulo 4, página 28

Observe que cada tarjeta empieza por una potencia de 2 ($2^0 = 1$; $2^1 = 2$; $2^2 = 4$, $2^3 = 8$; $2^4 = 16$; $2^5 = 32$) y que cada tarjeta incluye, también aquellos números cuya descomposición en suma de potencias de dos contiene, precisamente, la potencia de dos de la esquina inicial. Por ello, 35 (= 32 + 2 + 1 = $2^5 + 2^1 + 2^0$) aparece en las tarjetas roja, amarilla y azul. Así, cada tarjeta es el conjunto de los números cuya descomposición en suma de potencias de dos contiene la potencia de dos de la esquina inicial de la tarjeta. La serie de las seis tarjetas constituye una «máquina» de conversión de un número del sistema decimal al binario:

tarjeta número decimal	amarilla	violeta	rosa	verde	roja	azul	número binario
35	sí	no	no	no	sí	sí	
	1	0	0	0	1	1	100011

Capítulo 5, página 36

Como 12345679 x 9 = 111 111 111, es fácil ver que

12345679 x 9 x 2 = 12345679 x 18 = 222 222 222
12345679 x 9 x 3 = 12345679 x 27 = 333 333 333
12345679 x 9 x 4 = 12345679 x 36 = 444 444 444
12345679 x 9 x 5 = 12345679 x 45 = 555 555 555
12345679 x 9 x 6 = 12345679 x 54 = 666 666 666
12345679 x 9 x 7 = 12345679 x 63 = 777 777 777
12345679 x 9 x 8 = 12345679 x 72 = 888 888 888
12345679 x 9 x 9 = 12345679 x 81 = 999 999 999

Capítulo 7, página 49

$$6 = 4 + \frac{4 + 4}{4}$$

$$9 = 4 + 4 + \frac{4}{4}$$

$$7 = \frac{44}{4} - 4$$

$$10 = \frac{44 - 4}{4}$$

$$8 = 4 + 4 + 4 - 4$$

Capítulo 13, página 103

Juan pagará a Alfonso:
30 x 1.000.000 = 30 000 000 centavos

Alfonso pagará a Juan: 1 + 2 + 4 + 8 + ..., es decir, la suma de una progresión geométrica:

$$S_{30} = a_1 \cdot \frac{r^{30} - 1}{r - 1}, \text{ en la que } a_1 = 1 \text{ y } r = 2, \text{ por tanto}$$

S_{30} = 1 073 741 823 centavos.
Por tanto, Juan ganará ¡más de mil millones de centavos!

Capítulo 14, página 113

Expresamos algebraicamente el proceso. Sea x la edad (o el número original):
a) el triple de la edad: $3x$
b) más 10: $3x + 10$
c) menos el doble de la edad: $3x + 10 - 2x$
d) menos 6: $3x + 10 - 2x - 6$ es igual a la edad (x) más 4 : $x + 4$
O sea, $3x + 10 - 2x - 6 = x + 4$
Agrupando términos semejantes del primer miembro, o bien agrupando los términos en x en el primer miembro y los términos sin x en el segundo, llegamos a una identidad: $x - 4 = x - 4$ o bien 0 = 0.
Es decir, todo el proceso consiste en tomar una cantidad y hacerla variar en un sentido y a continuación en otro para volver a la cantidad original.

Capítulo 16, página 129

$\frac{x}{6}$ (Dios le concedió niñez durante una sexta parte de su vida) + $\frac{x}{12}$ (y juventud durante otra doceava parte) + $\frac{x}{7}$ (lo alumbró con la luz del matrimonio durante una séptima parte más) + 5 (y cinco años después de su boda le concedió un hijo) + $\frac{x}{2}$ (después de alcanzar la mitad de la vida de su padre, la muerte lo llevó) + 4 (dejando a Diofanto durante los cuatro últimos años de su vida, con el único consuelo que puede ofrecer la matemática). Cada uno de los segmentos en que se ha dividido la vida de Diofanto en este acertijo, es una parte del total representado por x. Resuelta la ecuación, se determina que $x = 84$ y, por consiguiente, ésta es la edad alcanzada por el matemático:

Para pensar...

$$\frac{x}{6} + \frac{x}{12} + \frac{x}{7} + 5 + \frac{x}{2} + 4 = x$$

$$14x + 7x + 12x + 420 + 42x + 336 = 84x$$

$$75x + 756 = 84x \rightarrow 75x - 84x = -756$$

$$-9x = -756 \rightarrow x = \frac{756}{9} = 84$$

Capítulo 16, página 130

Supongamos que haya x monos en la manada.
Por una parte, su octava parte $(x/8)$ al cuadrado $(x/8)^2$ están solazándose en el bosque.
Por otra parte, doce están atronando el campo.
Luego, manada = bando del bosque + bando del campo.
Algebraicamente, $x = (x/8)^2 + 12$
$x = x^2 / 64 + 12 \qquad 64x = x^2 + 768$
$x^2 - 64x + 768 = 0$

$$x = \frac{64 \pm \sqrt{4096 - 3072}}{2} = \frac{64 \pm \sqrt{1024}}{2} =$$

$$= \frac{64 \pm 32}{2}$$

$$x_1 = \frac{64 + 32}{2} = \frac{96}{2} = 48$$

$$x_2 = \frac{64 - 32}{2} = \frac{32}{2} = 16$$

La manada puede estar compuesta tanto por 48 como por 16 monos:

$$48 = (48/8)^2 + 12 = 6^2 + 12 = 36 + 12$$
$$16 = (16/8)^2 + 12 = 2^2 + 12 = 4 + 12$$

Capítulo 20, página 158

La dificultad de pasar un camello por el ojo de una aguja se utiliza en los Evangelios como el colmo de la

dificultad. Pero, que pase por el espacio limitado por un sello, no es tan difícil: todo el mundo sabe que los sellos son mucho más grandes que los ojos de las agujas.
Para pasar el camello a través del sello, se dobla éste por la mitad y se corta transversalmente como indica el dibujo. ¡Hay que tener cuidado de que el tijeretazo no corte completamente el sello! Luego se corta a lo largo del pliegue.
Según el tamaño del camello, habrá que hacer más o menos cortes.

Capítulo 24, página 187

Capítulo 27, página 214

Como π es la relación entre el perímetro de una circunferencia (treinta codos) y su diámetro (diez codos de un extremo a otro), se tiene:

$$\pi = \frac{\text{treinta codos}}{\text{diez codos}} = \frac{30}{10} = 3$$

El valor de π en la Biblia es 3, algo alejado (4,5 %) del valor 3,1416 usual.

Capítulo 36, página 314

Estos son dos posibles soluciones más.

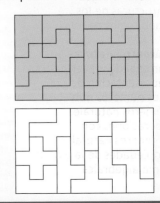

Matemáticas

Sumario

Procedencia de las ilustraciones:

Dibujos: Juan Carlos Martínez Tajadura, Juan Pejoan, Jorge Sánchez, Talleres Gráficos Soler

Fotos: AGE FotoStock; Biblioteca Nacional de París; Science Museum (Londres); AISA; Firo-Foto; Museo de la Ciencia (Florencia); Fototeca Stone; Index; Museo de la Ciencia y de la Técnica (Munich); y Archivo Océano